医疗专项工艺设计、施工与运维指南

裴以军　周学锋　何 朴　主编

化学工业出版社
·北京·

图书在版编目（CIP）数据

医疗专项工艺设计、施工与运维指南 / 裴以军，周学锋，何朴主编. — 北京：化学工业出版社，2025. 12. — ISBN 978-7-122-49089-6

Ⅰ. TU246.1

中国国家版本馆 CIP 数据核字第 20251Y0P14 号

责任编辑：邵桂林　　　文字编辑：赵阿丽　师明远
责任校对：李　爽　　　装帧设计：韩　飞

出版发行：化学工业出版社
（北京市东城区青年湖南街 13 号　邮政编码 100011）
印　　装：涿州市般润文化传播有限公司
787mm×1092mm　1/16　印张 22　字数 505 千字
2026 年 2 月北京第 1 版第 1 次印刷

购书咨询：010-64518888　　售后服务：010-64518899
网　　址：http://www.cip.com.cn
凡购买本书，如有缺损质量问题，本社销售中心负责调换。

定　　价：120.00 元

编写人员名单

主　　编　裴以军　周学锋　何　朴

副 主 编　李永峰　陈之春　曲海龙

参编人员（按姓名拼音排序）

艾　军　陈才志　龚　波

姜少华　李　翔　梁　富

刘　娇　马　威　欧阳长文

彭文川　孙　亮　万鹏龙

吴泽林　杨光琴　杨天复

杨　文　殷　俊　张　博

郑树炀　钟钢忠　邹人顺

主　　审　丁文军　刘　瑾

前言

改革开放以来，我国医疗设施建设有了很大的进步。近十年来，在习近平新时代中国特色社会主义思想的指引下，大型医院建设更是有了量的飞跃与质的提升。

当前医疗卫生事业改革正在向纵深发展，国民经济建设正依照规划进入关键时期，如何在这一新的发展机遇期开展医疗设施建设，使之既与我国国情实际相结合，又符合现代医疗服务需要，使新建、改扩建设施具备更高水准，与日益提升的现代化社会相匹配，已引起社会各阶层的广泛关注。

有鉴于此，中建三局数字工程有限公司及广州市设计院集团有限公司基于医疗工程项目建设经验，组织公司内医疗工程全专业设计与施工人员，同时联合医院建设管理部门及使用方、咨询策划机构、监理部门以及建筑产品企业等相关人员，编写了本书，目的在于为从事医院建设的相关专业人士提供实用的工作指引。

医院工程建设涉及自然科学、技术科学、人文科学等诸多领域，与其他工程建设领域一样，突显了当代科学学科交叉、学科互涉与互相渗透的特点。本书所涵盖的内容与参编人员的组成既反映了该领域工程建设的此项特点，也从另一方面反映了其与科学研究相结合的当代科技发展特征。

参与本书的编写人员，在编写过程中认真论述，力求反映现代医院建设的设计、施工与运维特点，介绍了应当遵循的建设程序与步骤，阐明了应当把握的建设关键节点，努力介绍相关建设经验，以期在后续医院建设中少走弯路。本书既为读者提供翔实的资讯，也希望能够为从事医院建设的同行提供有益借鉴与参考。

全书在编写中，力求在表述方式、内容体例等方面协调与统一，但由于参编人员来自不同区域、不同专业领域，加之编写时间相对短促，虽经多轮审阅和校对，在内容上仍可能会有疏漏或欠妥之处，借此希望读者在使用中多提出宝贵建议，以期在将来对本书进一步修订完善。

目录

第一章

概　述

第一节　医疗工艺流程简介

医疗工艺流程是指医院内部所有医疗活动的过程及程序，包括医生、患者、样本、洁净物品和废弃物品的流动和管理。合理的医疗工艺流程设计能够提高医院运营效率，确保医疗服务的质量和安全。医疗工艺流程主要由医生流线、患者流线、样板流线、洁净物品流线、废弃物品流线组成。

(1) 医生，通过门禁系统进入实验室区域，经过更衣、换鞋等程序后进入实验区，所有检验检测活动均在实验区进行。

(2) 患者，一般仅在等候区和采样区活动，未经许可不得进入医生工作区域。实验室应设置对外传递窗口和患者咨询窗口，患者在样本采集后离开。

(3) 样本处理包括分类编号、切片处理、分拣上机、样本暂存等步骤，分析处理过程涉及临床血液学、体液学、生物化学等多个专业领域，最后进行结果确认、报告撰写、样本保存和废弃物处理。

(4) 洁净物品，包括未使用的防护用品等物品的供应和管理。

(5) 废弃物品，处理医疗废弃物的收集、运输和处置。

合理的医疗工艺流程设计能够确保医院内部的各种流线组织清晰，避免交叉感染，提高医院运营效率。例如，某医院采用垂直流程布局，将门诊、医技设置在低层裙房之中，通过垂直运输的电梯与上层塔楼中的各个护理单元相连，实现了高效的就医过程和人群隔离。

医疗工艺流程设计的阶段主要包括：

(1) 前期策划阶段，明确医疗建筑中单体、楼层和大的功能分区之间的关系，解决流程与动线之间的关系；

(2) 概念、方案设计阶段，优化建筑一级流程，调整功能空间需求以适应建筑资源条件；

(3) 施工图设计阶段，优化建筑二级流程，评估科室需求符合度和预期二级医疗流程实现度。

常规医疗工艺流程中的定义、位置、重点及成果如表 1-1 所示。

表 1-1　医疗工艺流程信息表

项目	一级流程	二级流程	三级流程
定义	总体医疗行为系统的平面规划	部门行为系统的平面规划	人员行为系统的平面规划
位置	医疗建筑综合体、医疗建筑单体主要功能分区	医疗部门的内部活动区域	人员活动的房间及工作区域
重点	流程与动线	面积与形态	功能与体验
成果	总平面及分区设计	科室流程及空间设计	房间及单元流程设计

一、一级流程

一级流程属总体性规划设计，本流程需确定医院等级，规定医院的基本设施和其他功能设施，建立医院各项设施、功能单元和系统之间相互关系等，目的是明确科与科间的流程。此关系建筑功能布局、流线组织和面积分配，通常由设计单位完成。综合医院医疗工艺典型一级流程图如图 1-1。

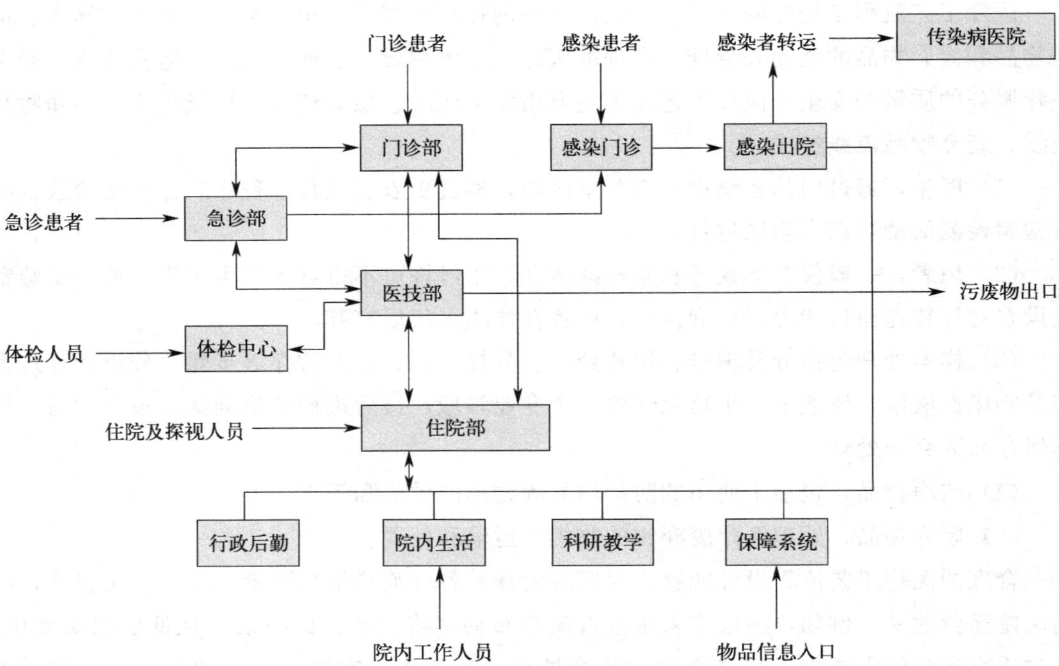

图 1-1　综合医院医疗工艺典型一级流程图

二、二级流程

二级流程是医疗工艺设计的重要组成部分，它直接关系到科内各个房间的功能布局和流线组织。合理的二级流程设计能够优化诊疗流程，提升医疗服务效率，确保医疗操作的顺利进行，二级流程主要由设计单位完成。综合医院医疗工艺典型二级流程图如图 1-2。

结合图 1-2 给出的二级流程图，某医院门诊楼二级流程图如图 1-3 所示。

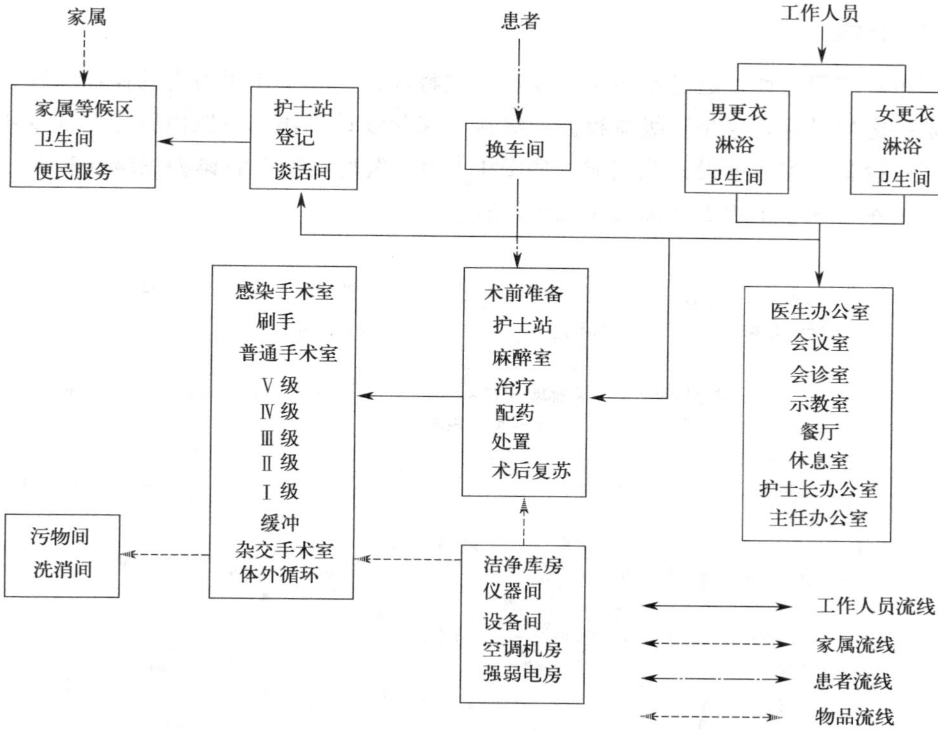

图 1-2 综合医院医疗工艺典型二级流程图

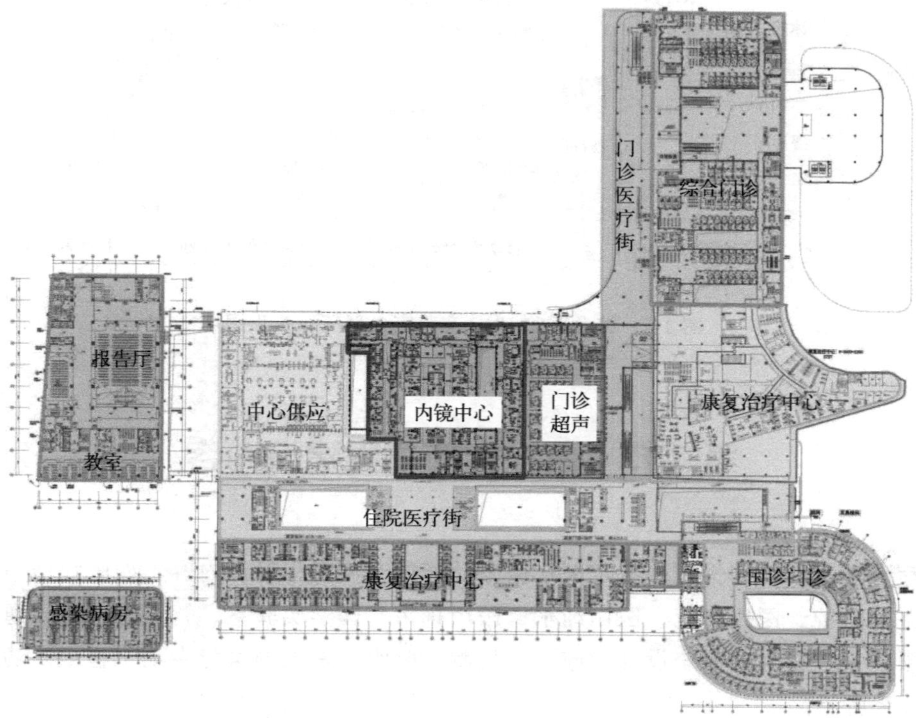

图 1-3 某医院门诊楼二级流程图

三、三级流程

根据用户使用习惯，通过室内设计规定某些特殊诊疗和工作用房内的操作流程，并完成机电末端定位设计，这是三级流程。三级流程深化设计工作，一般由医疗专项专业施工单位和医疗设备厂家协助设计院完成。如图 1-4 为某医院实验室的典型三级流程图。本专著所关注的医疗洁净工程专项即属于三级流程。

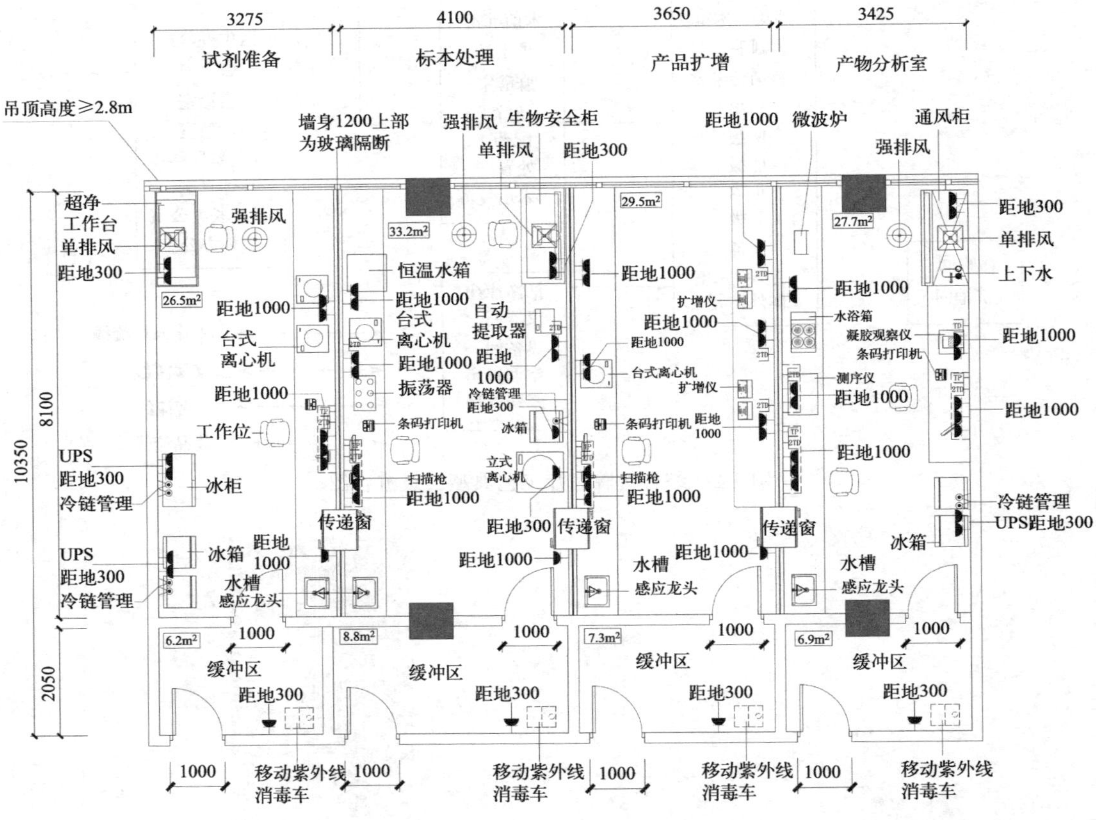

图 1-4　综合医院 PCR 实验室典型三级流程图

第二节　医疗专项工程建设内容

医疗专项工程，即为实现特定医疗服务功能的专项工程建设内容，如医疗洁净、医用气体、医疗防护、医用物流、医用纯水、医用排污、医学实验室、智慧医疗等，通常需要进行专项的工艺设计、系统设计、施工、检测、验收。常见的医疗专项工程主要功能及特点如表 1-2 所示。

表 1-2　常见医疗专项工程主要功能及特点

序号	专项工程名称	主要功能	主要特点
1	医疗洁净专项	对医疗环境的空气洁净度、风速、换气次数、细菌浓度、温度、湿度、静压差、照度、噪声等工艺参数进行控制，通过净化工艺处理，使Ⅰ类、Ⅱ类及Ⅲ类诊疗场所满足空气净化技术要求，是医院核心的专项系统	1. 空气净化：医疗洁净工程采用高效空气过滤系统，减少空气中的尘埃和细菌数量，达到一定的洁净级别，以降低感染风险。 2. 清洁与消毒流程严格化：除了日常清扫，手术前后的消毒工作也非常重要，所有设备和器械都需要经过特殊处理，以降低交叉感染的可能性。 3. 微生物控制精准：通过专业技术和管理措施控制空气中存在的各种病原微生物，确保手术过程中的无菌环境。 4. 特殊材料应用：手术室内使用不锈钢和防静电地板等抗腐蚀且易于清洗的建材，确保环境的清洁和维护。 5. 空间布局优化：合理的空间设计和流线安排，考虑患者的转运流程和医护人员的操作习惯，提高工作效率并保证无菌操作的可靠性。 6. 设备先进性和灵活性：配备多样化的医疗设备和高效率的供电系统，满足不同复杂程度及特殊需求的手术治疗环境。 7. 高科技监测手段：借助高科技检测设备实时监测空气质量、温湿度和压力差，确保环境的稳定性。 8. 人员培训和管理的标准化：医护人员需要接受相关培训，提升技能和遵守卫生规定，确保治疗过程的严谨性与安全性。 9. 应急处理能力：面对突发状况时能够迅速响应并采取有效措施，保证手术室内的洁净状态不受影响。 10. 环境维护的长效机制：持续性的维护和定期评估是保证手术室长期保持洁净状态的必要举措
2	医用气体专项	由医用管道系统集中供应。用于对患者疾病的预防、诊断和治疗，驱动外科手术工具器械的单一或混合气体，包括氧气、医用压缩空气、负压吸引以及氮气、二氧化碳、笑气、麻醉废气排放等种类	1. 严格的规范遵循：施工过程必须严格按照国家和行业的相关规范和标准进行，如《医用气体工程技术规范》等，以确保系统的安全性和可靠性。 2. 高精度的安装要求：管道的连接、阀门的安装等都需要极高的精度，以防止气体泄漏和保证气体流量、压力的稳定。 3. 清洁与无菌控制：施工环境需要保持高度的清洁，避免灰尘、杂质等进入管道系统，影响气体的纯净度。 4. 复杂的管道布局：由于要覆盖医院的各个区域，包括手术室、病房、重症监护室等，管道的走向和布局较为复杂，需要精心规划和设计。 5. 交叉施工协调难度大：通常与医院的建筑施工、电气安装、装修等多个工程同时进行，需要进行有效的协调和沟通，避免相互干扰和影响。 6. 测试与检验频繁：在施工的各个阶段，都要进行严格的压力测试、泄漏测试、纯净度检测等，以确保系统质量。 7. 对施工人员资质要求高：施工人员需要经过专业培训，具备相关的技能和知识，熟悉医疗气体系统的特点和施工要求。 8. 系统标识清晰明确：管道、阀门、终端等都需要有清晰准确的标识，便于后续的维护和管理。 9. 可追溯性要求：施工过程中的各项数据、材料来源、施工操作等都要有详细的记录，以保证系统的质量可追溯
3	医疗防护专项	包括电离辐射防护和电磁屏蔽防护。医院电离辐射来自射线装置或使用放射性同位素进行医学检查诊断治疗，需要进行防护避免过度照射对人体产生危害。电磁屏蔽防护保障核磁共振（MRI）等医疗设备正常工作，同时避免强磁体对外界人员和设备造成安全隐患	1. 防护设计：医疗防护工程的设计必须严格遵循放射污染防治标准和规范，确保防护设施能够有效防止辐射外泄。设计过程中需要考虑安全联锁、技术防范系统或工作信号，以防止误操作，并确保工作人员和公众不受意外照射。 2. 材料选择：医疗防护工程使用多种材料来达到防护效果，常见的材料包括混凝土、铅板、硫酸钡成分水泥以及多种防辐射涂料。例如，加速器、伽马刀等设备机房可以使用重晶石混凝土，而低能辐射房间（如 CT 室）则可以使用混凝土、铅板及防辐射涂料等多种材料组合。 3. 施工工艺：需要根据不同区域的防护需求选择不同铅当量的施工材料，确保防护工程的功能正常发挥。 4. 防护评价：医疗防护工程评价的主要目的是降低大型放射诊疗设备对环境和人员的不利影响。通过评价，可以确保医院建设项目在运行过程中不会对环境造成不良影响，同时保护工作人员和公众的健康

续表

序号	专项工程名称	主要功能	主要特点
4	医用物流专项	包括气动物流、轨道物流、箱式物流和物流机器人，用于医院药房、静配中心、消毒供应中心、检验科、耗材库、后勤物资、临床病区等科室的物资智能传输	1. 高效智能调度：医用物流系统配备先进的智能调度算法，能够根据各科室的需求和优先级，动态调整传输任务，确保重要物品优先送达，提升整体效率。 2. 多样化传输路线：系统可根据医院的实际需求，设计多条传输路线，覆盖门诊、住院部、手术室、检验科、药房等多个科室，确保物流传输的高效和精准。 3. 自动化设备：采用多种自动化设备，如自动导引车（AGV）、轨道传输系统、气动物流管道等，实现无人化操作，减少人工干预，降低劳动强度。 4. 信息化管理：集成了先进的信息管理平台，能够实时监控物流传输过程，记录物品的传输时间、路径和状态，确保全程可追溯，提高管理透明度。 5. 安全可靠：设计严格遵循医疗行业的安全标准，传输设备具备多重安全保护措施，如防撞、防火、防盗等，确保物品传输的安全性和可靠性
5	医用纯水专项	采用中央分质供水，提供医院科室清洗、检验、血液透析用纯水和直饮水、酸化水等，保障科室业务开展和结果的正确性	1. 先进工艺：医用纯水系统采用多重预处理、微滤、超滤、反渗透（RO）、EDI等技术，确保水质达到高标准要求。这些技术能够有效去除原水中的杂质、微生物、热源等，保证产水质量。 2. 智能控制：系统具备自动、手动、应急、远程监控、在线消毒等多种运行模式。通过触摸屏实时在线显示设备工艺流程、各部件运行状态以及水质、流量、压力的实时数值，实现全过程微电脑控制。 3. 设备安全：制水及供水系统均采用双套设计，具备故障自动切换功能，确保稳定运行。系统还具备缺水保护、高/低压力保护等多种安全保障功能。 4. 水质安全：医药卫生级配置，闭环循环供水，多重过滤和杀菌消毒，确保用水质量安全。产水电阻率≥10MΩ·cm，符合中国国家实验室用水GB/T 6682—2008、ASTM、NCCLS等标准。 5. 操作简便：医用纯水设备通常采用全自动控制系统，操作简便，用户只需简单设置即可实现自动化运行。这种设计大大降低了人工操作的复杂性和出错概率，提高了工作效率。 6. 节能环保：采用动态降耗及变频技术，减少启动频率，智能调压供水，节约电量30%～50%。设备本身及其运行过程不会对环境造成污染，符合现代医疗行业对环保和可持续发展的要求。 7. 维护方便：系统采用模块化设计，结构紧凑，占地面积小，维护方便。预处理系统配备多介质过滤器、活性炭过滤器、软化装置等，可实现自动正洗、反洗、再生等功能。 8. 多样化需求：医用纯水设备能够根据不同的用水点和水质要求进行个性化设计，满足医疗领域多样化的需求。无论是生化检验用水、病理科用水还是血透用水等，都能提供符合标准的水质
6	医用排污专项	医疗机构污水处理站通过物理、化学和生物等多种处理方法，去除污水中的有害物质，确保出水水质符合国家或地方规定的排放标准。具体处理过程包括预处理、生化处理、消毒和污泥处理等环节	1. 病原体有机物：医院污水中含有大量的细菌、病毒等致病病原体。 2. 悬浮物和放射性污染物：医院污水中还含有悬浮固体、BOD、COD、动植物油等有毒有害物质。 3. 化学物质和放射性废水：牙科治疗、化验、检测过程中产生的污水中可能含有重金属、无机废水、有机溶剂等。 同位素处理产生的放射性污水：同位素治疗和诊断过程中会产生放射性污水，具有α-、β-和γ-放射性。 4. 医疗污水处理工艺的选择通常包括以下几种方法： 1)化学处理法：通过化学反应和传质作用去除废水中的污染物，包括混凝、中和、氧化还原等处理单元。 2)物理处理法：通过物理作用分离、回收废水中的悬浮物，如重力分离法、离心分离法和筛滤截留法等。 3)生物处理法：通过微生物的代谢作用去除废水中的有机污染物，分为需氧生物处理和厌氧生物处理两种类型

续表

序号	专项工程名称	主要功能	主要特点
7	医学实验室专项	以诊断、预防、治疗人体疾病或评估人体健康提供信息为目的，对来自人体的材料进行生物学、免疫学、化学、细胞学、病理学等各类型检验并出具检验结果	实验室的建设是一项复杂的系统工程，它不单纯是选购合理的仪器设备，还要综合考虑实验室的总体规划、合理布局和平面设计，以及供电、供水、供气、通风空调、安全措施、环境保护等基础设施和基本条件。 通风要求：实验室内设置良好的通风设施，确保新鲜的空气流通。 温湿度控制：实验室的温湿度应适宜，一般控制在20～25℃和40%～60%的相对湿度。 噪声控制：实验室内应控制噪声，确保安静的工作环境，以避免影响实验结果。 照明要求：实验室内应有足够的照明，以确保工作区域明亮，并符合实验要求。 废物处理：实验室内应设立专门的废物处理区域，并采取合适的方法处理各类废物，以避免对环境和健康造成影响
8	智慧医疗专项	通过打造健康档案区域医疗信息平台，利用最先进的物联网技术，实现患者与医务人员、医疗机构、医疗设备之间的互动，实现信息数字化	1. 互联性：智慧医疗通过数字化、网络化技术手段，实现医疗资源的优化配置。医生可以随时查阅患者的病历、患史、治疗措施和保险细则；患者也可以自主选择更换医生或医院。 2. 协作性：智慧医疗整合并共享医疗信息和记录，构建综合专业的医疗网络。信息仓库变成可分享的记录，促进医疗信息的交流和合作。 3. 预防性：智慧医疗实时感知、处理和分析重大医疗事件，快速有效做出响应，预防医疗问题的发生和发展。 4. 普及性：智慧医疗支持乡镇医院和社区医院无缝地连接到中心医院，实时获取专家建议、安排转诊和接受培训，推动医疗资源的均衡分布。 5. 创新性：智慧医疗提升知识和过程处理能力，推动临床创新和研究，促进医疗技术的进步和发展。 6. 可靠性：智慧医疗使从业医生能够搜索、分析和引用大量科学证据来支持诊断，提高诊断的准确性和可靠性。 7. 移动化和远程化：通过无线网络和手持PDA设备，医务人员可以便捷地联通各种诊疗仪器，随时掌握患者的病案信息和最新诊疗报告，制定诊疗方案。患者也可以通过远程健康监护和远程医疗享受医疗服务。 8. 智能化：智慧医疗利用最先进的物联网技术，实现患者与医务人员、医疗机构、医疗设备之间的互动，逐步达到信息化，提升医疗服务的质量和效率

第三节　医疗专项工程建设管理

（一）深化设计阶段

医疗专项三级流程深化设计纳入主体施工图设计，同步组织管理专项设计与主体设计的各专业分工界面（机电、智能化、气体），图纸中要对界面分工进行清晰的阐述（注意设计界面和采购界面有可能不同）。对于受设备设施影响较大的专项设计，建设方应早日确定拟采购的设备厂家，并在专项设计图纸中注明参考设备品牌及规格。

深化设计阶段是医院建筑工程中的重要环节，涉及使用功能梳理、施工工艺与造价控制、医院安全防范等方面。设计单位需结合现场施工尺寸和状态进行详细设计，确保施工图纸的准确性和实用性。深化设计需要完善三级流程工艺设计，合理布置房间内设备、设施及各专业终端点位。同时，需满足《医院消毒卫生标准》和感控要求，提供建筑、结构、给排水、暖通、电气等机电技术条件。

（二）施工建设阶段

施工阶段是整个项目最重要的阶段。需要严格把控施工质量和进度，同时还要与承包商、供应商等进行有效的沟通和协调，应采取以下措施：

建立项目管理团队：建立一支由医疗专家、工程师、项目经理等组成的跨学科团队，以确保项目的顺利进行。

建立例行沟通与协调机制：在医院工程建设项目中，要注重与医护人员、承包商、供应商等进行沟通与协调，确保各方的需求都能得到满足。

进行风险预防管理：医院工程建设项目具有复杂性和不确定性，因此需要进行风险管理。例如，可以建立风险评估体系，制定应对措施，以减小潜在风险带来的影响。

建立质量控制体系：医院工程建设项目的质量直接影响患者的安全和医疗服务质量。因此，必须建立严格的质量控制体系，从原材料采购到施工过程的质量把控，都不能马虎。

建立进度控制机制：项目的进度直接影响整个医院的运营。因此，要在充分考虑医疗需求和患者需求的基础上，制定合理的进度计划，并实施严格的进度控制。

进行有效成本控制：医院工程建设项目的成本不仅影响医院的运营，也影响医疗服务的价格和质量。因此，要建立全面的成本控制体系，确保项目成本控制在预算范围内。

注重持续改进：医院工程建设项目管理是一个持续改进的过程。在项目的各个阶段，都要关注反馈，总结经验教训，不断优化项目管理流程和方法。

（三）调试检测阶段

医院机电调试阶段的管理办法主要包括以下几个方面：

调试前的准备工作：在调试开始前，需要检查调试前的准备工作落实情况，包括设备安装、系统配置等，确保所有准备工作到位。

调试过程中的管理：调试过程中，需要组织专业人员进行技术交底和安全交底，检查值班操作人员的操作规程和安全规程的执行情况，记录调试过程中的各项数据，及时发现并处理异常情况。

调试后的验收和评估：调试完成后，需要进行系统联动调试，确保各个系统能够正常运行。验收过程中，要详细记录调试结果，对系统性能进行评估，确保其达到设计要求。

设备管理：医院机电设备的管理包括设备台账和档案管理制度。所有高价值设备都必须建立电子台账，记录设备的详细信息，如编码、型号、参数、维护信息等。工程部应统一制作并粘贴二维码号牌，方便扫码管理。

工具及备品备件管理：制定备品备件计划，采购、入库和管理备品备件，确保在需要时能够及时提供所需的工具和备件。

人员职责：明确各岗位职责，包括调试指挥小组、专业负责人和调试值班人员的具体职责，确保每个人员都清楚自己的任务和责任。

通过以上管理措施，可以确保医院机电设备的调试工作顺利进行，保障医院机电系统的稳定运行。

（四）验收、移交与评价

医院项目竣工验收的检查内容一般包括：观感检查、系统调试与试运行、功能检测、重要的设备清单核对、细节检查等。不同的分项、分部工程侧重点不同：装饰装修工程侧重于观感检查和细节检查，水、电、气、空调等安装工程侧重于系统调试与试运行和功能检测，重要的设备如配电箱、电梯侧重于清单核对。制定有针对性的验收方案，才能有效发挥竣工验收的作用；以数据反映验收成果，才能避免流于形式、走过场。

1. 验收易疏漏的工作

观感质量检查主要用于内、外装修项目和明装管道系统验收。由于内、外装修项目的隐蔽性较高，因此在建设过程中就应该分项重点验收。竣工验收主要是弥补疏漏的工作。

首先，竣工验收应弥补材料进场验收时的疏漏。龙骨的品牌、规格，石材的规格、色差，饰面板的品牌、型号，固定螺栓和连接螺栓的品牌、规格，玻璃的性质（low-E玻璃、夹胶玻璃或防火玻璃）均应作为材料进场验收的重点。但实际施工过程中，往往材料进场时间为非工作时间，或者同一时间不同材料集中进场，导致短时间验收人力不足，不得已只能做抽检或未检验先入库，事后又未及时进行补检，所以竣工验收时对所用材料的验收仍然不能省略。如果某个分包单位施工过程中大部分批次材料安排在夜间、节假日进场，竣工验收方案中应将对该分包单位装饰材料的验收作为重点。

其次，竣工验收应弥补完善隐蔽验收未做到位的工作。通常施工过程中的隐蔽验收应该留下影像资料、具体记录单等。内装的基层材料和施工工艺直接影响造价，比如墙面装饰面板的基层板材使用防火板还是细木工板涂刷防火涂料，应该在验收记录中翔实记录；外幕墙龙骨规格、间距、连接方式等也应该在验收记录中翔实记录。这些内容都会显著影响内外装饰项目的质量、安全和造价。

隐蔽内容在竣工验收时难以核对，通常做法是竣工验收时查验隐蔽验收资料：如果资料齐全，竣工验收就只进行观感质量检查；但如果过程资料不全，竣工验收时应该进行破拆抽查，而不应只简单做观感质量检查。装饰工程实际龙骨间距增大、龙骨规格降低的情况比较普遍，应该在竣工验收中对其进行抽查。经过资料查验或破拆抽查后，监理方才可在竣工图上签字。这样既可以避免竣工图失真，导致结算冒增，也有利于日后的运维管理。

2. 系统调试与试运行

系统调试与试运行指消防系统、空调系统、通风系统、给水系统、供氧系统、负压吸引系统等系统的调试与试运行。这项内容经常会被省略，大多数项目只对消防检测涉及的系统进行单机调试、联动调试，其他不需要第三方检测的项目就会省略系统调试。实际上这些系统恰恰是日常运行频率高的系统工程，因此进行系统调试和试运行的必要性更高。

消防系统在不发生火灾的情况下，几乎无能耗，其他如空调系统、通风系统等，日常运行费用较高，系统平衡调试和试运行数据测试更是必不可少。

系统调试和试运行工作需要选好时间，全员参与，安排有经验的技术人员负责协调指挥，做好记录。如果在竣工验收时忽略了该项工作，后期由于物业人员或后勤管理人员调试经验不足，很难独立完成调试，导致系统长期在不平衡状态下运行，甚至整个生命周期都处于不平衡运行状态。一方面导致系统能耗高，功能实现效果不佳；另一方面系统寿命也会大大缩短。例如，高层建筑低区水平支管一般都会设减压阀，除动态平衡减压阀外，如果不调试，会产生许多弊端：如水压过高，水嘴阀门易损，蹲便冲水时向外溢水等。地下排污泵竣工验收时若不进行调试和试运行，一旦存在液位控制装置损坏、垃圾堵塞等情况，投入使用后均可导致积水坑溢水，污染周边区域、浸泡损坏设备，甚至导致排污泵电机烧坏。新风系统、空调系统必须进行调试，并记录运行数据，这是竣工验收报告不可缺少的内容。

3. 功能检测

当前，普遍存在竣工验收不重视功能检测的现象。除医疗净化区域会委托第三方进行温度、湿度及菌落测试外，其他区域则对空调及通风系统不做功能测试。投入使用后，易出现房间温度不均衡、送风风速过高或过低、负压区域负压值不满足设计要求等问题。通风空调系统的平衡调试与试运行测试，需要专业人员，甚至专业队伍来完成。竣工验收时，若系统平衡未调好，后期的运维管理难度很大，不但效果不好，能耗也会居高不下。

需要委托第三方进行检测的放射防护及手术室净化效果等，因为第三方检测采取的是抽查形式，所以不能完全依赖第三方。竣工验收时，应该组织院感及国务院国资委等部门参与，对系统进行全面检查。放射防护检测中，尤其应对铅窗及铅门周边进行全覆盖测试，不能漏测；上下相邻的房间也应该进行放射防护测试，从而保证医护人员工作环境安全。对于手术室及ICU等净化区域，不应仅在送风口、回风口做风速测试，其他医护人员经常停留的位置也应进行测试，并且应该尽量多地做细菌培养。在系统正常使用一段时间后，且接近正常负荷时，应进行风速、温度、湿度的测试。对于氧气系统，则应打开每个终端用插头，进行系统内气体置换、流量测试、压力测试和平衡调试，避免启用后漏气。

4. 设备验收

应避免粗放型的设备验收。重要的设备如电梯、配电柜等应该对照合同清单、开箱清单等逐个核对元器件、配件，尤其是合同清单中注明的备品备件、随机配送的常用工具等，需逐一登记，入库或移交。配电箱、柜经常会出现元器件品牌、规格与合同清单不符，按钮、信号灯、旋钮数量不足，熔断器数量规格与合同清单不符等情况。有的供货商甚至将电操开关改为手操开关。这些问题通过竣工验收的细致核对，均可以被发现，并进行整改。对于电梯，则应核实曳引机等主要部件的品牌及产地，其价格与质量均有较大差别。这些内容在电梯第三方验收中通常不会被关注，但其关系到合同的执行情况，竣工验收时应该进一步确认。电梯随机易损件、备品备件也应清点、登记、入库。

5. 细节检查

内外装修项目、医疗设备基础条件、消防喷淋系统验收等，应重视细节检查：

(1) 外墙装饰打胶是否顺直美观，有无漏打。

(2) 医疗设备基础条件应实测实量，位置、标高等尺寸均应按照医疗设备条件图进行实地测量。应避免基础尺寸误差超过允许范围，导致设备进场后无法安装。

(3) 应检查装饰饰面易损部位保护措施是否完善。验收时未做逐一检查，遗漏施工或者安装不牢固，均会导致装饰饰面快速损坏，如阳角保护遗漏或保护高度不到位，投入使用不久，阳角就可能发生破损，甚至发生伤人事件。

(4) 消防喷淋门系统验收时，应抽查喷头内有没有管道胶。施工规范明确规定，消防喷头严禁使用管道胶连接，但施工过程中与喷头连接的三通（弯头），会使用管道胶与支管连接。若施工不当，多余的管道胶就会流入喷头内，造戓堵塞。除非失火，否则难以被发现。因此，若喷淋管道使用管道胶密封连接，验收时则一定进行要拧下喷头检查其是否堵塞。

第二章

医疗洁净工程

在医疗洁净工程领域，洁净环境的营造至关重要。本章节将聚焦洁净划分等级、医疗常见洁净需求以及不同科室的功能需求。

洁净划分等级是构建医疗洁净环境的基础。通过严格的标准，将洁净度分为不同级别，从高到低依次对应着不同的微粒控制、微生物限度等要求。这些等级的确定，为医疗设施的设计、施工和运行提供了明确的目标。

医疗常见洁净需求源于医疗活动的特殊性。医疗过程中，患者的生命健康处于关键阶段，任何污染都可能带来严重后果。因此，需要对相关区域空气、表面等进行严格的净化处理，以满足手术、治疗、康复等医疗环节的需求。例如，降低空气中的尘埃粒子数，控制微生物的滋生，确保医疗环境安全可靠。

不同科室因其特定的功能而有着不同的洁净需求。例如手术室作为医疗核心区域之一，对洁净度要求极高。严格的空气净化、精确的温湿度控制以及合理的气流组织，都是为了保障手术的顺利进行，减少感染风险。重症监护病房（ICU）则需要为危重患者提供稳定的洁净环境，利于患者的恢复。而检验科、药房等科室也需要根据各自的工作特点，满足相应的洁净标准，以确保检测结果准确和药品质量安全。

了解洁净划分等级、医疗常见洁净需求及科室与功能需求，对于打造高质量的医疗环境、提升医疗服务水平具有重要意义。

第一节　洁净工程概述

医疗净化工程就是以医疗机构为主要目标，基于医疗实践安全理念，就我国本土医疗净化八大技术要素和环境大气污染控制技术实施净化技术整体解决方案而设计、制造出安装室内空气洁净系统的科技型服务项目。医疗净化技术包括室内空气净化、空调、温控、消毒、隔离、新风、洁净室、空气净化设备等，针对设计、制造、施工管理严格实施国家标准和行业标准，实施有效的室内空气净化、洁净度、室内挥发性有机物过滤系统、通风系统，以及人员护目镜、护耳等配套保护装置，实现室内空气、环境、设备安全卫生。医院净化工程主要包括以下几个方面：

（1）手术洁净室：手术室是医院净化工程的重要部分，通过严格控制温度、气压、气流等，保持手术室的洁净度和无菌环境，防止外界病毒的侵入。

（2）产科洁净室：用于产科手术和分娩的房间，同样需要高标准的净化条件，确保母婴的安全。

（3）婴幼儿病房（NICU）：为早产儿和重症婴幼儿提供治疗的病房，需要严格的净化措施以保护脆弱的新生儿。

（4）重症监护病房（ICU）：用于收治重症患者的房间，需要保持高洁净度和无菌环境，以减少感染风险。

（5）烧伤病房：烧伤患者容易感染，因此需要特殊的净化措施来保护患者。

（6）实验室净化：用于生物医学研究的实验室，需要严格控制环境中的微生物和污染物。

（7）人工透析室：用于肾衰竭患者的透析治疗，净化工程确保室内环境的洁净，减少感染风险。

（8）标本室：用于存放生物标本的房间，需要保持无尘环境以保护标本不受污染。

医疗净化设计与施工主要包括净化装饰及净化空调系统。净化装饰材料在手术室等关键区域的墙面和地面应使用不易开裂、耐腐蚀、易清洁的材料，如电解钢板、PVC地板等。净化空调系统通过空气过滤、气流组织等技术，保持室内无菌无尘，调节温湿度，排除不良气体，确保良好的空气品质。

第二节 洁净工程设计

一、设计依据规范标准

（1）《洁净厂房设计规范》（GB 50073—2013）。

（2）《生物安全实验室建筑技术规范》（GB 50346—2011）。

（3）《洁净室施工及验收规范》（GB 50591—2010）。

（4）《民用建筑供暖通风与空气调节设计规范》（GB 50736—2012）。

（5）《通风与空调工程施工质量验收规范》（GB 50243—2016）。

（6）《医院洁净手术部建筑技术规范》（GB 50333—2013）。

（7）《通风与空调工程施工质量验收规范》（GB 50243—2016）。

（8）《民用建筑供暖通风与空气调节设计规范》（GB 50736—2012）。

（9）《建筑防烟排烟系统技术标准》（GB 51251—2017）。

（10）《综合医院建筑设计规范》（GB 51039—2014）。

（11）《医院消毒卫生标准》（GB 15982—2012）。

(12)《实用供热空调设计手册》第二版。

(13)《建筑设计防火规范（2018年版）》(GB 50016—2014)。

(14)《公共建筑节能设计标准》(GB 50189—2015)。

(15)《公共建筑节能设计规范》(SJG 44—2018)。

(16)《工业金属管道设计规范（2008年版）》(GB 50316—2000)。

(17)《工业金属管道工程施工规范》(GB 50235—2010)。

(18)《工业金属管道工程施工质量验收规范》(GB 50184—2011)。

(19)《工业设备及管道绝热工程施工规范》(GB 50126—2008)。

(20)《风机、压缩机、泵安装工程施工及验收规范》(GB 50275—2010)。

(21) 国家现行其他规范标准。

二、不同科室洁净等级要求

不同科室对洁净等级的需求如表 2-1 所示。

表 2-1　不同科室洁净等级需求表

序号	科室名称	洁净等级(参考标准)	主要要求说明
1	手术室	百级/千级/万级/十万级	百级适用于关节置换、器官移植、脑外科、心脏外科等无菌手术；千级适用于胸外科、整形外科、泌尿外科等一类切口手术；万级适用于胸外科、整形外科、泌尿外科等二类切口手术；十万级适用于普通外科(除去一类切口手术)、妇产科等手术
2	重症监护病房(ICU)	万级	空气中≥0.5μm 的尘埃粒子数不超过 35000 个/m^3，沉降菌每皿不超过 10 个，保持相对正压，防止外界污染空气进入，温湿度适宜以利于患者康复
3	层流病房	百级	与百级手术室类似的高标准洁净要求，确保极低的微生物和尘埃污染，保护免疫功能极度低下患者免受感染
4	产房	十万级	尘埃粒子数相对较多但仍需严格控制，≥0.5μm 的尘埃粒子数不超过 350000 个/m^3，沉降菌每皿不超过 50 个，保障母婴在分娩过程中的卫生安全，良好的通风换气
5	新生儿室	十万级	为新生儿提供相对洁净环境，降低感染风险，对温湿度稳定性要求较高(温度 24～26℃，湿度 55%～65%)
6	消毒供应中心	无菌区万级，清洁区十万级	无菌区用于存放已灭菌物品，对微生物和尘埃控制严格；清洁区用于器械清洗消毒等预处理，需合理分区并控制气流流向
7	静脉用药调配中心	万级(局部百级)	在调配静脉输液等药物时，保证极高的洁净度，局部百级区域用于药物的精密调配操作，防止微粒和微生物污染药物
8	血透室	三十万级	地面、墙面等表面应光滑、无裂缝，易于清洁和消毒；保持清洁，每天清洁消毒，每周大扫除；安装通风设备，保持空气流通；温度 22～26℃，湿度 50%～60%；定期进行环境消毒；医疗废物按规定处理
9	烧伤病房	千级	采用垂直层流，层注速度 0.2m/s，温度 28～34℃，洁净度为千级，降低感染风险，利于患者伤口恢复
10	呼吸器官病房	百级/千级/万级	对室内温湿度要求严格，温度控制在 23～30℃，相对湿度 40%～60%，可根据患者自身调节，病房内保持正压，人员进入需经过更衣、吹淋等净化处理

续表

序号	科室名称	洁净等级(参考标准)	主要要求说明
11	眼科手术室	百级/千级	白内障、青光眼等内眼手术多需在百级手术室进行，以防止感染；外眼手术等可在千级手术室进行，保障手术视野清晰及患者安全
12	口腔科种植室	万级	在进行种植牙等手术时，需控制空气中的尘埃粒子和微生物数量，防止感染，保证种植体的成功率
13	耳鼻喉科手术室	千级/万级	耳部、鼻部等较为精细的手术一般要求千级洁净度，喉部等手术可在万级手术室进行，确保手术环境的洁净，减少并发症
14	皮肤科激光治疗室	万级	在进行激光治疗等皮肤美容或疾病治疗时，需控制环境洁净度，防止感染，保障治疗效果和患者安全
15	传染科隔离病房	根据传染病种类和防护要求分为P1、P2、P3、P4等级	P1病房基本与普通病房相同，对外人进出不特别加以禁止；P2病房禁止外人进出；P3病房设重门或缓冲室与外部隔离，房间内部负压；P4病房采用隔离区与外界隔断，室内负压恒定30Pa，医护人员穿防护服防止感染
16	急诊科抢救室	十万级	需保持相对清洁的环境，便于随时对各类急重症患者进行抢救，减少感染风险，同时要保证通风良好，温度和湿度适宜，利于患者和医护人员的长时间停留
17	心内科导管室	千级/万级	进行心脏介入手术时，根据手术的复杂程度和感染风险，一般要求千级或万级的洁净度，严格控制空气中的微粒和微生物，确保手术的成功率和患者的安全
18	神经内科重症监护室	万级	类似于ICU的洁净要求，为神经内科重症患者提供良好的治疗和监护环境，减少并发症的发生，利于患者的康复
19	胃肠镜检查室	十万级	保持环境清洁，防止交叉感染，检查设备和器械需严格消毒，室内空气需定期更换和净化，为患者提供安全、卫生的检查环境

注：需注意，不同地区、不同医院以及相关标准的更新可能会导致实际的洁净等级要求略有差异，实际应用中应以现行的国家及地方相关规范和医院自身的需求为准。

三、不同功能房间洁净等级要求

不同功能房间对洁净环境要求不同，表2-2主要列举手术室、产房、NICU等典型功能房间。

表2-2 洁净环境技术指标

主要功能间		温度/℃	湿度/%	洁净度	压力/Pa	照度/lx	噪声/dB(A)
手术室	手术间	22～25	40～60	百级(特别洁净手术间，如关节置换、器官移植等手术) 千级(标准洁净手术间，如胸外科、整形外科等手术) 万级(一般洁净手术间，如普通外科手术)	相邻不同级别手术间静压差≥5，洁净区对非洁净区≥10(正压)	手术区域750～1500，其他区域≥300	≤50
	麻醉准备室	22～25	40～60	/	/	300～500	≤50
	器械室	20～25	40～60	/	/	300～500	≤50
	更衣室	20～26	40～60	/	/	150～300	≤50

续表

主要功能间		温度/℃	湿度/%	洁净度	压力/Pa	照度/lx	噪声/dB(A)
ICU	病房	24～26	50～60	十万级(部分对洁净度要求高的区域可参考手术室洁净度标准)	相对相邻区域可为微正压(+5～+10)	300～500(患者床头),其他区域≥150	≤50(白天),≤45(夜间)
	护士站	20～26	40～60	/	/	300～500	≤50
	治疗室	20～26	40～60	/	/	300～500	≤50
	去污区	16～21(冬季),26～31(夏季)	30～60	/	相对负压(−5～−10)	300～500	≤60
	检查包装及灭菌区	20～23(夏季),20～25(冬季)	30～60	/	相对正压(+5～+10)	300～500	≤55
	无菌物品存放区	低于24	低于70	/	相对正压(+5～+10)	200～300	≤50
	办公生活区	20～26	40～60	/	/	300～500	≤50
产房	分娩室	25～28	50～60	万级(分娩区域),十万级(周边辅助区域)	分娩区相对相邻区域微正压(+5～+10)	750～1500(分娩操作区域),其他区域≥300	≤55
	待产室	22～26	40～60	/	/	300～500	≤50
	更衣室	20～26	40～60	/	/	150～300	≤50
NICU	病房	24～26	50～60	十万级(部分对洁净度要求高的区域可参考手术室洁净度标准)	相对相邻区域可为微正压(+5～+10)	300～500(患儿床头),其他区域≥150	≤50(白天),≤45(夜间)
	护士站	20～26	40～60	/	/	300～500	≤50
	配奶室	24～26	50～60	/	/	300～500	≤50
	沐浴室	26～28	50～60	/	/	300～500	≤50
静配中心	审方打印区	18～26	40～65	/	/	300～500	≤55
	摆药准备区	18～26	40～65	/	/	300～500	≤55
	配液区	18～26	40～65	万级(水平层流台操作区域局部可达百级)	相对相邻区域微正压(+5～+10)	300～500(水平层流台操作区域500～1000)	≤55
	成品核对包装区	18～26	40～65	/	/	300～500	≤55
	普通药品库	0～30	45～75	/	/	300～500	≤55
	冷藏药品库	2～10	45～75	/	/	300～500	≤55
	阴凉药品库	不高于20	45～75	/	/	300～500	≤55
	洁具间	/	/	/	/	300～500	≤55

四、医疗洁净工程设计要点

洁净工程系统的设计要点见表 2-3。

表 2-3　洁净工程系统设计要点

序号	设计要点	详细内容
1	分区布局	洁净区：如手术室（百级用于高精密手术如脑外科、心脏手术；千级、万级用于普通外科手术等）、层流病房（百级，为免疫低下患者提供无菌环境）、无菌物品存放间等。需严格控制微生物与尘埃粒子数量，人员与物品进出遵循严格净化流程。 准洁净区：如重症监护病房（ICU，万级）、产房（十万级）、新生儿室（十万级）等。卫生要求较高，有相应的空气净化与环境控制标准，人员流动与物品传递需经过一定净化处理。 非洁净区：涵盖普通病房、门诊大厅、行政办公区域等。主要保持日常清洁卫生，与洁净区、准洁净区有明确分区界限，通过缓冲区域过渡，防止污染传播。 缓冲区域：设置在不同区域之间，配备风淋室、气闸室等设施，维持气压梯度，减少空气交叉污染。 人流通道：独立设置，包含更衣室（从外到内依次更换工作服、鞋套、帽子等）、洗手消毒区域、风淋室等，确保人员进入洁净区前达到净化要求。 物流通道：设有传递窗（具备互锁功能与空气净化装置）或专用电梯，防止物品在传递过程中污染洁净区域
2	装修	墙面：多选用彩钢板（表面烤漆或覆膜处理，光滑平整、无缝隙、易清洁、耐腐蚀）、无机预涂板（具有防火、抗菌、环保等特性，颜色与纹理多样）等材料，避免积尘与细菌滋生。 地面：防静电环氧自流平地面（有效导除静电，自流平工艺使表面无缝、平整光滑、易清洁，适用于有静电防控需求的区域）、PVC 地板（柔软有弹性、吸音降噪、色彩丰富、施工便捷，常用于病房等对舒适性有要求的场所）、橡胶地板（耐酸碱、耐腐蚀、防滑，适合手术室或有化学药品泄漏风险的区域）等，根据不同区域功能需求选择。 顶棚：通常采用与墙面材料相匹配的彩钢板或无机预涂板吊顶，安装牢固，密封性能良好，防止灰尘积聚。吊顶内空间合理规划，便于安装通风管道、照明灯具、消防设施等设备，并预留足够维护空间
3	净化	空气过滤：采用多级过滤系统，包括初效过滤器（过滤空气中粒径大于 5μm 的尘埃粒子，多安装于空气处理机组入口处，对新风进行初步净化）、中效过滤器（可过滤粒径 1～5μm 的粒子，进一步提升空气洁净度）、高效过滤器（能去除粒径大于 0.3μm 的微小粒子，对于特殊要求区域如百级洁净室可能需超高效过滤器，可过滤粒径大于 0.1μm 的粒子），各过滤器依序安装，定期检查与更换，确保过滤效果。 气流组织：垂直层流（空气从天花板垂直向下流动，如手术室、层流病房等，可快速带走尘埃与微生物，保证区域内洁净度均匀）、水平层流（空气沿水平方向流动，适用于大面积洁净区域，如部分洁净厂房）、乱流（通过合理布置送风口与回风口，使空气在室内形成湍流，混合稀释空气，在满足一定洁净度要求下降低成本，常用于普通洁净实验室或药品包装车间等，但需气流模拟验证），根据不同区域功能与洁净等级确定合适气流组织形式。 换气次数：百级洁净手术室换气次数 300～500 次/h；千级洁净室 50～80 次/h；万级洁净室 15～25 次/h；十万级洁净室 10～15 次/h。换气次数的确定需综合考虑房间体积、人员密度、设备发热与产尘量等因素，借助计算流体动力学（CFD）模拟等手段优化，以平衡洁净度与能耗
4	电气	照明：采用净化灯具，灯罩材质不易积尘且易清洁，如不锈钢或透明塑料灯罩。手术室照度一般在 750～1500lx，满足手术精细操作需求；实验室照度约 300～750lx，适宜实验观察与操作。照明系统配备应急照明功能，在停电或紧急情况下能自动切换，保证人员安全疏散与重要设备持续运行，应急照明时间符合相关建筑规范要求。 供配电：电气线路采用暗敷方式，防止线路暴露积尘与产生静电。配电箱、开关、插座等电气设备选用防水、防尘、防腐蚀产品，且安装位置便于操作与维护。特殊区域如电子医疗设备集中区域或有易燃易爆气体存在的场所，需采用防静电接地系统（将设备与人员产生的静电及时导除，防止静电对电子元件损害或引发爆炸事故）与防爆电气设备，确保电气安全。在设计时充分考虑设备用电负荷、功率因数、谐波治理等因素，合理配置变压器、配电柜等电力设备，预留一定电力容量以满足未来医疗设备的扩展与升级需求

续表

序号	设计要点	详细内容
5	给排水（纯水、废水）	纯水：在制药车间、血液透析中心等对水质要求极高的区域，需制备纯化水与注射用水。采用专门的水处理设备与管道系统，通过多道净化消毒工序，如反渗透（去除水中大部分杂质、离子与微生物）、离子交换（进一步去除特定离子）、超滤（过滤大分子有机物与胶体）等技术，确保水质符合药品生产或医疗治疗要求。管道材质一般选用不锈钢管或其他耐腐蚀、无污染材料，防止水质二次污染，且管道系统设计应避免死水区与盲管，保证水流畅通与水质稳定。 废水：排水管道设计有一定坡度，确保排水顺畅，防止积水。排水口设置水封装置，有效防止异味与有害气体反流进入洁净区域。对于含有害物质的废水，如医院检验科废水（可能含有重金属离子、有机溶剂、病原体等）、制药车间工艺废水，需设置专门的废水处理系统。首先进行分类收集，然后根据废水特性进行预处理，如化学中和（调节废水酸碱度）、沉淀（去除重金属等沉淀物）、消毒（杀灭病原体）等，处理后的废水达到国家排放标准后再排入医院污水处理站进行进一步处理，以保护环境与公共卫生安全。给排水系统的设计应与整个医疗洁净工程的空间布局和设备安装相协调，避免管道穿越洁净度要求较高的区域，若无法避免，则需采取可靠的密封和防护措施，如设置套管、密封胶圈等，防止管道泄漏对洁净区域造成污染
6	医气	气体种类：主要包括氧气（用于患者呼吸支持）、氮气（常用于手术器械的驱动或作为某些医疗设备的保护气）、压缩空气（驱动气动医疗设备等）等，根据不同医疗科室与设备需求确定气体种类与供应压力。 管道系统：医气管道材质需符合医用气体输送要求，具有良好的耐腐蚀性能与密封性。管道铺设应遵循合理路径，避免交叉污染与泄漏风险，不同气体管道采用明确的颜色标识区分，便于识别与维护。在管道系统中设置气体监测报警装置，实时监测气体压力、流量、纯度等参数，一旦出现异常能及时发出警报，确保医气供应的安全与稳定，保障医疗活动正常进行
7	智能化系统	环境监测：通过分布在各区域的传感器，实时采集温度、湿度、尘埃粒子数、微生物浓度、气压等环境数据，并将数据传输至中央监控系统。一旦数据超出预设标准，系统自动发出警报，便于及时采取调整措施。 设备监控：对空气净化设备（如过滤器状态、风机运行情况等）、空调系统（制冷制热效果、风量调节等）、给排水设备（水泵运行状态、水位监测等）、医气设备（气体储存量、压力情况等）等关键设备进行远程监控与智能管理。可远程控制设备的启停、调节运行参数，实现设备的自动化运维，提前预警设备故障，降低设备停机风险。 人员管理：采用门禁系统，对不同区域设置不同的访问权限，只有授权人员才能进入相应区域，同时记录人员的进出时间、身份信息等数据，便于追溯与管理。结合视频监控系统，实时监控各区域人员活动情况，确保人员操作符合规范要求，保障医疗环境安全。 能源管理：智能电表、水表、气表等设备实时计量能源消耗情况，通过数据分析找出能源消耗高的设备及其能源消耗的高峰期，制定节能策略，如优化设备运行时间、调整设备运行参数等，提高能源利用效率，降低运营成本。 信息交互：建立智能化信息平台，实现各系统之间的数据共享与交互。例如，环境监测数据可与空调系统联动，自动调节温湿度；设备故障信息可及时推送至维修人员的移动终端，提高维修响应速度。同时，该平台还可与医院的信息管理系统（HIS）集成，为医院管理决策提供数据支持

五、常见平面布局要求

（一）手术室布局

手术室通常划分为洁净区域、准洁净区域及非洁净区域。其中，洁净区域涵盖手术间及无菌物品存放间等关键区域；准洁净区域包含器械准备间、麻醉复苏室等场所；非洁净区域设有家属等候区、办公区等区域。手术间内部布局科学合理，手术床置于中心地带，四周配备齐全的医疗设备与器械。照明设施完善，确保手术操作过程中视野清晰。通道设计顺畅合理，有效避免交叉污染的风险。医护人员、患者及物品分别设有独立的通行路径。

手术室配套用房要求见表 2-4。

表 2-4 手术室配套用房要求表

序号	配套用房类型	要求详情
1	更衣室	靠近手术部入口，面积满足医护人员数量需求，设有更衣柜、鞋柜、洗手池等设施，通风良好，保持空气清新干燥，有独立的换鞋凳区域，区分污染区与清洁区
2	卫生间	位置合理，方便使用，清洁卫生，配备感应式水龙头、洗手液、干手器等，定期清洁消毒，有足够的厕位数量，包括无障碍厕位，排水顺畅
3	器械室	临近手术室，空间布局合理，有专门的器械存放架、柜，分类存放各类手术器械，温度、湿度适宜，利于器械保存，有良好的通风设施，防止器械生锈、霉变
4	敷料室	与器械室相邻或相近，有充足的敷料存放空间，如货架、抽屉等，保持环境清洁，对敷料进行分类、整理、储存，定期检查敷料有效期，确保无过期使用情况
5	麻醉恢复室	靠近手术室，面积根据手术量和术后恢复需求确定，配备舒适的恢复病床，有氧气、吸引等生命支持系统接口，配备监护设备，如心电监护仪、血压监测仪等，医护人员能够随时观察患者恢复情况并进行及时处理
6	医护办公室	位于手术部中心区域或方便医护人员往来各手术室的位置，配备办公桌椅、电脑、文件柜等办公设备，用于书写手术记录、安排手术日程、讨论病例等工作，环境安静、整洁
7	会议室	可容纳一定人数的会议空间，有投影仪、音响等设备，用于手术部内部会议、学术交流、病例讨论等活动，座椅舒适，采光和通风良好
8	家属等候区	设置在手术部外相对独立的区域，面积适中，有舒适的座椅、饮水机、电视等设施，为家属提供舒适的等候环境，同时保持安静、有序，有专人负责管理和维护
9	消毒供应室（或与医院中心供应室有便捷联系通道）	如果手术部内设置消毒供应室，需配备清洗、消毒、灭菌设备，如压力蒸汽灭菌器、超声清洗机等，有合理的器械清洗、包装、灭菌流程区域划分，排水、通风良好；若与中心供应室相连，有专用的洁污运输通道，保证手术器械的及时供应和回收处理
10	污物暂存间	位于手术部相对偏僻且靠近污物运输通道的位置，有防渗漏、防污染扩散的设施，用于暂时存放手术产生的医疗废物，定期清理，与外界有良好的隔离措施，防止异味和污染扩散

（二）ICU 布局

ICU 一般采用开放式或半开放式布局，便于医护人员观察患者病情（图 2-1）。其内设有病床区、治疗区、监护区等。

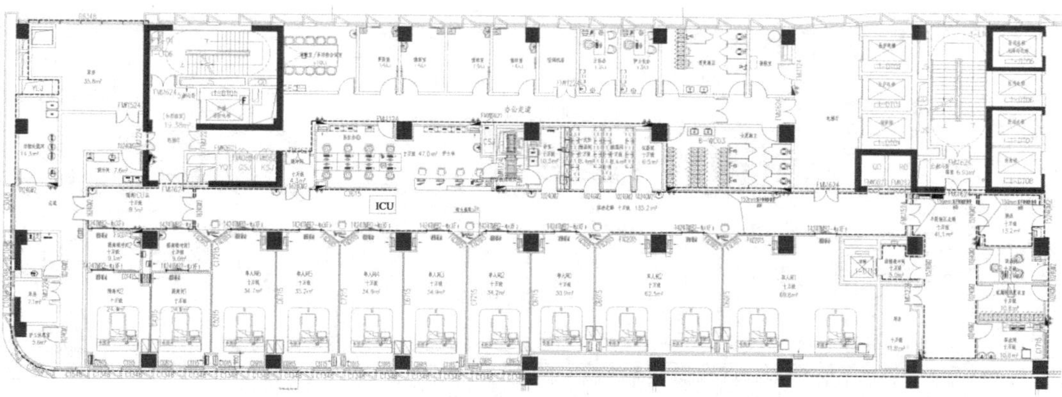

图 2-1 ICU 布置平面图

病床区布置紧凑，每张病床配备监护设备和治疗设备。治疗区设有各种治疗仪器和药品存放柜。监护区有中央监护站，可实时监测患者生命体征。通道宽敞，便于转运患者和设备。

ICU 配套用房要求见表 2-5。

表 2-5　ICU 配套用房要求表

序号	配套用房类型	要求详情
1	护士站	位于 ICU 中心位置，视野开阔，能观察到各个病房。配备足够的电脑工作站、医疗记录文件存放处、通信设备，方便护士随时记录患者信息、与医生沟通及协调护理工作
2	治疗室	临近病房，空间宽敞，便于操作。设置治疗台、药品与器械存放柜，药品分类存放并严格管理有效期，器械齐全且定期维护消毒，有良好的通风和照明，符合无菌操作规范
3	医生办公室	靠近护士站与病房，安静舒适。配备办公桌椅、电脑、病历架等，供医生书写病历、讨论病情、查阅资料，利于及时对患者病情做出诊断与治疗方案调整
4	配药室	独立且通风良好，有专门的层流净化设备为佳。配备配药台、药品冷藏设备、安全防护设施，确保药品配制的准确性与安全性，防止交叉污染
5	更衣室	为医护人员提供，面积适宜，有更衣柜、鞋柜、洗手池等。区分清洁与污染区域，通风换气良好，保持环境整洁，方便医护人员更换工作服
6	值班室	供医护人员休息，有舒适的床铺、基本的生活用品。位置相对安静，与病房有便捷的联系通道，保证医护人员能在紧急情况下迅速响应
7	家属等候区	设置在 ICU 外相对独立的空间，面积根据医院需求而定。有舒适座椅、饮水机、卫生间等设施，提供安静、温馨的等候环境，可配备信息显示屏以便家属了解患者基本情况
8	污物处理间	位于相对偏僻角落，有防渗漏地面与排水设施。设置分类垃圾桶、污物暂存柜，用于存放医疗废物与污染物品，定期清理并严格遵守医疗废物处理规范
9	库房	用于存放医疗耗材、设备备用件等物资。空间布局合理，货架分类存放，保持干燥、通风，严格管理物资出入库记录，确保库存物资的充足与安全
10	示教室	具备多媒体教学设备，如投影仪、音响等。可容纳一定人数进行教学培训、病例讨论、学术交流等活动，座椅舒适，采光与通风良好

（三）新生儿病房（NICU）布局

新生儿病房分为重症监护区、普通护理区和隔离区（图 2-2）。重症监护区用于救治病情危重的新生儿；普通护理区为一般新生儿提供护理；隔离区用于隔离感染的新生儿。

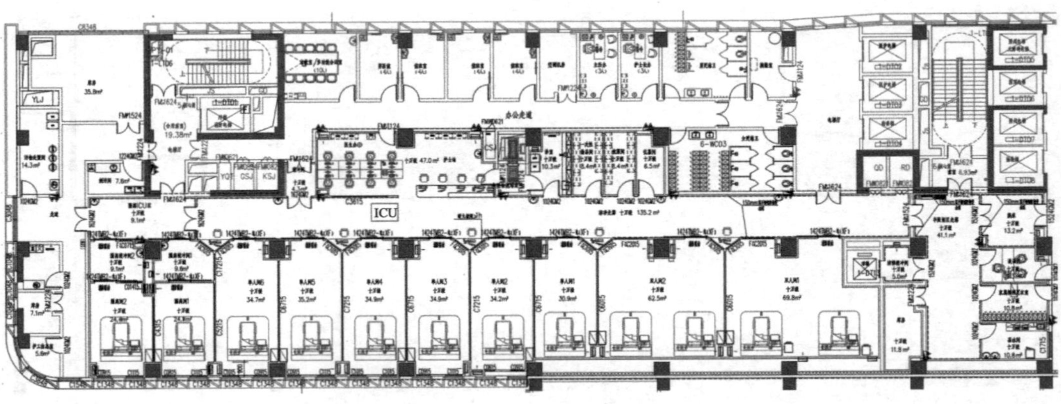

图 2-2　新生儿病房（NICU）平面布置图

病房内部布置温馨，色彩柔和，以减少新生儿的恐惧和不安。其内设有婴儿床、暖箱、监护设备等。通道设置合理，避免人员和物品的交叉流动。

NICU 配套用房要求见表 2-6。

表 2-6　NICU 配套用房要求表

序号	配套用房类型	要求详情
1	护士站	位于病房中心区域,能全方位观察到各病室情况。配备充足的监护设备显示屏、电脑工作站用于记录患儿信息及护理文书,通信系统便捷,确保护士能及时响应患儿需求并与医生有效沟通
2	治疗室	邻近病房且相对独立,空间布局合理。设有治疗台、药品及器械专用柜,药品分类存放并严格管控有效期,器械齐全且定期保养消毒,通风与照明良好,符合无菌操作环境标准,以保障各类治疗操作安全进行
3	医生办公室	靠近护士站与病房,环境安静利于医生工作。配备办公桌椅、电脑、病历存放架等,方便医生查阅病历、分析病情、制定治疗方案以及进行病例讨论与学术交流
4	配奶室	独立空间,有良好的通风与空气净化设施。配备专用的奶瓶清洗消毒设备、配奶操作台、储奶冰箱等,严格遵循无菌配奶流程,防止交叉感染,确保新生儿喂养安全
5	更衣室	供医护人员使用,面积根据人员数量确定。配备个人更衣柜、鞋柜、洗手池等,有明确的清洁区与污染区分隔,通风良好,保持室内整洁,方便医护人员更换工作服
6	值班室	位置相对安静且与病房联系便捷。配备舒适的休息设施,如床、沙发等,以及基本生活设施,保障医护人员在值班期间能得到适当休息,以便随时应对紧急情况
7	家属接待室	设置在病房外相对独立区域,环境温馨舒适。配备座椅、饮水机等设施,为家属提供了解患儿病情及与医护人员沟通交流的场所,可设置视频探视设备以满足家属探视需求
8	污物处理室	位于病房偏僻角落,有完善的防渗漏与消毒设施。配备分类垃圾桶、污物暂存容器,用于存放医疗废物、污染的布草等,严格按照医疗废物处理规范进行定期清理与转运
9	库房	用于储存新生儿专用医疗用品、耗材、设备配件等。空间布局合理,货架分类存放,保持干燥通风,严格管理物资出入库记录,确保物资储备充足且质量安全
10	沐浴室	独立且温暖、通风良好的空间。配备适宜新生儿的沐浴设施、水温调节装置、抚触台等,严格遵循沐浴操作规范,防止新生儿受凉与交叉感染,为新生儿提供舒适的清洁护理环境
11	隔离病房	对于感染性疾病患儿或特殊病情需要隔离的新生儿设置。有独立的通风系统、消毒设施,与普通病房严格分隔,防止病原体传播,配备齐全的监护与治疗设备以满足隔离期间的医疗护理需求

(四)消毒供应室布局

消毒供应室的平面布局有着严格要求(图 2-3)。整体遵循洁污分开、流程顺畅、不交叉逆流的核心准则。

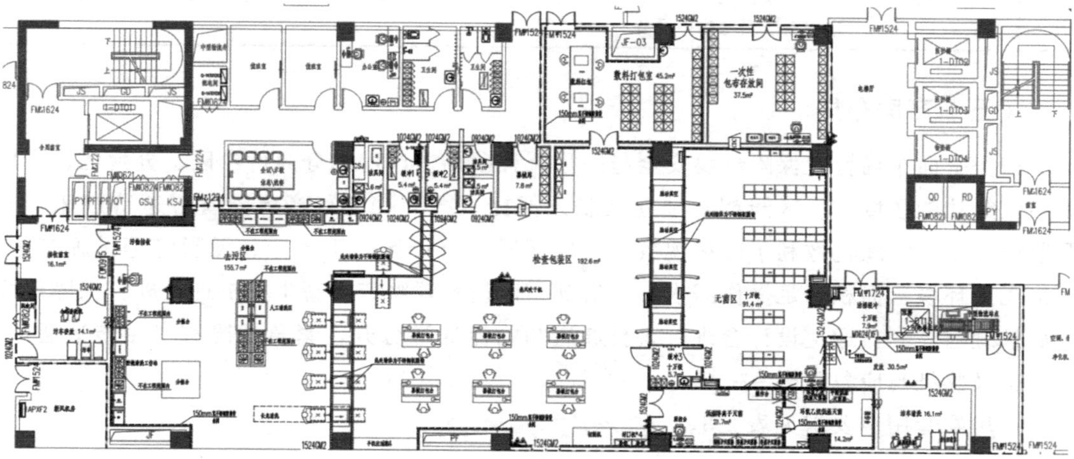

图 2-3　消毒供应室的平面布置图

去污区作为污染器械处理起始点，设有专门入口与分类台，清洗消毒设备布局紧凑且预留充足操作与维护空间，通风与排水系统完善以处理污染过程产物。

检查包装及灭菌区，检查包装台光线明亮、间距合理利于操作，灭菌设备依安全规范安装并留散热及维护位，包装材料存放区紧邻且分类清晰。

无菌物品存放区存放架开放式设计，严格控制温湿度以维持无菌环境。辅助的办公区便于管理协调，生活区满足人员日常所需。

独立的洁污通道与人员通道，区域间设缓冲间，通过这样科学合理的布局，保障器械处理高效且无污染，为医疗安全保驾护航。

消毒供应室配套用房要求见表 2-7。

表 2-7　消毒供应室配套用房要求表

序号	配套用房类型	具体要求
1	去污区	设有污染器械接收入口，有分类台用于初步分拣器械。配备超声清洗机、全自动清洗消毒器等设备，且设备间布局合理，预留充足操作与维护空间。地面有排水坡度（不小于 1.5%），地漏防返溢，安装机械通风设施（换气次数≥10 次/h），墙面和地面采用耐磨损、耐腐蚀、易清洁材料
2	检查包装及灭菌区	检查包装台光线明亮（光照强度≥300lx），尺寸合适且间距合理。灭菌设备（如压力蒸汽灭菌器、环氧乙烷灭菌器）安装稳固，按规范预留散热、维护空间，周边无易燃、易爆物品。包装材料储存区靠近检查包装台，有分类存放的货架，方便取用
3	无菌物品存放区	空气洁净度达Ⅳ类环境标准［细菌菌落总数≤4CFU/（15min・直径 9cm 平皿）］。存放架开放式，离地面≥20cm，离墙≥5cm，离天花板≥50cm，间距合理。温度控制在低于 24℃，相对湿度低于 70%，安装温湿度监测与调节设备，有防鼠、防虫设施
4	办公区	邻近工作区域，内部摆放办公桌、电脑、文件柜等办公设备，环境安静整洁，便于工作人员进行文件整理、质量控制、工作安排等
5	生活区	包括更衣室、休息室、卫生间。更衣室按人员数量配备更衣柜，通风良好；休息室有舒适座椅、饮水设施；卫生间保持清洁，有专人打扫，与工作区适当隔离
6	清洗消毒设备区	超声清洗机、清洗消毒器等依据操作流程和物品流向布局。超声清洗机靠近手工清洗台，清洗消毒器周围预留空间方便装卸器械、连接管道及设备维护，排水管道连接医院污水处理系统
7	灭菌设备区	压力蒸汽灭菌器置于水平、通风良好处，前后左右距墙或其他设备≥50cm，排水口正确连接。环氧乙烷灭菌器放于通风佳且符合防火防爆要求区域，远离火源与人员密集区，配备相应安全监测与防护设备

（五）产房布局

产房平面布局旨在保障母婴安全与医疗流程顺畅。产房划分为待产区、分娩区、产后观察区等功能区域，各区间相对独立又联系便捷（图 2-4）。待产区配备舒适待产床与必要监测设备，空间宽敞利于医护观察。分娩区紧邻待产区，手术床、无影灯等设施齐全，严格无菌环境，面积满足操作需求。产后观察区设有观察床与新生儿护理设施，保障母婴产后护理与监测。通道设计合理，人员通道与物流通道分开，紧急情况有专用转运通道，减少交叉感染与应急阻碍。

产房配套用房要求见表 2-8。

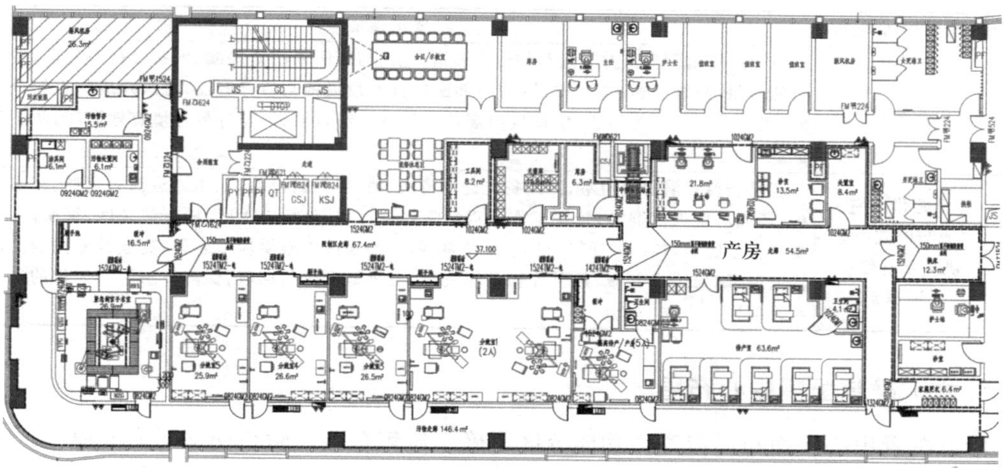

图 2-4　产房的平面布置图

表 2-8　产房配套用房要求表

序号	配套用房类型	要求详情
1	更衣室	靠近产房入口，面积充裕，按人员数量配备足够的更衣柜与鞋柜，有明确的污染区与清洁区分隔，换鞋凳数量充足且布局合理，通风系统完善，保证空气流通顺畅，地面防滑且易于清洁，墙面防潮防霉，维持室内干燥舒适，为医护人员提供便捷且卫生的更衣环境
2	卫生间	位置设计合理，方便医护人员及产妇使用，内部设施齐全，包括感应式水龙头、自动冲洗便器、干手器、洗手液等，通风良好，换气次数满足需求，有效去除异味与湿气，保持空气清新，定期进行深度清洁与消毒，确保卫生达标，同时设置无障碍设施，满足特殊需求人群使用
3	器械室	邻近手术区域，空间布局科学，设置多层专用器械架与橱柜，可对各类手术器械进行分类存放与管理，配备温湿度调控设备，精准维持室内温度在 20～25℃，相对湿度在 40%～60%，防止器械因温湿度不当而受损，如生锈、变形等，设置严格的器械出入库登记制度，确保器械流向可追溯
4	敷料室	与器械室相邻，空间宽敞明亮，安装充足的照明设备，设有多层敷料存放架与分类抽屉，可对不同规格、类型的敷料进行有序存放，环境保持高度清洁，定期进行清洁消毒与整理，严格控制人员进出，避免敷料受污染，确保敷料的无菌性与可用性
5	麻醉准备室	紧邻手术间，面积适中，配备先进的麻醉机、多参数监护仪、齐全的药品柜以及符合安全规范的麻醉药品保险柜等核心设备，室内电源插座分布均匀且数量充足，医用气体接口配置完善，能满足各类麻醉操作需求，温湿度控制稳定，营造舒适安全的麻醉准备环境
6	新生儿处理室	独立封闭空间，设置可靠的保暖设备，如婴儿暖箱、辐射保暖台等，配备新生儿复苏抢救设备，如喉镜、复苏气囊等，以及洗澡设施、体重秤、身长测量仪等日常护理设备，室内环境严格遵循消毒隔离制度，定期进行空气净化与消毒处理，保障新生儿健康安全
7	医生办公室	位于产房区域核心位置或便于医生快速抵达各功能区的交通节点处，内部配备舒适的办公桌椅、高性能电脑、病历档案架等办公设施，环境安静无噪声干扰，采光良好，网络通信便捷，利于医生进行病历书写、病例讨论分析、医学资料查阅等工作
8	护士站	选址视野开阔，能全面监控产房各区域动态，配备多台电脑工作站、高效通信设备、护理记录文档存放专柜等，方便护士实时记录患者信息、传递医疗指令、协调各部门工作，保障产房护理工作的高效有序运行
9	家属等候区	设置在产房外部相对独立且安静的区域，面积大小适宜，装修风格温馨舒适，配备大量舒适座椅、饮水机、电视等便民设施，可设置电子显示屏实时展示产妇分娩进展等信息，安排专人负责日常管理与秩序维护，为家属提供良好的等候环境

续表

序号	配套用房类型	要求详情
10	污物暂存间	位于产房偏僻角落并靠近污物运输通道，地面与墙面采用防渗漏、耐腐蚀材料建造，设置严密的防鼠、防蝇、防虫等防护设施，内部配备分类垃圾桶与暂存容器，对医疗废物进行分类存放，张贴明显的分类标识，定期按照规范流程进行清理转运，与外界环境有效隔离，防止污染扩散
11	消毒供应室（或与医院中心供应室有便捷通道）	若设有独立消毒供应室，需配备先进的清洗、消毒、灭菌设备，如压力蒸汽灭菌器、超声清洗机、环氧乙烷灭菌器等，依据工作流程科学划分区域，包括去污区、检查包装区、灭菌区、无菌物品存放区等，各区域通风与排水系统良好；若与医院中心供应室合作，需建设专用的洁污运输通道，确保手术器械、敷料等物品能及时、安全地供应与回收，保障产房医疗工作的连续性与无菌性

（六）静脉配置中心布局

静脉配置中心平面布局应遵循功能分区明确、流程合理、防止交叉污染的原则。整体划分为生活区、审方区、摆药区、配置区、成品核对区和物流区等（图 2-5）。

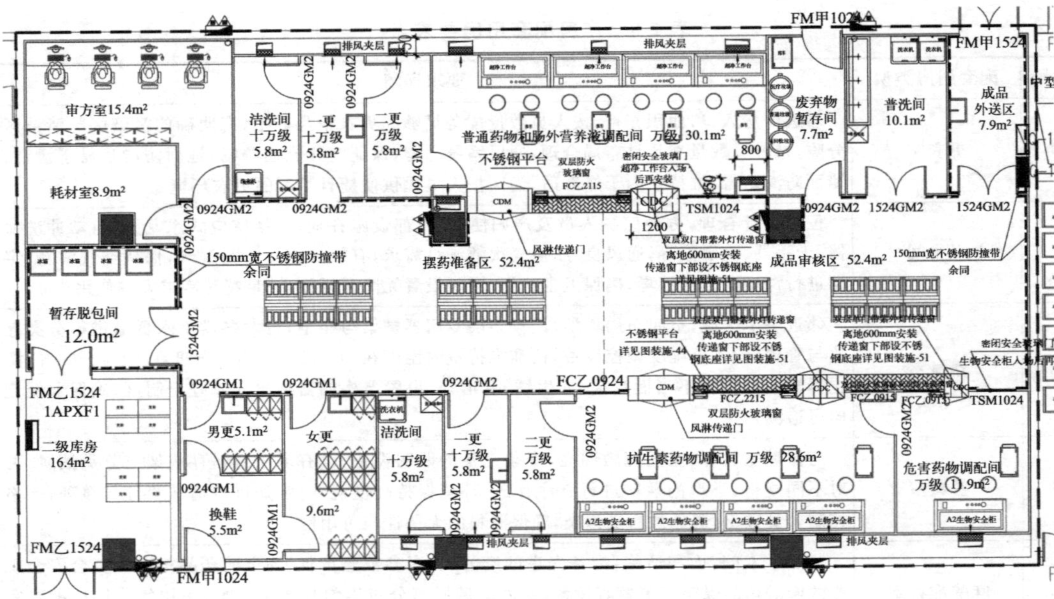

图 2-5　静脉配置中心平面布置图

生活区提供人员休息、更衣等功能，保障工作人员日常需求。审方区靠近入口，方便接收处方并及时审核，配备电脑等设备，确保用药安全。摆药区空间宽敞，依据药品类别有序摆放货架，便于快速准确取药。

配置区是核心区域，根据药物性质分为普通药物、抗生素及细胞毒性药物配置间，各配置间独立且有相应净化级别，配备层流台等设备，保证药物配置环境的洁净度。

成品核对区光线充足，有专门核对台用于检查配置药品的准确性。物流区设有传递窗和运输通道，实现洁污分流，确保药品和物品运输顺畅且无污染，通过这样科学的布局保障静脉输液的质量与安全。

静脉配置中心配套用房要求见表 2-9。

表 2-9 静脉配置中心配套用房要求表

序号	配套用房类型	要求详情
1	审方打印区	邻近入口，便于接收处方信息。配备多台电脑及专业审方软件，网络连接稳定，确保处方能及时准确审核与打印。环境安静，避免干扰工作人员集中精力核对药品信息
2	摆药准备区	空间宽敞，布局合理，方便药品分类存放与取用。设有多层货架，依据药品类别、剂型等进行分区摆放，如口服药、注射剂、外用药等分开存储。照明良好，确保工作人员能清晰识别药品标签
3	普通药物配置区	净化级别达万级(水平层流台操作区域局部可达百级)，保持稳定的温度(18～26℃)、湿度(40%～65%)。配备足够数量的水平层流台，层流台周边有足够操作空间，电源插座充足，方便配置设备使用，与其他区域有适当隔离措施防止交叉污染
4	抗生素药物配置区	基本要求同普通药物配置区，增加独立通风系统，能有效排出配置过程中产生的药物气溶胶，避免对其他区域造成污染。有明确标识与警示，提醒工作人员注意操作规范与安全防护
5	细胞毒性药物配置区	净化级别万级(水平层流台操作区域局部可达百级)且具备独立空气净化系统与负压装置，与外界保持相对负压(－5～－10Pa)防止药物扩散。工作人员配备专业防护设备，如防护服、手套、护目镜等，配置间有紧急洗眼装置与淋浴设施，应对突发情况
6	成品核对包装区	光线明亮且均匀，照度适宜(300～500lx)，便于仔细核对药品配置信息。设有专门核对台，有足够空间放置待核对与已核对药品，配备扫码设备、标签打印机等辅助工具，提高核对准确性与工作效率
7	普通药品库	温度控制在0～30℃，湿度维持在45%～75%，确保药品质量稳定。安装空调与除湿设备，具备防火、防潮、防虫、防鼠等设施，药品分类存放于货架，货架标识清晰，建立严格药品出入库管理制度
8	冷藏药品库	温度精准控制在2～10℃，配备专业冷藏设备，有温度监测与报警系统，实时监控库内温度，确保冷藏药品在规定温度范围内储存。药品存放有序，有专用冷藏货架，避免药品积压与混放
9	阴凉药品库	温度不高于20℃，通过空调系统调节室内温度，有温度显示装置便于监测。阴凉药品分类存放，有相应标识牌区分，确保药品储存环境符合要求
10	洁具间	用于存放清洁工具，空间大小适中，有专门清洁工具架，分类放置拖把、抹布等。地面有排水设施，保持地面干燥清洁，防止滋生细菌与霉菌，有良好通风换气，避免异味产生
11	更衣室	为工作人员提供，分为一更、二更。一更配备衣柜、鞋柜，二更设置更衣柜及穿衣镜，方便工作人员更换工作服与个人衣物存放。二更净化级别高于一更，有洗手池、手消毒设施，保持清洁卫生，防止交叉污染
12	办公区	设置办公桌椅、电脑、文件柜等，供管理人员处理日常工作事务，如人员排班、物资管理、质量控制等。环境安静舒适，网络通信便捷，利于工作人员高效办公
13	休息区	配备舒适座椅、饮水机、微波炉等设施，为工作人员提供休息与饮食场所。环境整洁温馨，与工作区域适当分隔，保证工作人员能在休息时间充分放松，恢复精力
14	培训室	空间大小根据人员数量确定，配备投影仪、音响、黑板等教学设备，用于开展员工培训、业务学习、学术交流等活动，座椅排列整齐，方便人员听讲与互动
15	物料储存室	存放静脉配置中心使用的各类耗材、试剂等物品，如注射器、输液袋、溶剂等。物品分类存放于货架，有明确标识，建立库存管理系统，实时掌握物料库存情况，确保物资供应及时且不积压浪费
16	淋浴室(如有需要)	安装淋浴设施，热水供应稳定，地面防滑处理，有良好通风设施排出湿气，保持室内干燥清洁，供工作人员在特殊情况下使用，如接触污染物品后清洁身体

六、常见装修材料选型

在洁净工程领域，装修材料的选型犹如大厦之基石，是决定整个工程品质、性能与功能的关键环节。它不仅关系到洁净空间能否有效抵御外界污染、维持稳定的环境参数，还直接影响着工程的耐久性、安全性以及经济性。因此，深入研究和正确选择装修材料对于洁净工程的成功实施具有不可忽视的重要意义。

随着现代工业和医疗技术的飞速发展，洁净工程的应用范围日益广泛，其要求也愈发严格和多样化。从电子芯片制造的超净车间到高精度医疗器械的生产环境，从医院的手术室、ICU到生物制药的研发实验室，每一个洁净空间都有着独特的需求。这些需求对装修材料提出了一系列严苛的挑战，包括但不限于极低的发尘量、良好的化学稳定性、优异的抗菌性能、强大的防火能力以及精准的尺寸稳定性等要求。

（一）墙面材料

墙面材料在医疗洁净工程中起着重要的作用（表2-10）。无机预涂板以其多种优良特性广泛应用于高洁净要求的科室，能有效防止细菌滋生和污染。电解钢板强度高，适合在需要承受一定机械应力的环境中使用。铝板具有良好的装饰性，可提升医院的整体形象。抗菌涂料则适用于预算有限但又需要一定抗菌性能的区域。

表2-10　墙面主要材料选型及适用范围

材料名称	特点	适用科室
无机预涂板	防火、防潮、抗菌、耐酸碱、易清洁，表面光滑平整，颜色丰富可定制	手术室、ICU、新生儿病房、血液病房等高洁净要求科室
电解钢板	强度高、耐腐蚀、耐磨损、抗菌性能好，表面可进行喷塑处理	对环境要求严格的手术室、实验室等
铝板	质轻、耐腐蚀、易加工、装饰性强，可进行氟碳喷涂或阳极氧化处理	医院大厅、走廊等公共区域及对装饰性有一定要求的科室
抗菌涂料	抗菌、防霉、耐擦洗，施工方便成本低	一般病房、办公室等洁净度要求不高的场所

（二）吊顶材料

吊顶材料不仅要满足美观的要求，还需具备相应的功能特性（表2-11）。铝扣板施工简单，装饰性强，常用于公共区域。矿棉板的吸音性能使其适用于需要降低噪声的场所。硅钙板的防火性能突出，适合在对防火有严格要求的科室使用。洁净板则为高洁净区域提供了可靠的保障。

表2-11　吊顶主要材料选型及适用范围

材料名称	特点	适用科室
铝扣板	质轻、耐腐蚀、易加工、装饰性强，表面可氟碳喷涂或阳极氧化	医院大厅、走廊等公共区域
矿棉板	吸音、隔热、防火、质轻，可进行装饰处理，适用于有噪声要求的场所	办公室、会议室、一般病房等
硅钙板	防火、防潮、强度高、质轻，可进行装饰处理，适用于防火要求高的场所	手术室、ICU、实验室等
洁净板	抗菌、防霉、耐擦洗、防火，表面光滑平整，颜色均匀	对洁净度要求极高的科室，如手术室、药品生产车间等

（三）地面材料

地面材料需要考虑防滑、耐磨、抗菌等特性（表2-12）。医用PVC地板和橡胶地板在提供良好性能的同时，也能为患者和医护人员提供舒适的行走体验。环氧树脂自流平地面适用于对平整度和洁净度要求高的区域。地砖则常用于公共区域，其坚固耐用的特点能满足人流量大的需求。

表 2-12 地面主要材料选型及适用范围

材料名称	特点	适用科室
医用 PVC 地板	防滑、耐磨、抗菌、易清洁、脚感舒适，颜色丰富	手术室、ICU、病房、检验科等
橡胶地板	弹性好、防滑、耐磨、抗菌、隔音效果好	手术室、ICU、康复科等
环氧树脂自流平地面	平整度高、耐磨、耐腐蚀、耐重压、易清洁，可设计颜色图案	实验室、药品生产车间、洁净厂房等
地砖	坚固耐用、防滑、易清洁，颜色、款式多样	医院大厅、走廊、卫生间等公共区域

（四）门窗材料

门窗在医疗洁净工程中既要保证密封性，防止灰尘和细菌的侵入，又要满足使用的便利性（表 2-13）。气密门适用于对洁净度要求高的区域，能有效隔离内外环境。观察窗便于医护人员观察患者情况，同时具备良好的抗菌性能。铝合金门窗则广泛应用于各种科室，其质轻、耐腐蚀的特点使其易于安装和维护。

表 2-13 门窗主要材料选型及适用范围

材料名称	特点	适用科室
气密门	密封性好、隔音效果好、抗菌性能强，有手动和自动可选	手术室、ICU、实验室等
观察窗	透明度高、耐冲击、抗菌性能好，可选择不同尺寸形状	需要观察的科室，如手术室、ICU 等
铝合金门窗	质轻、耐腐蚀、密封性好、装饰性强	病房、办公室、会议室等

七、常见空气净化机组设计选型

（一）空气过滤器

空气过滤器是净化设备的基础，通过不同级别的过滤逐步去除空气中的各种污染物（表 2-14）。初效过滤器先去除大颗粒杂质，为中效和高效过滤器减轻负担。中效过滤器进一步提高过滤效果，高效过滤器则确保送入室内的空气符合洁净要求。

表 2-14 空气过滤器设计选型及适用范围

设备名称	特点	选型要点	适用区域
初效过滤器	主要过滤较大颗粒的灰尘、毛发等杂质，阻力较小，价格相对低廉	根据空气流量和过滤效率要求选择合适的尺寸和过滤级别，一般选择 G2～G4 级别	供应室、静脉中心等，初步去除大颗粒污染物，保护后续过滤器
中效过滤器	进一步过滤较小颗粒的灰尘、花粉等，过滤效率较高，阻力适中	考虑过滤效率（M5～M6 级别）、容尘量和使用寿命	供应室可去除清洗消毒产生的部分细小颗粒；静脉中心防止中等颗粒污染物进入
高效过滤器	过滤效率极高，能有效去除空气中的微小颗粒、细菌和病毒等	选择过滤效率在 H13 及以上级别，考虑尺寸与安装方式	供应室和静脉中心确保洁净度的关键设备

（二）空气净化机组

空气净化机组集成多种功能，是净化系统的核心设备（表 2-15）。在供应室和静脉中心，要根据实际需求选择合适的机组，确保空气的洁净度和温湿度控制在要求范围内，同时要考虑设备的可靠性和维护成本。

表 2-15　空气净化机组设计选型及适用范围

设备名称	特点	选型要点	适用区域
空气净化机组	具备高效过滤、杀菌消毒、精确控制温湿度等功能	根据区域面积和空气流量需求选择合适型号和功率，考虑可靠性和维护成本	供应室、静脉中心等，为区域提供洁净、温湿度适宜的空气

（三）静电除尘器

静电除尘器作为辅助净化设备，能有效去除微小颗粒（表 2-16）。在供应室和静脉中心等区域使用时，要确保其静电场稳定且安全，以提高空气净化效果。

表 2-16　静电除尘器设计选型及适用范围

设备名称	特点	选型要点	适用区域
静电除尘器	利用静电吸附原理去除空气中的微小颗粒，效率高，阻力小	根据空气流量和净化要求选择合适型号，注意静电场稳定性和安全性	供应室、静脉中心等对洁净度要求较高区域，作为辅助净化设备

（四）空气离子发生器

空气离子发生器通过产生负离子改善空气质量，可在供应室和静脉中心的休息区域适当使用，以提高工作人员的舒适度，但要注意其安全性和稳定性（表 2-17）。

表 2-17　空气离子发生器设计选型及适用范围

设备名称	特点	选型要点	适用区域
空气离子发生器	产生负离子，可吸附空气中的灰尘和细菌，改善空气质量	注意负离子浓度和稳定性，以及对人体的安全性	供应室和静脉中心的休息区域等，提高工作人员舒适度

（五）光催化空气净化器

光催化空气净化器可用于去除异味和有害气体，在供应室和静脉中心等区域能提高空气品质（表 2-18）。选型时要考虑其效率、寿命和维护成本。

表 2-18　光催化空气净化器设计选型及适用范围

设备名称	特点	选型要点	适用区域
光催化空气净化器	利用光催化剂在光照下产生强氧化作用，分解空气中的有机污染物和细菌等	考虑光催化效率、使用寿命和维护成本	供应室、静脉中心等区域，去除异味和有害气体，提高空气品质

（六）活性炭过滤器

活性炭过滤器主要用于去除异味和挥发性有机化合物，在供应室和静脉中心的特定区域安装，可改善空气质量（表 2-19）。

表 2-19　活性炭过滤器设计选型及适用范围

设备名称	特点	选型要点	适用区域
活性炭过滤器	通过活性炭的吸附作用去除空气中的异味、挥发性有机化合物等	根据空气流量和污染物种类选择合适规格和活性炭类型	供应室和静脉中心可能产生异味的地方，改善空气质量

八、常见风管设计选型

净化风管的材质选择需考虑不同区域的环境和洁净要求（表 2-20）。镀锌钢板风管成本较低，适合一般洁净区域。不锈钢板风管在耐腐蚀和强度方面表现出色，适用于特殊环境。复合风管具有保温和安装便利的优势，可用于特定辅助区域。在选型时，要综合考虑材质特点、空气流量、压力要求、焊接工艺、密封性和防火等级等因素，以确保风管系统的稳定运行和满足洁净需求。

表 2-20　常见风管设计选型及适用范围

材质	特点	选型要点	适用区域
镀锌钢板	价格相对较低，加工方便，有一定耐腐蚀性	适用于一般洁净要求区域，注意选择质量好的镀锌层，根据空气流量和压力要求确定厚度	供应室非关键区域、静脉中心普通区域，如供应室一般存储区、静脉中心办公区等
不锈钢板	强度高、耐腐蚀性能卓越，适合恶劣环境	用于有腐蚀性气体、湿度高或洁净度要求极高区域，根据腐蚀环境选择合适材质，考虑焊接工艺和密封性	供应室消毒灭菌区域、静脉中心药物配置核心区域，如供应室高温消毒区、静脉中心无菌药物配置室等
复合风管(酚醛复合等)	重量轻、保温性能好、安装方便，有一定防火性能	适用于对保温要求高或空间有限需减轻建筑负荷区域，注意强度和耐用性，根据防火等级确定是否符合标准	供应室和静脉中心辅助区域，如走廊顶部通风管道等

九、常见洁净风口设计选型

洁净末端风口的材质选择取决于不同的洁净等级和环境要求（表 2-21）。铝合金材质的高效送风口和回风口成本较低、外观美观，适用于一般洁净区域。不锈钢材质的风口在强度、耐腐蚀和耐高温等方面更具优势，适用于特殊环境下的高洁净区域。在选型时，要考虑房间的洁净需求、空气流量、布局、过滤效率、材质稳定性以及更换方便性等因素，以确保末端风口能够有效地提供洁净空气并保证系统的稳定运行。

表 2-21　常见洁净风口设计选型及适用范围

材质	特点	选型要点	适用区域
铝合金(高效送风口)	质轻、耐腐蚀、外观美观，高效过滤性能好	根据房间洁净等级和面积确定数量和规格，确保表面处理良好，检查高效过滤器效率和寿命	供应室和静脉中心洁净操作区域、关键设备室等
不锈钢(高效送风口)	强度高、耐腐蚀、耐高温，适用于特殊环境	用于高温、高湿度或有腐蚀性介质区域，选择合适材质和厚度，确保高效过滤器与框架结合紧密	供应室高温灭菌设备附近、静脉中心特殊药物配置区域等

续表

材质	特点	选型要点	适用区域
铝合金（回风口，带过滤网）	成本相对较低，安装方便，过滤网可有效过滤部分灰尘	根据房间空气流量和布局确定位置和数量，检查过滤网效率和更换方便性，确保密封性	供应室和静脉中心一般区域，如普通病房、办公区等
不锈钢（回风口，带高效过滤网）	耐腐蚀、强度高、高效过滤性能好，适合恶劣环境	在洁净度和耐腐蚀性要求极高区域，选择合适材质和高效过滤网组合，确保过滤效果和寿命	供应室高洁净度存储区域、静脉中心关键药物配置区域等

第三节　洁净工程施工技术

洁净工程作为现代高科技产业和医疗卫生领域不可或缺的重要组成部分，其施工技术的发展与应用对于确保生产环境的洁净度、产品质量以及医疗安全等方面具有举足轻重的意义。

随着科技的不断进步和人们对生活品质、健康安全要求的日益提高，各行业对于洁净环境的需求呈现出快速增长的趋势。在电子半导体制造领域，微小的尘埃颗粒或杂质都可能导致芯片短路、性能下降甚至报废，因此对生产车间的洁净度要求极高，需要达到纳米级别的尘埃控制标准。生物医药行业中，药品生产过程必须在严格无菌、无微粒污染的环境下进行，以防止微生物污染和交叉感染，确保药品的有效性和安全性。同样，在医疗卫生领域，手术室、ICU、无菌病房等场所的洁净工程直接关系到患者的手术成功率和术后康复效果，关乎生命健康。

洁净工程施工技术是一门综合性强、涉及多学科知识的专业技术。它不仅涵盖了建筑工程领域的结构设计、空间布局规划、建筑材料选择与施工工艺，还涉及空气净化技术、通风空调系统设计与安装、电气与照明系统配置、给排水与消防系统布局以及自动化控制系统的集成等多个方面。同时，在施工过程中，必须严格遵循相关的国家标准、行业规范以及国际通用准则，确保每一个环节都符合洁净工程的特殊要求。

一、装修工程施工

（一）电解钢板

1. 工艺流程

测量放线：使用高精度测量仪器，准确确定电解钢板的安装位置和尺寸，在墙面上标记出龙骨的安装位置和控制线。

龙骨安装：根据测量放线的结果，安装轻钢龙骨或其他类型的龙骨。龙骨的间距和固定方式要严格按照设计要求进行，确保龙骨的平整度和垂直度。

电解钢板安装：将电解钢板逐块安装在龙骨上，使用专用的连接件和螺丝进行固定。

安装时要注意保护钢板表面，避免划伤和碰撞。

密封处理：在电解钢板的拼接处和与周边结构的连接处，使用密封胶进行密封，确保密封严密，无漏风现象。

清洁验收：安装完成后，对电解钢板表面进行清洁，去除污渍和灰尘，然后进行验收，检查安装质量和密封效果。

2. 施工工艺要点

测量放线的精度直接影响电解钢板的安装质量，必须由专业人员进行操作，误差要控制在允许范围内。

龙骨的材质和规格要符合设计要求，安装时要使用水平仪和铅垂线进行校准，确保龙骨的平整度和垂直度偏差不超过规定值。

电解钢板在安装前要进行检查，表面不得有划伤、锈蚀和变形等缺陷。安装时要轻拿轻放，避免碰撞和损坏。

密封胶的选择要符合洁净工程的要求，具有良好的密封性和耐腐蚀性。密封胶的涂抹要均匀、连续，不得有遗漏和气泡。

（二）抗菌涂料

1. 工艺流程

基层处理：对墙面或顶面基层进行清理，去除油污、灰尘、疏松物等，确保基层平整、干燥、坚固。

底漆涂刷：使用配套的底漆进行涂刷，增强基层与涂层之间的附着力。

中涂施工：在底漆干燥后，进行中涂施工，增加涂层的厚度和遮盖力。

面涂施工：中涂干燥后，进行面涂施工，确保涂层表面光滑、均匀、色泽一致。

验收：施工完成后，对涂层的外观、厚度、附着力等进行验收。

2. 施工工艺要点

基层处理要彻底，基层的平整度和粗糙度要符合要求，对于不平整的基层要进行修补和打磨。

每道涂层施工前，要确保前一道涂层干燥、固化，施工间隔时间要符合涂料的性能要求。

涂料的搅拌要均匀，施工时要采用合适的涂刷工具和方法，保证涂层的厚度和均匀度。

施工环境的温度和湿度要控制在涂料规定的范围内，避免在恶劣天气条件下施工。

（三）彩钢板

1. 工艺流程

墙面基层处理：对墙面进行清理、找平，确保基层牢固、平整。

安装龙骨：根据设计要求，安装竖向和横向龙骨，龙骨间距要均匀，固定要牢固。

彩钢板安装：将彩钢板插入龙骨卡槽内，相邻板材之间要紧密拼接，使用自攻螺丝进行固定。

拼接处密封处理：在彩钢板的拼接处和与周边结构的连接处，使用密封胶条或密封胶进行密封。

2. 施工工艺要点

墙面基层的处理质量直接影响彩钢板的安装效果，要确保基层无空鼓、开裂等缺陷。

龙骨的安装位置和间距要准确，固定点要加密，以保证彩钢板的安装牢固。

彩钢板在安装过程中要注意保护表面涂层，避免划伤和磕碰。

密封处理要严密，密封材料的选择要符合洁净要求，确保无泄漏。

（四）铝板

1. 工艺流程

基层处理：对安装铝板的基层进行处理，确保基层平整、牢固、无油污。对于不平整的基层，需进行修补和找平处理。

测量放线：根据设计要求，准确测量出铝板的安装位置，并进行放线标记。

龙骨安装：安装轻钢龙骨或其他合适的龙骨体系，确保龙骨安装牢固，间距符合设计要求。龙骨的安装应保证水平度和垂直度。

铝板安装：将铝板通过螺栓、铆钉等方式固定在龙骨上。安装时应注意铝板的平整度和垂直度，铝板之间的缝隙应均匀一致。

收口处理：对铝板边缘及与其他材料交接处进行收口处理，可采用铝合金收口条等方式，确保美观大方。

清洁验收：安装完成后，对铝板表面进行清洁，检查安装质量是否符合要求，如有问题及时整改。

2. 施工工艺要点

基层处理要彻底，确保基层牢固、平整。对于旧墙面或顶面，应进行必要的铲除和修补，保证基层的质量。

测量放线应准确无误，确保铝板的安装位置符合设计要求。放线时应考虑铝板的尺寸和缝隙，保证安装后的整体效果。

龙骨安装要牢固可靠，间距应符合设计要求。龙骨的材质和规格应根据实际情况进行选择，确保其承载能力和稳定性。

铝板安装时，应注意铝板的保护，避免铝板表面被划伤或损坏。安装过程中，应使用专业工具和设备，确保铝板安装牢固、平整。

收口处理应精细，收口条的选择应符合要求，安装应牢固、美观。收口处应密封严密，无渗漏现象。

清洁验收时，应使用干净的抹布和清洁剂对铝板表面进行清洁，确保铝板表面无污渍、无灰尘。验收时应检查铝板的安装质量，包括平整度、垂直度、缝隙宽度等，确保符合设计要求和施工规范。

二、洁净风管施工

（一）洁净风管的制作流程

1. 材料准备

选用符合洁净要求的板材，如镀锌钢板、不锈钢板等。

准备好密封胶、角码、螺栓等辅料。

检查板材的质量，确保无锈蚀、无变形、无破损。

2. 板材下料

根据设计尺寸，使用剪板机或等离子切割机对板材进行下料。

下料尺寸要准确，误差控制在允许范围内。

对下料后的板材边缘进行打磨，去除毛刺。

3. 风管成型

采用咬口或焊接的方式将板材成型为风管。

咬口时要保证咬口紧密、牢固，无漏风现象。

焊接时要选用合适的焊接方法和焊接材料，确保焊缝均匀、牢固，无气孔、夹渣等缺陷。

4. 风管加固

对于较大尺寸的风管，需要进行加固处理。

加固方式可以采用角钢加固、扁钢加固、内部支撑等方法。

加固件的位置和数量要根据风管的尺寸和压力要求进行合理设计。

5. 风管清洁

在风管制作完成后，要对风管内部进行清洁处理。

可以使用吸尘器、抹布等工具进行清洁，去除灰尘、杂物等。

对于要求更高的洁净风管，可以采用清洗液进行清洗，然后用干净的压缩空气吹干。

6. 风管密封

对风管的连接处和拼接处进行密封处理。

可以使用密封胶、密封带等密封材料进行密封。

密封材料的选择要符合洁净要求，密封效果要好。

（二）洁净风管的安装流程

1. 测量放线

根据设计图纸，在施工现场进行测量放线，确定风管的安装位置和标高。

使用水准仪、经纬仪等测量工具，确保测量结果准确无误。

2. 支吊架安装

根据风管的重量和尺寸，选择合适的支吊架类型和规格。
支吊架的安装位置要准确，间距要符合设计要求。
支吊架要安装牢固，能够承受风管的重量和运行时产生的振动。

3. 风管吊装

使用起重机、手动葫芦等吊装设备将制作好的风管吊装到安装位置。
在吊装过程中，要注意保护风管的表面，避免碰撞和划伤。
风管吊装要平稳，避免倾斜和晃动。

4. 风管连接

采用法兰连接、无法兰连接或其他合适的连接方式将风管连接起来。
连接时要保证风管的接口处平整、严密，无漏风现象。
对于法兰连接，要确保法兰之间的密封垫安装正确，密封严密。

5. 风管调整

对安装好的风管进行调整，确保风管的水平度和垂直度符合要求。
调整时可以使用水平仪、铅垂线等工具进行测量。

6. 风管保温

对于需要保温的风管，要进行保温处理。
保温材料的选择要符合洁净要求，保温效果要好。
保温层的厚度要均匀，密封严密，无裂缝、空鼓等现象。

（三）施工质量重点控制措施

1. 材料质量控制

严格控制材料的采购渠道，选择正规的生产厂家和供应商。
对进场的材料进行严格检验，检查材料的质量证明文件、规格型号、外观质量等是否符合要求。
对于不符合要求的材料，要及时退货或更换，严禁使用不合格材料。

2. 制作精度控制

在风管制作过程中，要严格控制尺寸精度和形状精度。
使用专业的加工设备和工具，确保风管的尺寸准确、形状规则。
加强对咬口、焊接等连接部位的质量控制，确保连接牢固、密封严密。

3. 安装牢固性控制

支吊架的安装要牢固可靠，能够承受风管的重量和运行时产生的振动。

风管的吊装要平稳，固定要牢固，避免风管在运行过程中发生晃动和位移。

加强对风管连接部位的固定，防止连接部位松动或脱落。

4. 密封处理控制

密封材料的选择要符合洁净要求，密封效果要好。

密封处理要全面、细致，确保风管的所有连接处和拼接处都密封严密。

加强对密封处理后的风管进行漏风检测，确保密封效果符合相关标准要求。

5. 清洁度控制

在风管制作和安装过程中，要注意保持风管的清洁度。

避免风管表面被划伤、污染，防止灰尘、杂物等进入风管内部。

对制作完成的风管和安装好的风管进行清洁处理，去除内部的灰尘、杂物等。

6. 保温质量控制

保温材料的选择要符合洁净要求，保温效果要好。

保温层的施工要规范，厚度要均匀，密封严密，无裂缝、空鼓等现象。

加强对保温后的风管进行保温效果检测，确保保温效果符合要求。

三、洁净空调设备施工

1. 设备基础

基础验收：在安装空调设备之前，必须对设备基础进行验收。检查基础的尺寸、标高、平整度和强度是否符合设计要求。基础表面应平整、无裂缝、无蜂窝麻面等缺陷。

基础处理：如果基础表面不平整，需要进行找平处理。可以采用水泥砂浆或细石混凝土进行找平，确保基础表面平整度误差在允许范围内。对于需要减震的设备基础，应按照设计要求安装减震装置，如减震垫、减震弹簧等。

基础固定：设备基础应与建筑物结构牢固连接，防止设备在运行过程中发生位移或振动。可以采用地脚螺栓、膨胀螺栓等方式进行固定，确保设备安装牢固可靠。

2. 设备就位

设备运输：在运输空调设备时，应采取适当的保护措施，防止设备受到碰撞、损坏或变形。可以采用吊车、叉车等设备进行运输，确保设备安全运输到安装现场。

设备吊装：对于大型空调设备，需要采用吊车进行吊装。在吊装过程中，应严格按照吊装方案进行操作，确保设备吊装平稳、安全。吊装设备应具有足够的承载能力和稳定性，吊装绳索应牢固可靠，防止设备在吊装过程中发生倾斜或掉落。

设备就位：将空调设备准确就位到设备基础上，调整设备的水平度和垂直度，确保设备安装位置准确无误。设备就位后，应及时进行固定，防止设备在安装过程中发生移动。

3. 管道连接

管道材料：选用符合洁净要求的管道材料，如不锈钢管、镀锌钢管等。管道材料应具有良好的耐腐蚀性、密封性和强度。

管道连接方式：根据管道的材质和压力要求，选择合适的连接方式，如焊接、法兰连接、螺纹连接等。连接方式应符合设计要求和相关标准规范，确保连接牢固、密封严密。

管道安装：管道安装应按照设计图纸进行施工，确保管道的走向、坡度和标高符合要求。管道安装过程中，应注意保护管道表面，防止管道受到碰撞、划伤或污染。对于需要保温的管道，应按照设计要求进行保温处理，确保管道的保温效果符合要求。

管道试压：在管道连接完成后，应进行管道试压，检查管道的密封性和强度是否符合要求。试压压力应按照设计要求进行，试压时间不少于规定时间。试压过程中，应注意观察管道的变化情况，如有泄漏或变形等问题，应及时处理。

4. 电气接线

电气设备：选用符合洁净要求的电气设备，如防爆电机、防水配电箱等。电气设备应具有良好的绝缘性能和防护性能，确保设备安全运行。

电气接线：电气接线应按照设计图纸进行施工，确保接线正确、牢固。应采用专用的接线端子，确保接线可靠。对于需要接地的设备，应按照设计要求进行接地处理，确保设备接地良好。

电气调试：在电气接线完成后，应进行电气调试，检查电气设备的运行情况是否正常。调试过程中，应注意观察电气设备的运行参数，如电压、电流、功率等，如有异常情况，应及时处理。

5. 设备调试

调试准备：在进行设备调试之前，应做好调试准备工作。检查设备的安装情况是否符合要求，清理设备内部和周围的杂物，检查设备的润滑情况是否良好，准备好调试所需的工具和仪器。

单机调试：先进行空调设备的单机调试，检查设备的运行情况是否正常。单机调试包括电机调试、风机调试、制冷机组调试等。调试过程中，应注意观察设备的运行参数，如转速、风量、压力、温度等，如有异常情况，应及时处理。

系统调试：在单机调试完成后，进行空调系统的联合调试。系统调试包括风量调试、温度调试、湿度调试等。调试过程中，应注意观察系统的运行情况，如有异常情况，应及时调整和处理。

调试记录：在设备调试过程中，应做好调试记录。记录设备的调试情况、运行参数和调试结果等，为设备的验收和运行维护提供依据。

总之，洁净空调设备的安装质量控制要点包括设备基础、设备就位、管道连接、电气接线和设备调试等方面。在安装过程中，应严格按照设计要求和相关标准规范进行施工，确保设备安装质量符合要求。同时，应加强对安装过程的质量控制和监督检查，及时发现和解决问题，确保设备安装顺利进行。

四、系统调试

在医疗洁净工程的实施过程中，设备的调试是确保整个系统正常运行的关键环节。设备单机调试和系统联合调试不仅关系到工程的质量和进度，更直接影响到医疗环境的安全性和可靠性。

随着医疗技术的不断发展和对洁净环境要求的日益提高，医疗洁净工程中的设备种类越来越多，技术复杂度也不断增加。从净化空调设备到洁净风管系统，从电气设备到智能化控制系统，每一个设备都在整个医疗洁净工程中发挥着重要作用。

正确、高效地进行设备单机调试和系统联合调试，能够及时发现设备和系统中存在的问题，采取有效的措施进行解决，从而保证医疗洁净工程的顺利交付和投入使用。同时，通过对调试流程、方法的深入理解和对常见问题的分析，能够提高调试工作的质量和效率，降低工程成本，为医疗服务提供更加稳定、可靠的环境保障。

在接下来的内容中，我们将详细探讨设备单机调试、系统联合调试的流程、方法及常见问题分析，为医疗洁净工程的实施提供有力的技术支持。

（一）单机调试流程

1. 调试前准备

检查设备外观：仔细检查设备是否有运输过程中造成的损坏、变形、划痕等情况。同时，确认设备的铭牌、标识等是否清晰完整。

核对设备清单：根据设备采购合同和技术文件，核对设备的型号、规格、数量等是否与清单一致。

检查设备连接：检查设备的电气连接、管道连接、机械连接等是否正确、牢固。确保电线连接正确，无松动、短路等问题；管道连接处无泄漏、堵塞等情况；机械连接部位紧固可靠。

准备调试工具和仪器：根据设备的特点和调试要求，准备相应的调试工具和仪器，如万用表、示波器、压力计、流量计、温度计等。同时，确保调试工具和仪器经过校准，精度符合要求。

熟悉设备操作手册：认真阅读设备的操作手册和技术文件，了解设备的工作原理、操作方法、调试步骤和注意事项等。

2. 通电前检查

再次检查设备连接：在通电前，再次检查设备的电气连接、管道连接、机械连接等，确保一切连接正确、牢固。

检查设备接地：确认设备接地良好，接地电阻符合要求。

检查设备电源：检查设备电源电压、频率等是否与设备要求一致。同时，检查电源开关、保险丝等是否正常。

3. 通电调试

逐步通电：按照设备的操作手册，逐步进行通电调试。先接通设备的控制电源，检查控制系统是否正常工作。然后，接通设备的主电源，观察设备的启动过程是否正常。

检查设备运行状态：在设备启动后，观察设备的运行状态是否正常。观察内容包括设备的声音、振动、温度等是否在正常范围内；设备的指示灯、显示屏等是否正常显示；设备的各部分动作是否协调、准确。

调试设备参数：根据设备的技术文件和调试要求，逐步调试设备的各项参数。如调整设备的转速、压力、流量、温度等参数，使其达到设计要求。在调试过程中，要注意记录设备的各项参数变化情况，以便后续分析和调整。

4. 性能测试

进行设备的性能测试，以验证设备的性能是否符合设计要求。性能测试的内容包括设备的生产能力、精度、稳定性、可靠性等方面。例如，对于一台加工设备，可以进行加工精度测试、生产效率测试等；对于一台泵，可以进行流量测试、扬程测试等。

在性能测试过程中，要严格按照测试标准和方法进行操作，确保测试结果的准确性和可靠性。同时，要注意记录测试过程中的各项数据和现象，以便后续分析和评估。

5. 问题处理

如果在调试过程中发现问题，要及时分析原因并进行处理。常见的问题包括设备无法启动、运行不稳定、性能不达标、故障报警等。对于设备无法启动的问题，可能是电源故障、电气连接错误、设备保护装置动作等，可以检查电源是否正常、电气连接是否正确、保护装置是否复位等。对于运行不稳定的问题，可能是参数设置不当、设备部件松动、外部干扰等，可以调整设备参数、紧固设备部件、排除外部干扰等。对于性能不达标问题，可能是设备选型错误、安装不当、调试方法不正确等，可以重新评估设备选型、检查安装质量、调整调试方法等。对于故障报警问题，要根据报警信息，分析故障原因，可能是传感器故障、控制器故障、设备内部故障等，可以检查传感器、控制器、设备内部部件等，找出故障点并进行修复。

6. 调试完成确认

当设备调试达到预期效果后，进行确认。确认的内容包括设备的各项性能指标是否符合设计要求；设备的运行状态是否稳定、可靠；设备的操作是否方便、安全等。同时，要整理调试过程中的各项记录和数据，编写调试报告，作为设备验收的依据。

（二）调试方法

1. 逐步调试法

按照设备的功能和操作顺序，逐步进行调试。从设备的最基本功能开始，逐步增加功能和复杂度，逐步排除问题。例如，对于一台自动化生产线，可以先调试单个设备的基本功能，如电机的启动、停止、正反转等；然后调试设备之间的通信和协调功能，如传感器的信号传输、控制器的逻辑控制等；最后调试整个生产线的自动化功能，如生产流程的自动控制、故障诊断和处理等。

2. 对比调试法

将调试设备与标准设备或已知正常运行的设备进行对比，通过比较参数和性能，找出问题所在。例如，对于一台测量仪器，可以将其与标准仪器进行对比测试，比较测量结果的准确性和稳定性；对于一台电机，可以将其与同型号的正常电机进行对比，比较转速、电流、温度等参数的差异。

3. 模拟调试法

对于一些复杂的设备，可以采用模拟信号或模拟工况的方法进行调试，以验证设备的性能和可靠性。例如，对于一台控制系统，可以采用模拟信号输入，测试控制系统的响应速度、精度和稳定性；对于一台高温设备，可以采用模拟高温工况，测试设备的耐热性能和安全性能。

（三）单机调试

在医疗洁净工程以及众多工业领域中，设备的单机调试是确保设备能够正常运行、发挥其应有功能的关键环节。单机调试过程犹如对设备进行一次全面的体检，通过细致的检查和精准的调整，为设备的稳定运行奠定坚实基础。

随着技术的不断进步，各类设备的复杂性和精密性日益提高，这也使得单机调试面临更多的挑战。在调试过程中，可能会出现各种各样的问题，这些问题不仅影响调试进度，更可能对设备的后续运行和整个系统的稳定性产生重大影响。

因此，深入了解单机调试常见问题，分析其产生的原因，并掌握有效的解决方法，对于提高设备调试效率、保障设备运行质量具有至关重要的意义。接下来，我们将对单机调试中常见的问题进行详细分析，为设备调试工作提供有力的指导和参考（表 2-22）。

表 2-22　单机调试常见问题分析及解决方法

序号	问题类型	问题描述	解决方法
1	设备无法启动	电源故障	检查电源插头是否插紧，电源线是否有破损，电源开关是否处于开启状态。使用万用表检测电源输出电压是否正常，若不正常，检查供电线路或更换电源设备
		电气连接错误	检查设备的电气接线是否正确，是否存在短路、断路、接触不良等问题。对照设备电路图，逐一检查接线端子，确保连接牢固可靠
		设备保护装置动作	检查设备的过载保护、过热保护、过压保护等装置是否触发。若触发，分析原因，如是否存在负载过大、散热不良、电源异常等情况，排除故障后复位保护装置
		设备故障	检查设备内部的关键部件，如电机、控制器、传感器等是否损坏。使用专业检测工具对部件进行诊断，确定故障部位后进行维修或更换
2	设备运行不稳定	参数设置不当	检查设备的运行参数，如转速、压力、流量等是否设置合理。参考设备技术手册和调试经验，逐步调整参数，观察设备运行状态，直到稳定为止
		设备部件松动	检查设备的各个机械部件，如螺丝、螺母、联轴器、传动带等是否紧固。对松动的部件进行紧固，消除松动现象
		外部干扰	检查设备是否受到电磁干扰、射频干扰、振动干扰等。采取屏蔽措施，如使用屏蔽电缆、安装电磁屏蔽罩；对振动干扰源进行隔离或采取减振措施
		设备磨损	检查设备的易磨损部件，如轴承、齿轮、滑块等是否磨损严重。定期对设备进行维护保养，及时更换磨损部件

续表

序号	问题类型	问题描述	解决方法
3	设备性能不达标	设备选型错误	分析设备的性能参数是否满足实际需求，如生产能力、精度、速度等。若不满足，重新评估设备选型，选择更合适的设备进行更换
		安装不当	检查设备的安装位置是否正确，安装基础是否牢固，安装精度是否符合要求。调整设备安装位置和精度，确保设备正常运行
		调试方法不正确	仔细研究设备的调试手册和技术文件，确定正确的调试方法。可以请教厂家技术人员或有经验的工程师，调整调试步骤和参数设置，使设备性能达到最佳状态
4	设备故障报警	传感器故障	检查设备的传感器连接是否正常，传感器是否损坏。使用检测仪器对传感器进行检测，若损坏，更换新的传感器，并进行校准
		控制器故障	检查设备的控制器电源供应是否正常，控制器是否出现死机、报错等情况。重新启动控制器，若问题依旧，检查控制器硬件是否损坏，如有需要，进行维修或更换
		设备内部故障	对设备进行全面检查，分析故障现象，确定故障部位。如电机故障、阀门故障、泵故障等，根据具体情况进行维修或更换部件
5	设备噪声过大	机械部件摩擦	检查设备的传动部件、轴承等是否存在摩擦过大的情况。添加润滑剂，调整部件间隙，减少摩擦噪声
		电机故障	检查电机是否存在异常声响，如轴承损坏、绕组短路等。对电机进行检修或更换
6	设备温度过高	散热不良	检查设备的散热系统，如风扇、散热器等是否正常工作。清理散热装置上的灰尘和杂物，确保良好的散热效果
		过载运行	检查设备是否在过载状态下运行，如负载过大、长时间连续运行等。调整设备的运行参数，避免过载运行
7	设备振动异常	安装不平衡	检查设备的安装是否平衡，调整设备的安装位置和水平度
		部件松动	检查设备的各个部件是否紧固，尤其是与振动相关的部件，如电机底座、传动部件等。紧固松动部件，消除振动
8	设备通信故障	通信线路问题	检查设备的通信线路是否连接正常，是否存在断线、短路等情况。修复或更换通信线路
		通信协议不匹配	检查设备的通信协议是否与控制系统匹配。调整通信协议设置，确保设备与控制系统能够正常通信
9	设备操作不灵敏	控制面板故障	检查设备的控制面板是否正常工作，按钮、触摸屏等是否灵敏。维修或更换控制面板
		传感器反馈不准确	检查设备的传感器是否准确反馈设备的状态。校准传感器，确保反馈准确

（四）系统联合调试

1. 流程

（1）制定调试方案：根据系统的特点和设计要求，制定详细的调试方案。调试方案应包括调试的目标、步骤、方法、人员分工、安全措施等内容。同时，要考虑系统的复杂性和风险性，并制定相应的应急预案。

（2）准备工作：

① 检查系统的各个设备是否安装完毕、连接正确。检查设备的外观、铭牌、标识等是否清晰完整；检查设备的电气连接、管道连接、机械连接等是否正确、牢固；检查设备的接地是否良好，接地电阻是否符合要求。

② 准备调试所需的工具、仪器和材料。根据系统的特点和调试要求，准备相应的调试工具和仪器，如万用表、示波器、压力计、流量计、温度计等；准备调试所需的材料，

如电缆、管道、阀门、密封件等。

③ 熟悉系统操作手册和技术文件。认真阅读系统的操作手册和技术文件，了解系统的工作原理、操作方法、调试步骤和注意事项等。同时，要掌握系统的安全操作规程，确保调试过程的安全。

（3）系统通电前检查：

① 再次检查系统的各个设备连接是否正确、牢固。检查设备的电气连接、管道连接、机械连接等，确保一切连接正确、牢固。

② 检查系统的接地是否良好，接地电阻是否符合要求。

③ 检查系统的电源是否正常，电源电压、频率等是否与系统要求一致。同时，检查电源开关、保险丝等是否正常。

④ 检查系统的各个阀门、开关等是否处于正确的位置。

2. 单机设备调试

在系统联合调试之前，先对系统中的各个单机设备进行调试。按照单机设备调试的流程和方法，对各个单机设备进行调试，确保单机设备正常运行。同时，要记录单机设备的各项参数和性能指标，作为系统联合调试的参考。

3. 系统联合调试

按照调试方案，逐步进行系统的联合调试。

首先，进行系统的启动调试，观察系统的启动过程是否正常，如系统的各个设备是否按照预定的顺序启动；系统的压力、流量、温度等参数是否逐渐上升并达到设定值；系统的指示灯、显示屏等是否正常显示。

其次，进行系统的运行调试，观察系统的运行状态是否正常，如系统的各个设备是否运行稳定、可靠；系统的压力、流量、温度等参数是否保持在设定范围内；系统的各部分动作是否协调、准确。

最后，进行系统的性能测试，以验证系统的性能是否符合设计要求。性能测试的内容包括系统的生产能力、精度、稳定性、可靠性等。例如，对于一个生产系统，可以进行生产效率测试、产品质量测试等；对于一个控制系统，可以进行响应速度测试、精度测试等。

在系统联合调试过程中，要注意记录系统的各项参数和性能指标，以及调试过程中的各种现象和问题。同时，要根据调试情况，及时调整系统的参数和设置，使系统达到最佳运行状态。

4. 问题处理

如果在系统联合调试过程中发现问题，要及时分析原因并进行处理。常见的问题包括系统无法启动、运行不稳定、性能不达标、故障报警等。对于系统无法启动的问题，可能是电源故障、控制系统故障、设备故障等，可以检查电源是否正常、控制系统是否正常工作、设备是否正常启动等。对于运行不稳定的问题，可能是参数设置不当、设备之间不协调、外部干扰等，可以调整系统参数、协调设备之间的运行、排除外部干扰等。对于性能不达标问题，可能是系统设计不合理、设备选型错误、调试方法不正确等，可以重新评估系统设计、检查设备选型、调整调试方法等。对于故障报警问题，要根据报警信息，分析故障原因，可能是传感器故障、控制器故障、设备故障等，可以检查传感器、控制器、设备等，找出故障点并进行修复。

5. 调试完成确认

当系统调试达到预期效果后，进行确认。确认的内容包括系统的各项性能指标是否符合设计要求；系统的运行状态是否稳定、可靠；系统的操作是否方便、安全等。同时，要整理调试过程中的各项记录和数据，编写调试报告，作为系统验收的依据。

6. 设备调试方法

（1）分段调试法：将系统分成若干个段落，逐段进行调试，然后进行整体调试。这种方法可以缩小问题范围，提高调试效率。例如，对于一个复杂的管道系统，可以将其分成若干个段落，逐段进行压力测试、泄漏测试等，然后进行整个系统的联合调试。

（2）功能调试法：按照系统的功能模块，分别进行调试，然后进行整体调试。这种方法可以确保系统的各个功能模块正常运行，从而提高系统的可靠性。例如，对于一个自动化控制系统，可以分别进行传感器调试、控制器调试、执行器调试等，然后进行整个系统的联合调试。

（3）模拟工况调试法：模拟系统的实际运行工况，进行调试，以验证系统在各种工况下的性能和可靠性。例如，对于一个高温高压系统，可以采用模拟高温高压工况，测试系统的耐热性能、耐压性能和安全性能。

7. 联合调试常见问题分析

设备单机调试和系统联合调试是确保设备和系统正常运行的重要环节。在调试过程中，要严格按照调试流程和方法进行操作，及时处理调试过程中出现的问题，以保证设备和系统的性能和可靠性（表 2-23）。

表 2-23　联合调试常见问题分析及解决方法

序号	问题类型	问题描述	解决方法
1	系统无法启动	电源故障	检查系统的电源是否正常供电，包括检查电源插头是否插紧、电源线是否有破损、电源开关是否处于开启状态。检查保险丝是否熔断，如有需要，更换合适的保险丝。使用万用表等工具检测电源输出电压是否符合设备要求
		控制系统故障	检查控制系统的程序是否正确加载，查看是否有报错信息。检查控制器的硬件是否损坏，如电路板是否有烧焦痕迹、芯片是否过热等。可以尝试重新编程控制器，确保程序无逻辑错误；若硬件损坏，及时更换控制器
		设备故障	检查设备的连接是否松动，包括电气连接、管道连接等。查看设备是否有明显的物理损坏，如外壳破裂、部件变形等。使用专业检测工具对设备进行诊断，确定故障部位，进行修复或更换故障设备

续表

序号	问题类型	问题描述	解决方法
2	系统运行不稳定	参数设置不当	检查系统的各项参数设置，如压力、温度、流量等是否在合理范围内。对比设备的技术手册和调试经验，逐步调整参数，观察系统运行状态，直到稳定为止
		设备之间不协调	检查设备之间的通信是否正常，信号传输是否稳定。调整设备之间的运行参数，使其相互匹配，如调整电机的转速、阀门的开度等。优化控制逻辑，确保设备之间能够协调工作
		外部干扰	检查是否存在电磁干扰，如附近是否有强电磁场设备。采取屏蔽措施，如使用屏蔽电缆、安装电磁屏蔽罩等。对于振动干扰，检查设备的安装是否牢固，增加减震垫等减震装置
		系统磨损	检查系统中的易磨损部件，如轴承是否磨损导致间隙增大、齿轮是否磨损导致传动不平稳、皮带是否老化松弛等。定期对系统进行维护保养，及时更换磨损部件
3	系统性能不达标	系统设计不合理	重新评估系统的整体设计，检查是否存在设计缺陷，如管道布局不合理导致压力损失过大、设备选型不匹配等。邀请专业工程师进行设计审查，提出改进方案并实施
		设备选型错误	检查设备的性能参数是否满足系统要求，如功率是否足够、精度是否达标等。重新评估设备选型，选择更合适的设备进行更换
		调试方法不正确	仔细研究系统的技术文件和调试手册，确定正确的调试方法。可以请教厂家技术人员或有经验的工程师，调整调试步骤和参数设置，使系统性能达到最佳状态
4	系统故障报警	传感器故障	检查传感器的连接线路是否松动、短路或断路。使用检测仪器对传感器进行检测，判断其是否损坏。若传感器故障，更换新的传感器，并进行校准
		控制器故障	检查控制器的电源供应是否正常，电路板是否有故障。查看控制器的显示屏是否有错误代码提示。重新启动控制器，若问题依旧，可能需要更换控制器或进行维修
		设备故障	检查设备的运行状态，是否有异常声响、发热等现象。对设备进行全面检查，确定故障部位，如电机故障、泵故障等。根据故障情况进行维修或更换设备
5	系统性能下降	过滤器堵塞	检查系统中的过滤器，如空气过滤器、液体过滤器等是否堵塞。定期清洗或更换过滤器，确保系统正常流通
		密封不良	检查系统中的密封部位，如管道连接处、阀门密封等是否存在泄漏。更换密封件，确保系统的密封性
		软件兼容性问题	检查系统中使用的软件是否与硬件兼容，是否存在版本不匹配等问题。更新软件或调整软件设置，确保软件与硬件的良好配合
6	系统噪声过大	设备安装不牢固	检查设备的安装基础是否牢固，是否存在松动现象。加固设备安装，减少振动和噪声
		部件松动	检查系统中的各个部件，如螺丝、螺母等是否松动。紧固松动部件，降低噪声
7	系统温度过高	散热不良	检查系统的散热装置，如散热器、风扇等是否正常工作。清理散热装置上的灰尘和杂物，确保良好的散热效果
		过载运行	检查系统是否在过载状态下运行，如设备负荷过大等。调整系统的运行参数，避免过载运行

第四节　运维管理

维保的工作内容包括：冷热源设备（热泵模块机组）、净化组合式空调机组、净化空调风循环系统等。

（一）冷热源设备（热泵模块机组）维保内容

1. 热泵模块机组年度维保

a. 检查机组制冷剂的充注量，检查接口是否存在泄漏，对有泄漏的机组应该查出漏点进行有效处理，必要时转移制冷剂，对蒸发器进行加氮加压检漏，处理漏点后抽湿抽真处理并保负压。对制冷不足的机组进行充注。

b. 检查冷冻油量、油色，必要时更换冷冻机油并清理油腔。检查机组运行时的油压，检查油过滤器，必要时更换。

c. 检查机组干燥过滤器，必要时更换。

d. 检测机组压缩机电机、电磁阀线圈、冷凝器风机电机的绝缘情况，检查各电磁阀的工作情况。

e. 检查清理控制柜，检查各接触器、继电器、接线端。

f. 检测机组控制保护装置的运行情况，并根据运行情况对控制系统进行调整。

g. 检查冷凝器风机电机轴承，进行加油润滑。

h. 检查冷冻水泵运行情况，并加油润滑。

i. 检查冷凝器翅片的积尘情况，必要时清洗或更换翅片。

j. 建立设备维保档案，填写设备维修保养记录卡；呈交以上所有项目的年度维保工作报告书。

2. 热泵机组每月定期保养内容

a. 检查冷冻油的润滑情况是否正常。

b. 制冷剂循环系统检查：检查机组吸气压力、制冷剂蒸发温度是否正常，检查机组排气压力、排气温度和制冷剂冷凝温度是否正常。

c. 水系统检查：检查冷冻水进出水压力、压差及温度、温差是否在正常范围。

d. 检查冷冻水泵运行情况。

e. 检查机组各保护控制装置并对各保护参数进行校对、调整。

f. 检查压缩机电机、室内外风机电机的运行情况，并检测其线圈绝缘情况。

g. 检查机组各电磁阀、膨胀阀的运行情况。

h. 检查并清理电路的各接触器、继电器及微电脑控制系统。

i. 检查冷凝风机运转情况，检查及清理翅片积尘。

j. 检查并校正各控制设定值。

k. 检查机组压缩机电机的工作电压、电流及工作温度是否正常。

l. 对机组及控制元件进行外观检查。

m. 建立设备维保档案，填写设备维修保养记录卡；呈交以上所有项目的月度维保工作报告书。

（二）净化组合式空调机组维保内容

1. 净化组合式空调机组的年度保养内容

a. 检查风机电机轴承运行情况，添加润滑油，必要时更换。

b. 检查风机电机绝缘情况：检查风机电源及各接线端。

c. 检查并调整风机皮带，必要时更换。

d. 检查、调整风机的运转使不产生不正常的振动及噪声。

e. 检查柜体表面，做好防腐处理：检查吊架情况，使风柜安装良好。

f. 用专业清洁剂清洗风柜内表面、散热翅片：清理风机叶轮、凝水盘。

g. 检查机组换热情况，检查阀门管道的堵塞情况，必要时进行换热管道的疏通清洗工作。

h. 检查电极加湿器的工作状态、加湿量与信号模量的比例关系是否正常。

i. 检查加湿器桶内的结垢情况和电极的腐蚀状态，必要时更换。

j. 检查比例积分阀的运行情况。

k. 检查机组保温情况，避免冷凝漏水。

l. 检查机组内的初中效过滤器、亚高效过滤器的工作情况，如过滤器的阻力偏高或有破损的情况，应立即进行更换。

m. 建立设备维保档案，填写设备维修保养记录卡；呈交以上所有项目的年度维护工作报告书。

2. 净化组合式空调机组的月度保养内容

a. 检查风机电机轴承运行情况，添加润滑油，必查时更换。

b. 检查风机电机绝缘情况：检查电机电源及各接线端是否松动、电机各相电流。

c. 检查并调整风机皮带松紧程度，必要时更换。

d. 检查、调整风机的运转使之不产生不正常的振动及噪声。

e. 检查柜体表面，做好防腐处理：检查机架情况，使风柜安装良好。

f. 用专业清洁剂清洗风柜内表面、散热翅片、清理风机叶轮、凝水盘。

g. 检查机组换热情况，检查阀门管道的堵塞情况，必要时进行换热管道的疏通清洗工作。

h. 检查电极加湿器的工作状态、加湿量与信号模量的比例关系是否正常，桶内的水位情况，排水是否通畅，相间电流是否平衡，并及时维护。

i. 检查加湿器桶内的结垢情况和电极的腐蚀状态，必要时更换。

j. 检查比例积分阀的运行情况。

k. 检查机组保温情况并及时修复，避免冷凝漏水。

l. 检查机组内的初中效过滤器、亚高效过滤器的工作情况，如过滤器的阻力偏高或有破损的情况，应立即进行更换。

m. 检查机组内杀菌装置是否正常，如有损坏应立即更换。

n. 每半年清洁一次热交换器的翅片，肋片有压倒的要用弛梳梳好。

o. 建立设备维保档案，填写设备维修保养记录卡；呈交以上所有项目的月度维护工作报告书。

（三）净化空调风循环系统维保内容

a. 定期检查风管道与设备间的软连接是否紧密和有无破损的情况，如有松动应及时紧固，必要时更换。

b. 定期清洗新风机组、循环机组的初中效过滤器、回风口、排风口并进行记录。

c. 定期进行中效压差检查，及时更换风阻超过要求及破损的过滤器。

d. 定期对防火阀、电动密闭阀、风量阀、定风量阀及手动阀进行检查、维护。对动作不灵的要修理或更换各组件，检查各种风阀的密封性、灵活性、稳固性和开启的准确性，及时进行润滑和堵漏保养。

e. 每半年检测一次系统中电加热器阻值，更换老化的电热管，并根据检测数据进行保养维修或更换。

f. 每周应对手术室及辅助房的回风口清洗一次，每年应更换 3～4 次回风口的中效过滤器，对进行更换的应记录和查验。

g. 每周应对手术室及辅助房的排风口清洗一次，对进行更换的应记录和查验。

h. 检查风管绝热层，如有超温、老化、破损须及时修补或更换；并积极做好保温材料的维护。

i. 检查送排静压箱及送风装置，静压箱应密封严密，保温良好，出口面风速均匀合理。

j. 系统的支吊构件检查、修复、除锈刷漆：支吊构件必须牢固，及时修复和紧固，锈蚀的要除锈刷漆处理。

k. 定期检查高效过滤器的密封口处是否漏风和过滤器是否破损，并根据高效过滤器的阻力判断是否需要更换。一般建议 1～2 年更换一次。

l. 每次更换过滤器时，应对静压箱的内表面进行清洁。

m. 检查净化空调风管道的清洁程度，必要时应对其表面进行机器人除尘清扫。

第三章

医用气体系统

第一节　医用气体概述

医用气体系统主要包括：中心供氧系统、中心吸引系统、医用空气系统、牙科电动抽吸机、牙科电动空压机、手术室二氧化碳系统、氮气系统、麻醉气体系统、废气排放等。

医用各医疗气体系统总用量值参照《医用气体工程技术规范》，医用气体系统气源的计算流量可按下式计算：

$$Q=\sum[Q_a+Q_b(n-1)\eta]$$

式中　Q——气源计算流量，L/min；

Q_a——终端处额定流量，L/min；

Q_b——终端处计算平均流量，L/min；

n——床位或计算单元的数量；

η——同时使用系数。

医疗空气、医用真空与医用氧气流量计算参数见表 3-1。

表 3-1　医疗空气、医用真空与医用氧气流量计算参数

使用科室		医疗空气/(L/min)			医用真空/(L/min)			医用氧气/(L/min)		
		Q_a	Q_b	η	Q_a	Q_b	η	Q_a	Q_b	η
手术室	麻醉诱导	40	40	10%	40	30	25%	100	6	25%
	重大手术室、整形外科、神经外科	40	20	100%	80	40	100%	100	10	75%
	小手术室	60	20	75%	80	40	50%	100	10	50%
	术后恢复、苏醒	60	25	50%	40	30	25%	10	6	100%
重症监护	ICU、CCU	60	30	75%	40	40	75%	10	6	100%
	新生儿(NICU)	40	40	75%	40	20	25%	10	4	100%
妇产科	分娩	20	15	100%	40	40	50%	10	10	25%
	待产或(家化)产房	40	25	50%	40	40	50%	10	6	25%
	产后恢复	20	15	25%	40	40	25%	10	6	25%
	新生儿	20	15	50%	40	40	25%	10	3	50%

续表

使用科室		医疗空气/(L/min)			医用真空/(L/min)			医用氧气/(L/min)		
		Q_a	Q_b	η	Q_a	Q_b	η	Q_a	Q_b	η
其他	急诊、抢救室	60	20	20%	40	40	50%	100	6	15%
	普通病房	60	15	5%	40	20	10%	10	6	15%
	呼吸治疗室	40	25	50%	40	40	25%	—	—	—
	创伤室	20	15	25%	60	60	100%	—	—	—
	实验室	40	40	25%	40	40	25%	—	—	—
	增加的呼吸机	80	40	75%	—	—	—	—	—	—
	CPAP 呼吸机	—	—	—	—	—	—	75	75	75%
	门诊	20	15	10%	—	—	—	10	6	15%

注：1. 本表按综合性医院应用资料编制。

2. 表中普通病房、创伤科病房的医疗空气流量系按患者所吸氧气需与医疗空气按比例混合并安装医疗空气终端时的流量。

3. 氧气不作为呼吸机动力气体。

4. 增加的呼吸机医疗空气流量应以实际数据为准。

第二节 医用气体设计

一、设计依据规范标准

(1) 医用气体工程技术规范。

(2) 综合医院建筑设计规范。

(3) 医院洁净手术部建筑技术规范。

(4) 氧气站设计规范。

(5) 建筑设计防火规范。

(6) 压力管道规范工业管道。

(7) 工业金属管道设计规范。

(8) 工业金属管道工程施工规范。

(9) 工业金属管道工程施工质量验收规范。

(10) 现场设备、工业管道焊接工程施工规范。

(11) 现场设备、工业管道焊接工程施工质量验收规范。

(12) 医用中心吸引系统通用技术条件。

(13) 医用中心供氧系统通用技术条件。

(14) 脱脂工程施工及验收规范。

(15) 洁净手术部和医用气体设计与安装。

以上引用规范以最新标准为准。

二、医用中心供氧系统

（一）用途及适用范围

GY-A 型、GY-B 型和 GY-C 型医用中心供氧系统适用于在医院将中心供氧站输出的氧气通过管道系统输送到手术室、抢救室、治疗室和各个病房终端处供医疗使用。

从根本上改变传统的气瓶分散供氧方式，具有使用安全、管理方便、经济效益好以及减轻医护人员劳动强度等特点，是现代化医院必备的理想医用设备之一。

（二）分类及型号

1. 分类

医用中心供氧系统按照 GB 9706.1—2020 的医用电气设备分类：

（1）按防电击类型分类：Ⅰ类；

（2）设备无应用部分；

（3）按对进液的防护程度分类：无防护；

（4）按在与空气混合的易燃麻醉气或与氧或氧化亚氮混合的易燃麻醉气情况下使用时的安全程度分类：设备不属 AP 或 APG 型，为普通设备；

（5）按运行模式分类：连续运行；

（6）设备的额定电压和频率：～220V，50Hz；

（7）设备的输入功率：30VA；

（8）设备是否具有对除颤放电效应防护的应用部分：无防护；

（9）设备是否具有信号输出或输入部分：无；

（10）设备属永久性安装设备。

2. 型号

标记：GY。

规格：氧源（A 表示液氧罐＋氧气瓶组作为氧气供应源，B 表示液氧作为氧气供应源，C 表示氧气瓶组作为氧气供应源）。

GY 产品名称缩写：医用中心供氧系统。

（三）主要结构及组成

1. 主要结构

医用中心供氧 GY-A 型的氧源为液氧罐＋氧气瓶组（图 3-1），GY-B 型的氧源为液氧（图 3-2），GY-C 型的氧源为氧气瓶组（图 3-3）。

2. 组成

供氧系统主要由中心供氧站、管道、阀门及终端（含湿化器）和仪表等器件组成。按供氧源分为氧气瓶组（不含气瓶）、液氧。供氧氧源来自中心供氧站的液氧罐或氧气瓶组（不含气瓶），通过供氧系统管路到达手术室、抢救室、治疗室和各个病房终端，提供医疗

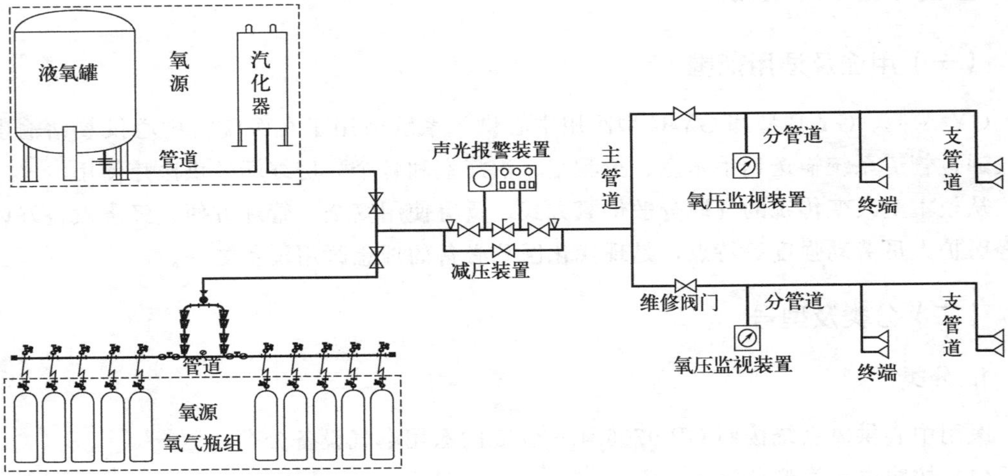

图 3-1　A 型：液氧罐＋氧气瓶组作为氧气供应源

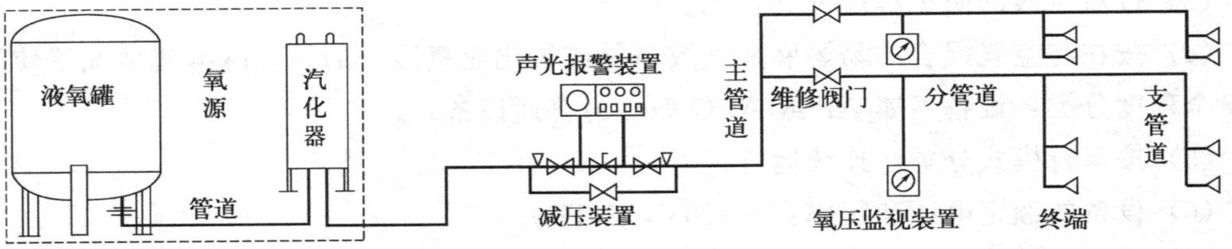

图 3-2　B 型：液氧作为氧气供应源

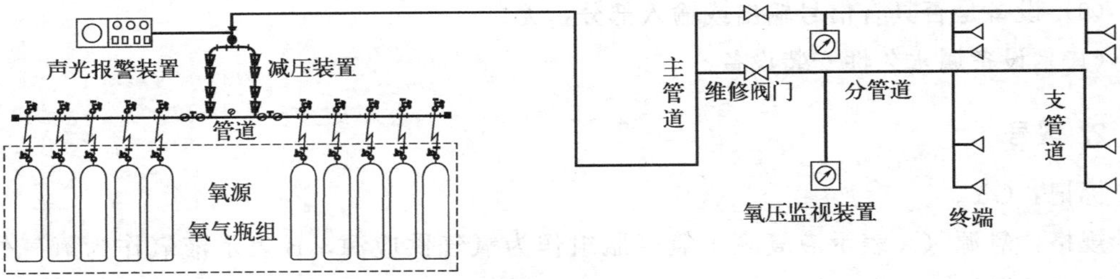

图 3-3　C 型：氧气瓶组作为氧气供应源

使用。

(1) 中心供氧站：该系统的中心供氧站采用氧源的集中控制，由氧源、减压装置、声光报警装置及管道等构成。

a. 氧源：氧气瓶组＋液氧供氧、氧气瓶组供氧、液氧供氧。

b. 减压装置：将氧源提供的气氧减压至病区使用压力。

c. 声光报警装置：当病区系统氧气超压、欠压时，发出声光报警，通知值班人员做相应处理。

(2) 管道：由主管道、分管道、支管道、阀门、氧压监视装置组成。管道均采用不锈钢管或铜管来实现氧气传输（表 3-2）。

表 3-2　医用气体水平直管道支吊架最大间距

公称直径(DN)/mm	10	15	20	25	32	40	50	65	80	100	125	≥150
铜管最大间距/m	1.5	1.5	2.0	2.0	2.5	2.5	2.5	3.0	3.0	3.0	3.0	3.0
不锈钢管最大间距/m	1.7	2.2	2.8	3.3	3.7	4.2	5.0	6.0	6.7	7.7	8.9	10.0

注：表中不锈钢管间距按相关规范的壁厚规定；DN8 管道水平支架间距小于等于 1.0m。

(3) 终端：终端通过快速插头（定位孔为 180°）与湿化器或呼吸机等设备相连，向病患人员供给氧气。

（四）主要性能指标及工作条件

1. 主要性能指标

(1) 主管道工作压力：0.5～0.8MPa；

(2) 分管道和支管道工作压力：0.2～0.6MPa；

(3) 每个终端流量应≥10L/min。

2. 工作条件

(1) 中心供氧站内必须通风良好，放置氧气瓶或液氧瓶的房间内氧浓度应<23%；

(2) 气瓶间和控制间的温度在 10～38℃之间。

三、中心吸引系统

（一）用途及适用范围

XY 型医用中心吸引系统适用于医院的医护人员在治疗过程中通过系统提供的负压源吸取患者体内的废液。从根本上改变传统的电动吸引器分散工作方式，具有使用安全、管理方便、经济效益好以及减轻医护人员劳动强度等特点，是现代化医院必备的理想医用设备。

（二）分类及型号

1. 分类

医用中心吸引系统按照 GB 9706.1—2020 的医用电气设备分类属：

(1) 按防电击类型分类：Ⅰ类；

(2) 设备无应用部分；

(3) 按对进液的防护程度分类：无防护；

(4) 按在与空气混合的易燃麻醉气或与氧或氧化亚氮混合的易燃麻醉气情况下使用时的安全程度分类：设备不属 AP 或 APG 型，为普通设备；

(5) 按运行模式分类：短时加载连续运行；

(6) 设备的额定电压和频率：3N～380V，50Hz；

(7) 设备是否具有对除颤放电效应防护的应用部分：无防护；

(8) 设备是否具有信号输出或输入部分：无；

(9) 设备属永久性安装设备。

2. 型号

标记：XY。

规格：单台真空泵功率（A 表示由两台真空泵组成，其中单台真空泵功率小于等于 7.5kW，最大抽吸量 $4.66m^2/min$ 的医用中心吸引系统）。

XY 产品名称缩写：医用中心吸引系统。

XY 型医用中心吸引系统的主要结构见图 3-4。

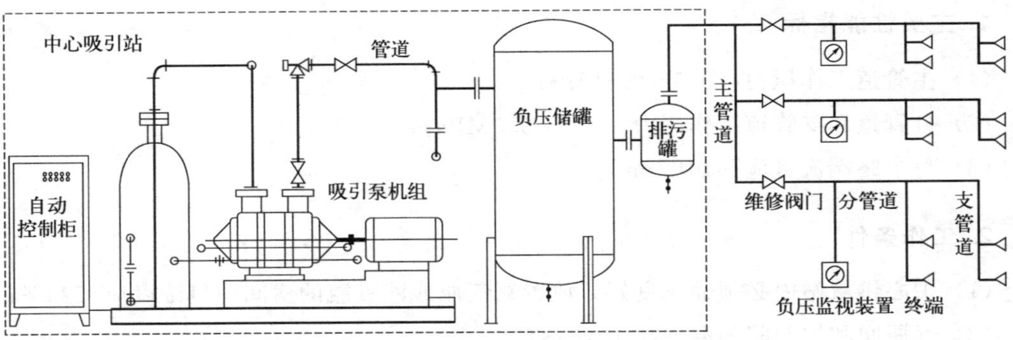

图 3-4 医用中心吸引系统主要结构图

（三）主要结构及组成

医用中心吸引系统主要由中心吸引站、管道、阀门、终端等器件组成。医用中心吸引系统的负压源是中心吸引站的真空泵机组，通过真空泵机组的抽吸使吸引系统管路达到所需负压值，在手术室、抢救室、治疗室和各个病房的终端处产生吸力，提供医疗使用。

(1) 中心吸引站：该系统的中心吸引站是产生负压的核心部分，由水环式中心吸引设备（即吸引泵机组）、自动控制柜、负压储罐、排污罐、报警装置及管道等组成。

a. 吸引泵机组：是中心吸引系统产生负压源的设备，该设备具有两台以上的吸引泵，确保一台泵工作，至少一台泵备用保证工作不间断，同时在特殊情况下两台及以上的吸引泵可以同时启动以满足用户的需求。

b. 自动控制柜：用于控制吸引泵机组的运行，实现自动控制。

c. 负压储罐：储存负压的容器。

d. 排污罐：用于收集吸入管道系统内的污物。

e. 报警装置：当系统负压值低于－0.073MPa 或高于－0.019MPa 时，发出声光报警，通知值班人员做相应处理。

(2) 管道：由主管道、分管道、支管道、阀门、负压监视装置等组成。管道可采用镀锌钢管、不锈钢管或铜管来实现负压传输。

(3) 阀门：用于维修时截断管道中负压的流通。

(4) 终端：终端通过快速插头（定位孔为 90°）与吸引器等设备相连，吸取患者体内的废液。

（四）主要性能指标及工作条件

1. 主要性能指标

（1）工作负压：0.02～0.07MPa；

（2）系统抽气速率：依据吸引泵抽气速率确定；

（3）终端抽气速率：在大气环境下不低于 30L/min；

（4）中心吸引站室内噪声≤80dB（A），室外噪声≤60dB（A）；

（5）吸引系统应有良好的密封性，当负压达到 0.07MPa 时，泄漏率≤1.8%/h；

（6）吸引系统应有可靠的接地，接地电阻应小于 10Ω；

（7）自动控制柜的绝缘电阻不小于 2MΩ。

2. 工作条件

放置水环泵及其他需要水的真空泵地面，必须有排水槽。

四、医用空气系统

（一）用途及适用范围

医用空气集中供应系统从根本上改变传统的分散供气方式，具有使用安全、管理方便、经济效益好以及减轻医护人员劳动强度等特点，是现代化医院必备的理想医用设备之一。

产品适用于医用空气集中供应系统作气源的手术室、ICU 或 CCU 的人工呼吸机等设备，目的是与氧气混合后供缺氧需要机械通气的患者使用，供医院集中供应压缩空气。

（二）工作原理

医用空气集中供应系统以空气为原料，空气压缩机（空压机）为动力，再通过储气罐、干燥器、过滤器、管路将洁净干燥的压缩空气送到用气点。电控箱能控制空气压缩机根据具体情况投入运行。

（三）工作条件

（1）环境温度：+5～+40℃；

（2）相对湿度：30%～75%；

（3）大气压力范围：700～1060hPa；

（4）使用电源：～220V，50Hz；3N～380V，50Hz；

（5）医用空气集中供应系统应避免布置在靠近散发爆炸性、腐蚀性和有毒气体以及粉尘等有害物的场所，并位于上述场所全年风向最小频率的下风侧。

（四）分类和型号

1. 分类

医用空气集中供应系统的安全分类按照 GB 9706.1—2020 的医用电气设备防护分类：

（1）按防电击类型分类为：Ⅰ类；

（2）设备无应用部分；

（3）按对进液的防护程度分类：无防护；

（4）按在与空气混合的易燃麻醉气或与氧或氧化亚氮混合的易燃麻醉气情况下使用时的安全程度分类：设备不属 AP 或 APG 型，为普通设备；

（5）按运行模式分类：短时加载连续运行；

（6）设备的额定电压和频率：电控箱为 3N～380V，50Hz；压缩机为 3N～380V，50Hz；干燥器、电控柜为～220V，50Hz；

（7）设备是否具有对除颤放电效应防护的应用部分：无防护；

（8）设备是否具有信号输出或输入部分：无；

（9）设备属永久性安装设备。

2. 型号

标记：KQ。

规格：用一位阿拉伯数字表示。

KQ 产品名称缩写：医用空气集中供应系统。

（五）主要结构及组成

1. 主要结构

医用空气集中供应系统原理见图 3-5。

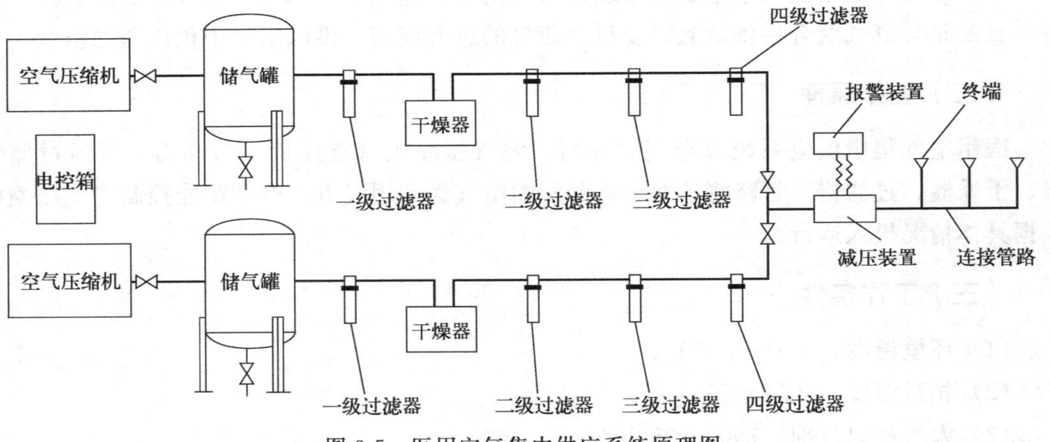

图 3-5　医用空气集中供应系统原理图

2. 组成

产品主要由空气压缩机、电控箱、储气罐、干燥器、过滤器、报警装置、减压装置、连接管路及终端组成。

（六）主要性能指标

（1）医用空气集中供应系统的输出压力为 0.35～0.90MPa；

(2) 医用空气集中供应系统的噪声不应超过 80dB (A);

(3) 终端压力应不小于 0.35MPa;

(4) 医用压缩空气的含油量不应大于 0.5mg/m^3;

(5) 每立方米空气中颗粒尺寸大于 0.5μm 的颗粒数不应超过 1000 个;

(6) 医用压缩空气常压露点≤−23.1℃;

(7) 储气罐应符合 GB 150.1—2024～GB 150.4—2024 和《固定式压力容器安全技术监察规程》的规定,容量应不小于 0.3m^3。

五、牙科吸引系统

配置一体式牙科抽吸机。牙科抽吸机为国家 1 类医疗器械,具备牙科抽吸机的第 1 类医疗器械备案信息总表及第一类医疗器械备案凭证。

(1) 抽吸流量:≥4000L/min。

(2) 真空度≤−20kPa。

(3) 动率:≤17kW。

(4) 电源:3N～380V,50Hz。

(5) 气环泵自动跟进、交替运行;超压、欠压报警,带触摸屏显示。

管道采用 PVC-U 管及不锈钢管,牙科吸引管道在下一层吊顶内敷设。

六、牙科医用空气系统

配置一体式牙科无油空气压缩机,牙科无油空压机为国家 1 类医疗器械,具备牙科无油空压机的第 1 类医疗器械备案信息总表及第一类医疗器械备案凭证。

(1) 输入动率:≤105kW。

(2) 牙科空压机的预定产气量:≥1000L/min。

(3) 整套牙科空压机的额定排气压力为 0.55MPa。

(4) 牙科空气品质符合 GB 50751—2012《医用气体工程技术规范》要求。

(5) 环境条件:环境温度 5～40℃,相对湿度≤80%;大气压力 86～106kPa;通风流量≥20m^3/min。

(6) 工作时间:100%连续工作。

管道采用无缝不锈钢管。

麻醉废气采用射流式终端,管道采用 PVC-U 管,麻醉废气接至室外安全处排放。

第三节 医用气体系统施工技术

一、施工准备

医用气体系统各种材料及设备应按照承包合同约定及设计文件要求的产品规格、型号及质量技术要求，根据安装进度计划及时组织生产和采购。

项目部要充分了解各种材料、设备的供货周期，尤其是进口设备的生产及运输周期。提前制定各阶段使用材料及设备的供货计划并据此订货，确保材料、设备及时进场，避免出现停工待料的情况。

主要设备及材料的采购供应周期（供参考）：

（1）铜管、不锈钢管材料供应周期：20～30d；

（2）管网附属配套设备（包括管件、压力监控装置、二级稳压箱等）供应周期：国产为20～30d，进口为90d左右；

（3）设备带、终端盒等末端设备的供应周期：国产约30d，进口产品为90d左右；

（4）医用空压机、医用负压机、医用制氧机设备供应周期：国产约40d，进口约90d。

二、医用液氧储罐供应源安装

（一）设备吊装就位

（1）医用液氧储罐安装就位时需采用吊车实施，应按照已审批同意的吊装方案实施。吊装就位后暂不取掉钢丝绳，先用水平尺或吊线检查罐体是否与地面垂直，倾斜度应小于1/1000。其垂直度的误差采用“垫铁”进行修正，“垫铁”的安装标准应符合规范要求。

（2）医用液氧储罐应使用地脚螺栓固定在基础上，不得采用预埋钢板，再将罐体支脚与钢板焊接固定的方式。拧紧地脚螺栓，医用液氧储罐安装位置及安装精度符合要求后，应迅速进行二次灌浆。

（3）汽化器、减压装置吊装就位。

（二）设备设施安装

（1）安装流程。

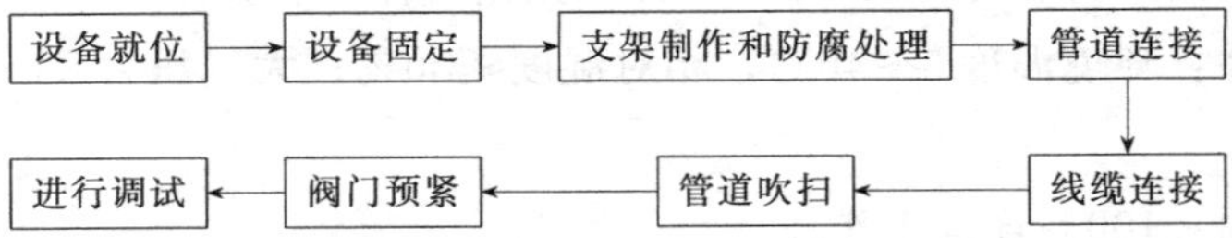

（2）汽化器应与医用液氧储罐间距均匀，调整位置使其在同一中轴线平行或垂直，整体美观、无倾斜。

（3）减压装置安装高度不低于1.4m，带报警装置的减压装置，其独立电源应安装在减压装置的左边或右边，上边线与减压装置齐平。

（4）按照施工图要求进行管道及管道组成件的安装，管路上的低温截止阀安装后手柄应垂直向上；按照施工图及现场实际状况，制作并安装管道支架，确保管道系统的安装符合现行国家规范的要求。

（5）由持证焊工按照焊接工艺规范进行站内管道焊接。

（6）医用液氧储罐、汽化器和医用液氧管道的法兰连接，需在常温预紧后再在低温下再次拧紧。检查相互连接的法兰端面应平整，螺纹管接头的轴线对中，不得强行对口连接。

(7) 安装氧气集气缸，对集气缸上的每一路进出口阀门进行明显标识。

(8) 医用气源站内管道及管道组成件的焊接应符合现行国家标准有关规定，所有焊缝外表面都要进行钝化处理，焊接完毕后应进行外观检查和检验，不锈钢管道采用“手工钨极氩弧焊”焊接，内部通氩气保护。

(9) 管道连接完毕后，先对液氧储罐各连接处进行预紧，再进行吹扫，吹扫完毕后按照设计要求进行压力试验和泄漏试验。

(10) 对管路连接后的减压装置进行减压性能检查(24h静特性测试)。

(11) 接地装置采用“扁铁”或“圆钢”焊接连接，需贴地安装，焊接在液氧储罐的支脚上，外观应横平竖直。“扁铁”搭接的长度为其宽度的2倍，采用三面施焊，“圆钢”与“扁铁”搭接长度为圆钢直径的6倍，采用双面施焊，所有焊接部位应做防腐处理。

(12) 设备接地良好，应用接地电阻仪进行检测，并做好相应记录，其接地电阻不得大于10Ω，检测点不少于4处。

(13) 医用液氧储罐及减压装置就位后，根据现场安装进度和工期要求，确定合适时间拆下安全阀和压力表送至当地检测机构进行检定或校验，并取得检定或校验证书。

(14) 医用液氧储罐供应源安装完成后，在液氧储罐放置处做“氧气”“禁止吸烟”“禁油禁火”等永久性警示标识。

三、医用氧气汇流排供应源安装

(一) 支架安装

(1) 在距地面1.4～1.6m的高度进行标记，再用红外线水平仪或其他水平装置在安装墙面上定位画线，固定汇流排支架时其上平面应与标线重合。采用金属膨胀螺栓将支架固定在墙体上，支架固定必须牢固可靠，所有支架都必须处在同一水平线上。

(2) 支架安装数量：10瓶组汇流排的左右汇流总管角钢支架至少各安装3只，20瓶组汇流排的左右汇流总管角钢支架至少各安装4只。

(二) 设备设施安装

依据设计，氧源的汇流排采用10瓶为一组共二组作为备用，每瓶均有截止阀，当一组气瓶压力低于规定范围时能自动声光报警，能手动切换到另一组氧气瓶。

(1) 汇流排汇总管、龙门架的就位，在确保汇流管与龙门架水平后紧固。紧固时注意两端的扭矩平衡，防止用力过度损坏阀门或管路零件。

(2) 检查汇流总管与支架是否贴合，如有间隙可加铁皮或铜皮垫片，各支架上的U形抱箍不能拧得太紧。管道和U形抱箍应用橡胶皮隔离，以防汇流总管热胀冷缩造成截止阀密封垫片断裂漏气。

(3) 进行耐压试验和泄漏试验，两组汇流排需分别进行。

(4) 就位和固定控制柜，敷设控制柜的电源线。

（5）医用氧焊接绝热气瓶或医用氧气钢瓶就位与连接。

（6）安装过程中严禁使用带有油污的手套，注意管道的保护，防止油污进入汇流排。严禁使用金属器具敲打气瓶。

（7）气瓶应对称分布在汇流排两侧。

（8）安装完成后，做“氧气”“禁止吸烟”“禁油禁火”等永久性警示标识。

四、医用真空汇供应源安装

（一）设备吊装就位

医用真空汇站房设置在地下室的，先将设备通过吊装口吊装至地下室专用转运点，再用叉车将设备转运至机房设备基础上。根据图纸调整设备位置，采用地脚螺栓等将设备紧固到基础上。

（二）医用真空泵安装

油环泵机组通常采用整体撬装，将除菌过滤器、真空泵、电控柜整体撬装在一起。设备就位后先进行整体调平，然后将进气管道连接在机组进气口上，从机组排气口接出排气管道。将电源线从配电柜接出，通过预留预埋穿线管接至机组自动控制柜内。

（三）其他设备设施安装

（1）填空罐安装时应特别注意罐体底部的排污阀和排污管，应按设计要求安装、敷设，罐体进出端的阀门应设置于便于开启处，同时应保证容易启闭。

（2）应按要求在真空罐前端设置排污罐。排污罐应位于医用真空管路的最低点，罐体进出端分别设置阀门，便于每个排污罐独立关闭排污。

（3）电控柜应安装在便于操作、易于观察的位置。

（4）真空集气缸，对集气缸上的每一路进出口门进行明确标识。

（5）支架的制作、管道的焊接。废气排放管的出口位置应符合规定。排气口须设置有害气体警示标识。

（6）安装时所用的法兰密封垫的内径应大于法兰以及管道内径，以免凸起产生阻力。

（7）在安装各种阀门时，需注意介质流向与阀门标识一致，特别是止回阀切忌反接。

五、医用空气供应源安装

（一）设备吊装就位

医疗空气供应源站房设置在地下室的，先将设备通过吊装口吊装至地下室专用转运点，再用叉车将设备转运至机房设备基础上。根据图纸调整设备位置、采用地脚螺栓等将设备紧固到基础上。

（二）设备设施安装

（1）空气压缩机的安装水平，其偏差不应大于 0.2/1000，检测部位应符合相关规范要求。需在每台机组出气口最低处安装排水阀。

（2）压缩空气站内的其他就地安装设备就位前，应检查并确保管口方位、地脚螺栓孔和基础的位置与施工图相符，各管路口应清洁和通畅，按照施工图将各设备在站内就位安装平稳。

（3）各级空气过滤器的安装高度和位置，应考虑观察和维保时的方便，管道中心高度在 1000～1600mm。空气过滤器的自动排水侧的排水管路可以直接连接到过滤器上，在自动排水阀的出口螺纹上连接软管快速接头。

（4）自动排水阀容易堵塞，可以在其旁边安装一个手动排水阀，以方便检查，保证设备可靠运行，提高气体品质。手动排水阀不能直接连接到过滤器上，因过滤器的介质排放有油和水，同时具有压力。设置手动排放废液的管道需要考虑留出拆卸过滤器外壳的空间，便于以后的维护保养。因废液排放时有压力，为保证废液不外溅，采用将软管插入排水管路中至少 500mm 的方式。

（5）空压机和冷干机、过滤器的冷凝水排放采用快速接头，用 PU 软管连接，接入排水管路。

（6）空气储气罐罐体倾斜度应小于 1/1000，空气储气罐采用地脚螺栓固定。空气罐下部必须设置手动排水阀，当自动排水阀失灵后可以手动排水。

（7）各设备间的连接管道同各设备之间的连接。应找平，找正，必要时对已安装设备进行微调，保证管道连接可靠，无扭曲、变形。站内连接管道及管道组成件规格，应严格按照设计要求配置，较小口径备进出口需先变径后接管。

（8）在安装各种阀门时，需注意介质流向与阀门标识和要求一致，特别是止回阀切忌反接。安装时所用法兰密封垫内径应大于法兰以及管道内径，以免凸起产生阻力。

（9）在设备间连接管道上粘贴长度不小于 40mm 的黑色—白色色标，并在气源站输出口管道上标识，其内容包括中文和英文气体代号、压力及气流方向。

（10）空压机的排风口应安装专用排风管，将空压机运行产生的热量直接排放到专用排风井。

六、医疗气体系统安装

（一）管道敷设原则

医疗气体系统包括氧气、真空吸引、压缩空气。其中氧气、真空吸引主要在病房、ICU 等；医用供气系统图如图 3-6。

管道敷设时，应遵循以下原则：

（1）高压氧舱的医用氧气管道从中心供氧气源处单独接出。

（2）医用气体管道分段分区域布置，将从气源到楼顶的管道称为主管道，楼层走廊内的水平管道称为干管道，由水平管道进入病房医用供应装置的管道称为支管道。

（3）敷设压缩医用气体管道的场所，其环境温度应始终高于管道内气体的露点温度 5℃以上。如环境温度未达到上述指标，应采取保温措施。

（4）医用氧气管道的敷设处应通风良好，且管道不宜穿过医护人员的生活、办公区，

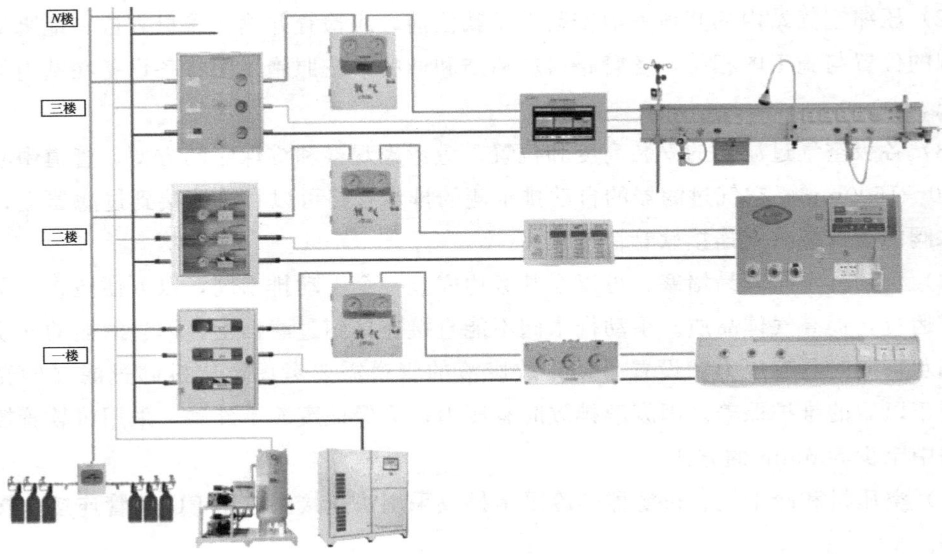

图 3-6　医用供气系统图

必须穿越的部位，管道不应设置法兰或阀门。

(5) 除医用气体管道专用的导电线路外，医用气体管道不允许和导电线路、电缆共架敷设，也不允许与导电线路、电缆交叉接触，防止漏电火花击穿管道造成事故。

(6) 医用气体管道敷设在专用气体管井内，且不允许与可燃、腐蚀性气体或液体、蒸汽、电气、燃气等供电线路公用管井。

(7) 室内医用气体管道宜明敷，表面应有保护措施。局部需要暗敷时应设置专用塑料套管保护。

(8) 氧气管道应设置导静电接地装置，并应符合下列规定：

- 地沟敷设管道，在分岔处或无分支管道每隔 80～100m 处设接地装置；
- 进、出建筑物处应设接地装置；
- 直接埋地敷设管道应在埋地之前及出地后各接地一次；
- 建筑物内部管道应与建筑物的静电接地干线相连接；
- 每对法兰或螺纹接头间应跨接导线，电阻值应小于 0.03Ω。

(9) 医用气体管道应做等电位接地，医用气体管道接地间距不应超过 80m，且每个病区不应少于一处，室外埋地医用气体管道两端应有接地点，除采用等电位接地外，其接地电阻不应大于 100Ω。

(10) 室外部分医用气体管道应有防雷击措施。

（二）管道支吊架制作及安装

(1) 医用气体管道应单独安装支吊架，且不允许和燃气、燃油管道共架敷设，必须共架时要保持大于 0.5m 的管距，共架部分不得有阀门及连接接头。架空医用气体管道与其他管道之间的最小净距应符合表 3-3 的规定。

表 3-3 医用气体管道与其他管道间最小净距

名称	与氧气管道净距/m		与其他管道净距/m	
	并行	交叉	并行	交叉
给排水管、不燃管	0.15	0.1	0.15	0.1
保温热力管	0.25	0.1	0.15	0.1
燃气管、燃油管	0.5	0.25	0.15	0.1
绝缘导线或电缆	0.5	0.3	0.5	0.3

(2) 在管道的适当位置上设支承，水平直管道支吊架的最大间距应符合规定，垂直管道限位移支架的间距应为水平管道支架间距的 1.2～1.5 倍，每层楼板处应设置一处。

(3) 管道支架在梁上安装时，膨胀螺栓位置应处于梁的中线以上，这样可以使管道对梁的外力不落在梁弯矩最大的地方，管子与支架抱箍必须牢固美观，且接触紧密。如图 3-7 所示。

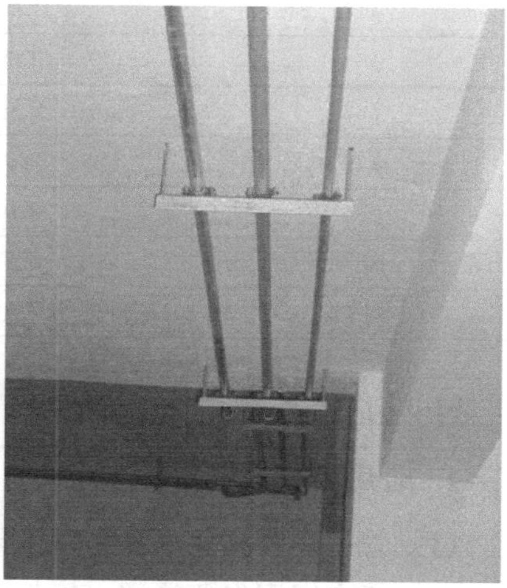

图 3-7 管道安装实例示意图

(4) 根据载荷大小，管道支架可以设计成 L 形、T 形、U 形、工字形等。管道支吊架各构件采用焊接或螺栓连接的方式。

(5) 支、吊架的管道支承面上，应钻 U 形管卡的安装孔，孔的大小和间距按 U 形管卡的规格和管道中心距确定。

(6) 支、吊架的金属表面应喷涂红丹防锈底漆和面层油漆，油漆选用银粉漆。

(7) 管道支、吊架可用膨胀螺栓和吊紧螺栓固定在墙面和顶板上。

(8) 管道安装时不宜使用临时支、吊架。当使用临时支、吊架时，应避开正式支、吊架位置，不得直接焊在管道上，并应有明显的标记，在管道安装完成后，应予以拆除。

(9) 支架安装时，成排支架一定要先放线后安装，并确保同层支架高度一致。立管支架一般以 1.5～1.8m 高为宜。层高 5m 以上，平均设置两个管卡。对干、立管支架安装定位，应考虑布置美观，管道支架的最大间距应符合要求。

(10) 支吊架安装应平整牢固，与管道的接触应紧密。管道安装时，应及时固定和调整支、吊架。固定支架应按设计文件要求或标准图安装，并在补偿器预拉伸之前固定。

(三) 医用气体各系统管道规格

医用气体管道主管采用不锈钢管，横管及进入病房支管采用脱脂铜管。管径计算依据 GB 50751—2012《医用气体工程技术规范》，常用管道规格见表 3-4。

表 3-4　常用医用气体管道规格表

医用紫铜管规格表		医用不锈钢管规格表	
外径/mm	最小壁厚/mm	外径/mm	最小壁厚/mm
ϕ8	1.0	ϕ8	1.5
ϕ10	1.0	ϕ10	1.5
ϕ12	1.0	ϕ14	2.0
ϕ16	1.0	ϕ20	2.0
ϕ19	1.0	ϕ25	2.0
ϕ25	1.2	ϕ32	2.5
ϕ28	1.2	ϕ38	2.5
ϕ32	1.5	ϕ45	2.5
ϕ42	1.5	ϕ57	2.5
ϕ54	2.0	ϕ76	3.0
ϕ67	2.0	ϕ89	3.0
ϕ76	2.0	ϕ108	3.0
ϕ89	2.0	ϕ133	3.0
ϕ108	2.5		
ϕ133	2.5		

（四）管道安装

1. 通用要求

（1）管道安装要便于操作、维修。

（2）所有医用气体管道、管件、仪表、阀门和附件，都必须事先进行脱脂，脱脂后的管道用不含油空气吹净，医用真空管道、管件、阀门和附件宜脱脂处理。氧气管道严禁采用折皱弯头。

（3）管道明敷时，应在土建工程粉饰后安装。安装管道时应按先主后次，先立管后支管的顺序逐层逐段安装，不可跳装或分段装，以免管段与管段间连接困难和影响管道整体性能。

（4）管道改变标高或走向时，应避免形成气袋、液袋或盲肠。如不可避免，应设高点放空阀、低点放净阀。

（5）管道安装应满足抗震要求，在建筑物连接处或伸缩缝位置设置管道伸缩部件。

（6）管道一般采用 U 形螺栓固定在管道支、吊架上。在金属管道与 U 形螺栓和支、吊架之间必须衬垫弹性绝缘材料（如聚氯乙烯板或绝缘橡胶板）。

（7）压缩医用气体管道贴近热管道（温度超过 40℃）时，应采取隔热措施；管道上方有电线、电缆时，管道应包裹绝缘材料（外套 PVC 管或绝缘胶管）。

（8）管道上应设置试压、吹扫所需的临时接口。

（9）管道接地应可靠，防静电接地电阻小于 10Ω。每对法兰或螺纹接头都应设导线跨接。

（10）管道安装完成后端口及时封堵，防止灰尘及异物进入管道内部。如图 3-8 所示。

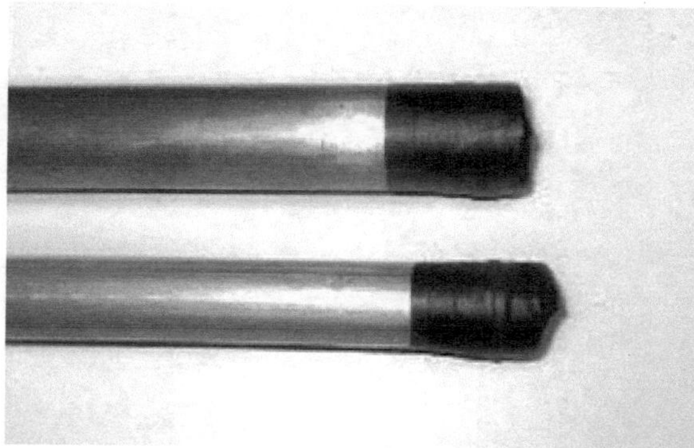

图 3-8 管道端口保护示例

(11) 氧气管道严禁穿越配电房、锅炉房，管道不宜安装在应急疏散区、避难层。

(12) 吸引管道（牙科）坡度应不小于 3‰，且不得出现倒坡。

2. 铜管及附件间焊接要求

(1) 管道在焊接前应该使用三氯乙烯进行脱脂处理（吸引管道除外），脱脂处理选择专业公司进行或者采购经过脱脂处理的管材。如图 3-9 所示，处理合格后方可进行焊接作业。

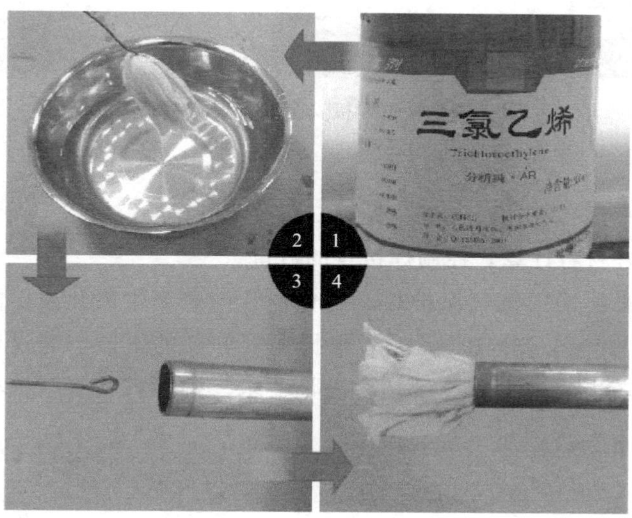

图 3-9 脱脂处理示意图

(2) 只能用铜管专用割管器，焊接面应清洁干净，严禁表面有杂质或油污。如图 3-10 所示。

(3) 医用气体铜管道之间、管道与附件之间的焊接连接均为硬钎焊，使用标准管件承插焊接，严禁扩口焊接。

(4) 焊接时，铜管道之间、管道与附件之间自由对中，不得强行对口焊接。

(5) 施焊周围严禁有易燃易爆物质，焊接作业开始前做好防火措施（配备灭火器），

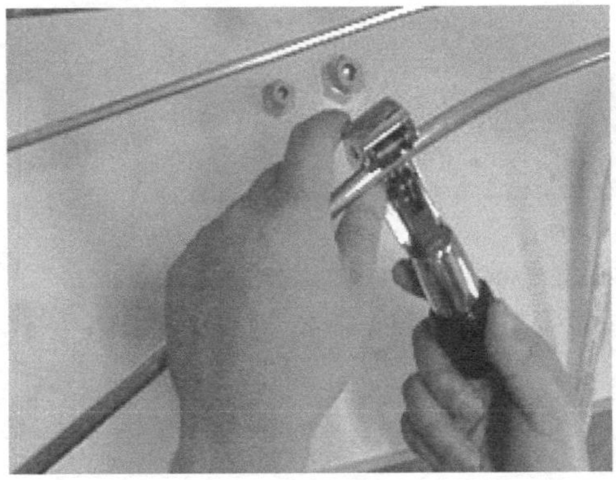

图 3-10　气体管道切割示意图

图 3-11　管道焊接安全设备配置示意图

如图 3-11 所示。

(6) 焊接时，不得有气孔、夹渣、夹钨、裂纹等缺陷。

(7) 布管前做好材料计算，控制焊接点的数量。

(8) 铜管焊接必须采用氮气保护焊，避免铜管内壁产生氧化皮。氮气的流量不小于 0.05m^3/h（压力 0.02～0.03MPa），或者根据铜管管径的不同，通过调节阀调节氮气的流量，或者用手感来测试氮气的流量是否满足要求。铜管内空气被完全置换掉后开始焊接。如图 3-12 所示。

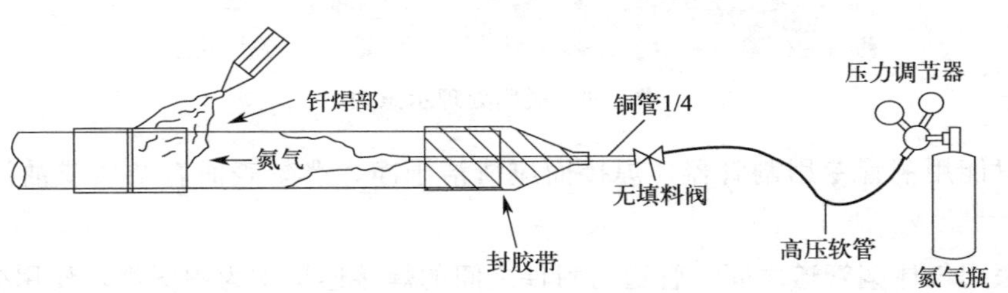

图 3-12　管道焊接氮气保护原理示意图

(9) 铜管焊接，选用含银量 2%的磷铜钎料，保证焊接质量，焊条熔化是靠母材（铜管的温度）熔化，而不是火焰直接熔化，禁止仰焊。

（10）焊接完毕后，再继续通氮气 3～5min，直到不再发生氧化为止，焊缝平滑饱满，焊接后自然冷却，严禁用冷水冷却铜管表面。

3. 不锈钢管道及附件间焊接要求

（1）不锈钢管道焊接采用氩弧焊、等离子焊。

（2）不锈钢焊材牌号不低于母材牌号等级。

（3）管道的切割采用机械加工的方法，管道内外面的毛刺应清理干净。

（4）管道对接焊口的组对内壁应平齐，错边量不得超过壁厚的 20%。

（5）管道的焊接应按设计要求进行坡口处理。

（6）不锈钢焊缝不得有气孔、夹渣、咬口、缩孔、未焊透、焊瘤等缺陷。

（7）焊接后的不锈钢焊缝应进行酸洗钝化处理。

（8）焊接后对焊缝进行无损检测。

4. UPVC 管道及附件安装要求（废弃排放）

（1）管道断口要齐平，无毛刺，承口与插口的公差配合符合要求，承插后能够自如地进行 360°转动。

（2）涂粘接剂的部位可用丙酮擦洗，保证无水分、灰尘、油污等。

（3）先涂承口后涂插口，承插进入后承插件要转动，以利于粘接剂的接触均匀。

（4）粘接剂涂抹后 30s 至 1min 粘接牢固，再擦掉溢出的粘接剂。

（5）UPVC 管道粘接后，需要进行粘接测试。

（6）粘接 UPVC 管道时环境温度＞－10℃，施工现场保持空气流动，严禁场地有明火。

（五）阀门及其他附件安装

1. 阀门安装

（1）重要生命支持区域的每间手术室、麻醉诱导室和复苏室，以及每个重症监护区域外的每种医用气体管道上应设置区域阀门。

（2）大于 DN25 的医用氧气管道阀门应采用专用截止阀，阀门应设置明确的当前开、闭状态指示以及开关旋向指示；除区域阀门外的所有阀门，应设置在专门管理区域或采用带锁柄的阀门。

（3）阀门安装前，应检查填料，其压盖螺栓应留有调节余量，且按介质流向安装。

（4）当阀门与管道以法兰或螺纹方式连接时，阀门应在关闭状态下安装，当阀门与管道以焊接方式连接时，阀门不得关闭，焊缝底层应采用惰性气体。

（5）医用气体管道系统预留端应设置阀门并封堵管道末端。

（6）各医用气体减压器后应设安全阀。安全阀应垂直安装，安全阀开启压力为 1.1～1.25 倍的管道系统最高工作压力，安全排放时应保证管道压力不大于 1.25 倍的管道系统最高工作压力；安全阀的回座压力应小于管道系统最高工作压力。

（7）管道系统维护、测试、扩容时应通过适当的阀门对相关的区域实行隔离。

（8）与医用气体接触的阀门、密封元件、过滤器等管道或附件，其材料与相应的气体不得产生有火灾危险、毒性或腐蚀性危害的物质。阀门应符合以下规定：

· 医用气体应使用铜材质等通径阀门；

· 需要焊接连接的阀门两端应带有预制的连接短管。

（9）区域阀门安装应符合以下规定：

· 楼层内所有气体终端及终端设备应由同楼层相应的区域阀门控制；

· 区域阀门使用侧应设有压力观测箱；

· 区域阀门箱应能够满足紧急情况下操作阀门的需求，并安装在容易操作的位置。

（10）医用气体安全阀应采用经过脱脂处理的铜材质全启式安全阀，并符合现行行业规范规定，安全阀最终调校合格后应做铅封。

2. 其他附件

（1）医用真空排污罐应设置在医用真空管段的最低点或缓冲罐入口侧。

（2）医用气体压力表精度不得低于 1.6 级，最大量程应为最高工作压力的 1.5～2.0 倍。

（3）当医用气体管道系统采用单一管道压力难以保证供应参数时，应在医疗建筑入口或适当位置设置医用气体减压装置。

七、设备设施安装

（一）设备带安装

设备带安装技术要求如下。

安装在病房一侧的墙壁上，距地面的距离为 1.3～1.5m，沿床头墙面通长布置，设备带安装处要求为实体墙，画线确定具体安装位置后，用金属膨胀螺栓固定好。

参照终端板配置大样图，画线将气体终端支架、电源插座底盒（用塑料膨胀螺栓）、电源开关、嵌入式床头灯、传呼分机等固定在设备带底座上。

将气体终端紧固在支架上（调正），将管道末端球形接头分别与各气体终端相连，氧气管道应布置在设备带的上侧；电源线在设备带内敷设时应穿管以保证与设备带及管道绝缘。

盖上面板后，整体应美观大方，气体终端不得歪斜，嵌入式床头灯的灯罩与设备带接口处间隙小于 0.2mm。

管道安装完毕后，按要求进行气密性试验，并记录。

（二）病房设备带

病房设备带宜采用铝合金材质，尺寸为 195mm×60mm×1.5mm，表面采用喷塑处理。结构为三腔体，即强电、弱电、气体管道分道敷设，强、弱电采用穿 PVC 软导管方式敷设。

设备带应安装牢固、整体性强、外形美观，表面坚固耐腐蚀、耐擦划、色彩可选。如图 3-13 所示。

图 3-13　医用设备带示意图

将预留的电源线、弱电线、呼叫线与设备带上的插座、灯及开关、弱电接口、呼叫分机按规范连接牢固。

设备带的安装必须做到横平竖直，同一类设施必须安装在相同水平高度，同时布局合理、美观实用，面板表面切忌螺丝头外露。

设备带安装完成后，两端距墙的间隙原则上越小越好，间隙控制在 2mm 以内。

1. 气体终端（国标）

快速拔插式自密封气体终端（气体终端自带维修阀），气体终端均采用铜合金材质各项指标必须符合国家相关标准要求。

各气体终端之间不具有互换性，不同的定位销使各种用气设备在任何情况下都不会插错，从而保证使用的绝对安全；终端与管道之间采用航空低压球形接头螺纹连接。气体终端使用时插拔快捷、灵活、可靠。

气体终端安装在设备带上的每张床位上，如图 3-14 所示。

图 3-14　医用气体终端示意图

2. 照明装置

设备带下侧腔内嵌入式安装 LED 床头灯组件，含 LED 灯管、灯罩及灯座，LED 灯管具有照度高、耗电低、寿命长等诸多优点。

3. 电源插座、照明开关

电源插座采用符合国标要求的 250V 10A 三位五孔电源插座，照明开关采用符合国标要求的 250V 10A 单联双控开关。

4. 气体终端检修阀

病房设备带上嵌入式安装气体检修阀，以便于每间病房内氧气终端、压缩空气终端和负压吸引终端的单独检修。

（三）医用吊塔、吊桥安装

1. 医用吊塔、吊桥支架安装

（1）安装支架应按照设计要求选择承重梁、承重墙或专用支架作为主受力点，楼板或其他支点作为辅助支撑点。

（2）承重梁和承重墙上的安装支架座可采用矩管、槽钢或工字钢预制，并用金属膨胀螺栓固定，膨胀螺栓的规格和数量必须依据设计要求，以确保支架能满足设计承载要求。

（3）支架安装完成后，应逐条检查焊缝，保证无漏焊、虚焊等缺陷。

（4）支架安装完成后应做好防腐处理。

2. 管路连接

管路应按医用气体工程管道安装要求进行连接，设备内医用气体管路与医用气体系统管路之间应单独设置维修阀门。当设备气体系统出现故障时可快速关闭气源进行检修。维修阀门应设置在易操作的位置，如设备设施顶部装饰罩旁。在连接管道前，应确认医用气体系统已吹扫干净。终端与气体管道连接时，要确保气体类型匹配，严禁错接。

3. 安装高度及距离要求

（1）吊塔设备如有操作扶手，其安装高度应符合设计要求，一般应为 900～1200mm。

（2）设备配置的气体终端组件的安装高度距地面一般应为 900～1600mm，具体高度应符合设计要求；横排布置的终端组件宜按相邻的中心距为 80～150mm 等间距布置，竖排布置的终端组件宜按相邻的中心距为 120～200mm 等间距布置。

（3）电源插座组件的安装高度距地面应为 900～1600mm，横排布置的电源插座组件宜按相邻的中心距为 60～120mm 等间距布置，竖排布置的电源插座组件宜按相邻的中心距为 80～150mm 等间距布置。

4. 其他要求

医用吊塔、吊桥安装时必须保证设备内立柱的垂直度以及各种横臂、安装平台的水平度满足设计要求。对旋转类的设备，其运动部件的安装必须确保其运动灵活，静止状态不会自行漂移。

（四）阀门箱安装

（1）医用气体管路的各种阀门安装前必须进行脱脂处理，注意各种型号、规格的配对，以保障气密性。

（2）阀门安装前应按设计核对阀门的型号、规格，并检查阀门开启是否灵活。

（3）氧气、空气（呼吸）系统应能承受 0.8MPa 压力不泄漏；压缩空气系统应能承受 1.2MPa 压力不泄漏；负压应能承受−0.075MPa 压力不泄漏。

（4）阀门箱安装在每层的医气管道井中，方便人员对阀门箱进行维护保养及检修。阀门箱安装必须牢固，箱体中的阀门、压力表等必须完好无损且无泄漏，工作正常。阀门箱安装如图 3-15 所示。

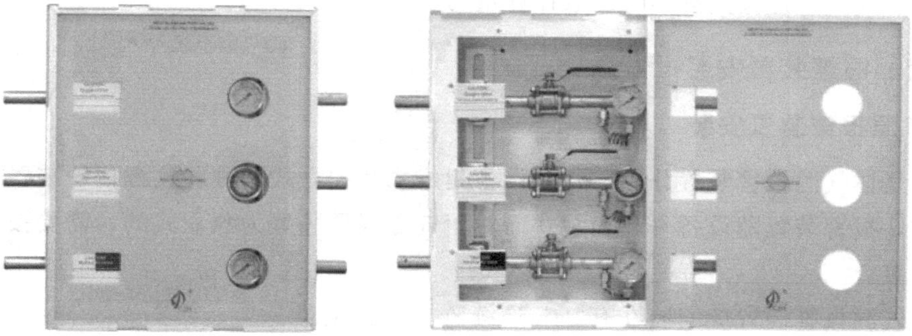

图 3-15 医用气体阀门箱安装示意图

（5）气体压力报警箱安装。为保证各病区病房内终端压力使用安全和监测每个病区的医用气体压力，将氧气、压缩空气、负压吸引集成为一个报警箱，分别检测各自的压力并报警，安装在各病区的护士站附近。

压力监测报警装置应具备标准 Modbus 远程信号 RS485 输出接口，可实现远程智能化监测医用气体压力。

压力监测报警装置应设置医用气体压力显示，手术室宜设置视觉报警。

压力监测报警装置宜采用数字显示，以便读数。

压力监测报警装置应具有声光报警功能，具有明确的监测内容及标识。当送往大楼的医疗气体压力升高或下降超出规定值时，报警箱发出声光报警信号，提醒有关人员及时处理。

（五）二级稳压箱安装

在每个区域（病区）楼层管道管井处设置一台二级稳压（减压）箱，将主管道送来的压力较高的氧气和医疗空气减压到各病区使用的压力，以便各病区使用的氧气和医疗空气恒压恒量，达到高压输送，低压使用的目的。

（1）二级稳压箱采用双路供气设计，双路独立减压；

（2）二级稳压箱采用箱式结构设计；

（3）显示方式采用机械压力表显示设计；

（4）二级稳压箱输出压力可调范围不小于 0.2～0.6MPa；

（5）二级稳压箱能够分别显示减压前和减压后的压力，压力表精度≥1.6 级；

（6）二级稳压箱减压前和减压后管路上应分别设置 1 个安全阀。

（六）氧气流量计安装

为方便医疗卫生机构各科室对医用氧气进行流量计量，宜设置专用的医用氧气流量计，包括总流量计和区域流量计。

医用氧气流量计应具备标准的 Modbus 远程信号 RS485 输出接口，可实现远程智能化监测医用气体流量。

医用氧气流量计应有明确的计量区域中文标识。

医用氧气流量计应具有实时、累计计量功能。

（七）报警装置安装

1. 气源报警装置安装

医用气体气源报警装置分为与气源设备集成式和独立式两种，气源报警装置与气源设备集成式，报警装置随设备一起安装。而对于气源报警装置为独立式的，需要按照如下要求进行安装。

（1）气源报警装置应安装在有24h连续监控的区域。

（2）气源报警装置应安装在方便操作的位置，中心高度一般在距离地面1600mm处。

（3）气源报警装置应配置独立的电源，该电源应为医院不间断电源。

2. 区域报警装置及流量计的安装

（1）区域报警装置应安装在护士站或其他类似监视区域，区域报警宜设医用气体压力显示，具体安装位置及高度应保证工作人员能及时准确地观察到各类医用气体工作压力，且方便操作。

（2）生命支持区域报警装置应设有压缩气体工作压力超出允许压力上限及欠压20%时的超、欠压报警及真空压力低于37kPa时的欠压报警。报警应分别具有视觉报警和听觉报警两类功能。

（3）区域报警传感器安装位置。手术室、麻醉室的报警传感器应安装在区域阀门使用侧管道上，其他区域应安装在管路总阀门的使用侧。区域报警传感器应安装有阀门。

（4）医用气体流量计应根据医用气体的种类、工作压力、温度、流量等条件选择。

（5）医用气体流量计应安装在不燃或难燃结构上，并便于巡视、检修。禁止安装在有可能因泄漏而滞留医用气体的隐蔽场所、潮湿及环境温度高于45℃的区域，以及堆放易燃易爆、易腐蚀或有放射性物质等危险物品的区域。

（6）医用氧气源流量计应可实时计量和累计计量，宜具有数据传输功能，并设置国际标准的数据输出接口。

（7）流量传感器的安装位置前后应有产品设施所要求的管线长度，其量程应为系统最大工作流量的1.2～1.3倍。

（8）区域报警装置及医用气体计量表应配置独立的电源，该电源应为不间断电源。

（八）医疗气体系统接地

（1）医用气体站房的设备或设备基础均应做可靠接地系统。

（2）医用气体的汇流排、切换装置，各减压出口和输送管道，均需做防静电接地。

（3）医用气体管道接地间距不应超过80m，且应不少于一处，室外埋地医用气体管道两端应有接地点。

（4）当室外埋地管道的距离大于80m时，埋地部分可不做接地，但需在管道埋地前及埋地后的部位进行防静电接地。

（5）管道系统中的阀门或接头处应安装跨接接地线。

(6) 系统接地电阻不应大于10Ω，医疗房间内的医用气体管道应做等电位接地。

（九）管道试验

1. 医疗气体管道的吹扫及试验

(1) 吹扫用的气体为洁净的无油压缩空气或氮气。

(2) 气源可以是医院的中心气站、气体汇流排或气瓶，气量应备足。

(3) 所有控制阀都打开，并开至最大，管道上的气流死角（如连接压力表的测压管）亦逐个拆开单独吹扫。

(4) 用高压软管将管道系统的吹扫口与气源连接在一起，气源与吹扫口之间的管路应装有截止阀、过滤器（滤网孔径不大于25μm）、流量计、减压阀和压力表等监控设备。

(5) 氧气管道的吹扫应分段进行，安装按先主管后支管的顺序进行。主管吹扫方法是按楼层逐层拆开楼层干管，逐层进行主管吹扫；干管和支管的吹扫方法是逐个房间拆开支管，对逐根支管进行吹扫。

(6) 吹洗出的脏物不得进入已合格的管道，吹扫的排气管应引至地面，并设置明显标志。

(7) 吹扫过程中应临时拆除管道上的过滤器及精密仪表。

(8) 吹扫时，管道内气体的流速不应小于20m/s，吹扫压力不得超过管道的设计压力。

(9) 吹扫应持续进行，吹扫效果的验证，应在150L/min流量下至少进行15s，并应使用含50μm孔径滤布、直径50mm的开口容器进行检测，没有残余物即为合格。

(10) 吹扫后，应将拆开的接头重新连接好，恢复拆除的管路部件。

2. 管道压力试验

管道压力试验前，应检查系统各管道接口、节点是否已完善，管道支架是否牢固，试验时应缓慢向管道内充氮气，升压时应缓慢。

室内医用气体管道的试验压力必须符合设计要求。设计无明确要求时，医用气体管道系统试验压力应为设计压力的1.15倍，真空管道的试验压力应为0.2MPa。

试验介质为洁净的空气或干燥无油的氮气。

试验前，必须进行预试验，试验压力宜为0.2MPa。

试验时，应逐步缓慢增加压力，当压力升至试验压力的50%时，如未发现异状或泄漏，继续按试验压力的10%逐级升压，每级稳压3min，直至达到试验压力。稳压10min，再将压力降至设计压力，停压时间应根据查漏工作需要而定。以发泡剂检验不泄漏为合格。

3. 管道泄漏性试验

(1) 医用气体管道应在压力试验合格后进行泄漏试验，试验压力应为管道设计压力，真空管道泄漏试验压力应为真空压力70kPa。

（2）泄漏试验方法及步骤。

① 关闭管路的放气阀，缓慢打开进气阀，使管路内气体的压力稳步上升。当压力上升至试验压力的30%和60%时，应进行外观检查。如未发现异常，则继续升压。当压力达到规定的试验压力时，应立即关闭进气阀，进行保压。

② 用木槌轻轻敲击管道各焊接接头和连接处，用中性肥皂水检查各焊缝和接头密封面，应无漏气现象。

③ 保压24h，记录压力下降的数值。

④ 合格标准。可以分为以下三种情况。

a. 医用气体管道未接入医用气体终端时，氧气的小时泄漏率不应超过0.05%；二氧化碳等对人体有害的气体，在未接入气体终端时不允许漏气，即为零。

b. 医用气体管道接入供应末端设施后，小时泄漏率应符合下列规定：

- 不超过200床位的系统应小于0.5%；
- 800床位以上的系统应小于0.2%；
- 200～800床位的系统不应超过按内插法计算得出的数值。

c. 医用真空管道接入末端设施后的泄漏试验，小时泄漏率应符合下列规定：

- 不超过200床位的系统应小于1.8%；
- 800床位以上的系统应小于0.5%；
- 200～800床位的系统不应超过按内插法计算得出的数值。

（十）管道及附件标识

1. 标识设置要求

（1）医用气体管道、阀门、终端组件、软管组件和压力指示仪表，均应有耐久、清晰、易识别的标识。

（2）医用气体标识的方法应为金属标记、模板印刷、盖印和黏着性标志，施工中宜采用黏着性标志。

（3）医用气体的颜色与标识代号应符合下表的规定。

（4）任何有颜色标识的圈套、色带或夹箍，其颜色均应覆盖其全周长。

2. 管道标识

（1）如表3-5，医用气体管道标识应包含以下内容：

① 气体的中英文名称或代号；

② 气体的颜色标记；

③ 标有气体流动方向的箭头。

（2）医用气体管道标识的设置应按以下规定进行：

① 标识应沿管道的纵向轴以间距不超过10m的间隔连续设置；

② 管道穿越的隔墙或隔断的两侧均应有标识；

③ 立管穿越的每一层应至少设置一个标识。

（3）医用气体管道外表除本章规定的标识外，不应有其他涂料或涂覆层。

表 3-5 管道标识表

医用气体名称	代号		颜色规定
	中文	英文	
医疗空气	医疗空气	Med Air	黑色—白色
器械空气	器械空气	Air 800	黑色—白色
医用合成空气	医用合成空气	Syn Air	黑色—白色
医用真空	医用真空	Vac	黄色
医用氧气	医用氧气	O_2	白色
呼吸废气排放	呼吸废气	AGSS	朱紫色

3. 附件标识

(1) 医用气体输入、输出口处的标识应包含气体代号、压力及气流方向的箭头。

(2) 阀门的标识应按以下规定进行：

① 每种气体的中英文名称或代号；

② 阀门所服务的区域或房间的名称；

③ 应有明确的当前开、闭状态指示以及开关旋向指示；

④ 应标明注意事项及警示语。

第四节 验收与移交

医用气体工程的验收与移交是确保医疗设施安全、可靠运行的重要环节。以下是医用气体工程验收与移交的主要内容。

一、医用气体防止管道交叉错接的检验及标识

(一) 防止管道交叉错接的检验

1. 施工前规划检验

(1) 在医用气体工程施工前，仔细审查设计图纸，确保不同气体管道的走向和布局合理，避免出现交叉和靠近可能产生干扰的区域。

(2) 核对各管道的标识设计，保证在施工前就有清晰明确的标识方案。

2. 施工过程检验

(1) 安装过程中，随时检查不同气体管道的安装位置，确保它们按照设计要求进行铺设，避免出现交叉或间距过小的情况。

(2) 对管道的连接部位进行重点检查，确保连接正确，不会出现错接不同气体管道的情况。

（3）使用专业的检测设备，如气体检测仪等，在管道安装完成后进行初步的泄漏检测，及时发现可能因交叉错接导致的泄漏问题。

3. 竣工检验

（1）对整个医用气体管道系统进行全面的压力测试，检查各管道在不同压力下的密封性和稳定性，同时也可以发现潜在的交叉错接问题。

（2）再次使用气体检测仪对各管道进行检测，确保没有气体泄漏和交叉错接导致的混合气体问题。

（3）组织专业人员进行实地检查，对照设计图纸逐一核对各管道的位置、标识和连接情况。

（二）标识方法

1. 颜色标识

（1）不同的医用气体管道采用不同的颜色进行标识，例如氧气管道通常为蓝色，压缩空气管道为白色等。颜色应鲜明、持久，易于识别。

（2）在管道的全长上都应涂刷或粘贴颜色标识带，确保在任何位置都能快速识别气体种类，颜色标识应符合表 3-6 的相关规定。

2. 文字标识

（1）在管道上每隔一定距离标注气体名称、流向和压力等信息，文字应清晰、规范。

（2）对于关键部位，如管道连接处、分支处等，应增加更详细的文字标识，防止错接，文字标识应符合表 3-6 的相关规定。

表 3-6 医用气体管道及附件的颜色和标识代号

医用气体名称	代号		颜色规定	颜色编号
	中文	英文		
医疗空气	医疗空气	Med Air	黑色—白色	—
器械空气	器械空气	Air 800	黑色—白色	—
牙科空气	牙科空气	Dent Air	黑色—白色	—
医用合成空气	医用合成空气	Syn Air	黑色—白色	—
医用真空	医用真空	Vac	黄色	Y07
牙科专用真空	牙科真空	Dent Vac	黄色	Y07
医用氧气	医用氧气	O_2	白色	—
医用氮气	氮气	N_2	黑色	PB11
医用二氧化碳	二氧化碳	CO_2	灰色	B03
医用氧化亚氮	氧化亚氮	N_2O	蓝色	PB06
医用氧气/氧化亚氮混合气体	氧/氧化亚氮	O_2/N_2O	白色—蓝色	-PB06
医用氧气/二氧化碳混合气体	氧/二氧化碳	O_2/CO_2	白色—灰色	-B03

续表

医用气体名称	代号		颜色规定	颜色编号
	中文	英文		
医用氦气/氧气混合气体	氦气/氧气	He/O_2	棕色—白色	YRO5
麻醉废气排放	麻醉废气	AGSS	朱紫色	RO2
呼吸废气排放	呼吸废气	AGSS	朱紫色	RO2

注：表中规定为两种颜色时，系在标识范围内以中部为分隔左右分布。

3. 挂牌标识

（1）在管道的起点、终点和重要的分支点处悬挂标识牌，注明气体种类、用途、压力范围等。

（2）标识牌应采用耐用的材料制作，固定牢固，不易脱落。

4. 电子标识

（1）对于一些大型的医用气体系统，可以考虑采用电子标识技术，通过传感器和数据库管理系统，实现对管道的实时监控和识别。

（2）电子标识可以提供更准确、更详细的信息，并且便于管理和维护。

二、医用气体专项验收内容

（一）验收

1. 文档审查

（1）审查设计图纸、施工方案、设备清单等技术文件，确保其符合相关标准和规范。

（2）检查施工过程中的质量记录、检验报告、调试报告等，以验证工程质量。

2. 设备检查、验收

（1）对医用气体设备进行外观检查，确保设备无损坏、无锈蚀，标识清晰。

（2）检查设备的性能参数，如压力、流量、纯度等，确保其符合设计要求。

（3）对关键设备进行试运行测试，检查其运行稳定性和可靠性；如制氧机的氧气产量和纯度、空气压缩机的压力和流量等。

（4）检查医用气体设备的型号、规格、数量是否与设计要求一致。

3. 管道系统检查、验收

（1）检查医用气体管道的材质、规格、连接方式等，确保其符合设计要求。

（2）进行管道压力试验，检查管道的密封性和耐压能力。

（3）检查管道的标识，包括气体种类、流向、压力等，确保标识清晰准确。

（4）检查医用气体管道的材质、规格、连接方式是否符合设计要求。

4. 安全设施检查

（1）检查医用气体工程的安全设施，如安全阀、报警装置、灭火设备等，确保其齐全有效。

（2）检查电气系统的接地、绝缘等安全性能，确保其符合相关标准。

5. 安全设施验收

（1）检查医用气体系统的安全设施是否齐全，如安全阀、报警装置等。

（2）测试安全设施的性能，确保其在紧急情况下能够正常工作。

6. 电气系统验收

（1）检查医用气体系统的电气设备是否符合安全标准，如接地是否良好、绝缘是否可靠等。

（2）测试电气系统的性能，确保其能够稳定运行。

（二）涉及单位

（1）建设单位：负责组织医用气体专项验收工作，协调各参与单位的工作。

（2）设计单位：提供医用气体系统的设计方案，参与验收工作，解答相关技术问题。

（3）施工单位：按照设计要求进行医用气体系统的施工，确保工程质量，参与验收工作。

（4）监理单位：对医用气体系统的施工过程进行监督，参与验收工作，提出整改意见。

（5）检测单位：对医用气体系统进行检测，出具检测报告，为验收提供依据。

（三）移交程序

1. 预验收

（1）施工单位完成医用气体系统的施工后，进行自检，合格后向建设单位提交预验收申请。

（2）建设单位组织设计单位、监理单位、施工单位等进行预验收，对发现的问题提出整改意见。

（3）施工单位按照整改意见进行整改，整改完成后再次申请预验收，直至预验收合格。

2. 专项验收

（1）预验收合格后，建设单位向相关部门申请医用气体专项验收。

（2）相关部门组织专家进行专项验收，对医用气体系统的设备、管道、安全设施、电气系统等进行全面检查。

（3）专项验收合格后，出具验收报告。

3. 移交

(1) 专项验收合格后，建设单位将医用气体系统移交给使用单位。

(2) 移交时，建设单位应提供医用气体系统的设计图纸、施工资料、检测报告、验收报告等文件。

(3) 使用单位应组织相关人员对医用气体系统进行接收，检查设备、管道等是否完好，文件是否齐全。

(四) 移交内容

1. 设备

(1) 医用气体设备，如制氧机、空气压缩机、储气罐、液氧储罐等。

(2) 设备的操作手册、维护手册等技术文件。

2. 管道

(1) 医用气体管道，包括主管道、支管道、阀门等。

(2) 管道的竣工图纸、压力试验报告等文件。

3. 安全设施

(1) 安全阀、报警装置等安全设施。

(2) 安全设施的检测报告、使用说明书等文件。

4. 电气系统

(1) 医用气体系统的电气设备，如配电箱、控制柜等。

(2) 电气系统的竣工图纸、调试报告等文件。

(五) 移交标准

(1) 设备性能符合设计要求，运行稳定可靠。

(2) 管道无泄漏，压力稳定，标识清晰。

(3) 安全设施齐全有效，能够在紧急情况下发挥作用。

(4) 电气系统安全可靠，接地良好，绝缘可靠。

(5) 相关文件齐全，包括设计图纸、施工资料、检测报告、验收报告等。

(六) 其他

1. 培训

(1) 对医院相关人员进行医用气体工程的操作培训，包括设备的使用方法、维护保养、应急处理等。

(2) 提供操作手册、维护手册等技术资料，确保医院人员能够正确操作和维护医用气体工程。

2. 验收报告

（1）编制验收报告，详细记录验收过程和结果，包括发现的问题和整改情况。

（2）验收报告应由建设单位、施工单位、监理单位和医院等相关方共同签字确认。

3. 移交手续

（1）办理医用气体工程的移交手续，将工程的所有权和管理权正式移交给医院。

（2）移交手续应包括设备清单、技术资料、验收报告等文件的交接。

第五节　运维管理

一、各设备的维护保养周期、保养内容、保养步骤及质保周期

（一）制氧机

1. 维护保养周期

① 日常巡检：每天进行。

② 定期保养：每季度一次。

③ 全面维护：每年一次。

2. 保养内容

（1）日常巡检：

① 检查设备运行状态，观察指示灯是否正常显示。

② 查看压力表，确保氧气输出压力稳定在规定范围内。

③ 倾听设备运行声音，有无异常噪声或振动。

④ 检查设备显示屏上的各项参数，如氧气浓度、流量等。

（2）定期保养：

① 清洁设备外壳，使用干净、柔软的布擦拭，防止灰尘积累影响散热。

② 更换空气过滤器，确保进入制氧机的空气清洁，延长设备使用寿命。

③ 检查电气连接是否松动，紧固螺丝，防止接触不良导致故障。

④ 校准氧气浓度传感器，保证氧气浓度测量的准确性。

（3）全面维护：

① 更换分子筛，分子筛是制氧的关键部件，定期更换可保证制氧效率和纯度。

② 检查压缩机，查看压缩机的工作状态，如有必要，更换压缩机的易损件，如密封件、皮带等。

③ 对设备进行全面的性能测试，包括氧气产量、浓度、压力等参数，调整设备至最佳工作状态。

3. 保养步骤

（1）日常巡检：

操作人员在设备运行时进行观察和记录，发现问题及时报告。

（2）定期保养：

① 关闭制氧机电源，拔掉插头，确保安全。

② 打开设备外壳，小心取出空气过滤器进行更换。

③ 检查电气连接部位，使用螺丝刀等工具紧固松动的螺丝。

④ 使用专业的校准设备对氧气浓度传感器进行校准。

（3）全面维护：

① 由专业技术人员进行操作。

② 先将制氧机停机并进行安全防护，然后拆卸分子筛罐，更换分子筛后重新组装。

③ 对压缩机进行检查和维护，根据需要更换易损件。

④ 进行性能测试时，连接相关检测设备，按照标准流程进行测试和调整。

（4）质保周期一般为 1～3 年。

（二）空气压缩机

（1）维护保养周期：

① 日常巡检：每天进行。

② 定期保养：每两个月一次。

③ 全面维护：每半年一次。

（2）保养内容：

① 日常巡检：

- 检查压缩机的运行压力和温度，确保在正常范围内。
- 观察油位，保证润滑油充足。
- 倾听压缩机运行声音，有无异常响声。
- 检查进气过滤器，看是否需要清洁或更换。

② 定期保养：

- 更换空气过滤器，保证进入压缩机的空气清洁。
- 更换油过滤器，防止润滑油中的杂质损坏压缩机部件。
- 检查皮带张力，调整至合适程度，防止皮带打滑或过紧。

③ 全面维护：

- 对压缩机进行解体检查，查看活塞、气缸、曲轴等部件的磨损情况。
- 清洗冷却系统，防止水垢和杂质积累影响散热效果。
- 更换压缩机油，确保润滑油性能良好。

（3）保养步骤：

① 日常巡检：

- 操作人员在设备运行时观察仪表读数，检查设备外观。

② 定期保养：

- 停机后，排放压缩空气，打开过滤器外壳，更换空气过滤器和油过滤器。
- 检查皮带张力时，使用皮带张力计进行测量，通过调整电机位置来调整皮带张力。

③ 全面维护：

- 由专业维修人员进行操作。
- 先将压缩机停机并进行安全防护，然后拆卸压缩机进行解体检查。
- 使用专用清洗剂清洗冷却系统，冲洗干净后重新组装。
- 更换压缩机油时，应先将旧油排放干净，再加入新的润滑油。

（4）质保周期通常为 1～2 年。

（三）储气（液）罐

（1）维护保养周期：

① 日常巡检：每天进行。

② 定期保养：每年一次。

（2）保养内容：

① 日常巡检：

- 检查储气罐的压力，确保其在安全范围内。
- 观察安全阀是否正常，有无泄漏迹象。
- 查看罐体外观，有无锈蚀、变形等情况。

② 定期保养：

- 进行外部清洁，去除罐体表面的灰尘和污垢。
- 检查内部腐蚀情况，如有必要，进行防腐处理。
- 校验安全阀，确保其在规定压力下能够正常开启和关闭。

（3）保养步骤：

① 日常巡检：操作人员观察压力表和安全阀，检查罐体外观。

② 定期保养：

- 先将储气罐内的气体排空，确保安全。
- 使用清洁剂和软布对罐体外部进行清洁。
- 打开人孔，进入罐内检查内部腐蚀情况，可使用防腐涂料进行处理。
- 校验安全阀时，应将安全阀拆下，送到专业检测机构进行校验。

（4）质保周期一般为 3～5 年。

（四）管道系统

（1）维护保养周期：

- 日常巡检：每天进行。
- 定期保养：每两年一次。

（2）保养内容：

① 日常巡检：

- 检查管道有无泄漏，可使用肥皂水或专业的泄漏检测仪进行检测。

- 观察管道有无变形、扭曲等情况。

- 查看管道标识是否清晰，如有磨损及时更换。

② 定期保养：

- 对管道进行吹扫，清除管道内的杂质和灰尘。

- 检查阀门和连接件的密封性，如有泄漏及时更换密封件。

- 对管道进行防腐处理，防止管道生锈腐蚀。

(3) 保养步骤：

① 日常巡检：操作人员沿管道进行巡视检查，发现问题及时报告。

② 定期保养：

- 使用压缩空气对管道进行吹扫，从管道的一端注入压缩空气，另一端排出。

- 检查阀门和连接件时，应关闭相关阀门，拆卸连接部位，检查密封件的状况，再更换损坏的密封件。

- 对管道进行防腐处理时，应先将管道表面清理干净，然后涂刷防腐涂料。

(4) 质保周期视管道材质和安装质量而定，一般为5～10年。

附注：实际操作中应根据设备的具体型号、厂家说明书和相关标准进行维护保养。同时，维护保养工作应由专业技术人员进行，以确保操作安全和设备性能稳定。

二、例行保养的重点

（一）氧气

(1) 液氧罐、氧气瓶组等中心站设备的维护与保养必须按其相应的使用维护说明书进行。

(2) 液氧罐必须按国家相关法规的规定定期进行检查。

(3) 系统中的各类计量仪表必须按国家法规要求定期进行计量检测、校正，以确保其指示值准确。

(4) 系统中的安全阀必须定期到校验机构进行校验，以确保其准确开启，保证系统安全使用。

(5) 当声光报警装置、氧气流量仪发生故障时，应及时通知专业人员进行维修。

(6) 氧气管道的接地装置，每年雨季之前检查一次，接地电阻应小于10Ω。

(7) 管道发生泄漏时，根据使用情况先转移患者后关闭泄漏点前端的维修阀门，同时派专业人员进行维修。

(8) 终端出现泄漏，应首先关闭终端自带的维修阀门或该病区分管道前端的维修阀门，然后拆下终端更换其内的第一道密封垫片。

注意事项：

(1) 整套系统使用后，应进行日常维护，严禁敲击管道及管件。

(2) 进行管道维修时，必须先将管道内氧气放空后方可进行维修。

(3) 从事氧气管道、设备检修、维护和操作的人员必须了解氧气的性质，掌握管网流程，并经过安全技术操作和检修等培训及考试，合格后才能上岗工作。

（4）氧气阀门必须缓慢操作，发现阀门外漏气，应排除故障后，再进行使用。

（5）氧气管网中使用的各种阀门、密封材料、仪表和器械等，必须经专业部门认定，方可用于氧气系统，仪表应注有“禁油”或“氧气”标记，安全阀孔禁止堵塞。

（6）中心供氧站应通风良好，室内温度应保持在10～38℃。

（7）中心供氧站的控制室、液氧罐附近严禁堆放可燃物和易燃物，并严禁明火。

（8）中心供氧站室内用电设施必须采用防爆型设备。

（9）中心供氧站应有“严禁烟火”警示标志。氧气设备操作应禁油，禁止操作者戴有油污的手套进行操作。

（10）氧气瓶组供氧使用的氧气应符合GB/T 8982—2009的要求，禁止使用水电解法制取的氧气。

（11）中心供氧站房内液氧罐进行检修时，严禁利用正在使用中的医用氧对检修完成后的液氧罐进行置换。

（二）吸引系统

（1）吸引泵机组、自动控制柜（含报警装置）的维护与保养按其相应的使用维护说明书进行。

（2）系统中的各类计量仪表必须按国家法规要求定期进行计量检测、校正，以确保其指示值准确。

（3）当吸引泵机组、自动控制柜（含报警装置）发生故障时，应及时通知专业人员进行维修。

（4）吸引系统应可靠接地，每年应检查一次，系统接地电阻应小于10Ω，自动控制柜的绝缘电阻值应不小于2MΩ。

（5）终端出现泄漏，应首先关闭终端自带的维修阀门或该病区分管道前端的维修阀门，然后拆下终端更换其内的第一道密封垫片。

（6）医用中心吸引系统应由专人管理和维护，每年应对自动控制柜内的熔断器或断路器进行检查，若需更换，应按相应的型号进行更换。

注意事项：

（1）操作前必须详细阅读各种使用说明书，特别是相关注意事项。

（2）整套系统使用后，应进行日常维护，严禁敲击管道及管件。

（3）从事医用中心吸引系统操作、检修和维护的人员必须了解整个系统的工作原理和结构，并经过安全技术操作和检修等知识的培训并合格后才能上岗工作。

（4）为确保水环式吸引泵能正常使用，中心站室内温度不得低于0℃，以防泵内结冰，室内温度也不得高于55℃，以免影响抽气速率。

（5）严禁在无水状态下启动水环式吸引泵机组，以免损坏水环式吸引泵。

（6）中心吸引站内应设置三相电源及给排水设施，并要求通风良好，有排水装置。

（7）自动控制柜上所装电解接点压力真空表或真空数显仪的上、下限值在调定后一般不应随意变动，以保证系统工作正常。

(8) 机器启动时，应检查地线是否牢固。

(9) 在吸引泵机组运转过程中，如发现泄漏或异常声音、振动等情况应立即停机检查，待查明原因，故障排除后方可使用。

(三) 空气系统

(1) 空气压缩机、冷冻干燥机、过滤器等的维护与保养必须由专业厂家进行。必须按要求及时进行维护与保养，更换必要的耗材和易损件，否则由此造成的设备损坏不属于产品质量问题。

(2) 空气压缩机：

① 每日检查油位、显示屏上的读数及空滤保养指示器；

② 每 3 个月检查冷却器、过滤器滤芯及测试电子排污阀按钮；

③ 每 2000h 更换空气压缩机油和油过滤器；

④ 每 4000h 更换空气过滤器滤芯；

⑤ 每 8000h 更换油气分离器。

(3) 冷冻式干燥机：

① 保持冷冻式干燥机清洁，每日检查和清洁疏水器的过滤器；

② 每月擦拭或清洁冷凝器翅片表面。

(4) 过滤器：

① 每日检查管路过滤器压差指示器指针位置及过滤器排水阀是否正常工作；

② 过滤器每工作 2000h 需要更换过滤器滤芯。

(5) 储气罐必须按国家相关标准定期进行检查。

(6) 产品上的各类计量仪表必须按国家法规要求定期进行计量检测、校正，以确保其指示值准确。

(7) 产品上的安全阀必须定期到专业机构进行校验，以确保其准确开启，保证使用安全。

(8) 连接管路发生泄漏时，根据使用情况先转移患者后关闭泄漏点前端的维修阀门，同时通知专业人员进行维修。

(9) 空气终端出现泄漏，应首先关闭空气终端自带的维修阀门或该病区总管道前端的维修阀门，然后拆下终端更换其内的第一道密封垫片。

(10) 空气压缩机、电控箱、冷干机、报警装置中电器元件的更换应由专业厂家实施，若需更换，应按规定进行更换。

注意事项：

(1) 从事医用空气集中供应系统操作、检修和维护的人员必须了解整个设备的工作原理和结构，并经过安全技术操作和检修等知识的培训并合格后才能工作。

(2) 操作前必须详细阅读各种使用说明书，特别是相关注意事项。

(3) 维修时，必须先切断电源并悬挂警示标志，并将管道系统内压缩空气放空后方可进行。

(4) 与医用压缩空气接触的所有部件应在操作或维修过程中保持洁净，禁油，避免造成医用压缩空气的污染。

（5）医用空气集中供应系统应避免布置在靠近散发爆炸性、腐蚀性和有毒气体以及粉尘等有害物的场所，并位于上述场所全年风向最小频率的下风侧，室内应通风良好。

（6）医用空气集中供应系统维护、保养时更换的配件、耗材及易损件等必须与原设备匹配并符合要求。

（7）空气压缩机启动时先点动开机按钮，观察电动机转向是否正确。在任何时候、任何环境下严禁油温达到100℃或以上时空气压缩机持续运转。

（8）按要求及时进行维护与保养，更换必要的耗材和易损件。

（9）本系统应避免在电力站、通信基站等具有强电磁干扰环境中使用，以免设备受干扰导致安全方面的危险。

（10）医用空气集中供应系统禁止用于非医用用途。

（11）不得用于牙科空气供应源。

（12）医用空气集中供应系统应挂警示标志，严禁无关人员进入。

三、临床使用注意要点

（一）氧气

（1）防火防爆：氧气是助燃气体，使用区域严禁烟火，避免产生火源和静电。

（2）防止泄漏：经常检查氧气管道、阀门和接口处，确保无泄漏。若发现泄漏，应立即采取措施修复，并确保周围环境通风良好。

（3）正确调节流量：根据患者病情和医嘱准确调节氧气流量，避免流量过大或过小影响治疗效果。

（4）设备连接牢固：确保氧气设备与管道连接紧密，防止脱落。

（5）标识清晰：氧气管道和设备应有明显的标识，避免与其他气体混淆。

（二）压缩空气

（1）清洁干燥：压缩空气应保持清洁、干燥，防止水分和杂质进入设备影响使用。

（2）压力稳定：监测压缩空气压力，确保压力稳定在合适范围内，以满足医疗设备的需求。

（3）防止误用：明确压缩空气的用途，避免误将其用于不适当的场合。

（4）定期维护：对压缩空气设备和管道进行定期维护和清洁，防止堵塞和污染。

（三）负压吸引

（1）畅通无阻：确保负压吸引管道畅通，无堵塞。定期检查和清理管道，防止异物堵塞。

（2）密封良好：管道连接部位应密封良好，防止漏气影响负压吸引效果。

（3）安全操作：在使用负压吸引设备时，应按照操作规程进行，避免对患者造成伤害。

（4）防止反流：设置防止反流装置，避免患者分泌物等反流进入管道系统。

（四）其他注意事项

（1）培训医护人员：对使用医用气体系统的医护人员进行培训，使其熟悉各种气体的性质、用途和操作方法。

（2）应急处理：制定医用气体系统故障的应急预案，确保在出现问题时能够及时有效地处理。

（3）定期检测：定期对医用气体系统进行检测和维护，确保其性能和安全性。

（4）遵守规范：严格遵守相关的医疗规范和标准，确保医用气体系统临床使用安全可靠。

第四章

医疗防护工程

第一节　医疗防护工程概述

医疗防护工程是指在医院建设、改建、装修过程中，为保障医院内部环境的安全、卫生、舒适，避免病原体传播和医疗空气污染，采取各种工程技术措施，使医院建筑及其设备系统达到一定标准，从而保障医院内部环境的质量和安全。主要包括电离辐射防护工程与电磁屏蔽工程。

电离辐射防护工程主要针对可能产生X射线等辐射的设备工作区域，如医疗设备的工作区域、核素治疗区域以及放射性废水处理区域。建设要点包括：①设计合理，根据设备类型和辐射强度，设计合理的防护方案。②施工质量，确保混凝土厚度及密度，必要时采用防辐射混凝土，防止射线穿透建筑结构。

电磁屏蔽工程主要针对医院中的磁、射频等电磁辐射。建设要点包括：①屏蔽材料，选择合适的屏蔽材料，如金属屏蔽网、屏蔽涂料等。②施工质量，确保屏蔽材料的覆盖面积和施工质量，降低电磁辐射的强度。

在施工管理中，需要编制详细的施工方案，明确施工步骤、质量要求和工期安排。选择具有专业资质的施工队伍，加强施工过程中的监督，确保各项防护措施得到有效实施。施工完成后，进行验收，确保防护效果达到设计要求。

第二节　医疗防护系统设计

一、电离辐射防护设计

（一）概况

1. 医院当中电离辐射的主要来源

医院当中的电离辐射主要来自使用放射性同位素或射线装置进行医学诊断、治疗和健康检查的医用电离辐射。医用电离辐射项目包括以下几类：

X射线诊断学中主要涉及X射线CT影像诊断、CR（计算机X射线摄影）及DR（直接数字化X射线摄影）影像诊断、牙科X射线影像诊断、乳腺X射线影像诊断、普通X射线机影像诊断、其他X射线影像诊断。

核医学中主要涉及PET（PET-CT）影像诊断、SPE-CT影像诊断、γ相机影像诊断、骨密度测量、放射籽粒植入、放射性药物治疗以及其他核医学诊疗。

放射治疗学中主要涉及医用直线加速器治疗、钴-60治疗、后装治疗、γ刀治疗、深部X射线治疗、质子治疗、重离子治疗等。

介入放射学中主要涉及DSA（数字减影血管造影）介入放射诊疗和其他影像设备介入放射诊疗。

近年来，术中应用射线装置进行医学诊断、治疗的情况日趋增多，如术中CT复合手术室、术中放疗复合手术室和DSA复合手术室等。

2. 过度的电离辐射带来的危害

GB 18871—2002《电离辐射防护与辐射源安全基本标准》规定：职业照射的有效剂量不得高于20mSv/a，公众照射的有效剂量不得高于1mSv/a。在接触电离辐射的工作中，如防护措施不当，违反操作规程，人体受照射的剂量超过一定限度，则会造成有害影响。在电离辐射作用下，机体的反应程度取决于电离辐射的种类、剂量、照射条件及机体的敏感性。电离辐射可引起放射病，它是机体的全身性反应，几乎所有器官、系统均发生病理改变，其中以神经系统、造血器官和消化系统的改变最为明显。电离辐射对机体的损伤可分为急性放射性损伤和慢性放射性损伤。短时间内接受一定剂量的照射，可引起机体的急性损伤，平时见于核事故和放射治疗患者。而较长时间内分散接受一定剂量的照射，可引起慢性放射性损伤，如皮肤损伤、造血障碍，表现为白细胞减少、生育力受损等。另外，辐射还可以致癌和引起胎儿的畸形甚至死亡。因此，为控制正常照射，维护医疗职业人员、受检者和公众免受过度辐射危害，必须对辐射进行必要的防护。

3. 电离辐射防护的基本原则和方法

电离辐射防护的基本原则由三个基本要素组成。

（1）实践的正当性：在施行伴有辐射照射的任何实践之前，都必须经过正当性判断，确认这种实践具有正当的理由，即能够获得超过代价的正的纯利益。

（2）辐射防护的最优化：应避免一切不必要的照射，在考虑到经济和社会因素的条件下，所有辐射照射都应保持在可合理达到的尽量低的水平。

（3）个人剂量限制：用剂量限值对个人所受的照射加以限制。

电离辐射对人体的照射分为外照射和内照射（放射性核素进入体内存留期对人体产生的照射），两者的辐射防护方法区别较大。内照射防护是防止或减少放射性物质进入体内，对于放射性核素可能进入人体的途径都要予以防范，主要有围封隔离、除污保洁和个人防护三个环节。围封隔离是采用与外界隔离的原则，把开放源控制在有限的空间内。工作人员应严格遵守个人卫生规定，使用必要的个人防护用品进行操作，工作结束时及时清洗去污，妥善处理放射性废物，严禁在工作场所进食。外照射防护除控制放射源外，主要从时间、距离和屏蔽这三个方面进行防护。时间防护是在不影响工作质量的前提下，设法减少人员受照时间。如熟练操作技术、减少不必要的停留时间、几个人轮流操作等。距离防护是在保证效果的前提下，尽量远离辐射源。

4. 射线装置分类

根据《放射性同位素与射线装置安全和防护条例》《放射性同位素与射线装置安全许可管理办法》规定，制定本射线装置分类方法。

(1) 射线装置分类原则：根据射线装置对人体健康和环境的潜在危害程度，从高到低将射线装置分为Ⅰ类、Ⅱ类、Ⅲ类。

Ⅰ类射线装置：事故时短时间照射可以使受到照射的人员产生严重放射损伤，其安全与防护要求高；

Ⅱ类射线装置：事故时可以使受到照射的人员产生较严重放射损伤，其安全与防护要求较高；

Ⅲ类射线装置：事故时一般不会使受到照射的人员产生放射损伤，其安全与防护要求相对简单。

(2) 射线装置分类表：常用的射线装置按照使用用途可分为医用射线装置和非医用射线装置，可按表4-1进行分类。

表 4-1 射线装置分类表

装置类别	医用射线装置	非医用射线装置
Ⅰ类射线装置	质子治疗装置	生产放射性同位素用加速器[不含制备正电子发射计算机断层显像装置(PET)用放射性药物的加速器]
	重离子治疗装置	粒子能量≥100MeV的非医用加速器
	其他粒子能量≥100MeV的医用加速器	/
Ⅱ类射线装置	粒子能量<100MeV的医用加速器	粒子能量<100MeV的非医用加速器
	制备正电子发射计算机断层显像装置(PET)用放射性药物的加速器	工业辐照用加速器
	X射线治疗机(深部、浅部)	工业探伤用加速器
	术中放射治疗装置	安全检查用加速器
	血管造影用X射线装置1	车辆检查用X射线装置
	/	工业用X射线计算机断层扫描(CT)装置
	/	工业用X射线探伤装置5、6
	/	中子发生器
Ⅲ类射线装置	医用X射线计算机断层扫描(CT)装置2	人体安全检查用X射线装置
	医用诊断X射线装置3	X射线行李包检查装置7
	口腔(牙科)X射线装置4	X射线衍射仪
	放射治疗模拟定位装置	X射线荧光仪
	X射线血液辐照仪	其他各类X射线检测装置(测厚、称重、测孔径、测密度等)

续表

装置类别	医用射线装置	非医用射线装置
Ⅲ类射线装置	/	离子注(植)入装置
	/	兽用X射线装置
	/	电子束焊机8
	其他不能被豁免的X射线装置	

(二)放射科房间要求

(1)普通放射机房常见需求见表4-2。

表4-2 普通放射机房常见需求表

项目名称	DR机房	胃肠机房	乳腺机房	骨密度/牙片机房
房间布局	检查室、控制间、候诊区	检查室、控制间、候诊区	检查室、控制间、候诊区	检查室、控制间、候诊区
入户门门洞预留	1500mm宽、2200mm高	1500mm宽、2200mm高	1500mm宽、2200mm高	/
观察窗尺寸	1500mm宽、900mm高 距地面完成面900mm	1500mm宽、900mm高 距地面完成面900mm	1200mm宽、800mm高 距地面完成面900mm	/
面积	有效面积不小于20m² 推荐面积20～28m²(如安装双板机大于25m²为宜) 控制间面积15m²	有效面积不小于20m² 推荐面积25～28m² 控制间面积15m²	有效面积不小于10m² 推荐面积15～18m²	全身骨密度机房有效面积不小于10m² 局部骨密度、全科全景机房有效面积不小于5m² 口内牙片机机房有效面积不小于3m²
装饰高度	2800mm	3200mm	2800mm	2800mm
最小单边长度	3.5m	3.5m	2.5m	全身骨密度机房2.5m 局部骨密度、全科全景机房2m 口内牙片机机房1.5m
门净高度	检查室门净高度不低于2100mm	检查室门净高度不低于2100mm		设备机房门有效入口不低1100mm,高度不低于2100mm
降板	DR机房所在区域降板150～200mm	胃肠机房所在区域降板150～200mm	乳腺机房及控制室降板200mm	机房及控制室降板150mm
荷载	设备质量约1t,运输通道全程畅通,满足地面承重要求、平整度	设备质量约1t,运输通道全程畅通,满足地面承重要求、平整度	螺栓固定位置处地下必须保证有110mm水泥层,且无钢筋等物影响螺栓固定 放置扫描架处的地面要保证平整,其水平误差需小于2.5mm/m² 为确保整个扫描间地面处于同一水平,扫描间地面采用统一做法	/

（2）CT及DSA机房常见需求见表4-3。

表4-3 CT及DSA机房常见需求表

项目名称	CT	DSA机房
房间布局	紧邻普放科等其他机房，选择靠近医院外墙或者医院入口处的位置	必备：设备间、扫描间、控制间 与之配套的医疗流程房间：医务人员术前谈话室、诊断室、更衣间、刷手区域、卫生间、高值耗材储藏室、无菌手术包存放区、污物间、术后恢复室
尺寸要求	最小面积不能低于$30m^2$ 推荐面积为$35\sim40m^2$	导管室长度最小6500mm，推荐7500mm；宽度最小4500mm，推荐5500mm；房间高度推荐2800～3000mm 控制室推荐$15m^2$ 设备间推荐$10m^2$以上（若导管室为洁净区域，需在附近设置净化空调机房，导管室长宽尺寸或面积应适当增加）
最小单边长度	4.5m	
门		最低净高2100mm 宽度1500mm
通道最小宽度		2200mm
电梯最小尺寸		2500mm×1200mm×2200mm
降板	CT机房一般降板深度为150～200mm 机房设备基础宜采用C30混凝土，需直接做到结构板上（下方无结构板时，CT设备基础深度不小于300mm） 一般要求上下部结构楼板均不小于200mm	机房、控制室、设备间区域设置降板，基础深度300mm
荷载	推荐达到3t以上（普通CT机质量为3t），运输路径需满足承重要求	运输荷载1t

（三）设计要求

1. 防辐射设计管理

辐射防护工程设计包括建筑设计、设备场地设计、防护设计3个方面，其中建筑设计又包括工艺流程设计、结构设计、给排水设计和空调、通风设计，每一项设计都与辐射防护息息相关。

2. 防辐射设计管理内容

（1）电离辐射防护主要分为结构性防护和装饰性防护两类。结构性防护是指使用普通混凝土、重晶石混凝土等结构材料起到的射线防护作用，如直线加速器、回旋加速器、伽马刀、质子等设备，其他如DR、CT、PET-CT、核磁等设备的防护是与装饰工程同步实施的。

（2）工程材料是防护工程的关键因素，设计及建设单位人员应对每种医疗设备所需的防护材料进行了解。

（3）加速器机房往往选用普通混凝土、重晶石混凝土、钢板或者铅砖等材料进行防护，了解这些材料的性能、参数和价格，熟悉设备安装场地要求后，方能设计出满足使用要求的防护场所。

（4）由于结构性防护的机房荷载大、施工难度大等特殊性，建议新建项目的前期规划和可研阶段应充分论证，设置好机房数量并预留发展空间。新建项目中一级流程设计至关重要，医学影像科、核医学科、放疗科等放射设备相对集中的科室一般建议设置在同一栋建筑内，且设置在地下为宜，以达到对医护和其他就诊患者、家属以及建筑周边公众影响较小的目的。

3. 防辐射设计管理要点

（1）开始设计前，院方管理人员应提供设计任务书，其中包括环评报告书（表）及批复、预评报告表及批复、设备品牌及型号、设备数量、安装场地条件等，以满足建筑设计及防护设计条件。

（2）新建项目在设计前最好确定设备选型，不同设备厂商对场地条件的要求有较大区别。

（3）预留机房建议待设备品牌选型确定后再做防护建设。

（4）关注机房射线或磁场对周围科室正常工作的影响以及周边环境对机器设备运行的干扰。

（5）机房改造项目结构设计应复核楼板承重，必要时进行加固处理，以保证房屋结构安全。

（6）改造项目还应验算电气负荷是否满足设备使用要求。

（7）医疗设备一般体积大、质量重，无法使用楼梯或电梯，设计院应考虑设备运输路径及楼板承重，预留好设备运输洞口。

4. 辐射防护设计要点

（1）应严格按照环评报告书（表）、专家评审意见以及环评审批意见进行设计和施工。

（2）当机房面积较小而设备辐射水平较大时，应考虑增加辐射防护设计厚度，确保验收通过。

（3）加速器控制室一般不建议放在主屏蔽方向，以避免主束线直接照射。

（4）加速器、后装机、伽马刀等有换气次数要求的机房，其新风及排风量要设计充分。

（5）磁共振、PET-CT 机房以及附属设备间应设计精密空调，以满足房间的温度、湿度要求。

（6）放射机房内应设置烟感报警器及灭火器；磁共振机房应配置无磁灭火器。

（7）核医学科因医疗工艺要求，需做整体流程设计，并应根据射线照射强度来区分各个区域，主要分为三个区：清洁区、监督区、控制区。

（8）放射性同位素的运输路径应设计监控设备，并经过公安部门的审批与监督，确保放射源受到有效监管，受控区域还应安装防盗门。

（9）核医学科（包含核素病房）患者使用的卫生间与衰变池之间的放射性污水排水管道需要采用机制含铅的铸铁管道或普通排水管道外包铅皮处理，水平横管应辐射在垫层内或专用防辐射吊顶内，立管应安装在壁厚不小于120mm的混凝土管道井内。

（10）核素病房使用的碘-131极易挥发，会附着在灰尘上面，所以高活区的房间需采用表面光洁、不易积尘、易清洗的装饰材料。

（四）设计标准

1. 医院建筑电离辐射防护的设计和选材

从事医院建筑设计，必须先了解医院里的医疗流程，再按照医疗流程来设计医疗工艺流程。医院建筑辐射防护工程设计首先也要从医疗流程入手，然后结合各科室、设备及系统的相关工艺条件、技术指标、参数等进行医疗工艺设计，医疗工艺设计完成后进行相关的工程设计。

医院建筑的辐射防护工程中，屏蔽防护应用最多，也与工程建设各专业相关性最大，屏蔽防护工程的设计主要考虑屏蔽厚度和材料两个方面，为了便于比较各种材料的屏蔽性能，常用铅来作为比较的标准。通常，把达到与一定厚度的某屏蔽材料相同屏蔽效果的铅层厚度称为该屏蔽材料的铅当量，单位以mmPb表示。在实际应用中，铅当量不是固定不变的，它随着入射光子的能量和材料厚度的不同而变化。确定屏蔽厚度的基本原理是设置一定厚度的某屏蔽体后，使在关心的某一位置上，由辐射源造成的剂量不超过相应的剂量控制约束值。如10cm厚混凝土（相对密度2.4g/cm^3）约为1mm的铅当量，10cm厚含钡混凝土（相对密度2.7g/cm^3）约为2mm的铅当量。

防护工程材料主要从材料防护性能、造价及施工工艺等方面进行选择，常用的射线防护材料有混凝土、铅板、硫酸钡水泥、防辐射涂料等。直线加速器、伽马刀（头刀、体刀）、赛博刀、后装机等产生高能射线房间一般采用重晶石混凝土进行防护，超过10MeV的加速器，还要设置中子辐射防护层，一般采用聚乙烯、硼砂和石蜡等材料。其他一些如DR、CT等低能射线房间一般采用混凝土、铅板、硫酸钡水泥、防辐射涂料等材料进行防护。

2. 医院建筑电离辐射防护的相关评价与验收

国家相关的法律、法规和部门规章等明确规定，新建、改建、扩建放射工作场所应进行核与辐射安全建设项目环境影响评价、建设项目职业病危害放射防护预评价和控制效果评价。

预评价主要针对具有放射性危害的新建、改建、扩建、技术改造、技术引进等项目在可行性论证阶段或施工前对其辐射防护措施、辐射监测计划、辐射危害、放射防护管理等进行全面评价，提出合理的改进建议，使辐射防护达到最优化，同时为政府行政部门进行审查提供技术依据。《建设项目职业病危害分类管理办法》提出：职业病危害严重的建设项目，在初步设计阶段，建设单位应当委托具有资质的设计单位对该项目编制职业病防护设施设计专篇。目前，放射防护设施设计专篇一般是在预评价报告完成后，由建设单位委托放射防护设施生产厂家提供，再由卫生行政部门组织专家进行技术审查的。所以，放射防护设施设计专篇是建设项目设计和施工的重要依据，是项目放射防护体系建设的一个重要组成部分，也是屏蔽措施能否实现、放射防护目的能否达到的关键之一。

控制效果评价主要针对具有放射性危害的新建、改建、扩建、技术改造、技术引进等项目在竣工验收之前对其辐射防护措施、辐射监测结果、辐射危害分级及放射防护管理等进行综合分析与评价，并提出合理的改进建议，从源头控制或消除职业病危害，同时为行政部门对建设项目实施职业卫生审查和竣工验收提供技术依据。控评报告建设项目概况部分应包括参建单位或机构名称、资质情况，如建筑设计单位、放射防护预评价机构、放射防护专篇制作单位、建筑工程施工单位、防护设施工程施工单位、建筑工程监理单位。在控评报告工程分析部分，应对建筑工程施工单位和防护设施施工单位的质量保证措施进行分析。

医院辐射防护开展环境影响评价工作时，建设单位可以委托技术单位为其编制环境影响报告书（表），建设单位具备相应技术能力的，也可自行编制环境影响报告书（表）。对于环境影响报告书（表）编制单位不再作资质要求，而要求由编制单位中取得环境影响评价工程师职业资格的全职工作人员，作为编制主持人和主要编制人员。报告编制完成后由当地环保部门对辐射环评报告进行审查，经审查合格后进行批复。建设项目建设过程中，建设单位应当同时实施环境影响报告书、环境影响报告表以及环境影响评价文件审批部门审批意见中提出的环境保护对策措施。质量应符合国家和有关部门颁发的专业工程验收规范、规程和检验评定标准。工程竣工后，对符合验收标准的建设项目，建设单位应将环境影响报告书、报告表按照国务院的规定报有审批权的生态环境主管部门审批。

二、电磁屏蔽防护设计

（一）屏蔽室设计原理

电磁波作为一种信号传播方式，在医学中被广泛采用，以实现成像（磁共振）、人体生理指标采集（脑磁图、多导睡眠监测系统）的目的。由于人体中的电磁波信号是以特定频率释放出来的，环境中存在的其他频率的电磁波会给监测结果带来干扰，因此实施屏蔽工程对于设备来讲是十分必要的。

以核磁共振（以下简称“磁共振”）设备为例。在磁共振设备的成像过程中，首先需要对人体组织的氢原子核施加射频脉冲，然后检测氢核吸收能量后释放的电磁波反应信号，该信号经过计算机处理，就转换为可用于诊断的可视化图像。可见，在整个成像过程中，一旦存在外界磁场和电磁波的干扰，就会导致磁共振设备的成像效果大相径庭。电磁屏蔽工程的作用首先是屏蔽外界干扰信号的渗透，保护设备的工作环境。同时，磁共振设备本身对于外界环境也构成干扰源，因此这种屏蔽保护既是对内也是对外的。

屏蔽室就是一个用金属板或金属网制成的足够封闭的六面体房间。由于金属板（网）对电磁波的吸收和反射作用，能够同时屏蔽室内外的电磁场干扰。

（二）医疗屏蔽工程工作内容

医疗屏蔽工程服务于两方面的专业功能：射频屏蔽和磁屏蔽。

射频屏蔽是指通过屏蔽体的设置来将电磁波分隔在屏蔽室内外。随着频率的增高，波长变得与屏蔽体上孔缝的尺寸相当，使得屏蔽体的孔缝泄漏成为射频屏蔽最关键的控制要素。

磁屏蔽起到对屏蔽体内外磁场分流的作用。当磁体的 5 高斯线超出屏蔽室范围时，会对外界人和设备的安全造成隐患，此时在屏蔽体中增加低磁阻材料能够有效改变磁力线方向，将 5 高斯线压缩在屏蔽室范围内。同时，磁屏蔽方案也适用于外界磁场干扰磁共振磁体的情况。

医疗屏蔽室除了满足磁共振设备的装机要求外，也是医院提供服务的工作区域，因此它必须追求一定的装修效果，创造一个安全、舒适的健康空间。在医院屏蔽项目的实际招标中，往往会将屏蔽室的场地勘探、场地设计、验收检测等服务，装修、强弱电、通风、上下水、土建等配套工程，以及配电箱、精密空调、水冷机、无磁器械等配套设施打包给一个专业屏蔽公司，以便一站式解决，提高效率、节约成本。

综上所述，医疗屏蔽工程是以射频屏蔽和磁屏蔽为专业，提供相关设备安装配套工程和服务，集场地勘探、设计、施工、检测、配套设施、售后服务于一体的整体解决方案。

（三）电磁屏蔽等级划分

磁共振成像（magnetic resonance imaging，MRI）是一种医学成像技术，可以用来观察人体内部结构和功能。它通过利用原子核的自旋磁矩，以及在磁场中的物理特性，来生成详细的影像。

磁共振成像设备的级别通常是根据磁场强度来划分的。较常见的磁共振设备级别有以下几种：

低场磁共振（low-field MRI）：磁场强度在 0.1～0.3T（特斯拉）范围内。

中场磁共振（mid-field MRI）：磁场强度在 0.5～1.0T 范围内。

高场磁共振（high-field MRI）：磁场强度在 1.5～3.0T 范围内。

超高场磁共振（ultra-high-field MRI）：磁场强度超过 3.0T。

（四）房间要求

磁共振机房主要厂家设备需求见表 4-4。

（五）设计要求

（1）机房平面尺寸及面积应充分考虑辐射防护及电磁屏蔽效果的同时注意净面积，以保证施工完成后机房的使用面积达到相应标准的要求。

（2）电磁屏蔽上层不得设置用水设施。

表 4-4 磁共振机房主要厂家设备需求表

名称	分项	磁共振机房				
建筑布局与场地规划	建筑布局	检查室、设备室、控制室				
	场地规划	选址时应考虑： (1)外界对磁共振的干扰； (2)磁共振与磁共振之间的干扰； (3)磁共振磁场对其他设备的干扰； (4)0.5mT 磁力线对特殊人群的影响； (5)其他振源对磁共振的干扰				
项目名称		西门子磁共振机房	飞利浦磁共振机房	GE 磁共振	联影磁共振	7T 磁共振
基础建设	地面基础	1.5T 设备质量 5～6t；3.0T 设备质量 7～8t；永磁设备质量约 18t	1.5T 设备重约 5.5t，3.0T 设备重约 7t	1.5T 设备质量 5～6t，3.0T 设备质量 8～12t 检查室地面需预留出 600mm(宽)×300mm(深)地沟，完成地面为－300mm。当检查室下方地面为楼板时，地面需抬升至＋300mm 高度以满足地沟深度要求	1.5T 设备质量约 6t，3.0T 设备质量约 8t	1.5T 设备一般在 20t 以上
	设备室静电地板			设备室系统过滤柜洞口旁需浇筑 1500mm(长)×1200mm(宽)C20 以上混凝土基础，基础完成面需齐平静电地板完成面设备室其他区域均安装静电地板，静电地板均布载荷要求大于 $1000kg/m^2$		
	土建洞口	9 个 (1)屏蔽门洞口 (2)屏蔽窗洞口 (3)送风波导洞口 (4)回风波导洞口 (5)滤波板洞口：高度 800mm，若高度 1000mm 则屏蔽电源滤波器共用此洞口 (6)磁体入口：检查室预留 2800mm × 2800mm 的搬运洞口	13 个 (1)屏蔽门洞口 (2)屏蔽窗洞口 (3)送风波导洞口 (4)回风波导洞口 (5)滤波板洞口 (6)磁体入口：2600mm × 2600mm 搬运洞口 (7)失超管洞口	13 个 (1)屏蔽门洞口 (2)屏蔽窗洞口 (3)送风波导洞口 (4)回风波导洞口 (5)系统过滤柜洞口 (6)磁体入口 (7)失超管洞口 (8)信号线缆洞口 (9)电源、地线排洞口 (10)紧急排风洞口	12 个 (1)屏蔽门洞口 (2)屏蔽窗洞口 (3)送风波导洞口 (4)回风波导洞口 (5)滤波板洞口 (6)磁体入口 (7)失超管洞口 (8)信号线缆洞口 (9)气压平衡洞口 (10)电源、地线排洞口	与常规磁共振相同

续表

项目名称		西门子磁共振机房	飞利浦磁共振机房	GE 磁共振	联影磁共振	7T 磁共振
基础建设	土建洞口	(7)失超管洞口 (8)信号线缆洞口:设备室机柜上方天花板顶部,经室外走廊至控制室天花板顶部在控制室观察窗旁预埋 φ110mm 管下墙至操作台下方检查室房间高于 3600mm 时,设置在设备室机柜上方 3400mm(φ110mm)高度,横穿检查室通向控制室天花板顶部 (9)波导管洞口	(8)信号线缆洞口:检查室房间高于 3600mm 时,设置在设备室机柜上方 3400mm(φ110mm)高度,横穿检查室通向控制室天花板顶部 (9)梯度风机洞口 (10)电源洞口:接地排与设备传导滤波板距离小于 1m (11)接地排洞口 (12)预留洞口 (13)平衡风洞口	(11)气压平衡洞口 (12)传导板洞口 (13)小屏蔽门洞口	(11)波导管洞口 (12)紧急排风洞口	与常规磁共振相同
	室外机平台	6000mm(长)×2000mm(宽)×200mm(高) 采用 C20 以上混凝土浇筑,禁止填充废弃砖块或建筑废渣等物	6000mm(长)×2000mm(宽)×200mm(高) 采用 C20 以上混凝土浇筑,禁止填充废弃砖块或建筑废渣等物	6000mm(长)×2000mm(宽)×200mm(高) 采用 C20 以上混凝土浇筑,禁止填充废弃砖块或建筑废渣等物	6000mm(长)×2000mm(宽)×200mm(高) 采用 C20 以上混凝土浇筑,禁止填充废弃砖块或建筑废渣等物	6000mm(长)×2000mm(宽)×200mm(高) 采用 C20 以上混凝土浇筑,禁止填充废弃砖块或建筑废渣等物
	设备电柜	配备专用的动力柜及辅助配电柜 主动力柜仅供磁共振系统使用辅助配电柜供空调系统、水冷机系统、检查室照明和插座使用(需备用空开一组)	配备专用的动力柜及辅助配电柜 主动力柜仅供磁共振系统使用辅助配电柜供空调系统、水冷机系统、检查室照明和插座使用(需备用空开一组)	配备专用的动力柜及辅助配电柜 主动力柜仅供磁共振系统使用辅助配电柜供空调系统、水冷机系统、检查室照明和插座使用(需备用空开一组)	配备专用的动力柜及辅助配电柜 主动力柜仅供磁共振系统使用辅助配电柜供空调系统、水冷机系统、检查室照明和插座使用(需备用空开一组)	配备专用的动力柜及辅助配电柜 主动力柜仅供磁共振系统使用辅助配电柜供空调系统、水冷机系统、检查室照明和插座使用(需备用空开一组)
	地线	磁共振除动力柜进线为三相五线带地线 屏蔽体与传导滤波板等设备需单独接地	磁共振除动力柜进线为三相五线带地线 屏蔽体与传导滤波板等设备需单独接地	磁共振除动力柜进线为三相五线带地线 屏蔽体与传导滤波板等设备需单独接地	磁共振除动力柜进线为三相五线带地线 屏蔽体与传导滤波板等设备需单独接地	磁共振除动力柜进线为三相五线带地线 屏蔽体与传导滤波板等设备需单独接地
	上下水	给水:3 个球阀,其中 2 个 4 分内丝,1 个 6 分外丝 排水:1 个 1 寸地漏,1 个 1 寸排水管	给水:水管管径 6 分,要求安装水过滤器、球阀、单向阀 排水:1 个排水口大于 6 分,并与排水系统相连,1 个地漏	给水:水管管径 6 分,要求安装水过滤器、球阀、单向阀 排水:1 个排水口大于 6 分,并与排水系统相连,1 个地漏	给水:3 个球阀,其中 2 个 4 分内丝,1 个 6 分外丝 排水:1 个 1 寸地漏,1 个 1 寸排水管	给水:3 个球阀,其中 2 个 4 分内丝,1 个 6 分外丝 排水:1 个 1 寸地漏,1 个 1 寸排水管

（3）核磁机房（包括一般核磁、定位核磁及 PET 核磁）的屏蔽专业设计应与建筑设计共同考虑失超管的路径及室外安装位置。

（4）电磁屏蔽工程设计包括建筑设计、设备场地设计、防护及屏蔽设计 3 个方面，其中建筑设计又包括工艺流程设计、结构设计、给排水设计和空调、通风设计，每一项设计都与电磁屏蔽息息相关。

（5）磁共振机房常使用钢板、铜皮为主要材料进行电磁屏蔽；了解这些材料的性能、参数和价格，熟悉设备安装场地要求后，方能设计出满足使用要求的防护、屏蔽场所。

（六）设计标准

1. 各类设备电磁环境一般要求

磁共振扫描是利用人体中氢原子核在磁场中收到射频（RF）脉冲的激励而发生核磁共振现象，产生磁共振信号，经过信号采集和计算机处理获得重建断层图像的成像技术，而这个信号非常微弱，且容易受到外界干扰，因此磁共振设备对机房周边环境要求非常高。磁共振选址对建筑周边的环境要求主要有以下几点：

（1）外界对磁共振的干扰（静态干扰和动态干扰）；

（2）磁共振与磁共振之间的干扰；

（3）磁共振磁场对其他设备的干扰；

（4）0.5mT 磁力线对特殊人群的影响；

（5）其他振源对磁共振的干扰。

选址时应注意以上环境因素的影响。

2. 各类屏蔽室检查室空间要求

由于各大厂家设备型号不同，每款设备检查室所要求的机房尺寸也各有不同。

机房长度：指与设备前后方向一致的房间尺寸。

机房宽度：指与设备左右方向一致的房间尺寸。

机房高度：房间层高，测量尺寸是从房间±0 地面到楼板的距离，若是房间内有结构梁则需考虑从±0 地面到结构梁下的高度。

吊顶高度：室内装修完后建议天花板吊顶高度，测量尺寸是从完成地面的最高点（包括覆盖物）到完成天花板安装的最低点的距离。

最小吊顶高度：室内装修完成后天花板吊顶的最小要求高度，此高度为设备安装要求高度的极限值，若低于此高度可能会导致设备无法安装或给后期维修带来不便等。

最小机房尺寸＝室内装饰面完成后房间净长和净宽。最小机房尺寸仅考虑磁共振设备所占空间，辅助设备均未计算在内。

检查室最小机房尺寸是指屏蔽和内装修完后房间净长和净宽，一般情况下，屏蔽层和室内装修需要单边约 20cm 的空间，房间尺寸若是小于最小机房尺寸可能会造成如下问题：

（1）设备无法安装；

(2) 给后期维修带来不便;

(3) 患者或医生出入不便。

3. 磁共振对建筑的要求

除了考虑周围环境干扰因素,以及机房的必需空间尺寸,磁共振的安装对建筑的要求主要是:

(1) 如果磁共振下方为楼板,医院必须确认楼体是否可以满足设备承重要求。承重要求的数据指标由设备厂家提供,由院方的相关技术人员进行确认和落实。

(2) 对钢筋混凝土中的钢筋用量也要有一定的限制。接入检查室的各种电线、管线要使用非铁磁材料,上下水管道要用非金属材料。

(3) 磁共振机房的空间大小及具体要求参考上文中“各类屏蔽室检查室空间要求”部分。

(4) 原则上,屏蔽室(检查室)在磁体进入前是一个净空的房间,禁止有其他水管、电缆等管线通过,禁止在墙上开其他洞口,以免对设备安全和屏蔽室的屏蔽效果造成影响。

4. 运输路径要求

磁共振设备到货前施工方需提前准备设备吊装平台,设备吊装平台建议尺寸3m×3m,由混凝土或钢结构制作而成,完成面需铺设钢板,与搬运通道齐平,吊装平台需满足承重8t以上(永磁设备16t),设备吊装完毕后方可拆除平台。

磁共振设备搬运时,运输通道需平整、无坡道、无台阶、无暗沟、狭窄空间内无直角拐弯、地面承重满足8t以上(永磁设备16t),并且保证搬运路径中所有洞口尺寸不得小于2600mm(宽)×2600mm(高),搬运洞口尺寸建议2800mm(宽)×2800mm(高)。若是设备安装所在楼层较高,建议搬运洞口扩大至3000mm(宽)×3000mm(高)。

(特殊机型如7T高场磁共振对运输路径的要求更为严格,具体咨询生产厂家。)

5. 失超管布局规划

失超管最终出口位置必须空旷,出口处不能堵塞,且需保证氦气喷出时不会伤及人员。若失超管比较长,弯头多,失超管的管径也会相应增大不少,需根据场地情况以及相关厂家压力计算来确认管径。

为保证失超管出口位置美观且安全,磁共振机房首选与室外空旷地界相邻的房间。

若磁共振机房在建筑较中间的位置,则可以放置在通往室外的管井旁,且需提前安装好管井内的失超管,防止后期管井内安装了其他管道,失超管难以通过。

若磁共振机房在建筑物较中间位置,失超管最好在大楼初建完成后,消防管道、空调管道以及吊顶装饰等安装之前安装好。消防管道和空调管道都是错综复杂的,若把失超管管道规划进大楼最初规划中,且在磁共振机房施工前安装好,能给后期失超管安装带来很多便利。

第三节 医疗防护系统施工技术

一、电离辐射防护施工

电离辐射防护工程主要是利用各种物质来遮蔽、散射或反射有害射线，防止其对人体造成伤害。根据射线特性和作用目标，射线防护工程可以分为X射线防护、γ射线防护和其他射线防护。射线（ray）是由各种放射性核素，或者原子、电子、中子等粒子在能量交换过程中发射出的、具有特定能量的粒子束或光子束流。常见的有的α射线、β射线、γ射线、X射线和中子射线等。射线防护工程主要包括射线防护设计、射线防护分析、射线防护材料选型、射线防护工艺安装、射线防护系统测试和校核等。电离辐射防护施工要求见表4-5。

表4-5 电离辐射防护施工要求

序号	事项	具体要求
1	阅读辐射防护设计施工图	在进行大型医疗设备机房施工前，要求施工单位、监理单位和医院相关技术人员认真阅读整个机房土建和安装施工图，对各专业施工图纸进行综合熟悉，充分理解设计意图。找出不明确的内容和存在矛盾的地方，尽量把有关技术问题整理出来
2	辐射防护施工图技术交底和图纸会审	由业主或监理单位组织施工单位、设计单位和医院相关管理及技术人员进行机房辐射防护施工图技术交底和图纸会审工作。在有条件的情况下，邀请医院相关使用科室设备工程师、专业厂家场地工程师等共同参与。对施工单位提出的所有技术问题，由设计单位和医院（或设备工程师）共同协商解决，并形成书面的图纸会审纪要作为施工依据。 对施工班组及施工人员还需进行技术交底，应特别重视： 1. 辐射防护大体积混凝土施工技术要求和养护（不能产生裂缝，需控制混凝土浇筑及养护期间的内外温差在一定范围内）； 2. 页岩实心砖砌筑防护墙体内砂浆的饱满度应达到防护要求，水平灰缝达到100%，竖向灰缝达到95%以上； 3. 机房机电配合需求和机电管线的防辐射处理（设备的电缆沟需要预留好，减少明装敷设的电缆桥架；独立供电线路、机房隔振吸音、穿越机房机电管线的铅板包覆辐射防护处理）
3	衔接使用部门及专业厂家场地工程师	在机房施工前和施工过程中，应与医院使用部门、设备工程师和专业厂家场地工程师密切衔接，一旦发现新的问题，应及时沟通协调解决

（一）大体积混凝土施工

1. 材料选用方面

提高粉煤灰用量，降低水泥用量，从而通过调整配合比达到控制混凝土水化热的目的，避免混凝土内部出现裂缝。另外可采用重晶石砼材料（增强防辐射能力和减小墙体厚度）。

砌筑墙体采用页岩实心标准砖砌筑，抹灰采用钡砂浆（钡砂浆密度：2700g/L；配合比：水泥：钡砂＝1：4，钡砂中钡粉含量控制在20%以上）。

地坑及机架基础部分混凝土强度不小于30MPa，混凝土密度不小于2.35t/m^3，混凝土中水泥含量不小于275kg/m^3。

在治疗室内接近设备区域或控制设备周围覆盖地毯或其他的材料，在相对湿度为20%时静电不应超过2kV。

2. 施工工艺方面

采用强度较高的盘扣式钢管脚手架以及配设无线智能高支模监测系统以控制整体支撑系统的稳定，从而保障房间结构构件的有效截面。

超厚墙体和超厚板内埋设循环水管降温以及房间洞口处封闭蓄热减小内外温差。

墙体施工缝的留设位置均选择在射线薄弱位置，且施工缝均留设成凹凸形式并增设止水钢板以阻隔射线外露。

砌筑砖缝的密实度应达到防护要求（水平灰缝密实度达100%、竖向灰缝密实度达95%以上）。

电缆沟位置误差需小于1cm。穿墙电缆沟必须垂直于射线的传播方向。

直线加速器机房施工示意图见图4-1。

图4-1　直线加速器机房施工示意图

（二）DR、CT等机房防护墙体施工

根据辐射防护预评价报告，CR、DR、CT、DSA等机房的辐射防护墙体采用实心砖砌筑，DR、CT等机房的辐射防护墙体厚度为240mm，砂浆饱满度100%。

（三）硫酸钡防护涂料的施工

防护涂料比重较大，具有较好的射线防护特性，为保证防护效果，必须严格按工艺要求进行操作。

基层施工前充分洒水湿润。清理基层，将残存在基层的砂浆粉渣、灰尘、油污等清理干净，并提前浇水湿润。10mm厚1∶3水泥砂浆打底，打底要分层涂抹，每层厚度宜5～7mm，随即抹平搓毛。用防护涂料混合物（水泥∶涂料=1∶3）将边角面在墙面上定出基准点，以控制防护层的厚度和表面平整度。防护涂料粉刷采用分层分遍的办法。每次粉刷的厚度以10mm为宜，待其干至八成后（间隔时间约为12～24h），再进行第二次粉刷，以此类推，直至达到防护设计方案中要求的防护厚度。抹5～10mm厚1∶0.1∶2.5水泥混合砂浆结合层，刮平。

防护涂料粉刷用强度等级不小于32.5的硅酸盐水泥或普通硅酸盐水泥；配合比为1∶4；淡水、中砂粒，一次抹灰不能太厚，应小于10mm，分批分次进行。防护涂料粉刷应与水、电、暖卫和通信等设施密切配合，各专业预埋要全部完成并经检查验收合格后才能进行，禁止事后凿洞、打眼和剔槽。防护涂料粉刷施工时只能单面进行，施工一面时，另一面用支撑支牢，另一面抹灰应待 48h 后进行。抹灰后及时养护。3d 内禁止一切碰撞。面层抹灰按常规方法施工，同一墙面两边不可同时施工。

硫酸钡涂料施工要求见表 4-6。

表 4-6　硫酸钡涂料施工要求

序号	项目	具体要求
1	现场清理	施工前必须对墙面适量喷水，以保证抹层与墙体的有效结合。为保证防护层的均匀性，施工前用水泥砂浆找平墙面，对墙面用防护材料找点，抹墙面厚度超过 20mm 须在墙面上挂钢钉网
2	施工要求	1. 严格按工艺配比拌料，按施工进度随配随用。 2. 防护材料和普通水泥的配比是 4∶1。 3. 每次抹层厚度以 7～8mm 为宜，以防抹墙面砂浆下垂影响质量。 4. 为防止接茬处出现裂纹，要在接茬处斜茬拉毛后继续施工。 5. 第二次抹灰施工，待施工层凝固后，方可进行。 6. 在凝固过程中，如出现裂纹，需用铲刀沿裂纹剔出 10～15mm 的毛沟，直至裂纹接层处，用防护水泥砂浆补平。 7. 防护墙面施工完毕后，为防止防护材料中钡离子挥发，须在墙面用水泥砂浆压光罩面，即施工完毕
3	质量控制	1. 从搅拌材料到抹墙施工完毕，随配随用，不超过 3h。 2. 严格按工艺配比，机房四周墙体施工完毕后，再用水泥砂浆压光罩面。 3. 严格质量监督，加强施工人员和质检员的责任心，按施工要求施工。 4. 冬季施工需要加防冻剂，保持室温 10℃以上

常见工程材料样本见表 4-7。

表 4-7　常见工程材料样本

铅板

薄铜板

吸音板

铝扣板

续表

 防护涂料	 木质吸音装饰板

工程实体样板实例见表 4-8。

表 4-8　工程实体样板实例

 工艺样板	 工艺样板
 工艺样板	 工艺样板
 工艺样板	 工艺样板

续表

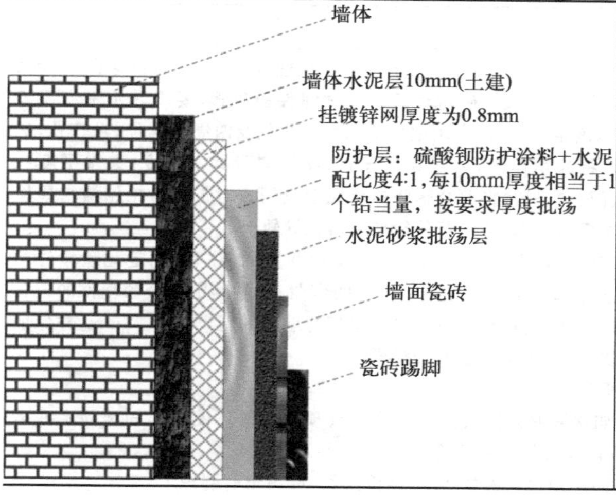

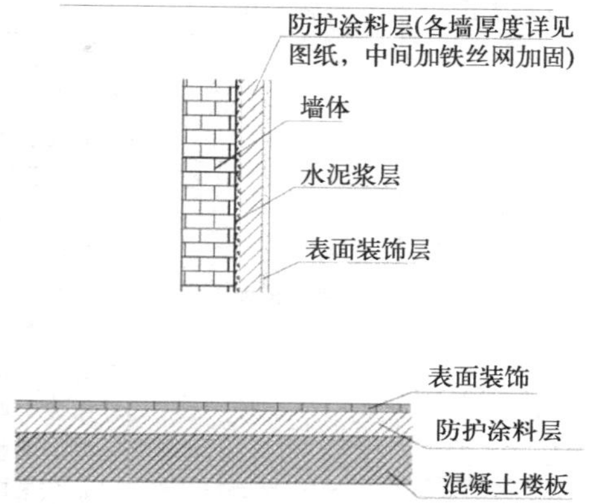

注：机房顶棚的防护涂料在其对应地面上施工

（四）铅板施工

把混凝土楼板清理干净，铲除松动面皮，用角磨机对不平整的部位打磨平整，在混凝土楼板上刷一层结构胶，用刮板刮平。

用洗涤剂把铅板上的防锈保护油膜清洗干净，均匀涂上一层结构胶并用刮板刮平。把铅板从一端开始压紧在混凝土楼板上，并一边向前推进，一边用木夹板压平按紧，避免空鼓。一张铅板铺完后，用一张模板把铅板压紧地面，待结构胶凝固后取下木板。天花板则在木板下方用 40mm×40mm×4mm 角钢做托架，间距 900mm，托住木板，角钢两端固定在梁上或用膨胀螺栓固定在楼板上，拉爆螺帽外面用铅板帽盖住螺丝头，避免射线泄漏。

铅板施工验收内容及标准见表 4-9。

表 4-9　铅板施工验收内容及标准

序号	验收内容	检查方法	检查标准/mm
1	铅板厚度	卡尺	公差>3%
2	铅板搭接	直尺	25

（五）防护门安装

(1) 内部使用钢质结构，表面使用 PVC 覆膜钢板，整体结构坚固耐用、外观大方。手动平开门分成门扇和门框两个部分，采用特制天地轴合页连接，保证平开防护门的长期使用。不锈钢防护门，门框采用 1.5mm 的 304 拉丝不锈钢制作，门体采用 1.0mm 的 304 拉丝不锈钢制作，门体采用一次成型技术，将铅板直接复合在门体里面。普通钢质防护门，门框采用 2.0mm 的冷轧钢板制作，门体采用 1.5mm 的冷轧钢板制作，门体同样采用一次成型技术，将铅板直接复合在门体里面。

(2) 门体内部为整张铅板，表面无接缝，无螺钉，保证铅板防护无漏点。门体与门框内部均有铅板，防护搭接量不小于 15mm，缝隙小、均匀，可以保证门缝处防护效果。

(3) 防护门施工步骤及主要事项见表 4-10。

表 4-10 防护门施工步骤及主要事项

实施步骤	施工内容	主要事项
第一步	固定预埋件，安装上悬导轨	据上悬导轨孔的实际间距，先固定第一个预埋件，然后将导轨穿在其 M12 螺栓上，用水平尺及卷尺等确定最后一个预埋件的位置，要求其水平度误差不能大于 2‰，确定完毕后，先用记号笔画好其孔位及四周轮廓位，再打孔，然后用膨胀螺栓将其稍作固定，再穿上导轨，反复测量其水平度，如水平度超差，须调整，直至合格后，将两个膨胀螺栓完全紧固。对正走行轮轮槽与导轨的位置。慢慢撤出枕木，使走行轮轮槽坐落在导轨上。 按照上述方法确定中间一个预埋件的位置并紧固，注意：确定此预埋件的位置时要补偿导轨由于重力作用而产生的弯曲；最后确定剩余预埋件的位置并紧固。通过导轨调整螺母调整导轨，保证与墙面的距离约为 25mm，并保证导轨成一直线，最后固定导轨紧固螺母。 施工注意事项： a. 安装时如遇墙壁太薄或轻体墙等导致预埋铁件不能被牢固地固定在墙体上时，须用背板代替膨胀螺栓。 b. 安装时如果预埋铁件的 M12 螺栓太长，可用角磨磨短
第二步	安装门扇	a. 将上悬挂轮组分别安装在门扇上，调整调节螺栓及承重螺栓，使门扇与墙面或门洞包边面的间隙均匀，允许门扇上端向墙体侧倾斜 2mm 以内。待各部调整好后，拧紧所有锁紧螺母或紧固螺母，固定好门扇，防止门体向墙壁外倾倒而砸伤人。 b. 将连接角钢(L25)割成适当长度，螺接或焊接在悬挂板上，接时须保持其水平，以便为后续的行程开关创铁装置的安装做好准备。 c. 安装减振装置(机械极限装置)，其开、关门极限须根据门扇开、关到正确位置后确定。其固定方式根据现场情况可选择用膨胀螺栓固定在墙上或直接焊接在上悬导轨上，焊接须牢固、可靠。 d. 安装锁挡，将门扇关到正确位置后，把锁杆旋出，画好位置，用膨胀螺栓固定锁杆。要求门锁开关灵活，锁挡位置及伸出长度适当
第三步	传动装置的安装	a. 安装电机底板及电机。根据已经调节好的上悬挂轮组大致确定链轮或链条的中线位置，焊接好电机下底板，再用螺栓大致固定好上底板和电机；如果电机洞口未预留或墙壁不能打洞时，须用 L40 角钢制作一支架，电机反装；如果电机安装位置过于狭小不足以安装电机时应安装在反向轮组的上方(例如安装在天花内)，把牵引连接板螺接或焊接在上悬板上。 b. 安装导向轮组，其固定方式根据现场情况可选择用膨胀螺栓固定在墙上或直接焊接在上悬导轨上，焊接须牢固、可靠。 c. 安装链条把各链条用活接连接在一起，再绕在电机链轮及导向轮上，并用链节分别连接在左右牵引连接板上，注意调节链条的松紧程度。 d. 通过调节导向轮组螺栓的伸出长度以调节链条的松紧度，要求松紧适宜，其松紧度要求以手动开关门扇时，门扇能轻松、顺畅地平移为依据。各部调节妥当后将各螺栓、螺母等紧固件拧紧
第四步	穿线	a. 将行程开关创铁螺接或焊接在连接角钢(L25)的中间位置。 b. 将行程开关(共 7 件，分 2 组)安装在适当的位置，其开、关门组行程开关的实际位置须根据门扇开、关到正确位置后，行程开关创铁能轻松、顺畅地拨动行程开关，使之发出清脆的响声来确定。门关到位后门机连锁开关须保持被压住而不松开的状态，门开到位后 XK1、XK2 须保持被压住而不松开的状态。安装后须反复开、关门，反复调整行程开关的位置，并接好各类导线。门机连锁开关原则上只留出适当长度的导线，其与设备的连接须由设备供应商自行完成，以避免造成烧坏设备的事故

续表

实施步骤	施工内容	主要事项
第四步	穿线	c. 把控制线路板、遥控接收器、变频器安装在门洞上方适当的位置，其中遥控接收器及变频器的位置可根据院方相关人员的实际要求具体安装，并接好各类导线。把室内、外按钮开关及红外线防夹开关等操作开关及警示灯接好导线，按院方预留的洞口或设备公司规定的位置安装在正确的位置。 注意： 红外线防夹开关的发射装置与接收板均须卧进墙内，不能高出门洞墙面或门洞包边，以避免被撞坏。 如院方要求警示灯须与设备连接，其与设备的连接也须由设备供应商自行连接，以避免造成烧坏。 d. 按控制线路图检查各部位接线是否正确无误，确认接线正确后接通电源，并开始调试各部件的工作状态至达标为止，即手动控制门扇运行灵活无阻；遥控控制门扇运行自如，便捷轻快。 e. 调节变频器的相关参数以调节门体运行的参数
第五步	门帘盒的安装	a. 根据现场情况，先在墙面上画好膨胀螺栓位，画位时注意尺寸，尽量使门盒的最下沿高于门扇上包边的下沿。 b. 打好孔后，用膨胀螺栓通过左右支撑把门帘盒牢固、稳定、可靠地固定在墙上。把上盖板及电机盖板分别用胶粒及自攻钉固定在墙上及门帘盒上，以使各部元件不外露
第六步	清理现场清洁门体	防护门安装完毕后，须将现场杂物清理干净，去除门体上保护膜，清除胶水、水泥砂浆、防护涂料、水印、手印等污物和印记，使门体清洁美观。 注意事项：在安装施工过程中必须注意安全，特别是在搬运过程中、门扇竖立过程中及未安装完上偏阻导轨前的时间内更要注意安全。在安装施工过程中，部分配件需要采用电焊焊接，因此在施焊前，必须做好焊接处外部环境（如已装修的墙体）

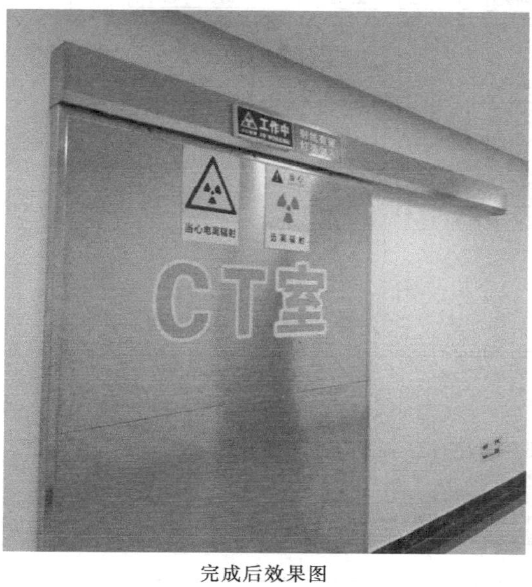

完成后效果图

铅防护剖面实际图

续表

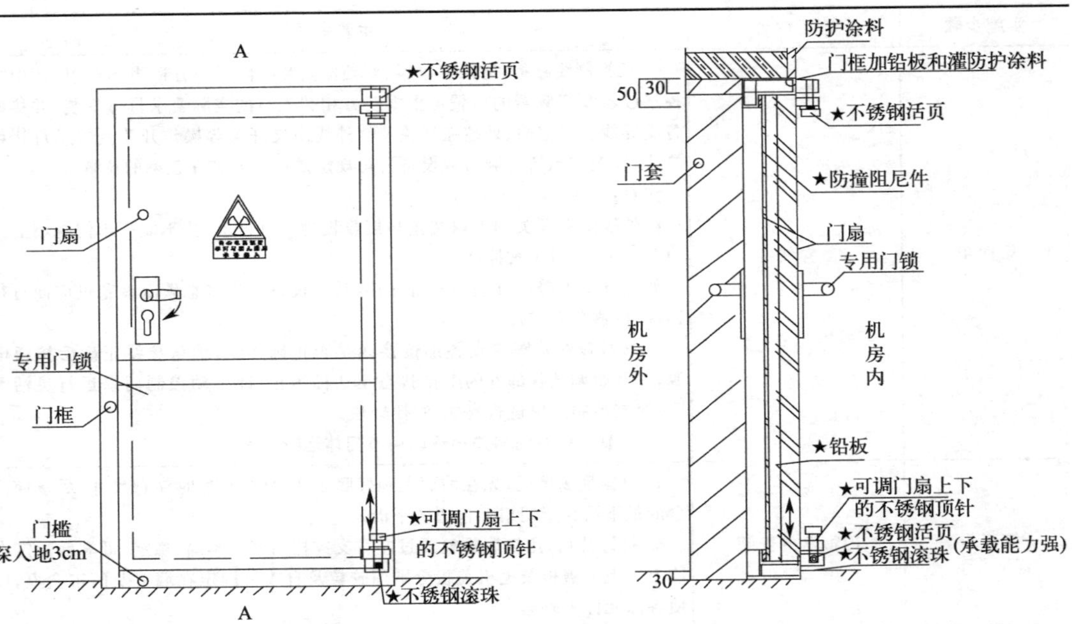

平开防护门安装示意图

A—A

说明：
1.土建根据《设计平面图》要求，预留门洞口尺寸。
2.平开防护门扇与门框的铅当量同等。
3.平开防护门框与地面搭接30mm。
4.平开防护门框与墙体搭接用射防护涂料；
如为砖墙则门框内的空隙用辐射防护材料填充饱满。
5.防撞阻尼件安装在防护门框与门扇的接触面中间。

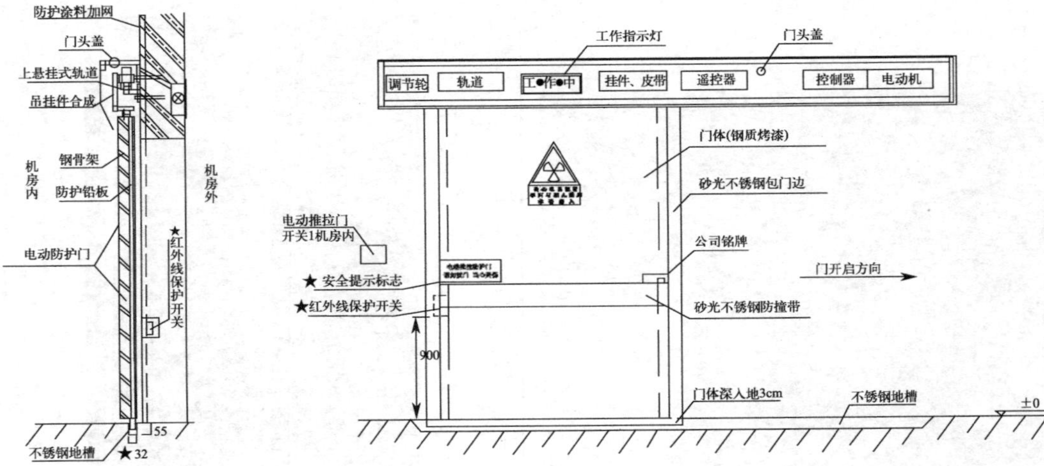

电动推拉防护门安装示意图(此图为右开门，左开门则反之)

说明：1.土建根据《设计平面图》要求，预留门洞口尺寸。 2.电动防护门采用上悬挂式安装。
3.电动防护门上方、左侧和右侧均与墙体搭接≥150mm。4.电动防护门下方插入地槽内搭接>30mm。
5.电动防护门的输入电源为AC220V 50Hz。 6.门开启的范围不能有开关、插座和消防栓等障碍物。
7.门的地槽位置决不能有水电线管等障碍物。

续表

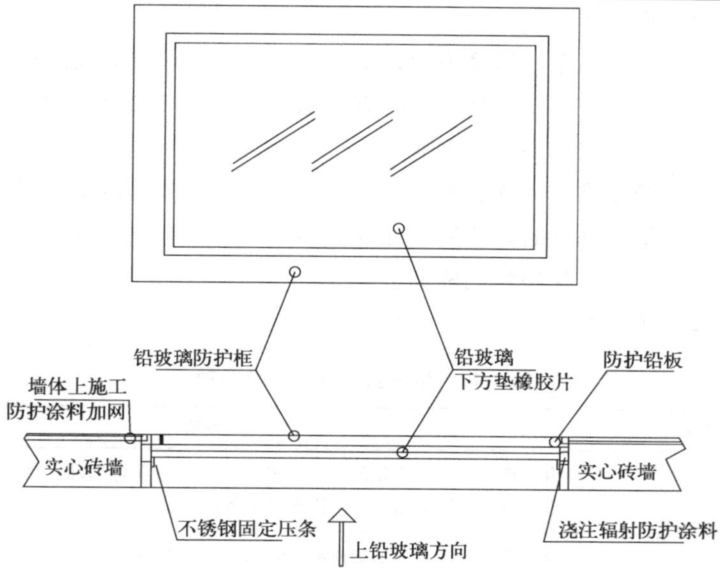

铅玻璃窗安装示意图

（4）施工作业注意事项见表 4-11。

表 4-11 施工作业注意事项

序号	事项
1	工艺流程：画好门窗安装位置及标高→运门窗口扇→立钢门窗→木楔临时固定→按水平线复核安装标高，按中线复核安装位→焊接固定→堵洞→装五金配件→装门扇
2	划线找规矩：按设计图纸防护门的安装位置、尺寸、标高，以窗中线为准往两侧量出窗边线
3	按图纸门窗编号要求，将防护门分别运到安装地点，并靠垫牢固，防止碰撞伤人
4	防护门门框就位，将固定铁脚插入预留洞内找正吊直，且保证位置准确，用木楔临时固定，窗上框距过梁留 2cm 缝，使左右缝隙均匀，宽度一致，距外墙尺寸符合设计要求
5	钢门框立好后，要进行位置及标高的检查，符合要求后，上框铁脚与过梁铁件焊牢，窗两侧铁脚插入预留洞内，用水润湿，采用 1∶3 干硬性砂浆堵塞密实，洒水养护
6	门扇的安装：检查门框上、中、下三部分的宽度是否一致，明确开启方向后量出门窗框口净尺寸，再确定扇的高度和宽度。将扇挂上，检查缝隙是否符合要求，扇与框是否齐平，扇能否关好。检查合格后，再将螺丝钉全部上齐。对于双扇门的安装，还需注意其错口工序，按其开启方向看，右手门是盖口，左手门是等口

（5）大型医疗设备运输安装。

① 大型医疗设备的运输、安装要制定详细的计划，做到科学计划、科学组织、合理安排、安全运输。制定大型设备运输安装计划时要注意以下几点：一是要掌握设备的构造和特点；二是要对场地和运输途径进行实地考察；三是了解运输、安装人员的技术水平和人员配置情况。

② 设备运输安装措施一般包括：

人员准备：包括设备卸货吊装、运输、安装、调试的工程技术人员和劳务人员，负责指挥的人员应具有设备吊装、运输、安装的丰富经验。

工具准备：设备的吊装、运输、安装过程中需要各种专用工具，应事先准备好，避免因缺少某种工具而耽误工作。

运输车辆准备：包括吊车、运输平台，根据实际需要选择相应吨位和数量。

场地准备：现场要保证设备卸货吊装时有足够的空间，安装机房场地符合设备需求，预留运输通道和孔洞已经完成并保持畅通。

辅助设施、机电管线准备：水、电、暖通空调等辅助设施已经安装到位。

保护措施：在运输大部件时，应用海绵或塑料泡沫加以保护，易损部件应装箱运输。吊运大型设备时应事先制作保护性底座和框架。

施工注意事项见表 4-12。

表 4-12 运输安装施工注意事项

序号	流程	事项
1	技术需求条件	由设备厂家和专业分包单位勘查现场并给出设备基础、卸货吊装场地、设备运输通道、预留洞口、机电专业等技术需求条件
		设计单位落实设备基础荷载、运输通道荷载、预留洞口等建筑结构和机电专业并出具施工图纸，土建单位、相关专业施工单位按施工图纸实施安装到位
2	吊装运输	专业分包单位和设备厂家制定运输吊装施工组织方案，经审核批准在安装现场具备条件后实施设备的吊装运输作业。确保设备在运输安装过程中的安全
3	就位安装	拆除设备外包装箱体，拆除运输防震固定装置、按设备厂家技术文件进行就位安装，复核达到各项设备安装技术指标。设备的机架、检查床应根据设备图纸仔细定位，反复校正，确定无误后再固定，调整机架、检查床的水平度和垂直度均符合设备要求。天地轨道安装前要检查轨道是否平整，如有扭曲，调直后再安装，安装后严格核实尺寸偏差和水平度符合设备要求
4	管线接驳	附属设备就位安装、强弱电管线、暖通空调管线等和设备进行连接到位

（六）机电工程安装

机电工程是医疗设备正常运行使用的关键保证条件，机电工程专业众多，管线复杂在深化设计和施工中需要利用 BIM 技术进行综合管线排布，协调施工。

1. 强弱电系统

参照设备厂家的场地文件，从低压配电房敷设独立供电线路到设备专用配电箱，宜采用双路供电，同时考虑设备所需电功率和配电线路距离，选用合适的电缆规格、型号。

暖通空调设备和室内用电（包括照明和插座）等辅助用电另行从楼层配电箱的回路接入。

配置好网络接口、电话接口、信息接口等通信接口。

设备机房采用独立、联合或重复接地系统，独立接地系统和重复接地系统阻值小于 2Ω，联合接地系统阻值小于 1Ω。直线加速器应采用独立接地系统，接地阻值小于 1Ω。

检查室内的环境照明应达到灯光柔和无闪烁效果，亮度可控或可转换。图像显示器上不能有室外光、室内灯光和管片灯等反射干扰情况。

患者入口防护门体上的警示灯应与辐射射线、门的开闭状态实现联动，避免患者受到不必要的伤害。控制区患者出、入口需设置门禁系统。

2. 暖通空调系统

需要设置新风系统，可以共用楼层新风系统。

空调需采用独立系统，设备机房和附属设备间单独降温处理并可分开控制。一般采用VRV空调或分体空调方式。空调机应避免安装在设备正上方。

需设置迷迭式机械排风系统，以保障机房整体的辐射防护效果。

空调冷凝水管道应排放流畅，不积水堵塞；管道表面应做保温处理避免产生凝结水。

设备机房内根据设备厂家场地文件可配置除湿机。

核医学科诊断场所控制区采用微负压排风，监督区采用正压通风。通风橱内排风经放射性过滤装置后再经建筑屋顶排至室外。

3. 给排水系统

控制室、设备间根据设备厂家场地文件需求预留给排水点位。直线加速器水冷机房预留给水和排水地漏。

设备机房设置除湿机时需考虑设置地漏的问题。

核医学科排水管应尽量短，大水流管道应有标记以便维修、检测。

核医学科排水均排入衰变池系统，经衰变达到国家排放标准，符合国家或地方法规要求后，才能排入污水处理系统。

核医学科排水管道均应采用设备机房同防护当量的铅板进行包覆防护处理。

4. 消防系统

消防专业单位根据设计院的消防设计施工图纸完成医疗设备机房的消防施工作业，包括气体灭火、消防报警等系统。

所有穿越设备机房的机电管线均需要采用墙体同防护当量的铅板进行包覆防护处理，穿越机房内的竖向机电管线均需进行装饰包装处理，不得明露。

消防系统施工注意事项见表4-13。

表4-13 消防系统施工注意事项

序号	流程	事项
1	施工图深化	根据设备厂家的场地文件，专业单位对医疗设备机房的机电管线进行深化设计，设计单位审核批准后，出具设计深化施工图纸
2	预留预埋	根据深化设计施工图纸，预留设备机房电缆沟，预埋机电管线各类管线套管
3	机电管线施工	根据设计深化施工图纸，机电施工单位编制施工组织设计和专项方案，经审核批准后，分专业、按进度完成机电工程施工安装作业
4	设备管线接驳	设备就位安装后进行

二、电磁屏蔽施工

从医院建设的项目管理角度出发，屏蔽工程分为准备阶段、前期阶段、后期阶段。

（1）准备阶段：

① 业主、土建方、技术人员（设备厂家工程师/专业屏蔽公司工程师）三方共同拟定布局方案，划分界面。

② 屏蔽单位和设备厂家工程师完成屏蔽方案设计，经设计院确认后完成深化设计工作。

③ 土建单位根据深化设计图纸完成屏蔽室和设备室的基础建设，预留好各种孔洞；机电专业单位敷设好水电气管线。

④ 专业屏蔽公司到现场进行条件验收和移交。

（2）前期阶段：屏蔽材料和相关配套设备到场后，组织材料验收。专业屏蔽公司完成屏蔽室的主体工程，预留磁体洞口和吊顶等位置。确保运输通道、室外机平台、上下水、电源等条件满足磁体进场要求。

（3）后期阶段：磁体进场安装后，土建单位封闭磁体洞口，专业屏蔽公司和机电单位完成剩下的安装和装修工作。全部安装完成后进行屏蔽检测和验收。

（4）施工条件：施工前应进行施工现场检查，确定现场符合下列要求。

① 对电磁屏蔽安装位置的建筑物现场宜进行实测，经确认符合施工要求后方可进行施工。

② 场地空间结构及平面布置应能满足电磁屏蔽工程设计图纸安装尺寸的要求。

③ 电磁屏蔽室外表面与建筑结构体之间的隐蔽工程，包括需预留的孔、洞、各种预埋件、管道等应已施工完毕，穿墙预留孔、预留洞应无遗漏。

④ 电磁屏蔽室所在基层地面位置的浮渣、尘土应已清理干净；地坪应坚硬、平整，并保持干燥。

⑤ 供电磁屏蔽室工程施工使用的电源、气源、水源均应满足使用要求。

⑥ 设备和材料堆放的场地应符合设备和材料存放的要求，并应留有设备和材料进场所需要的通道和搬运空间。

（一）射频屏蔽施工

射频屏蔽是指通过屏蔽体的设置来将电磁波分隔在屏蔽室内外，随着频率的增高，波长变得与屏蔽体上孔缝的尺寸相当，使得屏蔽体上孔缝的泄漏成为射频屏蔽最关键的控制要素。磁屏蔽起到对屏蔽体内外磁场分流的作用，当磁体的 5 高斯线超出屏蔽室范围时，会对外界的人和设备造成安全隐患，此时通过在屏蔽体增加低磁阻材料能够有效改变磁力线方向，将 5 高斯线压缩在屏蔽室范围内。

1. 绝缘工程

（1）地面绝缘施工：先将地面清理干净、无灰尘、砂砾等杂物，铺设防水层后再铺设 PVC 绝缘板。绝缘板铺设需平整无搭接，板与板之间无缝隙，拼装完成后缝隙需采用防水胶带粘贴。

（2）墙面绝缘施工：墙面绝缘施工采用弓形绝缘块绝缘，安装间距根据绝缘板材宽度设定，每块绝缘板上安装的弓形绝缘块不少于 3 个。

（3）顶面绝缘施工：需要在顶板打膨胀螺栓后通过连接吊杆到顶面屏蔽板，吊杆中部需要断开加入绝缘端子作为连接件，避免吊杆将屏蔽体与建筑连为一体。

（4）失超管用绝缘垫进行绝缘。

（5）屏蔽门窗用绝缘块进行绝缘。

2. 电解铜箔楼地面

将拼接好的屏蔽板沿地面依次铺设，屏蔽板全部铺在绝缘 PVC 地板上，不得直接与墙面、地面接触。焊接时要保证焊接牢固。板与板之间须双面连接，使它们之间不产生涡流，以达到屏蔽要求。电解铜箔楼地面验收内容及标准见表 4-14。

表 4-14 电解铜箔楼地面验收内容及标准

序号	验收内容	检查方法	检查标准
1	屏蔽体对地绝缘层	摇表	绝缘电阻＞1000Ω
2	屏蔽衰减	屏蔽检测仪	10M～100MHz 屏蔽效能＞100dB

3. 屏蔽主体、门窗工程

（1）射频屏蔽铜板 δ 0.00～1.175mm，用电解铜箔，含铜 99.9%。屏蔽主体安装采用 40mm×40mm 木方制作骨架，铺设铜板，铜板之间焊接连接，屏蔽性能可靠，施工灵活性强。

（2）屏蔽门窗预留专用洞口，用水泥砂浆抹平，洞口内部采用木芯板做套。屏蔽门窗安装时与屏蔽板的接触面需打磨光滑、平整、清洁，连接处需衬垫屏蔽铜网，保证接触面具有良好的导电性。屏蔽门窗固定时与墙体连接处需做绝缘处理。

（3）铅玻璃观察窗的防护铅当量应与设计防护铅当量标准一致。

（4）铅玻璃性能满足以下要求：

① 防护标准：0.211mmPb/mm（用于 X 射线、γ 射线的屏蔽防护）；

② 比重：4.8t/m^3；

③ 折射率：1.775；

④ 透光率：≥85%；

⑤ 稳定率：（抗潮）A。

（5）观察窗框选用仿不锈钢型材，防护当量满足设计要求，且不易变形，观察窗距地面高度 850mm，表面经抗划伤、抗破碎处理，玻璃与窗框防护可靠。

4. 施工工艺流程

木龙骨拼装、屏蔽板拼接、铺设六面屏蔽板、回填地面。

屏蔽板拼接：板与板之间须采用铜网垫连接，使它们之间不产生涡流，从而达到屏蔽要求。

木龙骨涂刷防火涂料：测量磁体间的实际尺寸，按照技术要求防好模数加工木龙骨，组装成片后，用绝缘固定件与墙面保持 50mm 的距离固定安装，以满足墙面铜板的铺设。

铺设墙面和顶面屏蔽板：按高度要求和标高控制线，从顶面开始到墙面依次安装拼接好的屏蔽板并保证预留接口结合完好。

铺设地面屏蔽板：将拼接好的屏蔽板沿地面依次铺设，屏蔽板全部铺在绝缘 PVC 地板上，不得直接与墙面、地面接触。焊接时保证焊接牢固。

地面回填。

安装屏蔽附件：根据预留位置，安装屏蔽门、屏蔽窗、通风波导器、电源滤波器、信号传导板等。如需安装在框架上需用螺丝连接，必须使用弹性衬垫和平垫并加铜网带；框架部分与屏蔽部分的连接，必须焊接牢固。

清理：屏蔽安装完后，须用布把焊接接口擦拭干净，不得有污物特别是有酸碱性的杂物等，防止腐蚀铜板。

5. 质量要求

（1）屏蔽板工程所用材料的品种、规格、颜色以及基层结构、固定方法等应符合用户和设计要求。

（2）屏蔽板的连接应紧密，表面应平整，不得有污染、开裂、砂眼等缺陷。

（3）部件安装平整美观，与屏蔽层结合良好。

（4）屏蔽门缝隙均匀，簧片没有折损，开关松紧适度。

（5）屏蔽窗透视度要符合技术要求。

（6）氧气须经波导管进入磁体间。

（7）失超管必须牢固焊接在铜板上。

（8）磁体间内须安装紧急按键。

实体安装事宜见表 4-15。

表 4-15　实体安装事宜

 工艺样板	 工艺样板
 工艺样板	 工艺样板

续表

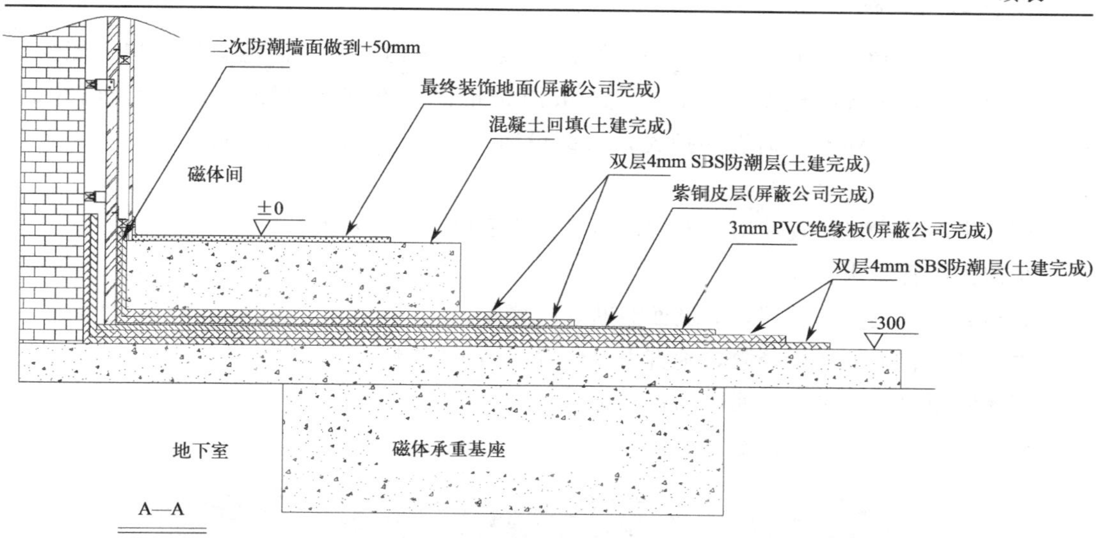

6. 机电工程

（1）需配备专用的功力柜及辅助配电柜，配备双电源自动切换装置。主动力柜仅供磁共振系统使用。辅助配电柜供专用空调机组、水冷机系统、照明插座使用。设备用电缆在动力柜安装之前引至指定位置并预留足够长度。

（2）磁共振动力柜除电源电线外，需要制作一个单独的地线为屏蔽体与传导滤波板等设备提供接地。MRI 设备和屏蔽体采用联合接地方式，接地电阻值不得大于 1Ω。

（3）所有电源配电系统均通过专用滤波器后进入机房。

（4）磁体扫描间应设置专用空调机组，投入使用后 24h 不停机运行。

（5）磁体扫描间的通风空调管道应采用非铁磁性材料制作。

（6）通风空调管道穿越扫描件的墙体时均应采用屏蔽波导装置。

（7）设备室提前预留好给排水管道。

（8）屏蔽室采用无磁照明灯具，磁体上方 3m 范围内不安装照明灯具，避免对设备产生干扰。

通风波导窗和光纤波导排分别见图 4-2、图 4-3。

图 4-2　通风波导窗

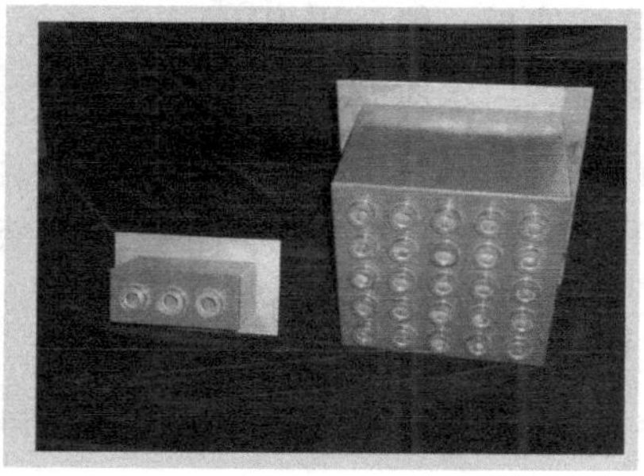

图 4-3　光纤波导排

7. 失超管工程

MRI 房间预留失超管，采用无磁不锈钢焊接，井道内安装时固定支架每层不能少于两处，管道安装完成经检测合格后用 75mm 厚带铝箔玻璃棉保温隔热，最后封闭井道，明露部位，保温层外再包铝板保护壳，顶部设防虫网、通气防水帽（或 135°～180°下弯口）。

确定失超管出口位置和出口方式，出口位置喷出时不伤及人员。

预留失超管专用管井。

失超管出口位置有玻璃，玻璃面需贴好防爆膜。

失超管垂直朝下环境受限，垂直出口位置用挡板围闭。

失超管出口位置需要有明确的提醒标识。

如图 4-4 为失超管事故图。

图 4-4　失超管事故图

8. 装饰工程

装饰选用环保型材料。

地面回填采用带防潮层的高密度板，面层采用中密度板材。

装饰地板一般选用 PVC 卷材地板。

墙面采用木质龙骨（刷防火涂料）或者铝制骨架，填充环保吸音棉，装饰面板选用穿孔吸音铝塑板或者木质吸音板。

吊顶天花采用可拆卸铝合金龙骨架，安装铝制微孔吸音板。

（二）磁屏蔽工程施工

（1）医院场地地面硬化磨平、防潮处理好后屏蔽公司进场—绝缘层—地面屏蔽处理—安四周模框—模块缝隙处理—屏蔽门—屏蔽窗—传导板框—波导窗—滤波器及电气布线—地面处理—内装饰（墙：安装龙骨＋木质吸音装饰板＋铝盖缝条；顶：安龙骨吊件、T

铝、安微孔铝合金板)—安灯具、开关、插座—配电箱—进磁体定位固定—二次进场封洞口及装饰—PVC抗静电地板安装—直流电源、电源滤波器连线,通电检查测试,出测试报告。

(2) 施工准备。场地整理,地面清洁,无砂砾、尘土等杂物,墙面、顶面平整无杂物。

(3) 顶面施工。采用膨胀螺栓固定硅钢片,硅钢片范围和厚度严格按照设计图纸执行,硅钢片之间层层交错搭接,搭接长度在5cm以上,禁止多层缝隙搭接。顶面与墙面拐角处做折弯拐角,禁止缝隙拼接。

磁屏蔽工程安装效果见表4-16。

表4-16 磁屏蔽工程安装效果

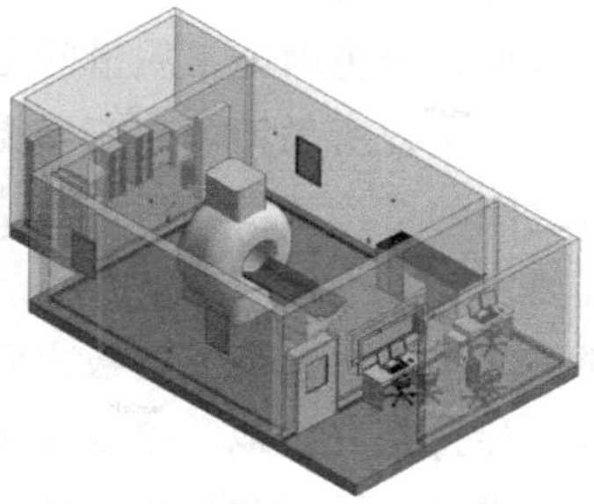

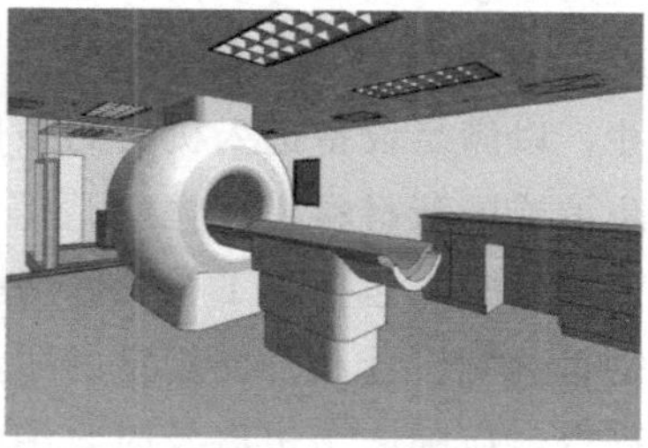

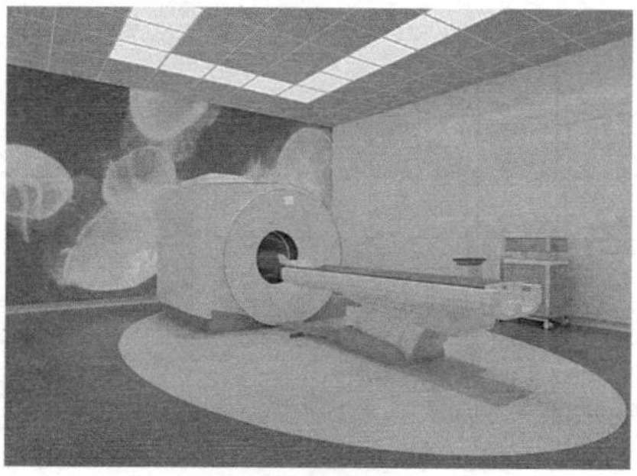

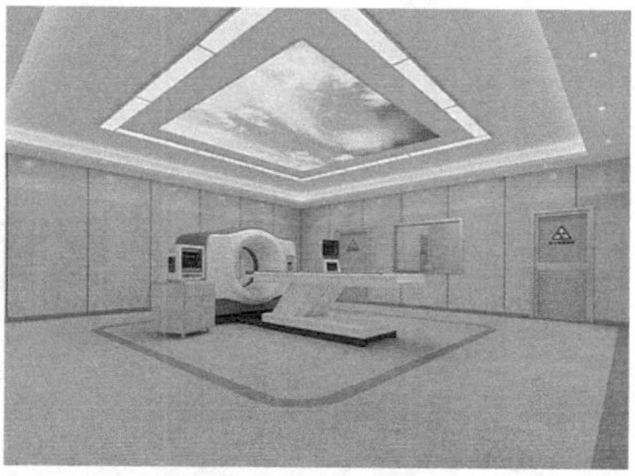

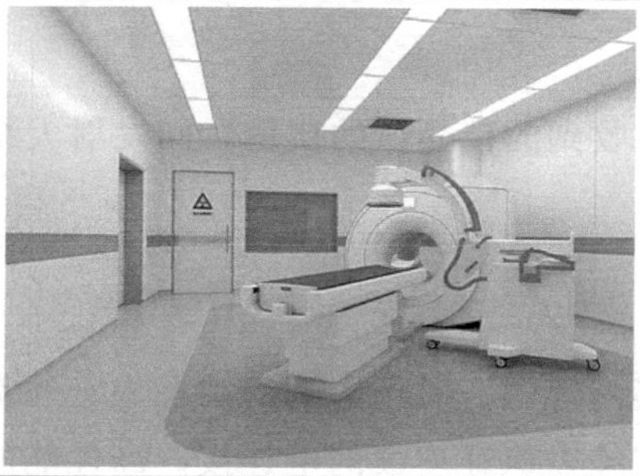

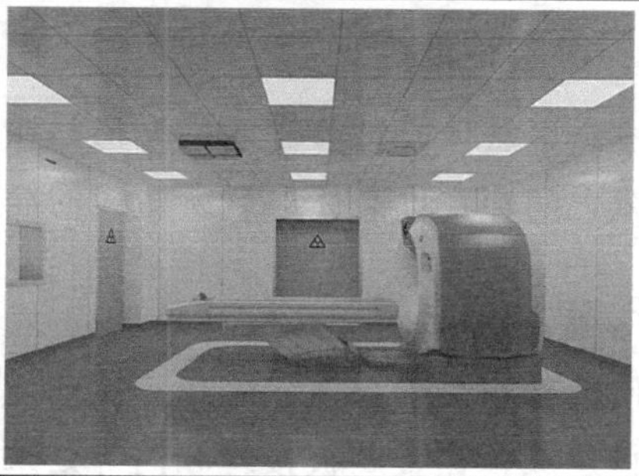

（三）工程质量管理

工程质量是施工管理的核心，尤其防护专项工程施工的质量是保证医疗设备能否正常使用的关键，在施工过程中应把控以下要点。

施工全过程进行旁站监督，确保施工工序、工程质量。

防护装饰明确质量验收标准，并注明需通过环保、卫生部门的检测验收。

加强进场材料的管理。对进场的施工材料性能进行检查和验收，提供防护屏蔽材料产品合格证书、检测报告等物资报验资料，必要时应按要求进行材料复试。

防护及屏蔽专项施工方案的审批，应由业主或者监理单位负责，必要时可以邀请设备厂家、预评价单位或环评单位共同参与，对方案的技术细节进行把关，对施工材料的性能参数进行分析，避免因施工质量问题造成防护失效或者露线等问题。

射线防护工程所采用的铅板参数一定要符合设计要求，固定铅板的钉孔要用铅板封闭。铅板之间的搭接宽度、门窗与墙面的搭接距离以及防护墙的厚度和混凝土配比一定要符合设计要求。

电磁屏蔽工程中铜网或铜板之间连接一定要焊接。屏蔽窗框、门框与屏蔽墙连接处一定要焊接。保持良好接地，接地电阻应符合设计要求。

铅板的搭接，墙面与顶面、地面衔接处的处理，穿墙孔洞的防护封堵都是重点。

CT、MR 等大型设备体积较大，施工中需要将患者入口的门洞按照设备厂家要求先扩大尺寸，以满足设备进入机房的条件，待设备进入机房后再进行门洞封补，这里需要注意预留防护或屏蔽材料搭接宽度。

竣工质量验收包括施工中的隐蔽验收和竣工后的最后验收。验收是要检查评定施工项目质量是否达到设计和合同规定的质量要求。

工程资料应随施工进展及时收纳整理，最终形成竣工资料。

第四节　验收与评价

一、防护工程验收

1. 屏蔽性能定义

没有屏蔽体时接收到的信号值与在屏蔽体内接收到的信号值的比值，即发射天线与接收天线之间存在屏蔽体以后所造成的插入损耗。

2. 屏蔽室定义

使内部不受外界电、磁场影响或使外部不受其内部电、磁场影响的结构。它通常由金属材料建成，在金属板接缝和门等处采取一定的措施以保证连续的电连接。高性能的屏蔽室在不同频率下可以将电、磁场抑制到七个数量级。

3. 屏蔽性能测试步骤

为了使屏蔽性能验收顺利，需要进行屏蔽性能的低频及高频测试。

屏蔽高频性能测试：屏蔽高频段为64MHz、100MHz、130MHz三个频段，采用天线测试。其中64MHz、100MHz、130MHz三个频段对应的天线单边长度分别为100cm、75cm、50cm。在屏蔽测试时调节好频谱仪的频段值，参考电平、扫频宽度及信号发生器的频段值，打开信号源开关将两根天线平行放置（距离60cm)，记入参考电平的数值后即可开始测试。测试时的顺序为屏蔽门的六个点位置—屏蔽窗四边位置—通风波导安装边—传导板（滤波板）安装边—滤波管。高频段的测试方法是在所有可接近的屏蔽壁上直接测出高频源的影响。当相关的波长和周围的结构允许时，入射到屏蔽体的场应为平面波。

屏蔽低频性能测试：屏蔽低频段为10MHz、30MHz两个频段，采用低频线圈测试，在频谱仪的端口位置需要连接一个放大器。后续的测试方法与高频测试一致。

4. 屏蔽测试方法

确定发射天线和接收天线距离屏蔽壁的相对位置后，测量最大信号的幅值。无论用偶极子天线测量还是用其他天线测量，方法均相同。

发射天线位置：选取的发射天线位置和极化应能分别覆盖屏蔽室的各表面。相邻测试点间的水平间距应不大于2.6m。但如果测量参考电平时发射天线和接收天线间的距离不足2m，则相邻测试点间水平间距不应大于1.3m。

接收天线的位置和数据记录：接收天线应在屏蔽室内的各个位置、各个极化方向上寻找最大响应。用记录下的最大值来计算屏蔽室的最小屏蔽效能。接收天线到屏蔽壁的最近距离应不小于0.3m。

屏蔽效能的计算：屏蔽效能值为对天线的参考电平值减去测试时的最大值。

5. 屏蔽效能的判定

当屏蔽效能值小于90dB时，屏蔽效能为不合格，造成屏蔽效能不合格的原因可能是屏蔽门或者其他屏蔽配件有漏信号现象，需要及时进行排查。

当屏蔽效能值大于90dB时，屏蔽效能判定为合格，屏蔽效能验收即通过。

6. 屏蔽安装完成后整体验收

电磁屏蔽室安装、装修完毕后，施工方自检完成后，与院方进行交接，并参与院方的验收。

施工方自检项目包括以下内容。

① 确认绝缘电阻值。

② 电磁屏蔽室的外形尺寸是否与设计尺寸一致。

③ 电磁屏蔽门、窗的规格、尺寸、开启方向、位置是否与设计要求一致。

④ 带有机械装置、自动装置的电磁屏蔽门是否操作正常，运行是否顺畅。

⑤ 电磁屏蔽门、窗的导电接触面应保持清洁、无锈蚀。

⑥ 电磁屏蔽窗的表面干净、平整、光滑、色泽一致、无锈蚀；玻璃窗应完整无破损，从一面向另一面看去时，屏蔽窗应清晰，无麻点。

⑦ 电磁屏蔽门应急安全标志张贴牢固、位置醒目。

⑧ 配套设备的安装，排列应横平竖直，外形四边宜与电磁屏蔽层板体对应的四边平行。

二、防护工程评价

（一）卫生申报

1. 预评价申报资料（自受理之日起 20 个工作日内）

（1）放射诊疗建设项目职业病危害放射防护预评价报告审核申请书。

（2）申请放射诊疗建设项目职业病危害放射防护预评价审核的公函。

（3）放射诊疗建设项目职业病危害放射防护预评价报告书（表）及专家评审意见。

（4）评价机构资质证明（复印件）。

（5）放射诊疗建设项目可行性论证报告。

（6）委托申报的，应提供委托申报证明。

2. 竣工验收申报资料（自受理之日起 20 个工作日内）

（1）放射诊疗建设项目职业病危害放射防护设施竣工验收申请书。

（2）申请放射诊疗建设项目职业病危害放射防护设施竣工验收的公函。

（3）放射诊疗建设项目职业病危害放射防护控制效果评价报告。

（4）评价机构资质证明（复印件）。

（5）放射诊疗建设项目职业病危害放射防护预评价审核同意证明材料（复印件）。

（6）属于配置许可管理的放射诊疗设备，需提交大型医用设备配置许可证明文件（复印件）。

（7）委托申报的，应提供委托申报证明。

3. 放射诊疗许可证办理资料（自受理之日起 20 个工作日内）

（1）放射诊疗许可证申请表。

（2）申请《放射诊疗许可证》的函。

（3）放射诊疗建设项目竣工验收合格证明文件。

（4）放射诊疗设备、放射防护与质量控制设备清单。

（5）《医疗机构执业许可证》或《设置医疗机构批准书》。

（6）放射诊疗专业技术人员一览表及其专业技术职业任职资格证书。

（7）近一年放射诊疗设备防护性能检测报告。

（8）放射工作人员相关放射防护知识培训、个人剂量检测报告、职业健康体检。

（9）属于配置许可管理的放射诊疗设备，需提交大型医用设备配置许可证明文件。

（10）委托申报的，应提供委托申报证明。

4. 卫生办理流程

（1）预评流程：合同签订后，评价工程师至医院看现场，核实情况并收集资料—编写预评价报告，出具送审稿—预评价评审会议—出具预评价报批稿—准备资料并申报—等待行政部门出批文（自受理之日起20个工作日）。

（2）控评流程：取得预评价批文，医院装机调试好后—检测人员至医院做验收检测并出具检测报告，评价人员至医院现场核实情况并收集资料—编写控评报告，出具送审稿—准备资料并向卫生行政部门送审，待安排专家评审（时间根据卫生行政部门安排）—控评专家评审会议—修改控评报告并出具报批稿—递交行政部门，等待行政部门出批文（自受理之日起20个工作日）。

（3）放射诊疗许可证办理流程：取得竣工验收批文后，准备办证资料递交政务中心—等待出证（自受理之日起20个工作日）。

（二）环保申报

1. 环保备案资料

（1）三证合一及法人身份证复印件。

（2）人员培训证书及学历证明。

（3）设备信息及平面图纸。

（4）相关制度（应急预案、辐射防护管理制度、操作规程、岗位职责、维修和使用管理台账、培训计划、监测方案等）。

2. 环评申报资料

（1）申请书。

（2）评估意见。

（3）声明（环评电子版公开版）。

（4）环评报告表。

（5）光盘［包含上列(1)～(4)项，PDF格式，电子版须与纸质版内容一致］。

（6）三证合一复印件。

（7）法人身份证复印件。

（8）法人证明或法人授权委托书。

3. 辐射安全许可证审批资料（Ⅲ类射线装置市局出证）

（1）原《辐射安全许可证》正、副本。

（2）申请书、委托书。

（3）环境影响评价登记表批复文件或备案号（可从备案系统中打印）。

（4）核技术应用项目明细表（含现有和拟购的全部内容）。

（5）全体辐射工作人员近一季度个人剂量监测报告。

（6）辐射安全许可证申请表。

（7）全部专/兼职管理人员和操作人员情况表、辐射防护知识培训证、管理人员学历毕业证。

（8）辐射工作安全责任书（须由单位法定代表人亲笔签署）。

（9）相关制度（辐射应急处理预案、辐射安全防护管理制度）。

（10）企业营业执照或事业单位法人证书正、副本，法人身份证（复印件）。

4. 辐射安全许可证初审资料（市局初审）

（1）原《辐射安全许可证》正、副本。

（2）申请书、委托书。

（3）改扩建项目全部备案回执或环评审批文件和原有项目环评及竣工验收批复材料。

（4）核技术应用项目明细表（含现有和拟购的全部内容）。

（5）全体辐射工作人员近一季度个人剂量监测报告。

（6）辐射安全许可证申请表。

（7）全部专/兼职管理人员和专业技术人员情况表及培训合格证。

（8）放射性废物处置协议及资质证明材料。

（9）辐射工作安全责任书（须由单位法定代表人亲笔签署）。

（10）相关制度（应急预案、辐射防护管理制度、操作规程、岗位职责、维修和使用管理台账、培训计划、监测方案等）。

5. 辐射安全许可证审批资料（省厅）

（1）增项申请表。

（2）申请书。

（3）三证合一的正、副本复印件及法人身份证复印件。

（4）专/兼职管理人员名单及防护用品、监测仪器清单。

（5）辐射安全培训证，及体检报告。

（6）健全的安全和防护管理规章制度、辐射事故应急措施等文件（包括操作规程、岗位职责、辐射防护和安全保卫制度、放射性同位素使用登记制度、人员培训计划、监测方案、事故应急预案等）。

（7）登记表备案（需要盖章及法人代表签字）或环评批文（环评批文还需提供环评报告）。

（8）个人剂量报告（最近四个季度）。

（9）辐射安全许可证正、副本原件。

（10）委托书。

6. 核技术利用建设项目竣工验收资料

（1）竣工验收监测报告。

（2）专家组验收意见。

（3）评审会专家签到表。

（4）竣工验收申请函。

（5）委托书。

7. 辐射安全许可证办理流程

收集资料，办理备案—准备办理辐射安全许可证资料，网上系统申报并上传资料（广州市环保局网站申报、全国核技术利用辐射安全申报）—等待市环保局通知看现场（时间根据环保行政部门安排）—系统提示可提交资料后方可递交纸质资料至政务中心—等待出环保局辐射安全许可证或初审意见（自受理之日起 20 个工作日）—如是省生态环境厅发证的，再需准备资料递交省厅—等待出证（时间等待省生态环境厅办理人员通知）。

（三）核技术利用建设项目竣工验收流程

检测人员至医院对机房进行验收监测，并出具检测报告—评价人员至医院看现场并核实情况及收集资料—编写竣工验收监测报告，出具送审稿—安排专家评审会—修改报告并出具报批稿—医院官网对外公示 20 个工作日—公示期满后填报竣工验收系统，并将纸质报告及专家意见等一起提交省生态环境厅—完成。

（四）控评申报

1. 职业病危害放射防护评价（放射控评）目的

对建设单位进行职业病危害控制效果评价，是为验证放射防护设施或措施是否符合法律、法规、标准和预评价报告要求而进行的评价。这有助于对建设项目放射防护设施和防护管理措施进行评价，确定建设项目在放射性职业病防治方面的可行性，保障相关人员的职业健康和防护安全。在建设项目竣工验收时，其职业病防护设施经卫生行政部门验收合格后，方可投入临床使用。

2. 职业病危害放射防护评价（放射控评）工作流程

建设单位在取得预评价批复，工程建设完成且设备安装调试完成后进行验收。常规流程为：第三方评价单位编制“职业病危害控制效果放射防护评价”初稿，控评报告书初稿提交专家组审查，专家组进行现场实地查验检测合格（如不合格需整改后复检）并提供相应的资料对报告进行修改及补充，最终第三方评价单位报卫生行政部门审批，申请竣工验收。《控评报告书》《审查意见》和《辐射安全许可证》由建设单位报送卫生行政部门验收合格，取得《放射诊疗许可证》后，大型设备方可正式投入临床使用。

3. 职业病危害放射防护评价（放射控评）资料

第三方评价单位编制“职业病危害控制效果放射防护评价”，建设单位需提供相关材料：

建设项目立项文件；

项目所在地卫健委同意设置医院批复文件；

医院地理（区域）位置图、总平面布置图、机房平面布置图；

机房辐射防护设施设置情况资料；

项目所在地卫健委《预评价审核意见书》；

环保局《环境影响评价文件审批意见》；

大型医用设备同意购置批复文件；

放射设备型号、技术参数一览表；

涉及辐射源或辐射设备清单及相应台账；

建设单位放射防护自主监测资料；

医院放射安全管理机构或组织；

放射各类规章制度；

放射诊疗专业技术人员一览表；

各类任职资格证书；

放射工作人员职业健康检查报告；

放射工作人员个人剂量监测报告；

试运行期间的一般资料。

4. 职业病危害放射防护评价（放射控评）工作重难点

（1）建设项目工程施工过程中机房或设备未按照放射预评价审定方案设置；

（2）建设项目工程施工过程中机房有效面积、防护措施、设施设置或质控设备（放疗、核医学）配置未按照标准要求进行；

（3）建设单位放射工作人员配置结构不符合标准要求；

（4）放射工作人员职业健康管理未按照标准要求进行（尤其是上岗前职业健康检查，需提前 1 个月至 2 个月按相关要求完成检查，并取得报告）。

第五节　运维管理

一、屏蔽室日常维护

（一）屏蔽体维护

屏蔽就是用金属板体（金属网）制成六面体，将电磁波限制在一定的空间范围内，使其场的能量从一面传到另一面时受到很大的衰减。屏蔽体就是利用屏蔽的原理，用金属材料制成一个六面体房间。

由于屏蔽室内通常有人员和设备在里面工作，因此屏蔽室六面密闭的同时，必须留有人员及设备进出的屏蔽门，保证良好的通风，提供室内所需的电源，设置信号进出的通道，完成必备的室内装修，以确保屏蔽室能正常工作。屏蔽体制成过程中需要预留以上所有配置的洞口，以及为达到要求采取各种措施。

屏蔽体的维护应从屏蔽功能与屏蔽结构两方面入手。

电磁屏蔽室主要功能：

隔离外界电磁干扰，保证室内电磁设备正常工作；

阻断室内电磁辐射向外扩散，防止干扰其他电器设备正常工作，甚至损害工作人员身体健康。电磁屏蔽室利用屏蔽导体内产生的高频涡流，起到电磁屏蔽的作用，所以屏蔽导体的任意部分不能有缝隙，否则缝隙附近有高频涡流时，将有天线效应，从而减弱屏蔽的效能。屏蔽结构包括屏蔽金属板体、金属板体连接缝隙的处理，屏蔽门、屏蔽窗、通风口、信号线的屏蔽处理，电源线的滤波处理。屏蔽体上的配件安装要垫铜网。

屏蔽体的具体维护措施：

滤波器电源不得接漏电保护器，但可以接负载空开，滤波器出现故障应先断电后放电，方可进行检修或更换。

产品交付使用后，严禁受到猛烈撞击或在屏蔽体上开孔。

严禁在屏蔽波导管孔中穿入金属材质的电缆或管道。

注意保持屏蔽室门处刀口和槽口处清洁，以保证屏蔽室良好的使用性能。

簧片部位用防潮材质薄片材料包上脱脂纱布用无水酒精湿润后插入槽口来回拉动擦拭。

为保证屏蔽门外部传动部件启闭的灵活性，应不定期地加油润滑。

如发现簧片破损，应及时拧松簧片压条螺钉，取出破损簧片，换上新簧片。

防止任何液体物质流入屏蔽室。

防止其他金属丝连接或搭在屏蔽体上，以免造成绝缘不稳定，影响图像质量。

屏蔽体的配件，不要随意拆卸、更换。

屏蔽门是屏蔽室屏蔽性能的关键部件，也是唯一活动部件，需要轻开轻关，防止猛烈撞击。

供屏蔽体使用的电源，使用专用配电柜，尽量不要挪作他用、防止乱接乱搭线的现象。

（二）屏蔽门维护

为了保证电磁屏蔽室屏蔽门的使用寿命及磁共振设备的正常使用，在使用过程中应注意以下几点。

1. 保证绝缘性能稳定

请用户注意屏蔽室周围环境，防止任何液体从屏蔽门流入屏蔽室。

设备安装时已经连接在屏蔽体上的设备专用地线上，请不要再把其他金属丝连接或搭在屏蔽体、屏蔽门上，以免造成屏蔽体绝缘性能不稳定，影响图像质量。

2. 保证屏蔽室的屏蔽性能稳定

屏蔽室安装工程竣工验收后，严禁私自在屏蔽体、屏蔽门上开孔穿线、安装其他设备，以免造成信号泄漏，对磁共振设备造成干扰，影响图像质量。

屏蔽门是患者和医生进出屏蔽室的通道，也是保证屏蔽室屏蔽性能的关键部件。在进出屏蔽室时，请轻开轻关，不要猛开猛关，更不能使用脚踢，猛烈撞击等动作。

（三）屏蔽门的维护和保养

(1) 如果屏蔽门出现质量故障，请及时通知屏蔽门安装公司，不要随便拆卸屏蔽门，以免造成损坏，无法进行维修。

(2) 请用户每周对屏蔽室的屏蔽门进行除尘保养：用纱布沾 75% 的医用酒精把所有簧片及与簧片接触面轻轻擦拭一遍，使其表面干净，保证屏蔽门开关轻松、灵活。注意不要使用大力，以免对簧片造成损坏。进出推车时，不要把屏蔽门上的簧片撞坏。

(3) 气动屏蔽门的压缩机每 3 个月需放水一次，放水阀门在压缩机底部。放水前先把压缩机电源关闭，放掉压缩机内气体，在阀门下放置一个塑料盆，再用手逆向拧开阀门即可；水放完后，再把阀门拧紧。

（四）电柜维护

屏蔽室使用的照明电源，需配套专用电源柜（直流电柜）。低压电源配电柜是依据各磁共振厂家对磁共振屏蔽室照明的技术要求，并参照 GB 4943.1—2022 生产的磁共振屏蔽室专用电源柜。它对磁共振设备的使用没有任何影响，该电源柜适用于各种磁共振设备的屏蔽室。

1. 主要电气指标

直流电柜主要电气指标见表 4-17。

表 4-17 直流电柜主要电气指标

分项	容量/W	输入电压/V	输出电压/V	输出电流/A
直流照明	350	220	24	14.6
梯度风机（如有）	2.000	380	380	4

2. 安装说明

(1) 直流照明电柜固定于设备间的墙上（位置根据机房情况和厂商协商确定），高度为下边距离地面 1500mm。

(2) 安装前请先测量总电源电压是否为 380V 和 220V，然后按照接线图正确无误地接线。

(3) 通电后柜门上的红色电源指示灯亮。

(4) 按柜门上的绿色常用电源按钮，常用电源指示灯亮。

(5) 用万用表测量输出电压是否正常（24V）。

(6) 梯度风机的安装参照电柜执行。

3. 使用说明

(1) 电柜里的开关使用接触器控制主电源线的通断，故在停电后需要人工手动复位。

(2) 当电源指示灯不亮或电柜出现异常，请关闭电源，不要开机，并及时通知电柜安装公司。

（3）当照明电路出现故障时，请按下照明电源的备用电源按钮，暂时使用备用电源。

（4）柜内有危及人身安全的电压，非专业人员请勿拆修。

（5）若还有问题，应及时通知电柜安装公司，请公司进行免费保修（质保期内）。

（五）动力柜的维护

配电柜定期检查维护是保证配电柜稳定运行的重要方式，可以减少停电事故、电器损坏等问题。配电柜定期维护内容见表4-18。

表4-18　配电柜定期维护内容表

保养项目	保养内容
外观	铭牌标志完好、清晰、无损坏； 内外各部件(含附件)无积尘；断路器位置指示正确； 信号灯指示正确、功能正常； 仪表显示正常；元器件无异常松动；工作时无异常声音； 器件工作温度正常，无过热、无锈蚀、无变色现象
接线	紧固断路器、隔离开关、接触器，继电器一、二次接线应无松动、无破损、无过热、无锈蚀、无变色现象，电缆绝缘可靠； 定期紧固各接头螺栓，螺栓/热片若有锈蚀应更换，连接处涂抹导电脂
接地	检查防雷接地是否良好、架构接地是否良好
绝缘电阻测定 (用兆欧表)	相与相、与地之间绝缘
断路器、隔离开关等元器件	合闸、关闸应灵活； 机械闭锁可靠，表面无积尘

注：每半年按保养内容进行一次保养，保养时严格按照有关安全操作规程执行，并有详细记录，不合格项目及时整改维修。

二、辐射防护场所日常维护

（一）通风空调设备日常维护

通风空调设备长期和空气接触，致使空气中的灰尘、细菌等聚集在通风设备铝翅片、叶轮、机壳、滤网上，形成纤维状物等脏物积聚堵塞，引起通风和空调设备风量和效率下降，严重影响空调热交换和制冷效率。通风空调设备在阴暗潮湿环境中，是细菌积聚和繁殖的地方，而且霉气味和军团菌会污染空气，对人体健康有害，尤其是因通风设备效率降低而带来的空气污染事故必须加以重视。

（二）主要维护清洗步骤和方法

风机盘管系统的清洗是中央空调管道清洗的一部分，包括回风、送风以及小翅片等部件。清洗风机盘管的益处如下：清除送、回风系统中的细菌、灰尘，改善室内空气质量；降低变风量空调机组的风阻，提高热交换效率，增加送风量，节省能源；定期对风机盘管系统进行维护，延长机组使用寿命。

新风机组和风机盘管的清洗方法一般分为干式清洗法和湿式清洗法。干式清洗法主要通过吸尘清洗来维护新风机组和风机盘管的清洁，清洗的周期和频率一般为每个月一次，清洗过程不使用化学清洗剂。湿式清洗法主要通过吸尘清洗和生物环保试剂相结合的方式来维护新风机组和风机盘管的清洁，清洗的周期和频率一般为每 2 个月一次。

湿式清洗法消毒剂和清洗剂的选用：湿式清洗法的消毒与灭菌是在新风机组和风机盘管清洁完毕后根据污染状况选择消毒剂进行消毒与灭菌。

湿式清洗法的清洗剂选用需要符合下述条件：无酸性；能生物自然分解，避免二次污染；含金属疲劳抑制剂；能除脏、除油脂、除氧化物。

吊顶式空调处理机组、风机盘管、风口维护保养步骤：

启动风机盘管或空气处理机组检查其运行状况，若有异常，由施工班组长填写风机盘管或空气处理机组施工前故障确认单，备查；

拆回风口及过滤网并用吸尘器吸除灰尘后用清洗剂清洗、晾干；

拆除回风箱和箱体盖板；

拆除电机和风机蜗壳，并用吸尘器清扫风机和蜗壳；

检查电机绝缘程度和轴承，并进行保养或更换电机和轴承；

检查风机盘管表冷器污染情况，并进行录像或拍照；

检查风机污染情况，并进行录像或拍照；

用专用吸尘器清扫表冷器两边粉尘；

用吹风机吹干表冷器；

清洗冷凝水盘，吹洗冷凝水管；

用高压清洗机清洗风机，清洗时要将电机用塑料袋包好，防止电机进水；

恢复安装电机和风机蜗壳，调整皮带和皮带轮；

恢复回风箱和箱体盖板。

（三）风机轴承加注润滑油

(1) 只有风机和其辅助设备完全正常的情况下才能投入运行。

(2) 在风机开机、停机或运转过程中，如发现不正常现象应立即断电检查，检查发现的小故障应查明原因并消除，如发现大故障应立即停机进行全面检查。

(3) 风机在运行过程中，应经常查看风机的振动情况，电机的电流、电压、功率是否正常。如果发现风机有剧烈的振动、撞击、电流过大或偏小等反常现象，应立即停机检查，予以排除后才允许重新启动运行。

(4) 经常检查轴承的润滑情况，定期补充或更换润滑脂。润滑脂采用钙钠基润滑脂。

(5) 轴流或混流风机、电机在管道中应经常维护保养和清洗。

(6) 为了不影响叶轮的平衡精度，应定期清除叶轮及风机内外表面的积灰、污垢，特别是油污等杂质，防止风机锈蚀。

(7) 为确保人身安全，风机的维护必须在停机后进行。

(8) 风机设备在维修后启动时，应注意检查风机各部件是否正常。

(9) 如发现三角皮带伸长而打滑，应及时调整皮带的松紧度，并保证三角皮带的型号和数量符合要求。

（四）防护门类的日常维护

1. 手动防护门维护

经常清除门体表面油污，防止漆膜老化变色。

保持门的周围环境清洁、通畅，避免车类等器物撞击和挂碰门体。

开启、关闭防护门时，切忌用力过猛，这样易损坏防护门或伤及人身。

门锁、门轴有松动时及时紧固螺丝。

双开门时先关闭固定扇，确认插销扳手归位后再关闭活扇，以免损坏插销。

2. 自动防护门维护

经常清除门体的表面油污，防止漆膜老化变色。门底行程内不得有杂物。

保持门周围环境清洁、通畅，避免车类等器物撞击和挂碰门体。

定期检查门的传动系统（轨道每 2 年需例行保养一次）。

3. 重型平开防护门维护

经常清除门体的表面油污，防止漆膜老化变色。门底行程内不得有杂物。

保持门周围环境清洁、通畅，避免车类等器物撞击和挂碰门体。

定期检查门的传动系统，在转动部位加注润滑油（3～5 年加一次）。

4. 重型平移防护门维护保养

经常清除门体的表面油污，防止漆膜老化变色。门底行程内不得有杂物。

保持门周围环境清洁、通畅，避免车类等器物撞击和挂碰门体。

定期检查门的传动系统（轨道每 2 年需例行保养一次）。

在轨道中有杂物时清除杂物，活动部件与固定部件运行中干涉时修正。

第五章

医用物流系统

第一节 概述

医用物流系统是指借助信息技术、光电技术、机械传动装置等一系列技术和设施，在设定区域内进行物资传输的系统，以实现“物流代替人流”的现代化医院物流管理。医用物流系统的目标是提高医院内部物流运输的效率和准确性，减轻医护人员的工作负担，提高医院运营的整体效率。

物流系统主要分为气动物流、轨道物流、箱式物流及 AGV 物流。气动物流传输系统适用于小型物品的传送。为了适应大、中、小规模物品运送的需求先后产生了轨道小车系统、中型箱式物流传输系统、自动导引车传输系统等，真空被服传输系统和真空垃圾收集系统也越来越多。医用物流系统有多种类型，每种类型都有其特定的应用场景和技术参数：

气动物流系统：利用空气压缩机抽取或压缩传输管道中的空气，推动传输瓶移动，适用于体积小、重量轻的物品传输，特点是投资小、安装便捷。

轨道物流系统：轨道小车通过轨道连接医院各个科室，适用于长期医嘱药品、输液包、血样标本等物品的传输，特点是便于实施、可以批量传输物品。

箱式物流系统：以传输箱为载体，适用于大批量物资的传送，满足多类物品的运输需求。

自动导引车传输系统：通过机器人连接医院各个科室，适用于医院静配中心输液等场景，特点是自动化程度高、传输能力强。

医用物流系统广泛应用于药品配送、检验样本传输、医疗器械传输和病历资料传输等场景。例如，药品配送：高效完成药品从药房到各个科室的配送任务，减少医护人员工作量，提高药品管理的准确性。检验样本传输：快速传输检验样本，缩短患者等待时间。医疗器械传输：确保手术器械和消毒器械及时送达，提高手术和治疗效率。病历资料传输：确保病历资料的及时传递和存储。

第二节 医用物流系统设计

一、气动物流设计

（一）系统概况

气动物流传输系统是将医院的各科室通过管道连为一体，以压缩空气为动力，以传输瓶为载体，工作站为操作终端，借助机电技术和计算机控制技术，在气流的推动下，实现医用物品快速传输。可用于小型物品的传输（重量小于 5kg），适用作业环境温度为 −30～+60℃，可 24 小时连续使用，365 天不间断作业，传输方式为单管/双向传输，控制方式为计算机实时监控，自动化传输。

相比于普通物流，气动物流具有明显的优势，主要体现在以下 6 点。

（1）提高效率：更卫生、更安全、更便捷，24 小时不间断工作，提升医院物品传输效率。

（2）降低成本：节约人力资源成本，减轻电梯工作量，节约电能，降低二级库存量，降低库存成本。

（3）赢得时间：检验标本、抢救药品、血液等物品的快速送达，为患者抢救赢得时间。

（4）优化流程：优化门诊工作流程，减少患者流动；优化无菌物品传送，减少交叉感染；优化垂直交通运行，缓解交通压力。

（5）降低差错：供应科室和使用科室直接沟通，降低差错。

（6）提升管理：物流方式的改变有利于提高医院整体运营管理水平和运营效益。

（二）系统组成

整个系统主要包括控制系统、传输管道、传输瓶、前置式工作站、空气压缩机、空气换向器。

1. 空气换向器

用于不同管道之间传送物品时路径的选择，是系统的换向装置。传输瓶通过管道换向器进入不同位置的工作站里。管道换向器的类型分为两向、三向、四向、六向等。为考虑系统安全性、稳定性并加快物流传输速度，通常医院要求采用三向换向器。如图 5-1 所示。

2. 传输瓶

传输瓶是医用智能气动物流传输系统的核心部件之一。用于装载传送的物品，密封性好，确保安全可靠地运输有价值的样品或其他货物。

① 传输瓶有三种样式：滑盖式、翻盖式、旋盖式，它们共有 5 种颜色可选；

② 设计时需考虑传输瓶的载重量、管径、长度和传输速度以及在管道中运行的噪声。如图 5-2 所示。

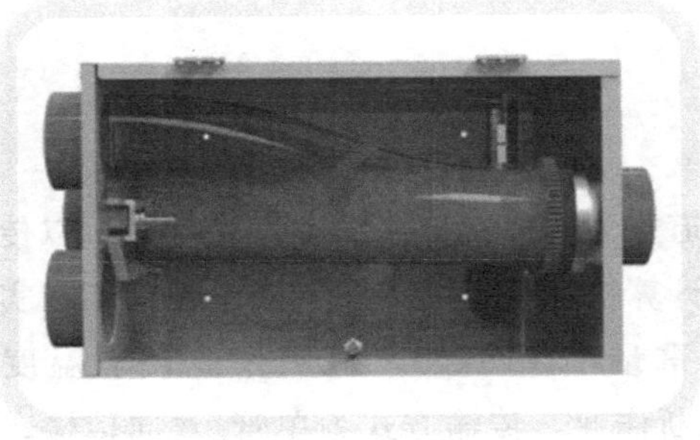

图 5-1 空气换向器

图 5-2 传输瓶

3. 前置式工作站

① 站点常规布设于医务人员 10m“工作圈”范围内，例如病区单元护士站内；

② 具备收、发功能（除多发式工作站只能发送，实验室接收平台只能接收外）；

③ 具有自动识别装置，防止异物进入；

④ 各工作站均有空气旁路装置，用于减缓传输瓶到站的速度，使之能够平稳进站；

⑤ 工作站点可自动调配传输顺序，发送遇忙时可自动排队等候；

⑥ 工作站设备内部有防静电设置；

⑦ 任意一个收发站可设为回收站，全套系统可只设置一个回收站。

如图 5-3 所示。

4. 空气压缩机

空压机系统可为整个系统提供动力，每个子系统须配备 1 台空气压缩机。气动物流系统的空压机系统主要由风泵和空气换向器组成。风泵即多阶空气压缩机，提供风力；空气换向器可改变系统内的风向，使得系统管道内存在吸与吹两种风向。空气压缩机如图 5-4 所示。

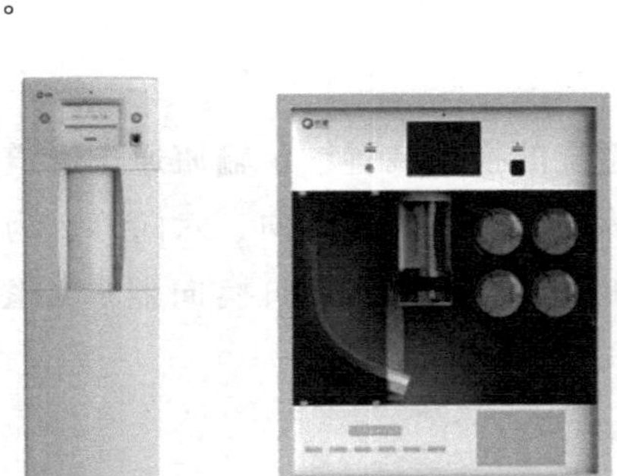

图 5-3 前置式工作站

图 5-4 空气压缩机

5. 传输管道

传输管道是传输瓶在任意站点之间运行的通道。根据不同的需求，安装不同材质的管道，在室外安装时配有防露、防冻、防水、伸缩装置及相应措施。如图 5-5 所示。

6. 控制系统

控制系统是整个物流系统的指挥中心，每个收发工作站和换向器均连接在控制中心系统上。控制中心系统负责指挥和控制物流系统内所有设备的运行。控制中心系统通常采用高性能的计算机设备。

图 5-5　传输管道

（三）设计依据

气动物流传输系统在设计时必须考虑的因素包括日门诊量、检验科位置及功能、各小型实验室的分布、门诊药房功能、各病区床位数、住院药房服务范围、机房的位置、楼宇之间距离等，以上均要求设计者对医院的流程十分了解。

设计者通过对医院每日各部门传输量的统计来确定站点、转换器以及空压机系统的数量。机房的面积根据使用空压机的数量而变化，通常一套空压机系统需要 $25m^2$ 的平面空间，每增加一套系统则使用面积增加 $15m^2$。机房通常放在医院大楼的设备层或者地下室。

系统设计完成后，需要提供给医院一套模拟数据分析报告，里面包括模拟运行后系统的平均等待时间、传输时间，并绘制等待时间随每小时任务次数变化的曲线，如医院满意则认为该设计合理。如表 5-1 为气动物流设计执行的相关规范标准。

表 5-1　气动物流设计执行的相关规范标准

序号	设计依据
1	《医用电气设备　第 1 部分：基本安全和基本性能的通用要求》(GB 9706.1—2020)
2	《工业金属管道工程施工规范》(GB 50235—2010)
3	《压力容器　第 1 部分：通用要求》(GB 150.1—2024)
4	《综合医院建筑设计规范》(GB 51039—2014)
5	《压缩空气站设计规范》(GB 50029—2014)
6	《建筑设计防火规范(2018 年版)》(GB 50016—2014)
7	《生物安全实验室建筑技术规范》(GB 50346—2011)
8	《医疗建筑电气设计规范》(JGJ 312—2013)

（四）设计流程

① 需求分析：需要与医院、施工方、消防部门、物流供应商充分沟通，确定需求，明确各个终端站的位置以及收发方式和管理措施。

② 总体方案规划：结合医院布局特点，根据各科室、药房、手术中心等的位置，布

置站点，绘制整体系统图及平面布置图。

③ 方案内部评审：结合项目实际情况，经项目内部评审，经理部评审后报出。

④ 根据确定后的平面图，向设计院提资，包含水平管道走向、管井、机房大小、强电需求、弱电需求等。

⑤ 施工图设计阶段：明确主要材料、配套设备的品牌、性能、档次等。

⑥ 施工图审核：专项单位设计院的施工图交设计院进行审核盖章，设计院提出修改意见。

（五）设计要点

当前主流系统的主要技术指标（由于产品的差异，在指标上也有差异）如下。

1. 系统

（1）可用于标本、血液、药品、X 线片、处方、医疗器具和文件等物品的传输；

（2）适于作业环境温度：－30～＋60℃；

（3）保障 24 小时连续使用，365 天不间断传输作业；

（4）工作原理：以空压机为动力源，在密封的网管中传输小件物品；

（5）传输方式：单管/双向传输；

（6）控制方式：计算机实时监控，系统由一台主控计算机进行控制，可完全实现自动化传输，每个站点都能同时并独立地操作；

（7）管道材质采用热镀锌钢管、PVC 管，如采用热镀锌钢管，壁厚≥1.75mm；如采用 PVC 管，壁厚≥3.2mm；

（8）系统最大载重量能保障达净重：5～7kg；

（9）系统能够提供整个传输区域内点对点的双向传输；

（10）维护时，系统中的每个站点都能被单独关掉，而不影响其他站点的正常使用；

（11）系统中每个空压机的处理能力均能满足该医院目前及今后站点扩充的要求；

（12）系统在传输过程中产生静电应同时消除；系统操作噪声需经过消声处理；传输瓶的接收、发送及各工作站均需具有降噪减速装置；

（13）系统具有自动复位的功能，当断电后恢复供电时，能继续完成以前的工作；

（14）系统的传送最大速度一般不低于 6m/s ；传输血液与敏感物品时，系统的高安全稳定特性可保证容器不破碎、血液不变质且无须调速；应可提供气动物流传输系统行业内独家的第三方血液传输安全性证明。

2. 站点

（1）工作站操作简便，易用，由院方根据产品和专业需求选择型号；

（2）站点上方的泄压阀可使到达的传输瓶降速；

（3）工作站的操控键盘可编写传送地址、传送模式，删除错误的输入和重定向等基本操作命令；

（4）工作站有 LED 显示器，显示目的站地址和系统状态，可提供操作信息、操作提示等；

(5) 允许某传输任务排列到其他传输任务之前，即“优先传输”，也可以实现顺序、连续发送；

(6) 工作站的接收装置应能在传输已满情况下，拒绝接收传输瓶，同时能将该信息显示在显示屏上；所有的部件定位感应器和传输瓶感应器都是非接触式光电感应器；

(7) 站点内部的传输瓶存放架一般采用不锈钢材料，可收集存储 3～4 个传输瓶。

3. 传输瓶

(1) 推荐选用无泄露的密闭式安全传输瓶；

(2) 使用可更换摩擦带；

(3) 配备多种形状的海绵衬垫；

(4) 具有多种颜色与用途的传输瓶；

(5) 传输瓶在传输过程中不会破碎，推荐采用目前最坚固的塑材——聚碳酸酯。

4. 传输管道

(1) 管材具有耐磨性能，不产生静电，管材材质推荐使用原装镀锌合金钢管或PVC 管；

(2) 发生火灾时，管道不会燃烧，系统可以通过与火灾报警器相连的端口及时关闭，进而阻断明火、热气及烟雾，并且符合相关防火规范要求；

(3) 管件应可进行修理；

(4) 弯管由相同的材料制成，中心线半径应能最大限度地保证传输瓶平滑地过弯，进而保证瓶内物品的安全；

(5) 管道建议采用承插式的方式进行连接，既可保证气密性，又可保证水密性；

(6) 接口处连接密封；

(7) 管道用管路夹、吊架和支架来支撑与固定，具体位置如下：

① 至少在每隔 3m 的直管处安装管路夹；

② 垂直走向的管道穿过每个楼层楼板处；

③ 每个弯管的末端；

④ 设备连接处；

⑤ 弯管半径的中心用支架固定。

5. 转换器

(1) 转换器应保证气密性；

(2) 转换器可以水平或者垂直安装；

(3) 转换器内转向管的弯曲是渐进式的，采用的是 S 形金属弯管；

(4) 所有转换器的部件位置感应器和传输瓶感应器都是非接触式光电感应器；

(5) 所有的金属齿轮、链条均通过步进马达“动态制动”的方法进行制动；

(6) 转换器具有 2 路、3 路、4 路和 6 路等多种类型。

6. 空气压缩机

(1) 空气压缩机必须保证在管道网络中提供的正负压能够维持传输瓶设计的传输速度；

(2) 空气压缩机组件是工厂组装好的，它包括完整的振动稳定装置、筛网清洗盒和空气转换阀门；

(3) 空气压缩机可同时或独立运行，构成一整套的系统动力装置；

(4) 空气压缩机配有声音隔离和吸收功能的消声器；

(5) 空气压缩机在没有任务时可自动待机；

(6) 空气压缩机可以安装在天花顶上或地板上。

7. 控制中心

(1) 控制中心可显示整个系统流程图及工作、运转状态；

(2) 通过信号模块控制所有的系统部件；

(3) 可自动检测系统的各设备是否良好运转；

(4) 可实时监控整个系统的各种状态，包括：操作者姓名、设备动作、区域内命令等；

(5) 可记录所有收发记录、统计数据、分析系统传输量及各工作站点工作量，自动生成分析图表；

(6) 可显示区域及故障代码，具有故障分析查询功能；

(7) 若某工作站有故障，可通过控制中心单独关闭此站，不影响整个系统的运行；

(8) 可做加密级传送并拥有安全接收功能；

(9) 系统扩展无须增加总控制器；

(10) 控制中心可与局域网连接，也可实现远程监控。

(六) 设计平面图

如图 5-6 为某医院项目气动物流机房平面图。

(1) 气动物流机房应选择在环境温度适宜的区域内，通常适用于环境温度－25～＋60℃。机房应远离患者及医护人员集中区域，并采取隔音吸音措施，以减少噪声对医院环境的影响。

(2) 医院物流井的确定：物流规划中重要的环节是分拣井，因为它涉及整个气动物流传输系统的投资和运输速度、物流规划和建筑设计。

(3) 气动物流传输水平通道的确定：在设计各种管道时，要优先考虑医院气动物流传输通道，这样才能与建筑管道合理布置，避免碰车和交叉。

(4) 从消防方面考虑，每层出口应设置一定面积的物流室，物流室出口必须安装甲级防火门。

(5) 气动物流传输设备用电和建筑强电：物流方案确定后，物流设计单位需出具气动物流传输设备用电点图，交设计院设计强弱电，预留预埋。

(6) 气动物流传输设备信息系统和医院智能建筑系统：气动物流传输设备信息系统应

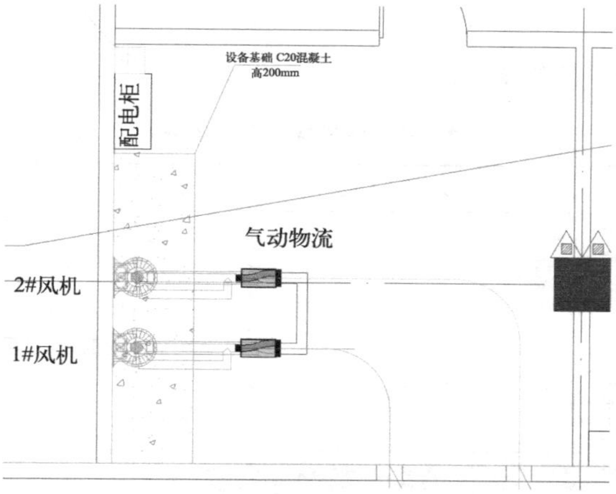

图 5-6　某医院项目气动物流机房平面图

根据医院的特点和功能需求进行设计，并融入医院智能建筑系统。物流室和水平输送线路监控和建筑监控统一设置，便于医院运行后的管理和维护，节约工程成本。

如图 5-7 为某医院项目气动物流平面布置图。

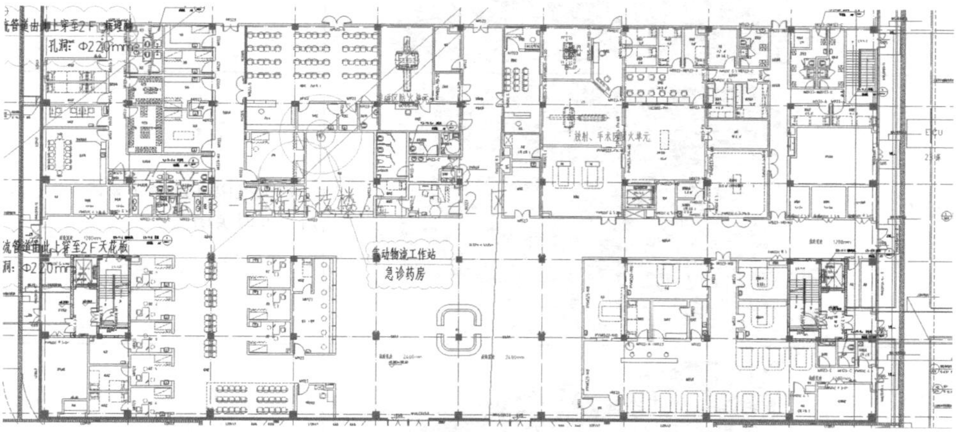

图 5-7　某医院项目气动物流平面布置图

二、轨道物流设计

（一）系统概述

轨道物流传输系统，通过在院内搭建独立的传输通道，实现物资在任意部门之间的自动化传输。系统主要由运载小车、轨道（含水平直轨、垂直直轨、弯轨、曲轨等）、系统控制中心、工作站和站点控制终端、区域控制器、控制网络和供电系统、运行轨道的转轨器、空车存储库、防火窗和防风门等组成。

系统优缺点：主要优势包括可以用来装载重量相对较重和体积较大的物品，一般装载重量可达 10～30kg，在运输医院输液所需的相关物品、批量的检验标本、供应室的物品等方面具有优势。该系统传输速度较慢、造价较高。

（二）系统组成

表 5-2 为轨道物流系统组成。

表 5-2　轨道物流系统组成

名称	实例	主要参数及作用
轨道小车	 	由驱动底盘和载箱组成；箱体容积、净载重量、水平及垂直方向运行速度等
工作站	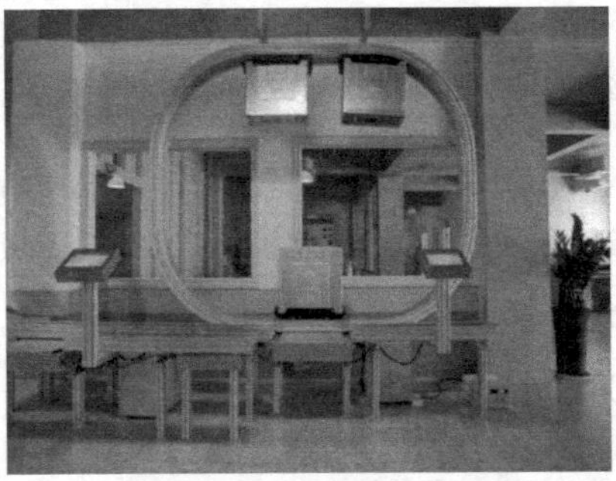	作为医疗物资的收发端口
防火窗		耐火极限满足消防要求，在检测到火情后可及时关闭
轨道		主要由直轨、曲轨、弯轨及轨道附件组成

1. 轨道小车

根据站点总数，配置不少于站点总数 1.2 倍数量的物流小车，站点数量较多时还需设置轨道清洁专用小车。需重点关注小车箱体容积、净载重量、水平及垂直方向运行速度等参数。

2. 轨道

物流轨道主要由直轨、曲轨、弯轨及轨道附件组成，轨道式物流传输系统传输方式一般为单轨/双向传输，物流轨道为专用铝合金轨道，转轨器用于智能小车在不同轨道上的转换。

3. 工作站

收发工作站作为医疗物资的收发端口，根据医院不同科室不同场景需求，工作站按其特点可分为复式工作站、循环工作站、折叠工作站和移动工作站。

（三）设计依据

提供的设备及系统，应达到中华人民共和国和设备出产国有关设备及系统的设计、制造安装、试验、验收和安全等方面的标准和规范的要求；所涉及的设计、加工制造、材料、电气装置、检验、试验及施工安装等均应参照适合该项目的相关标准、试验规范，以及技术规格书中的有关要求。所有计量仪器必须符合国家轨道物流系统设计标准的要求（表 5-3）。

表 5-3　轨道物流系统设计标准

序号	设计依据
1	《建筑设计防火规范》
2	《民用建筑设计统一标准》
3	《医院洁净手术部建筑技术规范》
4	《医院物流传输系统设计与施工规范》
5	《物流建筑设计规范》
6	《输送设备安装工程施工及验收规范》
7	《机械设备安装工程施工及验收通用规范》
8	《智能化轨道物流传输系统》

（四）设计流程

（1）专项对接：初步设计阶段，配合设计院做初步设计资料，并与院方开始进行对接，条件允许的情况下，方案设计阶段即可介入专项设计，提资前置，减少后期图纸修改。

（2）提出需求：明确传输的物品种类，明确需要设置传输系统的科室。

（3）平面方案：确定机房位置及使用面积，明确设备平面布置大样图、设备输送系统图等。

（4）方案内部评审：结合项目实际情况，经项目内部评审，经理部评审后报出。

（5）根据确定后的平面图，向设计院提资，包含设备基础、管井、机房大小、强电需求、弱电需求等。

（6）施工图设计阶段：明确主要材料、配套设备的品牌、性能、档次等。

（7）施工图审核：专项单位设计院的施工图交设计院进行审核盖章，设计院提出修改意见。

(五)设计要点

(1) 单体物流建筑的建筑面积规模等级以其建筑面积进行划分，并宜符合表5-4的规定。

表5-4 单体物流建筑的规模等级划分表(建筑面积)

规模等级	建筑面积 A/m^2	
	存储型物流建筑	作业型物流建筑、综合型物流建筑
超大型	$A>100000$	$A>150000$
大型	$20000<A\leqslant100000$	$40000<A\leqslant150000$
中型	$5000<A\leqslant20000$	$10000<A\leqslant40000$
小型	$A\leqslant5000$	$A\leqslant10000$

单体物流建筑的占地面积规模等级以其建筑占地面积进行划分，并宜符合表5-5的规定。

表5-5 单体物流建筑的规模等级划分表(占地面积)

规模等级	占地面积 S/km^2
超大型	$S>5$
大型	$2<S\leqslant5$
中型	$1<S\leqslant2$
小型	$S\leqslant1$

注:1. 表中为通用数据,当行业另有规定时,可选用行业规范规定的取值。

2. 本表不包括危险品物流建筑规模等级划分。

(2) 系统平稳性要求：小车行走过程中无噪声、无振动、行走平稳，血液标本传送前后指标相同。

(3) 系统稳定性要求：系统具有故障自动诊断、自动排除功能和故障恢复能力。小车在传输中如发生断电，数据不会丢失，来电后能自动恢复，继续完成原定操作指令。

(4) 设备可靠性要求：机械部分平均连续无故障工作时间≥500h；电器部分平均连续无故障工作时间≥1000h；系统使用寿命≥20年；设备连续工作时间≥20h。

(5) 系统扩展性要求：系统具备可扩展性，满足用户未来增加车站数量的要求，系统易管理、维护及升级。

(6) 系统应配备条码管理和追溯系统软件，系统软件除对被输送的物品输送过程实时跟踪监控外，还必须具备事后查询和全过程追溯功能。

(7) 系统应配备视频监控系统、输送监控系统，可在线显示设备的开机、关机、故障等信息，记录故障位置、发生时间等信息；用图形方式模拟显示设备运行状况；从“电气输出—机械动作—电气检测”所有主要的机械动作都能实现闭环监控；设有电脑人机界面和声光报警系统对每个关键动作点的工作状况进行监控指示；设备状态实时反馈到中央控制PC上，同时能够提供报警信息以及一定的手动操作功能来处理发生问题的设备。

(8) 监控系统应具备任务实时监控功能，可以显示周转箱的出发与到达位置，同时在整个运送过程中显示其实时位置；周转箱到达工作站点并被签收后，系统自动更新状态。

（9）设备应适应的工作环境：温度为－10～45℃；相对湿度为40%～98%（无凝露）；湿度变化率≤±10%/h。

（10）系统设备的控制和信息系统要求：控制系统需能与医院信息系统对接（对接信息由医院负责协调或提供），并能根据医院信息系统下发的指令执行任务；具有根据医院信息系统下发的指令执行并实时监控物流设备运行的软件系统。该软件系统需要具备以下功能：

① 设备自动监测检查与故障定位显示功能；

② 具备设备故障或断电后在线数据的保护及重启后的续运行功能；

③ 对历史数据进行追溯访问的功能；控制软件具备管理调度系统（含空箱调度）等功能；控制软件可检测系统，实时监控整个系统运转状态，检测周转箱传输状态。

（11）防火隔离门：每个垂直竖井工作站的出入口处，均安装自动防火隔离门，保证周转箱出入时自动开启或关闭。防火隔离门应达到国家甲级防火标准。

（12）消防措施：水平传输线穿越防火分区须采取配置消防卷帘等措施，水平传输线穿越防火分区时应设有断缝，确保消防卷帘开闭自如。消防卷帘与消防系统联动，一旦出现火警能够自动关闭防火门。消防卷帘应符合国家甲级防火标准。

（13）设计图纸与技术资料要求：安装前必须完成相关深化设计工作，并经医院或其委托的第三方项目设计单位审核通过。项目的详细设计图纸和技术资料，包括但不限于：系统图、大样图（节点图）、原理图等；各楼层平面布置设计图；系统配置清册。

（六）设计平面图

如图5-8为某医院项目物流系统布置图。

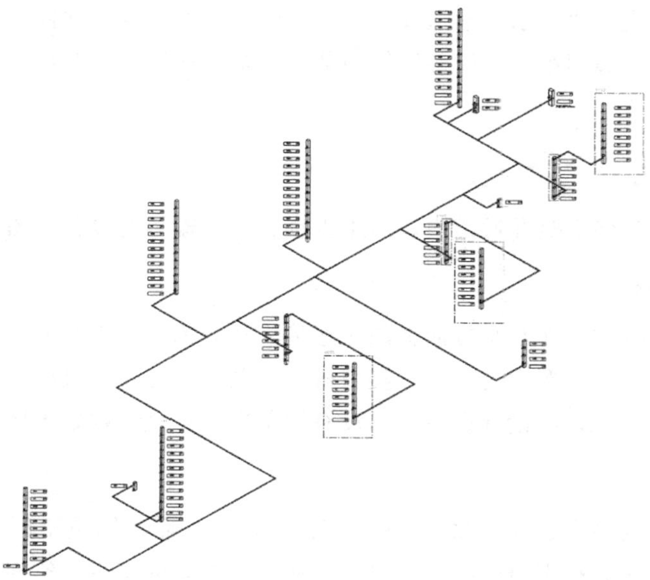

图5-8　某医院项目物流系统布置图

物流传输系统布置需体现高效、合理、美观的设计理念，做到空间充分利用和输送效率最大化的最优组合。根据医院大楼建筑主体完成的情况着重处理好以下情况。

（1）物流站点位置选择合理，方便进行物资运输的同时，不影响现有的功能分区。

（2）合理规划水平设备路线的安装位置。

（3）水平传输设备与垂直提升机的布置不破坏或少破坏大楼的现有建筑结构。设计时，与暖通、消防等其他专业沟通确定最优路线。

（4）中型物流传输系统的可见部分与外露部分应进行三防设计和环境设计。

（5）中型物流传输系统设计应符合建筑电气设备绿色节能的要求，并且控制系统应具备智能管理能力，在医院出现电力供应中断的紧急情况下可以无缝接入医院的后备发电系统，继续正常运转。

三、箱式物流设计

（一）系统概况

中型箱式物流传输系统适合输送中型物品。适宜安装在新建或改扩建医院中，系统在不同楼层间实现物资输送是通过类似电梯的设备，因此需要在医院规划时将其设计进去，并在土建中预留井道。

中型物流的水平输送设备可分为吊装和落地安装两种形式，其中吊装方式是安装在吊顶里面，这样需要占用一定的空间。

中型物流传输系统的设计首先要考虑物流站点的摆放位置，这主要依据医院建筑布局和物品取送方便来确定，对于部分偏远、零星物流站点的设置还需要考虑其经济性。

（二）系统组成

该系统由垂直提升机、水平输送线、收发工作站、物流专业软件、接驳车（可选）以及消防装置、安全隔离门组成，以传输箱为载体，全自动地完成医疗物品快速平稳的发送与接收工作。

1. 垂直提升机

垂直提升机是安装在竖井通道内，用于垂直运送传输箱的设备（图 5-9）。

2. 水平输送线

水平输送线实现物品在水平方向上的快速传输和分拣（图 5-10）。

水平输送分拣系统主要由转弯机、爬坡机、移载机、分合流机构等组成。可分为垂直式、平行式和单线排布，应设计设备层，没有设备层的可设计在地下区域。

3. 收发工作站

收发工作站是物品发送和接收的终端（图 5-11），按照传输量不同，通常分为单轨工作站、复式工作站等。根据每个科室需求的不同、传输量的多少、空间布局和价格等条件配置不同类型的工作站。

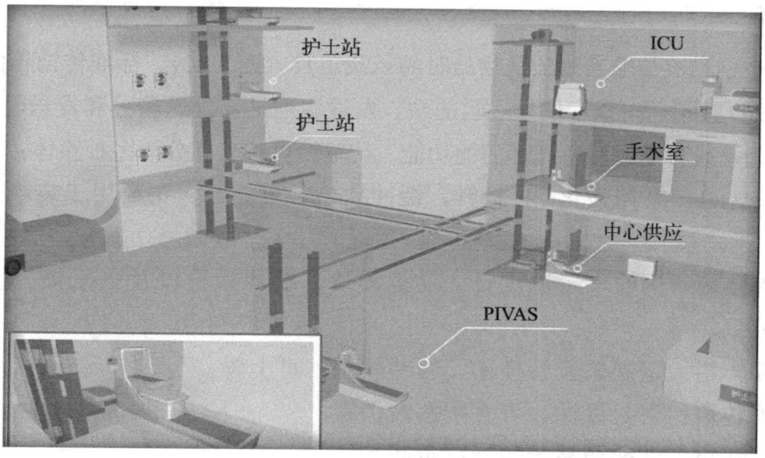

图 5-9　垂直提升机示意图

图 5-10　水平输送线示意图

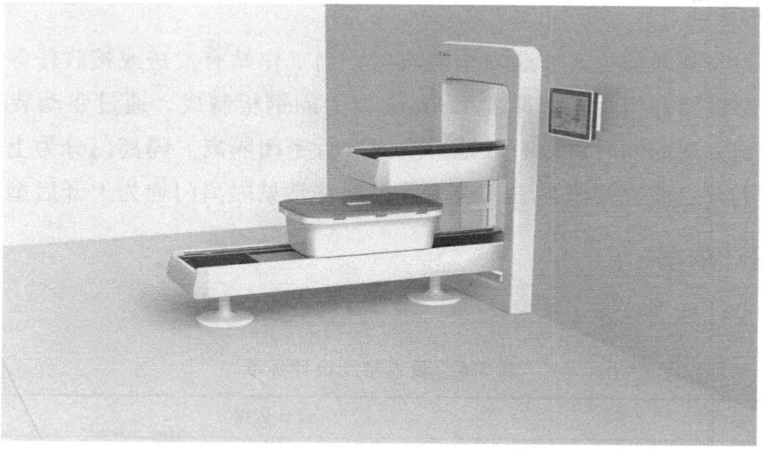

图 5-11　收发工作站示意图

4. 传输箱

传输箱是中型物流传输系统传送物品时的承载工具（图 5-12）。标准传输箱的底部装有 IC 卡，采用了 RFID 技术，可以存储发送目的站、发送源地址、发送箱号和发送时间等信息，具有自动到达目的站或自动返回所属部门的功能。传输箱可按功能分为多种箱体：

① 标准周转箱：采用强化 PP 材料，缓冲软垫，可上锁。主要用于装载药品、输液以及耗材。

② 冷链周转箱：内有电子温度计、储温模块、缓冲软垫以及电子锁。主要用于转载需要冷藏的物品。

③ 标本周转箱：定制采血管插槽，缓冲软垫，可上锁。

④ 消毒周转箱：密封设计，可直接蒸汽消毒。

⑤ 密码周转箱：麻醉药品管控，三重防护。

⑥ 餐具周转箱：主要用于营养餐等。

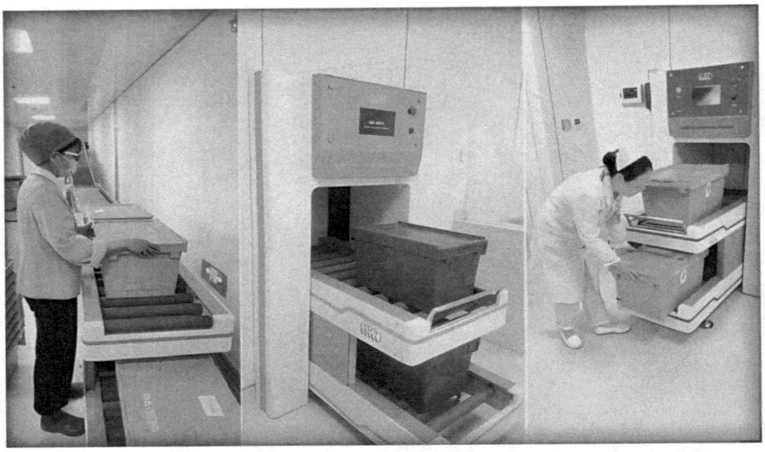

图 5-12　传输箱示意图

5. 安全隔离门

在工作站与竖井联通位置安装安全隔离门，当工作站有发送或接收任务时，隔离门会自动开启。方形框架和门板是用厚度 1.5mm 以上的钢板制成，通过驱动装置使其自动开启或关闭，达到美观的同时可以有效地对空间进行密闭隔离。隔离门分为上开启型、下开启型、两段上下开启型、两段左右开启型等类型，常见隔离门均为上开启型（图 5-13）。

（三）设计依据

箱式物流设计标准见表 5-6。

表 5-6　箱式物流设计标准

序号	设计依据
1	《建筑设计防火规范》
2	《综合医院建设设计规范》

续表

序号	设计依据
3	《医院洁净手术部建筑技术规范》
4	《医院物流传输系统设计与施工规范》
5	《物流建筑设计规范》
6	《输送设备安装工程施工及验收规范》
7	《机械设备安装工程施工及验收通用规范》
8	《智能化轨道物流传输系统》
9	《医院物流传输系统设计与施工规范》

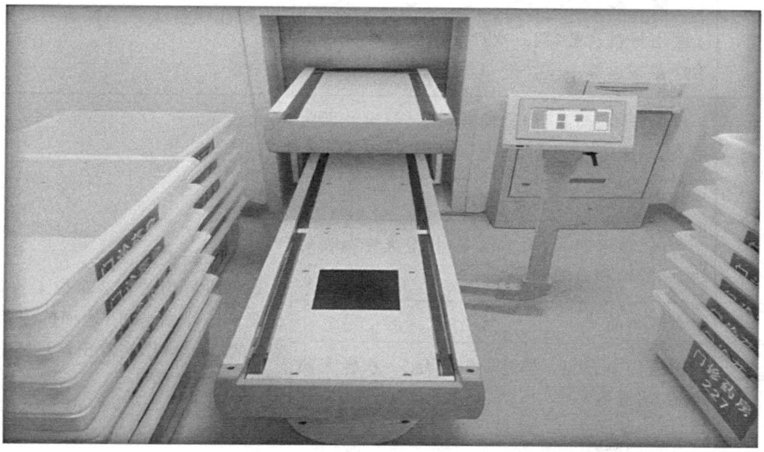

图 5-13 安全隔离门示意图

（四）设计流程

箱式物流系统设计流程图见图 5-14。

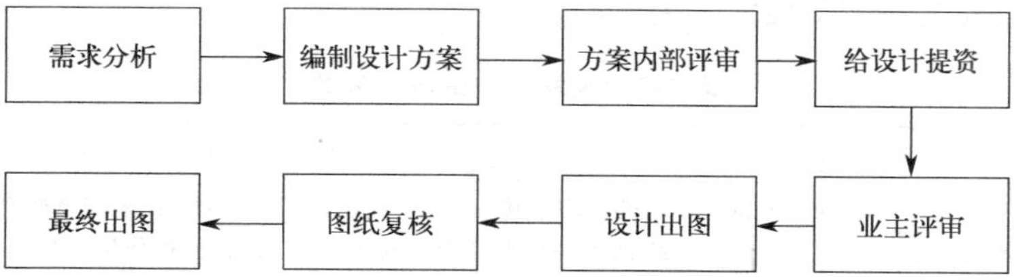

图 5-14 箱式物流系统设计流程图

（五）设计要点

（1）可传输药品、针剂、血袋、检验样本等几乎所有 50kg 以内的物资。

（2）物流站点位置选择合理，方便进行物资运输的同时，不影响现有的功能分区，建议放置在护士站操作区内部。

（3）合理规划水平分拣系统和垂直分拣系统的位置，确定物流传输方向；垂直井道空间 1600mm×1600mm；水平通道占用高度 700mm。

（4）水平分拣系统与垂直分拣系统的布置不破坏或少破坏大楼的现有建筑结构。

1. 不同科室设计参数

不同科室设计参数见表 5-7。

表 5-7　不同科室设计参数

<table>
<tr><th>科室</th><th>物品</th><th>备注</th></tr>
<tr><td>检验科</td><td>血液、体液、尿液、粪便等检验样本和检验报告</td><td rowspan="4">通常设置为 5 箱位复式工作站，5 箱位复式工作站占用地面的空间约为：长 2400mm、宽 500mm；操作侧需预留足够空间便于工作人员发送、接收物资</td></tr>
<tr><td>静脉中心</td><td>袋装、瓶装的静脉输液用品</td></tr>
<tr><td>药房</td><td>药品</td></tr>
<tr><td>中心供应室</td><td>医用材料及敷料、一次性无菌用品、手术包、治疗器械包等</td></tr>
<tr><td>住院护理单元</td><td>检验样本、药品、静脉输液用品、一次性无菌用品、病服等</td><td rowspan="9">站点布局设计：
通常设置为单轨 2 箱位工作站；或设置为 3 箱位复式工作站；占用地面的空间为：长 1600mm、宽 500mm；操作侧需预留足够空间便于工作人员发送、接收物资</td></tr>
<tr><td>病理科</td><td>病理检验标本、检验报告</td></tr>
<tr><td>急诊</td><td>药品、血液制品、手术包等，其中优先接收药品、麻醉剂和血液制品</td></tr>
<tr><td>血库</td><td>血液制品</td></tr>
<tr><td>ICU/CCU</td><td>检验样本、药品、静脉输液用品、一次性无菌用品、病服等</td></tr>
<tr><td>配餐中心</td><td>餐食到病区</td></tr>
<tr><td>洗衣房</td><td>病服</td></tr>
<tr><td>手术</td><td>手术包</td></tr>
</table>

2. 收发工作站设计参数

使用端站点应具备如下性能（表 5-8）：

表 5-8　收发工作站设计参数

序号	工作站种类	主要设计及参数
1	单轨工作站	单轨工作站既可用于接收物品，也可用于发送物品，采用低噪声的双侧皮带驱动技术单轨工作站由一层两个存储位的工作面、触摸操作屏构成，占地面积：1600mm（长）×500mm（宽），通常安装在病区的护理站内
2	复式工作站	复式工作站分为上下两层，占地面积：1600mm（长）×500mm（宽）。上下层功能配置按照科室的功能要求可随意设置。对于病区护理站这样的疗区科室，把上层设置为发送层，下层设置为接收层。对于静脉配液中心、药房、供应室这样的功能科室上层设置为空箱接收层，下层设置为发送层。这样可以保证发送和接收同时进行。复式工作站既可用于接收物品，也可用于发送物品。复式工作站可分为 3 箱位和 5 箱位 2 种类型，上层可以配置 1～2 个箱位，下层可配置 2～3 个箱位，采用低噪声的双侧皮带驱动技术。单轨工作站、3 箱位复式工作站和 5 箱位复式工作站价格不同，所以在选择时要综合考虑经济性，满足要求即可

a. 使用端站点发送层具有超载、超限检测功能，并可防止异物进入；

b. 使用端站点接收层至少存储 2 个物资运转箱，接收时有语音或信号提醒；

c. 使用空间狭小时，宜采用折叠式使用端站点或其他节约空间的站点形式；

d. 可查询物资运转箱状态及收发记录；

e. 静脉配液中心、中心供应室、药房、库房等物资传输量较多的使用端站点，应设计标准箱缓存位置，宜大于 6 个标准箱箱位，宜预留存放备用周转箱的空间。

3. 垂直升降机设计参数

垂直升降机是安装在竖井通道内，用于垂直运送传输箱的设备（表 5-9）。垂直提升速度可根据实际使用需求进行调整，一般在 1.75～3.5m/s 之间。

表 5-9 垂直升降机设计参数

序号	运行方式	垂直运行
1	驱动装置	三相 AC380V 50Hz 2.0～4.0kW
2	运载次数	约 110 次/h
3	运载重量	＞70kg
4	提升速度	最大 3.0m/s
5	提升机底盘	采用 0°～90°自旋转、双侧皮带驱动技术
6	井道进出	可同时三面进出
7	井道开孔尺寸	1300mm(长)×1300mm(宽)

4. 传输箱设计参数

物资运输箱应耐冲击，具有电绝缘性和密闭性，箱体容积应与传输线匹配，不同类型的物资宜使用不同颜色的箱体。传输箱设计参数见表 5-10。

表 5-10 传输箱设计参数

项目	规格
尺寸	500mm(长)×300mm(宽)×300mm(高)
传输重量	30～50kg
箱体材质	合成树脂
颜色	白色、蓝色
附件	内部装有智能 IC 卡
运送物品种类	标准周转箱、冷链周转箱、标本周转箱、消毒周转箱、密码周转箱及餐食周转箱等

5. 水平运输线设计

水平分拣系统主要由输送模组、转/换向机构组成，且应具备如下性能：

a. 输送模组传动方式可选用辊筒传动或皮带传动，条件受限时，最大倾斜角度≤10°，传送速度≥0.5m/s，通过效率≥800 箱/h，工作时噪声≤45dB；

b. 转/换向机构转弯角度为 0°～90°，转弯半径≤1100mm，传送速度≥0.5m/s，通过效率≥600 箱/h；

c. 水平分拣系统排布方式可分为双线垂直式、双线平行式和单线排布，应设计在设备层，没有设备层时可设计在地下区域。水平分拣系统所需空间详见表 5-11。

表 5-11　水平分拣系统所需空间表

排布方式	宽度/mm	高度/mm
双线垂直式	≤700	≤1400
双线平行式	≤1400	≤700
单线	≤700	≤700

通常水平传输线安装在楼层高度不低于 4m 的吊顶里或者设备层里，水平传输线分为单条传输线和双条传输线，为了检修方便，在水平传输线上安装一条简易维修通道。水平传输线安装在楼板下方，通常采用吊架做支撑。各类布局如图 5-15 所示。

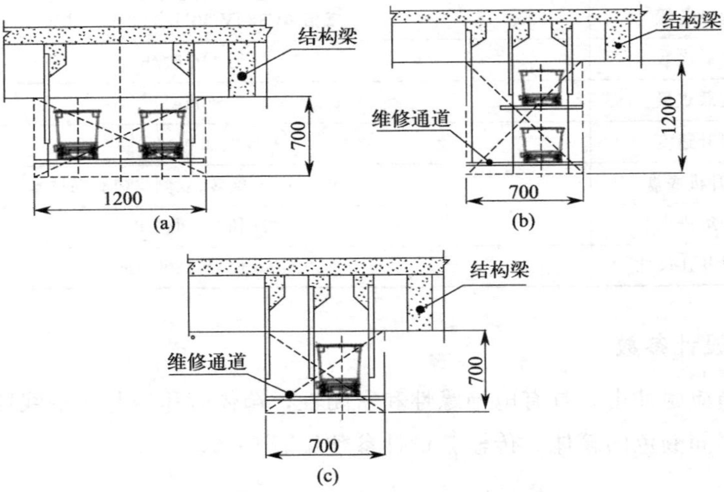

图 5-15　水平传输线左右布局图

6. 电气控制系统设计

电气控制系统主要由垂直和水平输送电气控制系统组成，应具备如下性能：

接收上位系统任务，实时下达至系统硬件部分并做到实时通信，判定物资运转箱传输路径；

垂直输送电气控制系统应选用可拓展的可编程逻辑控制器为主控核心，控制多层载物平台进行垂直分拣，定位精度应≤1mm；

水平输送电气控制系统使用条码扫描或射频识别读取数据，控制硬件系统自动启停，判别运转时间，实现路径互通，确保物资周转箱按照控制指令到达目的地。

7. 监控系统设计

监控系统应记录和统计收发信息，出现故障时能自动报警并显示故障区域及故障代码，具备远程报警和在线故障诊断功能。系统扩展时宜集成到同一控制系统。监控机房面积应与系统规模相匹配，位置宜靠近回收站点。

（六）设计平面图

如图 5-16、图 5-17、图 5-18 分别为水平传输线平面图、站点平面图和垂直提升系统图。

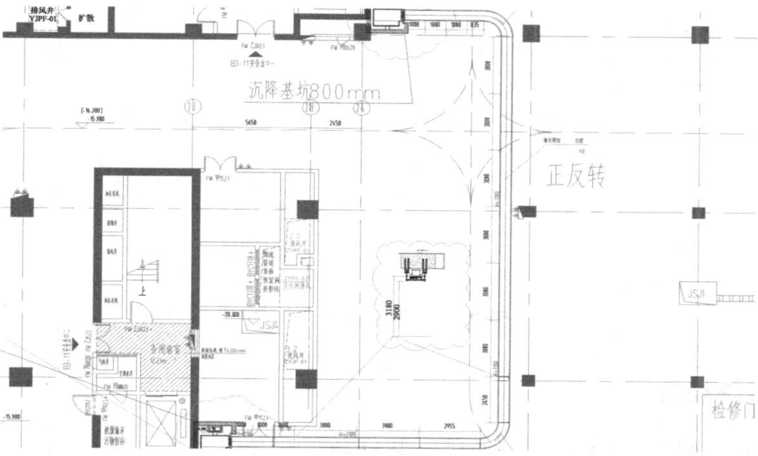

图 5-16 水平传输线平面图

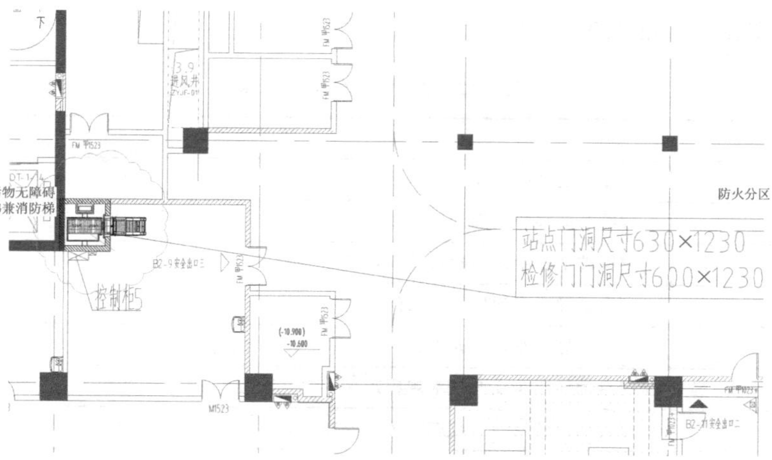

图 5-17 站点平面图

四、 AGV 物流设计

（一）系统概况

医用智能 AGV 小车可以在计算机中控系统控制下，利用激光导航和图像识别等技术，实现无人驾驶的全自动搬运配送功能，从而取代人工运送标本、药品、医疗器械等物料的工作，有效满足医院 90%以上的物品运输需求，补充医院原有的物流系统，提供安全、高效、准确、灵活的自动化运输方案。

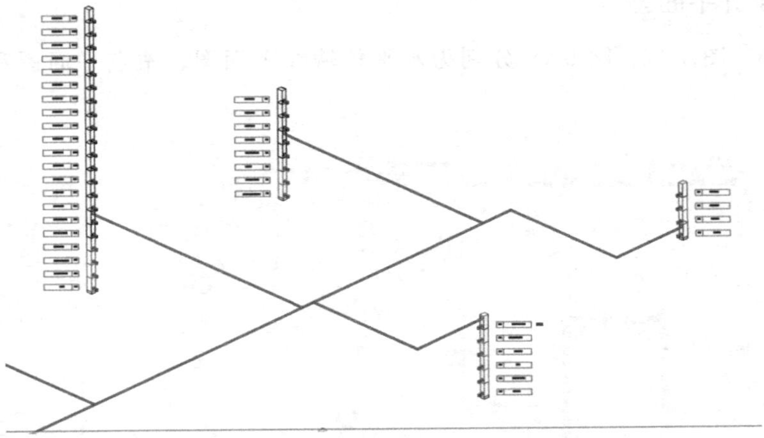

图 5-18　垂直提升系统图

（二）系统组成

AGV 系统由 AGV 小车、控制系统、软件系统及充电系统组成。

（三）设计依据

AGV 小车设计标准见表 5-12。

表 5-12　AGV 小车设计标准

序号	设计依据
1	《建筑设计防火规范》
2	《综合医院建设设计规范》
3	《医院洁净手术部建筑技术规范》
4	《自动导引车通用技术条件》
5	《自动导引车设计通则》
6	《自动导引车安全技术规程》
7	《机械设备安装工程施工及验收通用规范》
8	《医院物流传输系统设计与施工规范》

（四）设计流程

AGV 系统设计流程见图 5-19。

（五）设计要点

AGV 物流系统应具有以下性能：

a. 根据地理信息自主生成运行地图，自主规划路径；

b. 支持人工停止操作，具备语音播放功能，提醒避让和提示用户操作；

c. 具备物理防护被动安全装置，实现路况检测功能；

d. 配备身份认证设备，确保物资安全，实现历史记录查询等功能；

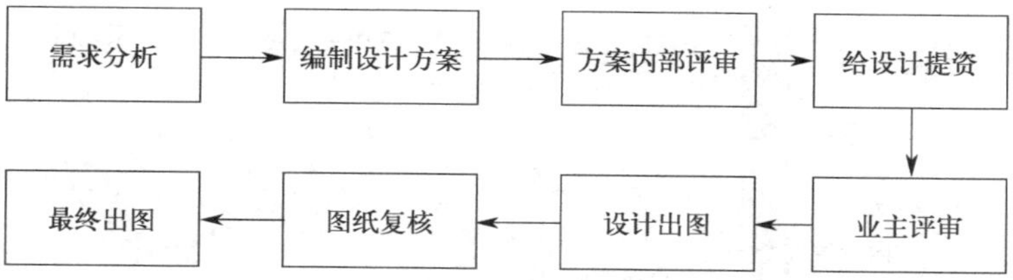

图 5-19　AGV 系统设计流程图

e. 机器人本体基本技术参数应满足表 5-13 所示要求。

表 5-13　AGV 小车设计参数

项目	规格	项目	规格
外形尺寸	915mm×600mm×1420mm	驱动方式	双轮差速驱动
自重	140kg	负重	100kg
最大速度	1.5m/s	连续运行速度	0.8m/s
旋转角速度	50°/s	最小转弯半径	0
续航时间	10h/20km	充电时间	3h
电池寿命	1500 次循环	充电速度	自动/手动(可选)
导航类型	双激光＋双景深相机	安全防护	360°激光覆盖，正前方图像识别避让，前后共 4 个超声波雷达

五、垃圾被服系统设计

（一）系统概况

医院垃圾分为医疗垃圾和非医疗垃圾两种，医疗垃圾主要分为感染性垃圾、病理性垃圾、损伤性垃圾、药物性垃圾和化学性垃圾五种类型，非医疗垃圾与城市居民生活垃圾分类大致相同。

垃圾被服系统是一项通过气动输送管道对院内的生活垃圾、污衣进行智能运收的设施，是一种对垃圾实行全封闭、压缩化、集装化收运的现代垃圾运输方式。该系统的应用能极大提高医院的整体垃圾收集效率、杜绝垃圾二次污染，提高就医环境品质，促进垃圾分类。垃圾被服系统原理见图 5-20。

（二）系统组成

1. 投放口

投放口分为室内垃圾投放口及室外垃圾投放口（图 5-21）。室内垃圾投放口主要用于收集楼内的垃圾，通常设置在高层建筑的核心筒附近，通过增设垃圾竖槽实现垃圾分类收集。室外垃圾投放口用于收集室外垃圾和公共区域的垃圾，可以通过增加投放口数量实现垃圾分类收集。

2. 传输管网系统

传输管网为带高负压气流的水平管道，可将暂存在排放阀室内的垃圾或污衣被服输送

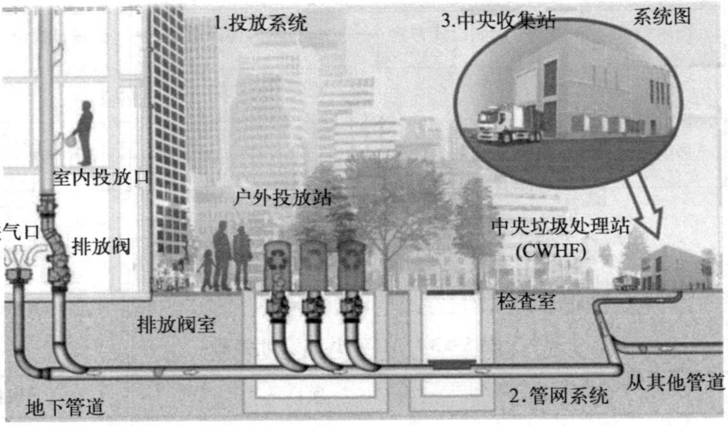

图 5-20　垃圾被服系统原理图

(a) 室外垃圾投放口

(b) 室内垃圾投放口

图 5-21　投放口

到中央收集站作进一步集中回收（图 5-22）。传输管网可随医院土建进度安装，可在地下室上空吊装或室外埋地安装。传输管网通常由管径 500mm 的不锈钢或碳钢管道、弯头、三通、检修门、阀门及电气控制装置等组成。其中，由于被服需清洗循环使用，为防管壁毛糙，建议输送污衣被服的管道（含井道内竖管）采用优质不锈钢管道及相应管件，以保证管道内壁光滑，降低污衣被服的损耗率。

3. 中央收集系统

中央收集系统主要包括垃圾收集终端、污衣被服收集终端、除尘除臭过滤装置。其

图 5-22　传输管网系统

中，当医院规划内部设置洗衣房时，污衣被服收集终端会直接设在洗衣房内或邻近区域，方便收集后的污衣被服直接清洗处理。

（三）设计依据

中央收集系统设计标准见表 5-14。

表 5-14　中央收集系统设计标准

序号	设计依据
1	《建筑设计防火规范》
2	《综合医院建设设计规范》
3	《医院洁净手术部建筑技术规范》
4	《生活垃圾收集站技术规程》
5	《物流建筑设计规范》
6	《输送设备安装工程施工及验收规范》
7	《机械设备安装工程施工及验收通用规范》
8	《智能化轨道物流传输系统》

（四）设计流程

中央收集系统设计流程见图 5-23。

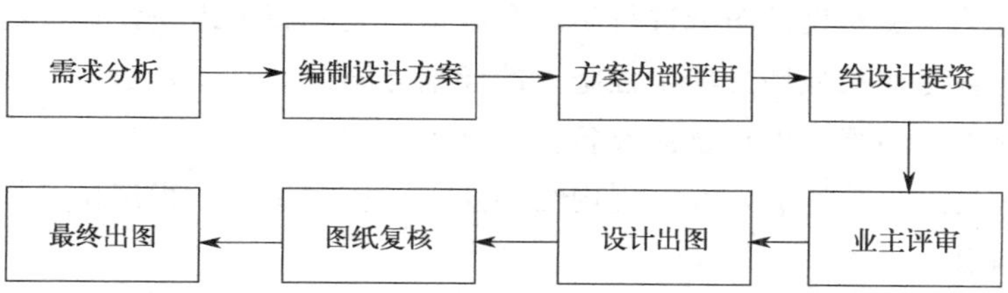

图 5-23　中央收集系统设计流程图

（五）设计要点

垃圾被服系统在设计时需考虑的因素包括日均产生垃圾量、各病区床位数及布局、投放口功能、投放口（垂直竖管）位置、管网路由、中央收集站机房的空间大小及位置。

通过对医院每日产生的垃圾量、建筑布局、初步管网路由设计，来确定投放口的布置需求、中央收集站内设备选型（包括是否选用垃圾压实机、垃圾集装箱尺寸、抽风机规格及数量、空压机及储气罐规格）、中央收集站面积大小。中央收集站的面积和内部高度要求根据收集设备的组合而变化，通常日均垃圾量在4t以下的中央收集站（垃圾＋被服收集）面积要求为240m^2，内部净高度要求为6m。

根据中央收集站的位置及管网路由，可确定抽风机功率和数量，目前国内大部分医院采用3个大功率抽风机（两用一备）组合，可满足相关要求。特殊项目可根据管网路由、计算系统风力阻力及动力损失，选用数量更多或功率更高的抽风机组。

医院日均产生垃圾量和污被服量，均可从医院的规模估算得出。其中垃圾量计算涉及医院床位数、日均门诊量、院内工作人员数量，通过过往统计经验数值系数，计算得出日均产生的垃圾量、污衣被服量。此数值用于设备选型，如选择合适的垃圾分离设备及垃圾集装箱，以系统日均处理能力为依据，保证合理的资金投入和最大效益产出。

第三节　医用物流系统施工技术

一、气动物流施工

（一）施工准备

1. 现场准备

根据现场情况，确定现场平面布置图，搭设施工暂设，根据建设单位指定的电源敷设施工所需的临时水线和电气设施。

2. 技术准备

（1）编制施工组织设计、工程进度计划和材料设备进场计划，书面报请建设单位审核确认后严格执行。

（2）组织有关人员对设计图纸进行学习和会审，完善施工组织设计，商讨正确施工方法，制定合理的各专业工程和分项工程施工的详细方案。

（3）编制施工总预算，安排物流设备生产材料计划。

（4）施工人员进入现场后，在一周内会同业主、监理做好工程定位和标高引测，设置坐标和标高控制点。

3. 物资准备

（1）根据施工现场情况，在场地许可并征得业主同意的情况下搭设仓库、厕所、临时办公室等主要临时设施。

（2）根据计划落实物流设备的生产，保证按进度计划及时供货。

（3）制定工程技术、质量、安全、消防、保卫、计划、经营、财务、设备机具、材料、现场文明、生活福利及后勤服务等一系列管理制度。

（4）组织安全保卫系统，设置安全生产标牌等。

4. 现场技术准备

（1）施工前，先检查各部位预留洞、预留孔、接地等是否按设计位置准确无误，如不满足要求，按设计位置重新开孔。

（2）工程施工的原则：管道施工按照先横向后纵向的原则；设备施工按照先转换器后站箱的原则。管道、转换器、站箱、鼓风机、三向阀等设备安装要牢固、端正、美观。

（3）各设备按规定进行检测和调试。

（二）施工流程

气动物流施工工艺流程如图 5-24 所示。

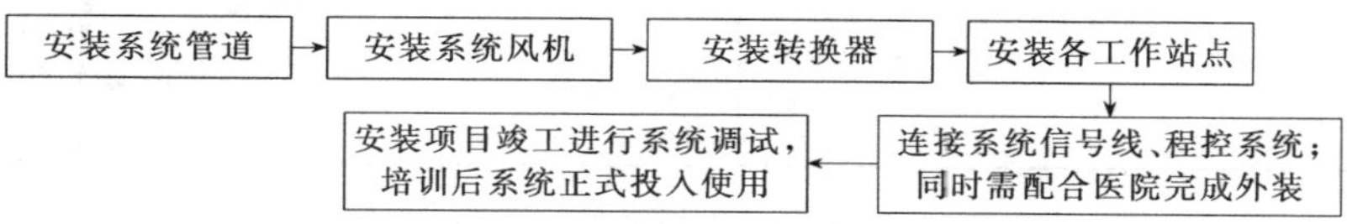

图 5-24 气动物流施工工艺流程

（三）施工方法

1. 预留洞

① 按图纸要求预留洞。

② 洞口大小满足设计要求，垂直度满足规范要求。

2. 机房定位安装

① 机房安装流程如图 5-25 所示。

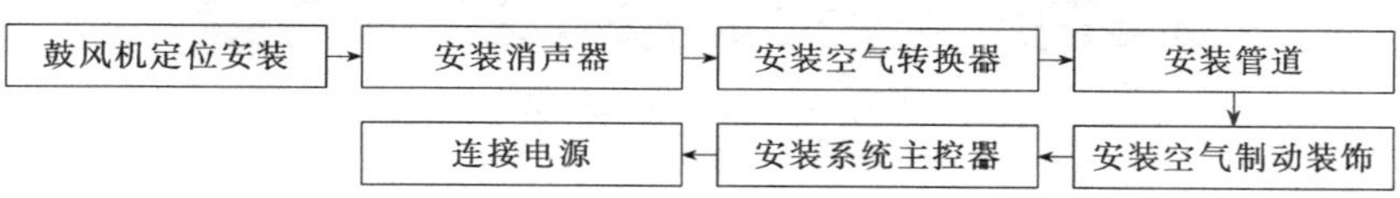

图 5-25 气动物流机房安装流程

② 鼓风机应水平安装，要求水平和垂直，用螺栓固定。

③ 固定在混凝土地面上要求水平和垂直，用膨胀螺栓固定；若架空安装，要求水平和垂直，用螺栓固定，侧面固定在槽钢支撑上，2 个以上电机槽钢应焊接成整体，相互牵制。

④ 电机基座应垫实，不能有间隙，以免电机产生晃动。

⑤ 架空的电机用配套的防震橡皮拧紧，若高度不够，应做基架垫实。

⑥ 固定在砖墙等不稳定材质上时应做支架，满足电机运行不晃动的要求。

⑦ 在鼓风机的 2 个风口上安装消声器，用喉箍固定，垂直度误差不超过 2mm。

⑧ 消声器的出口处连接空气转换器，用喉箍固定，垂直度误差不超过 2mm。

⑨ 空气转换器后安装空气制动器。

机房安装示意图如图 5-26 所示，效果图如图 5-27 所示。

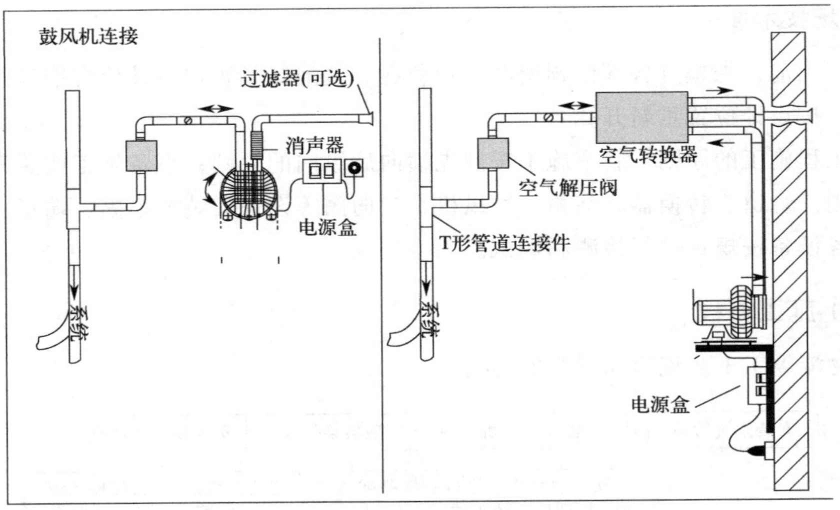

图 5-26　机房安装示意图

图 5-27　机房安装效果图

3. 转换器安装

① 转换器安装要求牢固，从而使之能满足长期的工作需求。

② 本系统转换器可安装在设备层，机房或吊顶里，位置随意，便于施工。

③ 安装转换器的地方一定要预留检修口，尺寸一般不小于 600mm×800mm。

转换器安装示意图如图 5-28 所示，效果图如图 5-29 所示。

4. 管道安装

（1）管道连接：

① 用去砂轮去除管口的内外毛刺。

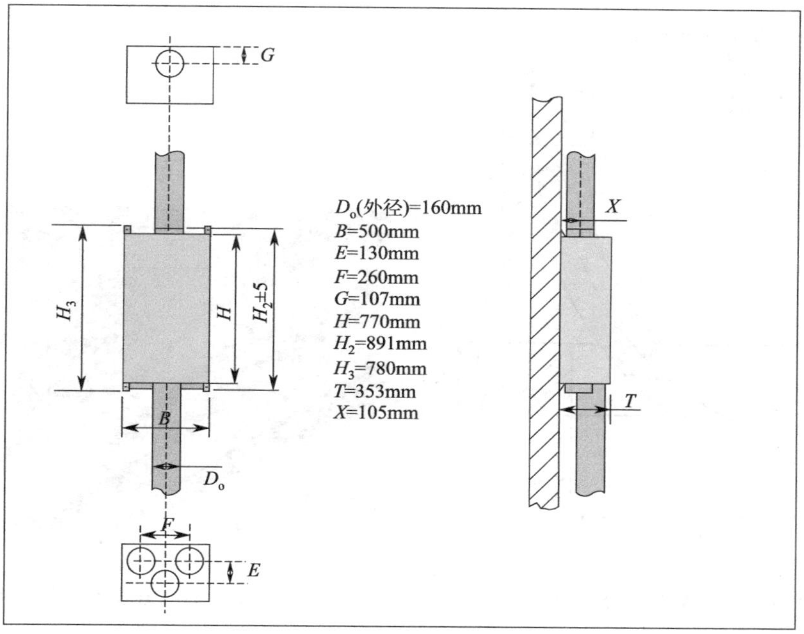

图 5-28 转换器安装示意图

图 5-29 转换器安装效果图

② 清洁管道表面。

③ 用专用胶水在管道接口表面涂抹，并套上管套。

(2) 管道敷设：

① 水平弯管两端安装固定支架。

② 水平支架间距不超过 3000mm。

③ 竖直管道支架间距不超过 2000mm。

④ 对工作站的两端连接，要求在站点上下 300mm 处用管卡固定。

弯管安装示意图如图 5-30 所示，管道安装效果图如图 5-31 所示。

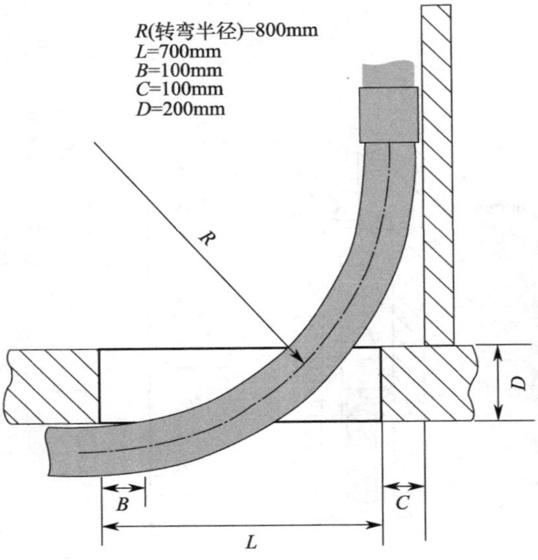

图 5-30　弯管安装示意图

图 5-31　管道安装效果图

5. 电气工程施工

① 装饰及电气安装图纸，必须了解电气工程技术，明确装饰墙板、吊顶和电气设备、线路元件安装的位置和要求，以便正确施工。

② 所用配管及电缆用材，必须符合设计要求，并确认为合格产品才能安装。

③ 所安装的管口必须刮光，无毛刺，管内无杂屑。

④ 线管敷设时，超过下列长度应加装接线盒，以便施工和维修：无弯曲超过 30m；超过 12m 有两个弯；超过 20m 有一个弯；超过 8m 有三个弯。

⑤ 在带电区域内敷设电缆，应采取可靠的安全措施。

⑥ 三相五线制系统中应采用四芯电力电缆，不应采用三芯电缆另加一根单芯电缆或以导线、电缆金属护套做中性线；并联使用的电力电缆其长度、型号、规格宜相同，电力电缆在终端头与接头附近宜留有备用长度，并在其上装设标志牌，标志牌应注明线路编号，当无编号时应写明电缆型号、规格及起讫地点，并联使用的电缆应有顺序号，标志牌字迹应清晰且不宜脱落。

6. 安装站点及附件

① 工作站点的安装要求用水平尺定位，以保证不发生倾斜。

② 固定工作站时，先用 M10 螺栓、螺母固定挂板，再将工作站固定在挂板上，然后用 M6 螺栓固定工作站。

③ 工作站点的上、下管道口，与对应的上、下管道一定要对齐，误差要小于±2mm。

④ 站点按图尺寸标准安装，站点于上、下管道的连接处，用厚自粘胶带粘接，再用 D160×100 的不锈钢抱箍紧固，两管间可有 2～3mm 的间隙。

⑤ 站点右下方放置的篮筐，紧贴管道。

站点效果图如图 5-32 所示。

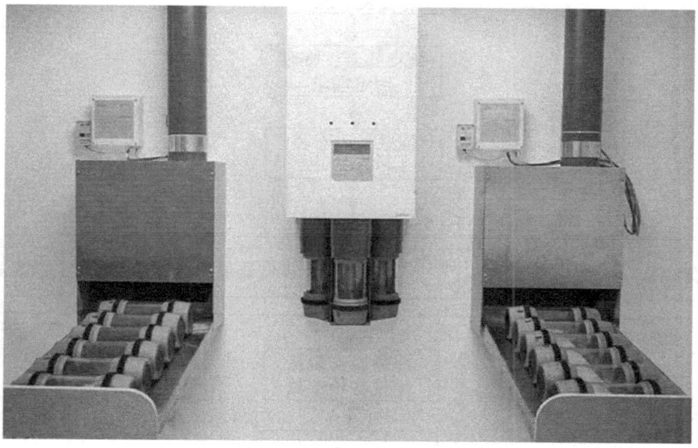

图 5-32 站点效果图

7. 安装注意事项

(1) 安装管道前先检查管道是否有缺陷，如锈蚀、气孔、裂痕、变形等，如有则予以清除；

(2) 清除管道内的垃圾后方可进行安装；

(3) 管道连接处的表面需清洗干净后方可均匀涂上粘接剂以保证粘接效果，同时须保证各管道连接处的密封性；

(4) 管道连接处须保证过渡的平滑，防止相连接的管道有凸起以避免系统运行时阻塞传输瓶；

(5) 安装时注意每个站点的安装位置，安装完毕后的站点注意做好必要的安全保护工作以防止发生损坏事故；

(6) 转换器注意维修空间的预留；

(7) 系统通信线缆与管道并行，以方便以后维修检查；

(8) 安装一段管道后注意将管道口密封，以防止灰尘及杂物进入；

(9) 在水平方向每间隔一定距离进行水平方向固定，防止系统运行后管道发生摆动或震颤从而导致管道脱开；

(10) 切割管道后需要去除切口处的毛刺并对其进行打磨。

(四) 系统调试

由施工单位、监理单位、设备厂家和建设单位相关人员组成的联合检查小组检查确认设备、甲供配电等相关内容已按施工图及设备随机资料安装完毕。系统调试流程见图 5-33。

1. 管道安装检查

(1) 检查机房风机、制动器、换向器等是否安装完成，针对整改点进行记录。

(2) 顺延机房管道，排查各沿线支路上换向器、管道是否按照施工图纸要求进行安

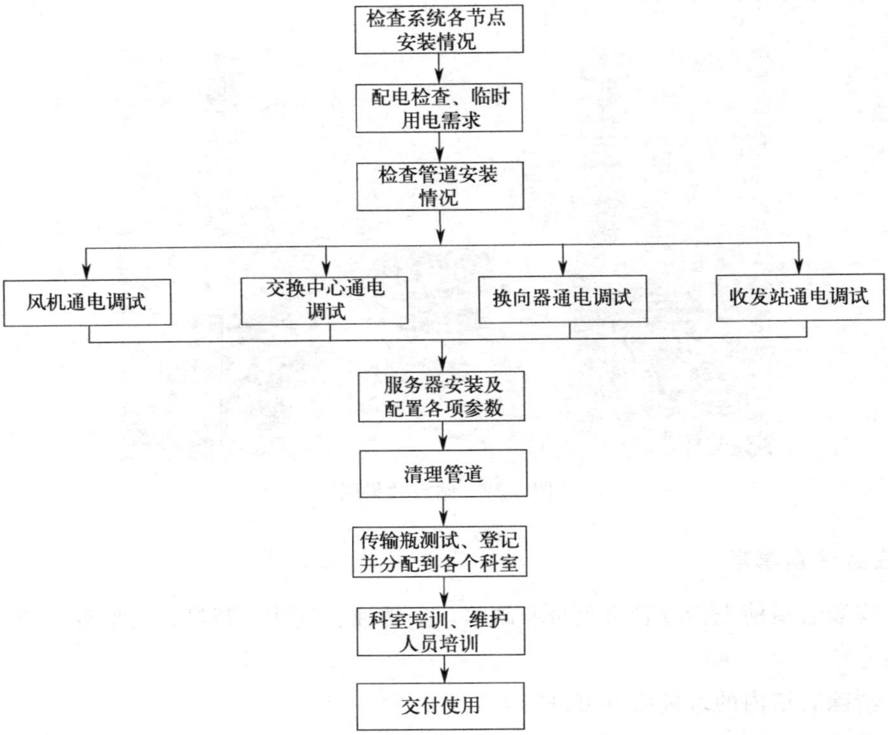

图 5-33　系统调试流程

装，针对整改点进行记录。

（3）检查末端站点是否安装正确，是否按照图纸要求进行安装，侧板能否正常打开进行检修，针对整改点进行记录。

（4）整理管道安装问题整改点，按照相关文件填写整改意见，并告知相关方。

2. 调试前用电检查

（1）检查机房温湿度是否符合要求，如不符合要求进行整改，机房环境需要恒温恒湿，避免风机、换向器等电路板受潮引起故障。

（2）检查机房供电系统是否正常，排查机房线路接线是否存在短路等情况。

（3）顺延管道检查电线以及通信线路是否正常接入。

（4）如果需要采用临时用电进行调试，应符合以下条件：

① 场内架设的电线绝缘要良好，悬挂高度以及线间距必须符合安全规定；

② 现场架设的临时线路必须与线路电压和绝缘等级相符，接地电阻必须满足要求；

③ 进入配电箱之前应当配备专业开关，室外使用的开关应加装防水箱并加锁，在操作处加设绝缘垫层；

④ 在三相四线制供电系统中，电气设备的金属外壳应具备接零保护；

⑤ 对临时供电进行检查维修时，需要停电作业，并通知物流调试方，同时需要采取可靠的安全措施并派专人监护；

⑥ 工地安装变压器必须符合电力部门的要求，并设专人管理；施工用电要尽量保持

三相平衡。

3. 各子系统调试

(1) 关闭各个支路末端收发站点开关电源。

(2) 关闭配电箱中各分支支路的开关电源。

(3) 风机子系统调试:

① 检查风机线路接入是否正常;打开风机系统配电箱开关电源,检查变频器工作情况,根据技术要求设置参数,观察风机待机工作时的怠速情况;

② 在风机控制系统中,插入调试工具,设置风机编号,手动测试风机启停,观察转速,调试不同速度下的风机转动情况;

③ 检查换向器工作是否正常,调试风机吹或吸,确认换向正常。

(4) 换向器子系统调试:

① 根据接线图纸,为配电箱中的支路系统供电;

② 挨个检查换向器电源供电,检查通信线缆是否接触良好;

③ 插上调试工具,设置换向器编号,手动测试换向器转动情况;调试各管道口对齐,确保传输瓶正常通过;

④ 手动连续测试换向器工作情况,确保每次定位准确。

(5) 收发站子系统调试:

① 站点检查接线,220V 电源接入正常,地线确保正常接入,电源开关打开即可通电,显示屏正常显示启动画面;

② 向收发站控制系统中插入调试工具,设置收发站编号,手动测试接收、发送、通过各口的对齐情况,确保传输瓶正常通过;

③ 手动测试收发站开关门是否正常;

④ 传输瓶自动落下正常,光检信号反馈正常;

⑤ 安装收发站显示屏程序,选择对应的科室名称,设置相应的参数。

(6) 交换中心子系统调试:

① 检查交换中心供电系统是否正常,调整接线异常情况;

② 通电检查配置的显示屏工作是否正常;

③ 检查交换中心上下各管道口对接是否齐平,确保传输瓶正常通过;

④ 使用配置的显示屏设置相应的参数;

⑤ 手动测试转移平台工作正常,接收传输瓶,转移传输瓶,确保传输瓶正常落下;

⑥ 检查各反馈信号是否正常,调节异常信号反馈点。

4. 系统整体调试

(1) 系统路径配置:根据施工路径图纸,配置系统运行路径图,确保实际路径跟监控端查看的系统图一致,各子系统节点符合要求。

(2) 系统各节点 IP 分配:根据各节点分配 IP 地址,确保跟调度服务器通信正常,数据收发正常,服务器控制各节点工作正常。

(3) 检查系统网络:检查各节点网络通信是否正常,检查各网线标记是否正确,设置收发站 IP，网络工作正常。

（4）安装服务器：将调度系统软件安装到服务器中，配置相关参数，确保收发站、风机系统、换向器系统、交换中心系统等与服务器连接正常。

（5）清理管道灰尘：正式传输之前，需要清洗管道中的积灰，由于管道暴露在外，难免存在灰尘以及异物，使用特制的清理管道传输瓶（单独用于执行清洁和维护任务），沿着每条管道进行清理，直至各管道中传输瓶顺利通过为止。

（6）收发站测试传输瓶：使用测试传输瓶进行收发操作，测试每条传输管道是否顺畅，收发站接收传输瓶是否顺畅，验证收发功能正常。

（7）传输瓶配置：将系统中所有的传输瓶登记在册，贴上传输瓶编号，并将其分配到各个科室。

二、轨道物流施工

（一）施工准备

1. 现场条件

合理布置材料堆场。按照施工总平面布置图，安排材料、设施料的堆放位置，做好施工机械的布置和安装工作。

（1）总体布置：根据工程实际情况对现场进行紧凑合理的布置，暂先安排必要的生产设施，生产用房全部在现场解决、生活用房在外租用民房。拟建施工临时用房如下：配电房、值班室、材料库房，所有临时建筑均采用活动板房。

（2）临时设施：根据实际需要租赁临时设施。

2. 资源组织

（1）人员准备：根据施工阶段的不同，参施劳动力所需工种专业各不相同，在不同施工阶段开工之前都要对劳动力的专业、工种进行相应调整，以满足施工要求，保证施工进度。在施工期间严格按 GB/T 19001—2008、GB/T 50430—2007 质量管理体系要求，对所有人员进行标识，挂牌持证上岗。

（2）物资准备：制定材料、构件计划，及时采购和落实施工所需材料和构件，并按供应计划和施工进度安排保质保量地组织施工物资进场，以保证工程的正常施工不受影响。根据项目实际情况，制定项目部关于材料采购、保管及发放等一系列管理制度，并制定具体的奖罚措施。

（3）施工机械准备：按照项目需求的机械数量和型号，结合工程进度要求，分阶段组织设备进场安装。设备在进场前要进行检查，进场后要进行验收，调试合格经安全管理部门检验后方可投入使用。

3. 配合土建预留井道间、穿墙孔及楼板孔

对已经预留的井道间、穿墙孔及楼板孔应及时检查，相应位置尺寸应符合施工图纸要求。

（二）主要材料设备管理

主要材料设备管理要求见表 5-15。

表 5-15　主要材料设备管理要求

主要材料设备进场验收	1)在材料进场时需根据进料计划、质量保证书或产品合格证，进行材料的数量和质量验收。 2)验收工作按质量验收规范和计量检测规定进行。 3)验收内容应完整，包括材料设备的规格、型号、质量、数量、证件等。 4)验收要做好记录，办理验收手续
材料、设备保管要求	1)实现对库房的专人管理，明确责任。 2)施工现场材料的放置要按平面布置图实施，做到标识清楚、摆放有序、码放合理；库区安全设施应完好，不存在安全隐患；库区环境应清洁、干燥、通风。 3)材料库房要做好防雨、防碰、防火、防潮、防冻等措施。 4)根据材料设备保管的要求分区存放

1. 施工流程

轨道物流施工流程如图 5-34 所示。

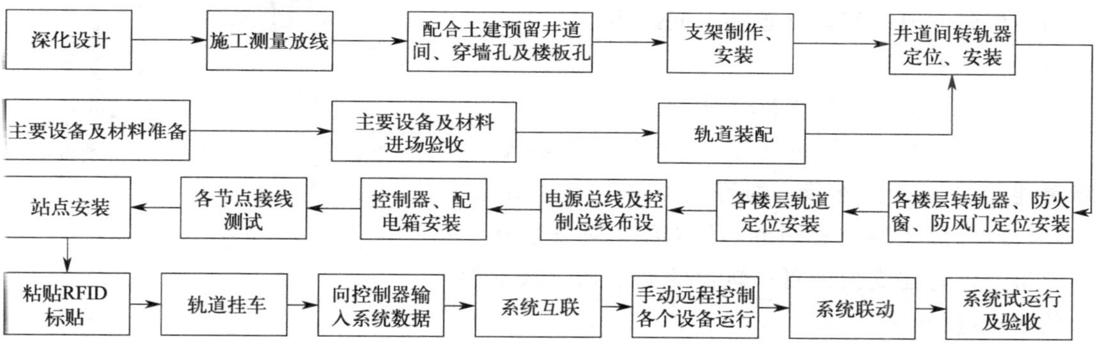

图 5-34　轨道物流施工流程图

2. 施工方法

（1）轨道物流系统安装流程如图 5-35 所示。

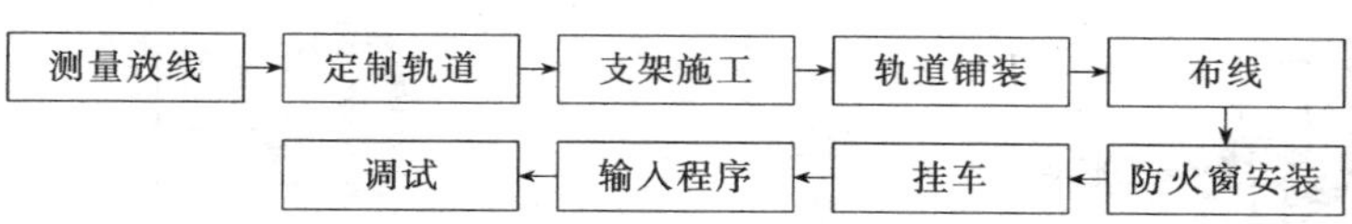

图 5-35　轨道物流系统安装流程

（2）测量放线：

① 测量放线依据：系统平面图及相关大样图；

② 测量放线施工流程：如图 5-36；

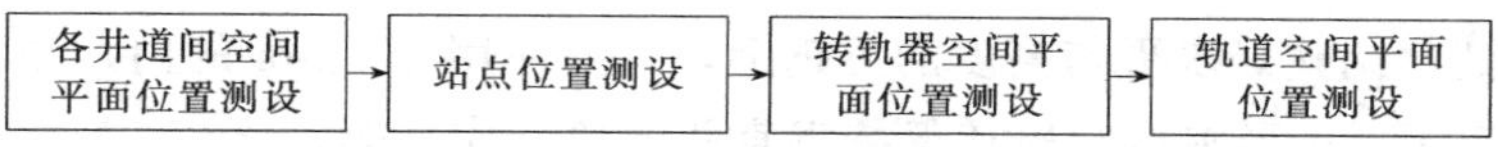

图 5-36　测量放线施工流程

③ 测量放线要求：根据平面图，进行现场放样，确定轨道安装位置，并在板面和墙侧弹出安装控制线。通过 BIM 建模技术，结合医院机电专业走向，进行管道综合排布，明确轨道需穿墙的洞口尺寸标高，输出预留洞深化图，建筑专业根据预留洞深化图配合预留。

(3) 定制轨道：运行轨道是电动装载小车运行的路径，小车通过轨道实现水平和垂直的运输。运行轨道分为直轨、弯轨和曲轨 3 类，包括位置编码、电缆盖、齿轮条、电源导轨、绝缘廓条和通信导轨。通过图纸的深化，可对各类弯轨、曲轨、翻轨器、防火窗、防风门等材料的数量、规格进行确定。

(4) 支架施工：

① 次支吊架竖向一般采用直径 10mm 的钢吊杆与板顶用膨胀螺栓连接，底部支座一般采用 40mm×40mm 壁厚 1.2mm 的钢方通，方通和吊杆采用螺栓连接，支架间距按 1.5m 设置。

② 主支架竖向一般采用 40mm×40mm 壁厚 1.2mm 的钢方通做支架，顶部采用膨胀螺栓连接，竖向与横向方通采用焊接连接，间距为每 4 个次支架设置一个主支架。

支架安装示意图如图 5-37 所示。

图 5-37　支架安装示意图

(5) 轨道铺装：按照轨道上标记编码组装轨道，轨道连接采用螺栓连接，物流轨道上有卡环轨道，卡环可以按照支架位置调节，只需将卡环安装在卡环轨道上，勾住支架即可；轨道的调平通过次支架上的螺栓进行。

① 水平直轨安装示意图如图 5-38 所示。

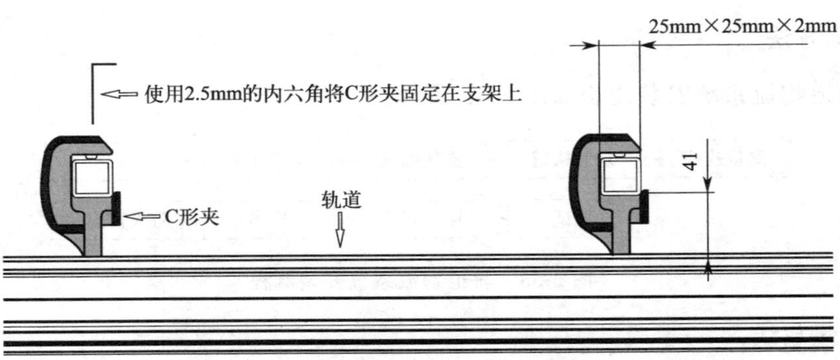

图 5-38　水平直轨安装示意图

根据轨道设计平面图中轨道走向及位置，选用合适长度的轨道组件，通过 C 形夹将轨道组件安装到已调整好水平与高度的方钢上，一般使用 2.5mm 的内六角扳手将 C 形夹牢固安装在方钢上，C 形夹应与轨道保持垂直并卡角卡住支架。

多轨安装时，轨道间距一般为 200mm，轨道与轨道连接间隙：0.2～1mm。为了防止较长直轨的晃动，一般每隔10m左右，需要焊接一个角架，一端焊接在25mm×25mm×2mm横梁上，另一端用膨胀螺钉固定在墙上或建筑横梁上。

② 水平转轨器安装示意图如图5-39所示。

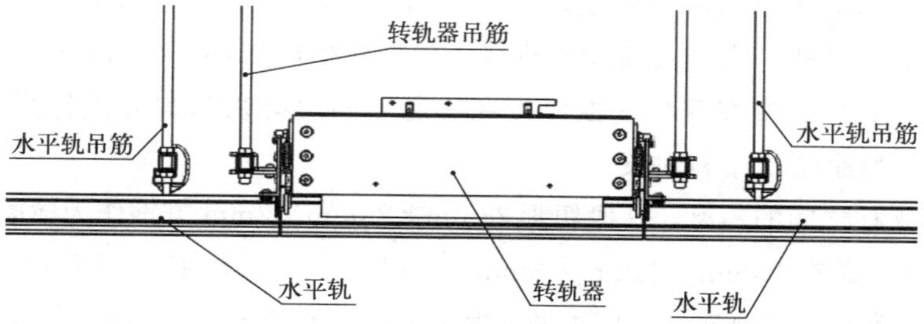

图5-39　水平转轨器安装示意图

a. 为方便调节转轨器两头轨道与转轨器上轨道的平齐，在转轨器安装前，先使用短直轨调节好转轨器两侧轨道固定板的位置。转轨器前后需安装的轨道与转轨器上的轨道上下和左右方向保持平齐。

b. 把转轨器吊装在转轨器吊筋上，调整水平，之后在转轨器固定支架上打定位螺钉孔，每个转轨器需使用4个转轨器安装配件组来固定在横梁上。根据前后轨道的位置，将转轨器的位置调整到位后，按照转轨器安装支架的安装孔位置在横梁（方钢）上打对穿孔，将转轨器牢固安装在横梁上，并确认位置准确。

c. 以一侧直轨为基准，调整转轨器的位置，转轨器与水平铝轨对接时间隙保证在3～5mm之间，上下和左右错位均在1mm以内。转轨器两侧的铜轨需要倒角，上下不能有段差。

d. 反复拉动转轨器，检测转轨器直轨与水平直轨的位置，确保转轨器直轨能与两侧水平直轨对接。

③ 曲轨安装示意图如图5-40所示。

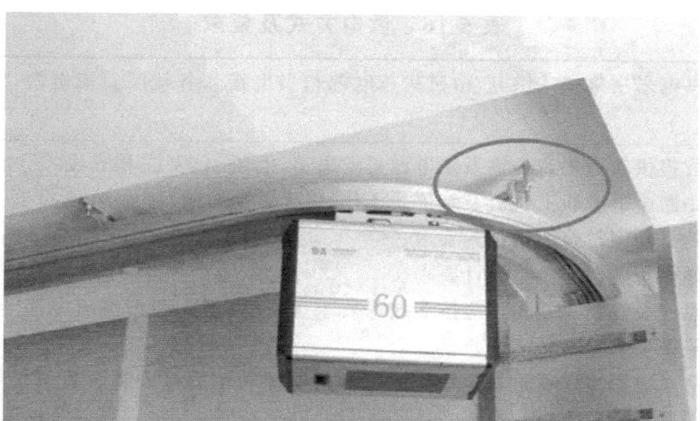

图5-40　曲轨安装示意图

a. 根据转向不同，曲轨分为内曲轨和外曲轨两种形式。根据轨道设计图纸，选择所要安装的曲轨；若图纸设计的水平转角不为90°，则需将曲轨切割至设计角度。

b. 曲轨中间位置，必须加装吊筋或者站点立柱，确保曲轨安装稳固。

c. 曲轨两端使用轨道连接片与直轨相连。

④ 垂直轨支架安装：

a. 井道间每层一般采用两根 50mm×50mm×3mm 方钢作为立柱，定位立柱位置，并画好地板与天花板安装孔的位置，把基板固定牢固。

b. 准确测出天花地面实际高度值，裁切方钢长度，每隔 500mm 在方钢上的同一对面上打一排 φ12 的对穿孔，若需要安装转轨器，根据实际需求再打 2 对 φ12 的对穿孔。

c. 保证其垂直后，将方钢与基板焊接在一起，四边必须满焊并确保焊接牢固，去除焊渣，等冷却后喷涂防锈漆和面漆。

d. 根据两立柱之间的距离，一般切割 25mm×25mm×2mm 方钢作为横梁，并根据两根立柱 φ12 孔的中心距在 25mm×25mm×2mm 方钢上打两个 φ12 孔，用 M10×100 外六角螺栓、M10 螺母、弹垫、平垫连接，用水平尺保证 25mm×25mm×2mm 方钢水平后锁死。

e. 井道框架完成之后，在地板开孔处外围焊接护栏，一般采用 25mm×25mm×2mm 和 30mm×30mm×2mm 方钢，根据实际尺寸截取，分别作为护栏横梁和护栏支架，再相互焊接起来，与立柱形成一体。护栏高度通常设置为 1.2m，中间每隔 400mm 做一档。

⑤ 垂直轨安装：按设计图纸安装井道间内的直轨，保证直轨竖直，宽车轨道中心间距一般为 407mm，窄车轨道中心间距一般为 257mm，并且保证所有轨道间距相等（特别是在与转轨器对接的地方）。竖直轨道通过 C 形夹扣在 25mm×25mm×2mm 方钢上，C 形夹开口应朝下，顶丝必须拧紧。

⑥ 垂直弯轨安装：

a. 井道间弯轨一端直线段与房间水平直轨共面，另一端与转轨器相连，主要用途是实现井道间竖直轨道与每层天花板水平轨道的转弯连接。

b. 井道弯轨安装时，有上出轨和下出轨之分，上出轨由吊筋固定在天花上；下出轨由站点立柱支撑，固定在地面上。

（6）电源总线及控制总线布设应考虑供电方式、总电源要求等，具体见表 5-16。

表 5-16　供电方式及要求

供电方式	轨道井供电采用集中式供电，由机房总电源箱引出接入各楼层直流电源，站点和远距离站点采用分布式供电
总电源要求	1）由甲方提供轨道物流传输系统电源总配电箱，电压 380V 三相五线。 2）供电中断会造成轨道物流系统停止工作，但无其他影响。 3）电源的总功率符合图纸技术要求。 4）总电源的位置符合图纸设计要求。 5）电源总线及控制总线布设应按照技术要求进行，井道间线缆应有专用金属桥架，相关施工应符合相应标准规范要求。 6）电源从总电源接出通过轨道物流系统专用电源转化后接入到轨道的供电铜轨、区域控制器、转轨器以及其他系统设备上。 7）轨道上的铜轨为运载小车提供电源
其他要求	1）各层井道间均需提供照明，照度不低于 50lx。 2）各层井道间均需提供 3+2 孔插电源插座，供电电压 220V。 3）插座及照明设备均由业主提供。 4）井道间插座和照明设备的供电属于大楼普通供电，不纳入轨道物流系统供电范围

（7）防火卷帘安装：

① 防火卷帘分类：单轨防火卷帘、双轨防火卷帘。

② 安装位置：井道间出墙孔、防火分区出墙孔。

③ 防火卷帘安装事项见表 5-17。

表 5-17　防火卷帘安装事项

安装前检查	1)穿墙孔预留位置及大小尺寸符合要求。 2)防火卷帘规格型号符合设计要求，随机文件资料齐全。 3)安装前需通电测试，卷帘升降无卡顿，且行程符合设计要求
防火卷帘安装	1)防火卷帘需固定在承重墙面上，一般采用 M10 膨胀螺栓固定。 2)墙面不满足承重要求时，需加固处理。 3)安装位置尺寸符合设计图纸要求。 4)卷帘导轨安装需保证平行度要求，保证卷帘无卡顿升降。 5)卷帘安装需满足消防验收要求

(8) 翻轨器安装事项见表 5-18。

表 5-18　翻轨器安装事项

安装位置	井道间出墙孔、防火分区出墙孔
安装前检查	1)穿墙孔预留位置及大小尺寸符合要求。 2)安装前需通电测试，电磁铁正常吸合，翻轨动作连贯
翻轨器安装	1)翻轨器采用老虎卡配合 U 形方管支架进行安装。 2)翻轨器安装应保证水平度，且安装高度及水平位置符合设计要求。 3)翻轨动作后，满足防火卷帘通过空间。 4)安装完成后需对导轨及销板加油润滑

(9) 防风门安装事项见表 5-19。

表 5-19　防风门安装事项

防风门种类	单轨防风门、双轨防风门
安装前检查	1)穿墙孔采用木工板进行包边，且完成面尺寸符合要求。 2)轨道侧断面距穿墙孔端面垂直距离不小于 14mm。 3)防风门按图纸装配完成
防风门安装	1)采用木螺钉固定安装防风门合页。 2)防风门上端面距铝直轨下端面 10mm(偏差正负 2mm)

(10) 站点安装示意图如图 5-41 所示。

图 5-41　站点安装示意图

① 站点分为单轨站点和双轨站点，根据设计图纸，确定安装站点的样式，双轨站点需要在站点的端部安装站点端部转轨器。

② 根据设计图纸中车位数量，确定站点的水平直轨长度（L），从而截取所需直轨组件的长度，站点尾部距离墙不小于 600mm。

③ 根据设计图纸，看是否添加称重系统，称重系统装在站点触控屏和弯轨之间，称重系统与直轨之间的间隙为 2～3mm，称重系统不

能直接和曲轨相连，需要加一段直轨，直轨长度应该在 300mm 以上。

（11）质量控制要点：

① 标高控制：轨道安装的标高应根据室内精装修吊顶标高控制，一般与吊顶标高齐平，局部走道管道集中等特殊部位可根据实际情况进行调整，同时，考虑小车的高度，该部位的净高＝轨道安装标高－小车高度，走道部位的轨道应尽量靠一侧排布；

② 轨道上设有供电铜轨，其为运载小车提供电源，故轨道上方禁止安装水管和强电桥架，避免因水管漏水、电缆漏电或干扰对轨道系统造成影响；

③ 在净化区域（静配中心、DSA、手术室）内的轨道物流系统需采取有效的封闭措施，防止外部空气进入净化区域，影响该区域的洁净度；

④ 深化设计需系统考虑走道内所有管道的综合排布，且需优先满足轨道物流系统的运行要求，机电安装等其他专业应做相应调整；

⑤ 轨道物流管井的防火门下口应设不小于 50mm 的挡水坎，以防止水进入井道对设备运行造成影响。

3. 系统调试

（1）调试前准备工作：

① 轨道检查：对轨道的实际安装情况进行检查；要求轨道及其相关部件安装稳固。

② 电路检查：包括供电线路的检查，通信线路的检查，铜轨与铜轨及铜轨与轨道之间绝缘值的检查。

③ 电源箱检查：检查电源箱是否完好，调整电源箱输出电压（根据系统实际情况，将输出电压调整在 DC24～28V）。

④ 小车检查：检查小车是否完好，能否在直轨、曲轨、弯头等区域正常行驶，读码器能否正常工作。

⑤ 转轨器检查：检查转轨器是否完好，调整转轨器各位置以确保小车能正常进出转轨器。

⑥ 防火门检查：检查防火门是否完好，检查防火门的各主要部件（包括烟感报警器、微动开关和电磁铁等）是否能正常工作，防火门在得到烟感信号后能否正常动作。

⑦ 软件检查：各站点之间能否正常发车和抵达。

⑧ 可视化检查：对监控计算机进行专业软件的配置，观察可视化图形界面与系统实际运行情况是否一致。

（2）调试要点：水平输送设备试运转除应按《连续输送设备安装工程施工验收规范》的规定执行外，还应符合现行国家标准《机械设备安装工程施工及验收通用规范》的规定。试运转应由部件至组件，由组件至单机，由单机至全输送线，先手动后机动，由低速至高速，从空负荷逐渐增加负荷至额定负荷运转。

① 空负荷试运转应符合下列要求：

a. 当水平传输线清理干净无任何杂物时，才可进行空负荷试运转；

b. 电动滚动与被动滚动装置应灵活，当输送机启动和运行时滚筒均不应打滑；

c. 当水平传输线运行时，不应出现跑偏现象；

d. 水平传输滚动装置的运行应平稳；

e. 空负荷试运转的时间不应小于 2h，且不应少于两个循环；水平传输线设备最高速空负荷试运转时间不应小于全部试运转时间的 60%。

② 负荷试运转应符合下列要求：

a. 进行负荷试运转时，对输送线的加载量应从小到大逐渐增加，先按 20%额定负荷加载，通过后再按 50%、80%、100%额定负荷进行试运转，在各种负荷情况下试运转的连续运行时间不得少于 2h；

b. 整机运行应平稳，无摩擦和撞击现象，无不转动的辊子；

c. 检查电动机处的温升是否符合要求；

d. 观察物料是否位于输送带中心位置；

e. 测量带速、运量、起动时间、制动时间等技术参数是否符合设计要求；

f. 检查各连接部位，如有螺栓松动应及时紧固。

(3) 手动远程控制调试：

a. 调试人员在服务器上输入相应指令控制转轨器动作，检查各转轨器动作执行情况。

b. 调试人员在服务器上输入相应指令控制小车动作，检查小车动作执行情况。

c. 调试应由专业人员进行。

(4) 系统联动调试及验收：

a. 系统应在技术人员指导下进行联合试运行。

b. 试运行无问题后，准备相关技术文件资料，准备验收。

c. 验收应按照程序及步骤进行。

三、箱式物流施工

1. 施工流程

箱式物流施工流程图如图 5-42 所示。

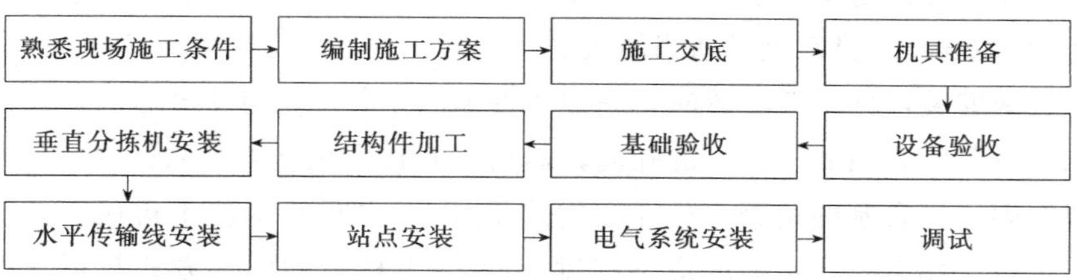

图 5-42　箱式物流施工流程图

2. 垂直分拣机施工

(1) 垂直分拣机井道测量：垂直分拣机井道测量是安装之前对垂直分拣机土建布置图尺寸进行的复核。测量的内容主要包括井道内的净平面尺寸、垂直度、井道预留孔、预埋件位置、底坑深度、顶层高度、提升高度和机房的相关尺寸、土建布局等。

根据安装标准规定的垂直分拣机井道水平尺寸是用铅锤测定的最小净空尺寸，允许偏差为：当高度≤30m 时，0～25mm；当高度≤60m 时，0～35mm；当高度≤90m

时，0～50mm。

如发现不符，应予以修正。

(2) 垂直分拣机设备开箱验收：安装前会同施工及制造单位的代表一起开箱查看，对照装箱单逐一检查零部件的数量及随机文件是否齐全、正确。发现有欠缺，应书面通知制造单位限期补齐。应有开箱记录，由三方代表当场签字确认，并确定缺损件的补齐期限。

(3) 架设井道脚手架：脚手架搭设前应先清理底坑、机房及隔音层、厅门口边杂物，脚手架的材料应根据井道脚手架图纸的规定，采用金属管和管卡制成，也可用毛竹或杉木捆扎而成。具备安全可靠、稳定性好、攀登容易的特点，同时要有防火措施。

脚手架架设完毕后，安装负责人应检查是否符合安全和使用要求，对不符合要求的应重新架设，直到符合要求才能使用。

(4) 井道内照明安装：

① 井道内灯用木螺丝固定牢固，灯距井道顶和底为0.5m，中间间距为7m。

② 如用电缆线，固定间距不大于0.5m，如用线管，可适当放大间距。

③ 线管直径的确定：线管内敷设的导线总面积不大于管内净面积的40%。

④ 导线截面积的大小应根据负载大小来确定。

(5) 样板架制作及放线：放样板是垂直分拣机安装工作中非常重要的一项工作，是垂直分拣机由上而下设置各条铅垂线的依据和出发点，因此制作的样板架必须结构牢固、尺寸正确。

制作样板前应实测导轨高度、垫片厚度、上下梁、轿底、对重、主机尺寸是否和图纸相符，不符应立即以书面形式通知厂家。

(6) 材料准备：制作样板的材料应选用不易变形并经烘干处理的木板，木板宽度大于120mm，厚度大于16mm，每台垂直分拣机至少制两副样板架，井道高度超过20m应增加一个样板架。样板托梁选用两根截面积大于1mm×1mm的方木。悬挂铅垂线选用0.17～0.91mm的镀锌铅丝。选用重量为5kg铅锥。对于提升高度较大的垂直分拣机，悬挂铅丝直径为1.0mm。铅锥重量适当增大。

(7) 样板架安装：样板架安置时，先在距井道顶下1m处的井道墙上，在同一标高处凿出4个0.15m×0.15m深0.2m的孔洞，然后将两根样板托架装入已凿好的井道墙的孔中，或在墙上固定好自制的角钢（放样板用的工具），再将托木装于角钢上，校正水平并将托架固定定位。样板架的水平度应不超过5mm。下样板的固定方式与顶部样板架基本相同，装在距底坑0.8～1m处，用楔块与木柱结合起来定位固定。

(8) 校正样板架：

① 样板架的水平度不应超过5mm；

② 样板架与井道实际净空间允许误差为1mm；

③ 上样板架与下样板架间垂线间距允许误差不超过1mm。

(9) 放线：在上样板架上将0.71～0.91mm（20～22号）钢丝用铁钉固牢，依照上样板架上的标点放下轿厢、对重中心线，层门中心线和净宽度线，导轨架位置线等10根线。铅垂线的位置偏差不超过0.3mm。铅线下端用线坠将钢丝坠直，向下放至距底坑地面 300mm 处，为防止线坠摆动，将线坠放入装有黏性油的容器中定位然后把线固定在下样板上。

(10) 井道施工基准线确定：必须准确地取得建筑设计所给予的基准线；数个垂直分拣机的基准线偏差不能超过±0.5mm；多台垂直分拣机的前后、左右与结构线一致保持。

(11) 缓冲器底座安装：缓冲器底座是导轨、缓冲器的安装基准，因此应严格根据土建图及井道平面图布置底座高低及左右前后位置。按土建图浇注水泥台阶。此台阶高度应等于底坑实际深度减缓冲器高度减 200～350mm 再减轿地坎到下梁底面的距离。应保证底座中心与轿厢导轨中心（对重导轨中心）前后、左右偏差均不大于±10mm。底座用水平尺校平。

(12) 导轨支架及导轨安装：导轨与导轨支架安装是整个垂直分拣机安装中的重要环节，安装上的误差必将造成轿厢运行中的噪声、冲击、振动超标。

① 导轨支架与井道墙的固定有以下几种方法。

a. 穿墙螺栓固定法：当井道墙为砖墙结构时，可用冲击钻在井道壁上钻出穿墙螺栓通过所需要的孔，用螺栓穿过通孔将支架固定在井道壁上。固定时在井道壁背面放置一块厚钢板片或入墙螺栓与墙结构焊接。

b. 预埋钢板焊接固定法：这种方法适用于混凝土井道墙。在土建时按要求预埋入带有钢筋弯脚的钢板，安装时将导轨支架焊接在钢板上即可。

c. 膨胀螺栓固定法：这种方法适用于混凝土井道墙。安装时用冲击钻在井道墙上钻一个与膨胀螺栓规格相匹配的孔，装入专用膨胀螺栓，再固定导轨支架。

d. 化学粘着锚栓固定法：这种方法适用于砖混结构井道。安装时用钻孔机钻孔，清除孔中灰尘，再填入化学粘着剂，植入连接螺栓，待粘合剂固化后就可以固定导轨支架。

e. 预埋法：土建时井道应预留孔，或安装时凿孔，然后将预埋地脚螺栓或地脚件按要求位置固定好，用较高标号的混凝土浇灌牢固（水泥标号不小于 400#）。

上述各种方法都应保证：

a. 每根导轨至少有 2 个导轨支架，其间距不大于 2.5m。

b. 导轨支架水平度不大于 1.5%，安装导轨的垂直面与铅垂线平行。

c. 焊接式固定支架，其焊接接缝是连续的，并应双面焊牢。

d. 入墙膨胀螺栓的入墙深度以 85～90mm 为宜。

e. 入墙地脚螺栓的埋入孔不应小于 127mm×127mm×127mm，埋入深度不应小于 120mm。

f. 导轨支架的导轨安装面与导轨底面间应有 2～3mm 导轨垫的间隙。

g. 导轨撑架与井道壁间的垫片厚度不大于 5mm。单侧使用不超过 10mm。

② 导轨的安装：安装导轨前可以拆除轿厢、对重导轨架导轨固定孔中心垂线。在样板上，按导轨中心顶面处放下一根铅垂线，在导轨侧工作面也放下一根铅垂线，并在中间、底坑样板架上准确定位并稳固。

导轨在组装前应检查每一根导轨，由于中途运输或特殊情况影响导轨的直度，在每 1m 长度上允差 0.15mm，在导轨全长（5m）上允差 0.6mm。导轨工作面不得有碰伤、划伤、损坏接头等现象。安装前应清洗导轨工作表面及两端榫头。导轨安装时，先在井道的顶部或中间部位固定一个滑轮，滑轮中穿一长度和强度足够的尼龙绳或麻绳，作为起吊导轨之用。也可用卷扬机拉导轨。然后自下而上将导轨一根一根地竖起来，用压导板将导轨固定在导轨支撑架的托板上，并用导轨连接板将上下两根导轨连接在一起。同时应当注意以下几点：

a. 同属于轿厢或对重的两根导轨的接头不应在同一水平面内。

b. 最先竖起的第一根导轨下面应放一个集油盘。

c. 竖导轨时应防止碰伤凹凸榫头，最好是凸榫头向下，凹榫头向上，上下对准后再将上导轨完全放到导轨的顶面上用连接板和紧固件将两根导轨连接在一起。

d. 拉导轨时井道内此导轨下方不允许有人。

③ 导轨校正：在顶部样板上导轨顶面、侧面处各放一根铅垂线并在底坑中准确地稳固在下样板上，然后利用钢板尺，自上而下地校正导轨的平行度、垂直度和导轨面距。校正时，松开被校导轨的压导板，调整导轨垫片，用木锤头打击导轨底板而不能打击其工作面，直至调整合格。若导轨与集油盘间有隙，应用垫片垫平。

当用校导尺对导轨调整合格后，将螺栓拧紧并用卷尺复查导轨距、导轨腰对角线，再用细线及钢板尺复查导轨的平面度。

导轨安装好后应有检查记录且有检验员签字确认，并且符合下列技术要求：

a. 两列导轨顶面的距离偏差在整个高度上应满足相关要求。

b. 每列导轨工作面（包括侧面和顶面）对安装基准线每 5m 的偏差均应不大于下列数值：轿厢导轨和设有安全钳的对重导轨为 0.6mm，不设安全钳的 T 形对重导轨为 1.0mm。

c. 轿厢导轨和设有安全钳的对重导轨工作面接头处不应有连续缝隙，且局部缝隙不得大于 0.5mm；不设安全钳的 T 形对重导轨接头处缝隙不得大于 1mm，工作面接头处缝隙不得大于 1mm。

④ 导轨防锈油的去除：

a. 防锈油的去除剂为矿质松节油或煤油，使用松节油时注意防火。严禁使用汽油、氯化物类溶剂。

b. 防锈油的去除时间为垂直分拣机开始低速动转前。

c. 防锈油的去除方法为用棉纱擦拭。

d. 导轨校完后须把调节支架的连接部位点焊牢固，防止以后松动。

（13）曳引机承重梁的安装：承重梁的规格、安装尺寸需满足下述要求。

a. 承重梁埋入墙内的支承长度应超过墙厚中心 20mm，且不小于 75mm。

b. 承重梁上平面所有方向的水平度均不大于 0.5/1000。

c. 相邻二梁的水平误差不超过 1.0mm。

d. 钢板在上面，称重传感器在中间，最下面是绳尾板槽钢。

（14）轿厢架、轿厢、安全钳及导靴的安装：

① 安装前准备：

a. 轿厢架、轿厢的安装一般是在井道内行程的最高层安装，故安装前先将该层门口的脚手架拆除，在层门地坎对面的墙上平行地凿两个 250mm×250mm 的孔，或在此用

A16MM 膨胀螺栓固定两个 900mm 的角钢，其宽度与门口宽度相等。将两根梁的上平面校正水平，并将其两端紧固。

b. 在井道顶，通过曳引绳孔，在承重梁上，安装起重吊链。

② 安装顺序：

a. 将轿厢架下梁或轿底架放于支承木梁或钢梁上，并装上导靴。若下梁上有轮子也同时装上，并保证其垂直度和平行度。校正水平，使导靴与导轨顶面和侧面两端间隙一致，然后将轿厢底吊装到轿架下梁或轿底架上，并在支承梁与底盘型钢间垫好，使轿厢底盘平面保持水平，水平度不超过 3/1000。

b. 将轿厢架两侧立梁吊起，与下梁或轿底架安装牢固，保证立梁垂直。

c. 用井道顶的吊链吊起轿架上梁，将其与两端立梁用紧固件连接牢固并重新校正立梁，不应有扭弯力矩，并装上导靴，保证导靴与导轨顶面、侧面间隙相同，再安装轿厢斜拉杆，同时调整拉条使导靴吻合良好，不得有偏斜、切割导轨现象。若有轿顶轮，则把轮子及附件装上且保证轮子的垂直度和平行度符合要求。

d. 装上安全钳拉杆，调整安全钳动作开关，调整拉杆螺母，使安全钳楔块与导轨侧面间隙保持一致，误差不超过 1mm。

e. 先将轿厢顶悬挂在上梁下边，把四周轿厢壁组装成单扇后与轿厢顶和轿厢底按安装图固定好，用铅垂线靠尺校正垂直度，保证同一平面的轿壁在同一垂直平面内，误差不超过 0.5mm。最后在轿顶上安装好轿厢限位装置，保证胶垫紧靠立梁。

f. 将限位开关碰铁、轿顶防护栏杆、导轨润滑装置、停电应急装置、轿顶检修箱等部件分别装好。

g. 将电缆架、称重装置等元件依次装好。

h. 将照明装置、扶手、吊顶、操纵箱、电话装好。

i. 将各电器元件的进出线按接线图和轿顶接线箱端子连接。

③ 安装时应达到的要求：

a. 对于轿架上梁上有反绳轮的，其反绳轮铅垂度不大于 1.0mm。两轮槽中心偏差不超过 0.5mm。

b. 轿厢底盘平面的水平度不应大于 3/1000。

c. 轿厢架立梁在整个高度上垂直度不应超过 1.5mm。

d. 轿底下的避震胶垫，其水平误差不超过 1mm。若超差可用垫片调整。

e. 轿门地坎的水平度不大于 2/1000。

f. 限位开关碰铁铅垂度不大于 3mm。

(15) 门动系统安装：

① 开门机安装：通过横梁安装臂腰孔调节开门机前后距离，使导轨和轿门地坎的水平距离保证 55mm±1mm 和 94mm±1mm，高度方向和地坎保证 HH+90mm±1mm。上述尺寸须在开门机两侧同时符合。

② 轿门板安装：如图 5-43 所示用小封包中 M10 螺栓组件把门板吊装好，若门板倾斜可在门板和挂板之间增减垫片直至门板垂直。门板倾斜度及中缝间隙保证在 2mm 以内。按图安装门滑块，在门滑块和门板之间加适量垫片，调整垫片厚度以保证快门和慢门平

行。调整后保证快门和轿门地坎前端距离为 24mm，快慢门之间间隙为 4mm±1mm，轿门板和轿门地坎间隙为 5mm±1mm。

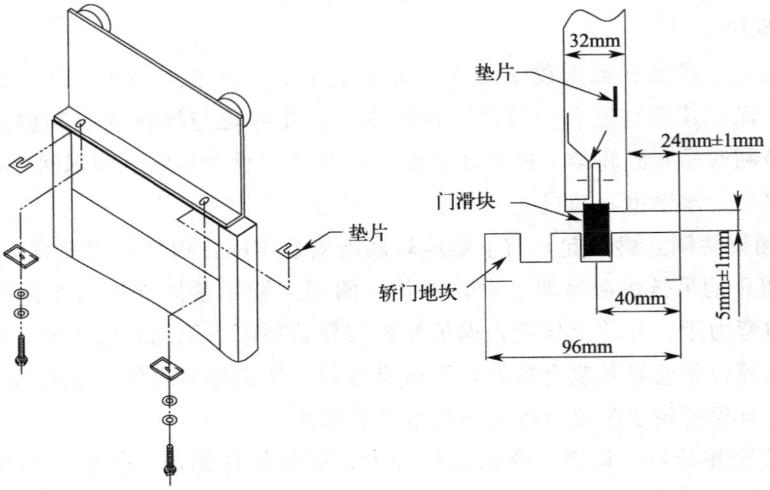

图 5-43　轿门板安装大样图

a. 门刀安装：在轿门快门板上安装门刀，用螺栓将门刀曲柄与连杆连接，连杆另一端与上坎架侧板连接，并调整至图示要求。

b. 门刀伸出轿门地坎尺寸：检查门刀伸出量，如达不到则调整门板和门刀安装板之间间隙，直至符合要求为止。

c. 刀片调整：刀片和滚轮位置，52 型 $A=B=10\text{mm}\pm1\text{mm}$；53 型 $A=13\text{mm}\pm1\text{mm}$，$B=7\text{mm}\pm1\text{mm}$。

③ 轿门装置调整：

a. 关门行程尺寸：关门到位时两挂板之间距离为 40mm，如果达不到微调挂板上钢丝绳组件螺杆长度；检查开门行程是否达到要求。52 型的高速门行程为：$JJ+40\text{mm}$；低速门行程为：$JJ/2+20\text{mm}$。53 型的高速门行程为：$JJ+20\text{mm}$；低速门行程为：$JJ/2+10\text{mm}$。调节挂板撞块伸出长度直至达到要求。

b. 同步带张紧调整：测量和调整同步带张紧量，可通过移动左侧同步带轮来调整，以避免同步带和带轮摩擦产生噪声。

c. 皮带张紧调整：调整电机皮带轮和 V 形皮带轮中心线至同一平面，以免产生噪声。

d. 测量和调整电机 V 形皮带的张紧力，可通过移动电动机座调节螺钉来调整。

e. 挂板阻力调整：运行时有太大阻力时，调整挂板下滚轮和导轨间隙至 0.1～0.3mm，可使门开关平滑。

f. 安全触板调整：安全触板具体要求由现场实际情况确定。

g. 安全触板安装在轿门上后，调整挡块，使触板回转突出最大为 48mm±2mm。

h. 连接杆长度（A_1）根据尺寸规格选定并临时固定，接着在门全闭位置把触板推入距门端 16mm±2mm，按顺时针方向回转触板，在挡块 A 碰到挡板位置（左部分时为逆时针），用 3 个 M6 螺钉临时固定凸轮和连杆。如图 5-44 所示。

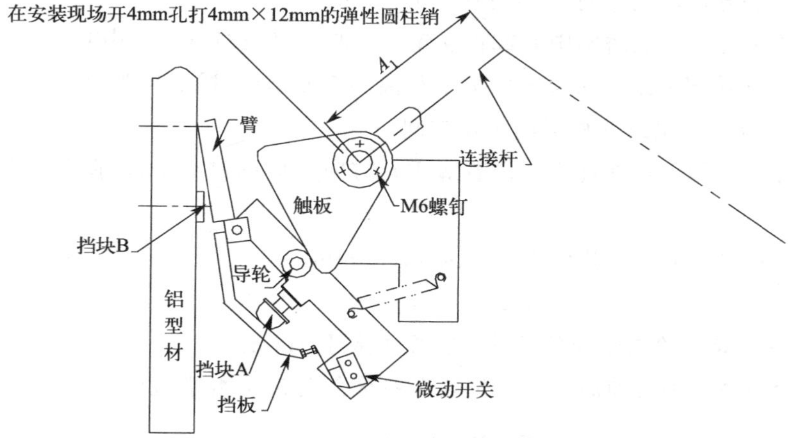

图 5-44 连接杆安装大样图

i. 把门开到全开位置，确认安全触板前端在门全开位置时突出 13mm±2mm。当大于 15mm 时应调小连杆长度（A_1），再调整凸轮；当小于 15mm 时，应放大连杆长度（A_1）。

j. 在门全开位置触板最大缩进时，将挡块 B 调整至刚好碰到臂的位置，调整完毕后钻 $\varphi 4$ 孔并用弹簧销打入固定。

k. 用调整螺栓调整至触板行程为 3～6mm 时，微动开关应动作。

④ 门机系统、门板的安装：

a. 将左右支架的一侧与轿架的立梁相连，另一侧通过拉杆与轿架上梁连接，调节拉杆，使左右支架保持水平且向上偏 2～3mm。

b. 按安装图将门机组件装在左右支架上，并装好拉耳，保证左右支架、门机横梁、门导轨水平。在导轨两端测量，保证导轨与地坎的高度误差不超过±10mm。保证链轮、支带轮及门导轨与地面垂直，在整个门运动区域内，与地坎槽 δ 值的偏差不大于±1mm。

c. 按安装图装好门板，门板与门挂板间垫片，保证门板垂直于轿厢地坎，并与地坎的间隙在开门宽度方向为 5mm±10mm。

d. 调整偏心挡轮，保证门板运行平稳，无不正常的阻力，并保证门挂板偏心轮与门导轨面的间隙为 0.1～0.3mm。

e. 按安装图安装门刀，保证门刀垂直于地坎，铅垂度为 1/1000。

f. 安装门导靴。

⑤ 安全触板安装：

a. 按安装图安装各部件，保证各部件运动灵活。安全触板与轿门端面平行度偏差应小于 1mm。

b. 在关门过程中，安全触板伸出门板边缘 25mm。当触板被碰撞后，该力不大于 4.9N，触点开关可靠动作使门重新开启。

（16）曳引机安装：

a. 曳引轮和导向轮的铅垂度应小于 0.5mm。

b. 曳引轮和导向轮的平行度偏差应小于 1mm。

c. 曳引轮中心应对准轿厢中心或轿顶轮槽中心，又或对重装置中心。

d. 曳引机旋转部件距机房楼顶的最小距离为 300mm，惯性轮距机房侧墙壁的最小距离为 200mm，以便留出维修机器的工作空间。

e. 曳引轮位置偏差：在前后（向着对重）方向不应超过 2mm，在左、右方向不应超过 1mm。

f. 曳引机在水平方向的扭转误差不大于 0.5mm。

g. 曳引轮垂直度不大于 0.5mm。

h. 曳引轮与导向轮或轿厢顶轮的平行度不大于 1mm。

i. 曳引轮与轿厢中心前后、左右位置误差符合表 5-20 要求范围。

表 5-20 垂直分拣机偏差表 单位：mm

要求范围	A 类垂直分拣机	B 类垂直分拣机	C 类垂直分拣机
前后方向误差	2	3	4
左右方向误差	1	2	2

j. 松闸扳手应挂在机房内容易接近的墙壁上。

k. 制动器动作灵活，制动时两侧闸瓦应紧密、均匀地贴合在制动轮的工作面上；松闸时两侧闸瓦应同步离开，其四角处间隙不大于 0.7mm。

l. 检查减速箱内注入的润滑油是否达到油位线。

m. 曳引机安装完后，在惯性轮上应有标明轿厢上升方向的箭头标识。

（17）导向轮安装：

① 导向轮位置确定：在机房由对重中心的铅垂线，以导向轮半径为长在对重与轿厢中心连线上找点，通过该点作垂直于对重与轿厢中心连线的铅垂面，该铅垂面为导向轮轴中心面，且对重中心线位于导向轮轴向中心。按安装图组装导向轮。

② 导向轮安装技术要求：

a. 导向轮的铅垂度不超过 0.5mm。

b. 在机房由导向轮侧面吊垂线，复查该垂线与对重中心线的距离应不小于 0.5mm。

c. 导向轮端面与曳引轮端面的平面度不大于 1mm。

d. 导向轮前后偏差（即在受力方向）不大于 3mm，左右偏差（即轴向）不大于 1mm。

e. 校正后，将全部紧固螺栓旋紧，拆除有关铅垂线。

（18）缓冲器安装：

① 油压缓冲器安装技术要求：

a. 油压缓冲器安装参看产品说明书，分别固定在相应缓冲器支座上。缓冲距为 150～400mm。

b. 油压缓冲器安装要垂直，用水平仪和铅垂线调节缓冲器，使柱塞铅垂度不超过柱塞全长的 0.5%，可用垫片调整。

c. 在同一基础上安装两个油压缓冲器时，其水平误差不超过 2mm。

d. 油压缓冲器安装前，应检查锈蚀和油路畅通情况，必要时进行清洗，加油后，放油孔不许有漏油现象，充液量正确。

e. 缓冲器撞板中心与轿厢、对重的撞板中心的偏差不大于 20mm。

② 弹簧缓冲器安装技术要求：

a. 弹簧缓冲器距撞板（轿厢在顶层和底层平层时）200～350mm。

b. 弹簧缓冲器要垂直，垂直度不超过 2mm。

c. 缓冲器中心应对准轿架或对重的缓冲座的中心，其误差不超过 20mm。

（19）对重装置安装：

a. 安装对重时应先在底坑架设一个由方木构成的木台架，其高度为底坑地面到缓冲越程位置时的距离。在对重导轨中心处由底坑起约 5～6m 高处悬吊一个固定的吊链，用吊链将对重架由下端站口吊入井道内，装好对重导靴，使对重架座在木台架上。

b. 根据不同底坑深度，轿厢门坎平面至下梁碰板的距离及缓冲器顶面至底坑平面距离，计算出轿厢和对重碰缓冲器的行程（S）。S 值应符合：液压型为 150～400mm，弹簧型为 200～350mm。

c. 将对重两边的上、下导靴装好，调整导靴与导轨吻合，保证能自由上下滑动，不得有偏斜或切刮导轨现象。当采用固定滑动导靴时，导靴内顶面与导轨顶面之间的间隙为 2mm。最后装配对重保护架。

d. 将对重铁由上而下的装进对重架内，满足下式：对重装置总重＝轿厢重量＋（45%～50%）额定载重量。

e. 当对重铁装到所需重量后，配作压板孔，安装压板，紧固对重铁。

f. 对重框架中心与导轨中心重合，误差应不大于 1mm，不允许有扭曲变形及横向位移。上下导靴应在同一铅垂线上。铅垂度应不大于 1/1000。

（20）钢丝绳锥套和曳引钢丝绳的安装：

① 由于钢丝绳的搬运、保管、展开及悬挂方式直接影响垂直分拣机运行性能，影响钢丝绳的使用寿命。所以，在搬运、仓储时有以下要求：

不能从高处抛下，造成钢丝绳变形、损伤及压痕。

不能在不平的地面滚动，以免扭曲、变形。

不能在烈日下暴晒或被雨水淋湿。

不能直接放在不洁地面上和不压重物，防止油质变质和外伤。

② 曳引钢丝绳的吊法：垂直分拣机的基本吊法有 1∶1 和 2∶1 两种，如图 5-45 所示。

③ 悬挂曳引钢丝绳要求：

a. 应把钢丝绳放在放绳器上放出，悬挂固定钢丝绳之前，应充分释放钢丝绳的缠绕应力，使其处于自然状态。

b. 将曳引钢丝绳按相应的绕法绕好，绳头锥套穿过绳头板，并依次将弹簧垫、弹簧装好，再装好垫圈、螺母等。

c. 挂好曳引钢丝绳后，将轿厢用井顶吊链提起，拆除托轿厢底的两根支承梁，然后将轿厢慢慢放下，使曳引钢丝绳全部受力。

d. 调整钢丝绳锥套螺母，使曳引钢丝绳扣拉力均匀。其相互间的差值小于 5%。不允

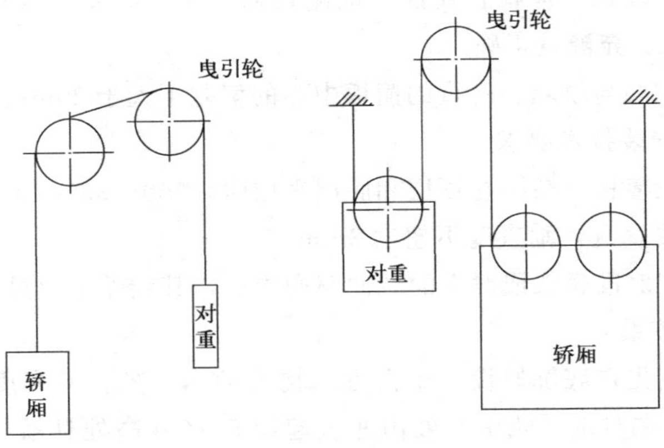

图 5-45　曳引钢丝绳安装大样图

许采用旋转钢丝绳来增减张力。

e. 曳引钢丝绳调整好后，将钢丝绳夹板固定在高出锥套 1m 的地方，井道顶层高度不够时，绳夹板位置应相应降低。悬臂式曳引轮必须装设挡绳装置，轿厢对重导向轮也须装设挡绳装置。挡绳装置与钢丝绳距离小于 1/2 钢丝绳直径。

f. 当提升高度＞100m 时，钢丝绳锥套应用 $\varphi 3.18$ 钢丝按图示穿在一起，以防止钢丝绳相互倒捻。如图 5-46 所示。

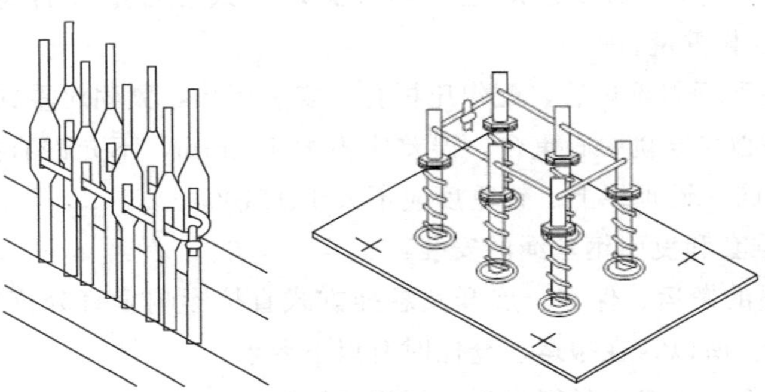
图 5-46　防止钢丝绳相互倒捻做法大样图

④ 限速器安装：限速器在出厂时经过严格的检查和试验。因而安装时不可随意调整限速器的弹簧力，不得拆除铅封，以免影响限速器动作速度。

a. 根据垂直分拣机土建平面布置图限速器的位置，将限速器安装在楼板上，将涨绳轮安装在底坑的轿厢导轨上。

b. 从限速器轮槽里放一根铅线，通过楼板与轿厢架的安全钳拉杆绳头中心点对正，另一端通过底坑涨紧装置的轮槽，再返回轿厢架的安全钳拉杆绳头中心点对正、调整。用地脚螺栓将限速器稳固在楼板上，用紧固件将涨紧装置固定在轿厢导轨上。

c. 直接将钢丝绳绕过上下两轮，并按所需长度截绳，用钢丝绳扎头扎紧。

d. 待绳悬挂好后，调节断绳开关至适当位置，使得断绳时，断绳开关能切断控制回路，使垂直分拣机停止运行。

(21) 补偿链安装：补偿链的一端安装在轿架的下边，另一端安装在对重架的下边，固定处要牢固防松，以免补偿链脱落。请参阅安装图组装。

a. 悬挂后的补偿链没有扭曲现象。

b. 补偿链的长度应满足下列条件：当轿厢向上超程，对重将缓冲器压至最低位置时，补偿链尚有一定余量不能被拉断；当轿厢向下超程，将轿厢缓冲器压至最低位置时，补偿链不能与轿底摩擦；且在任何情况下补偿链都不应与地面接触。

（22）平层装置、极限、限位开关的安装：平层装置的安装调整。

a. 在立梁上安装开关箱。

b. 在安装臂上装上支架，先不要把螺钉拧得太紧，以便进行下一步的调整（事先在支架上安装好感应板）。

c. 在轿厢平层位置，将安装臂装于导轨上，并调整安装臂，当隔板的中心和开关箱准线对正时，固定安装臂。

d. 对支架进行微调整，使隔板中心和开关箱基准线一致。同时也要调准开关箱和隔板的倾斜度。

e. 手动向下运行轿厢，使开关箱离开感应板，然后拧紧支架和安装臂之间的螺栓。

f. 将轿厢在该层楼附近手动上下运行，确认开关在隔板嵌入时，左右间隙均等。应使隔板处于开关凹槽的中心处。平层时隔磁板上下位置在一个（或上下两个）开关的中心。

（23）极限、限位、强换开关安装：各开关应可靠固定，不可以采用焊接法固定。安装后不得因垂直分拣机正常运行的碰撞或因钢丝绳、电缆的正常摆动而使开关产生位移、损坏和误动作。

开关轮与碰铁应动作可靠，其轮端平面距碰铁边两侧均应不小于 5mm。

（24）垂直分拣机层门安装：

以双折层门安装为例。

a. 地坎支架及地坎安装：用 M12 膨胀螺栓连接地坎支架和土建连接，使地坎中心和轿门出入口中心保持一致，用 M8×20 螺栓把地坎安装在地坎支架上。

b. 地坎与导轨侧工作面左右距离应一致。

c. 站点外观安装：按图 5-47 进行安装，使门套的出入口中心和轿厢出入中心保持一致，保证门套垂直度并定位，将门套与墙上的预埋钢筋条（或地脚螺栓）焊接，去渣后进行防锈处理。下部通过连接件与地坎连接。

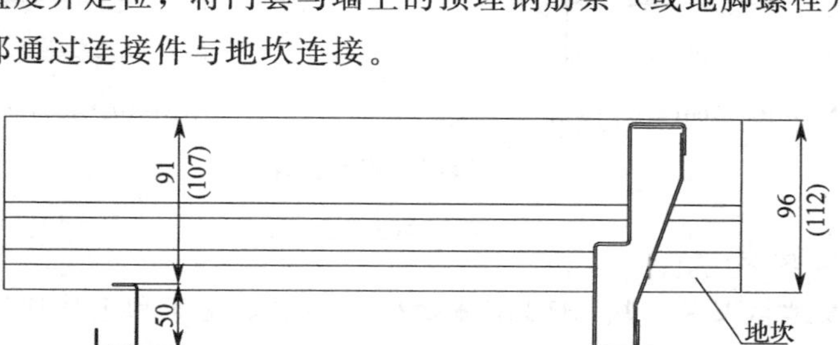

图 5-47　站点外观安装大样图

d. 层门装置安装（$JJ \leqslant 1200$mm 用 NB161001A001 层门装置，$JJ > 1200$mm 用

NB161001A006 层门装置)：安装好门套后安装层门装置，层门装置和门套连接参阅安装图组装。同时在层门装置上部安装孔用 M12×100 膨胀螺栓通过安装座把层门装置临时固定上。调整上坎架使之符合图 5-48 所示的尺寸要求。

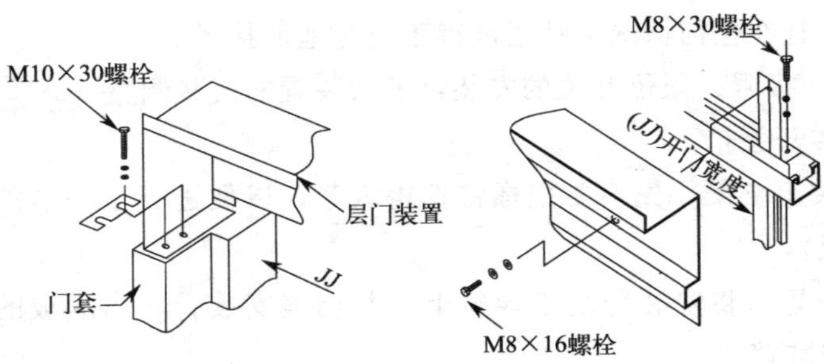

图 5-48　层门装置安装大样图

e. 层门板安装：按图 5-49 进行安装，保证快慢门板之间的平行和铅垂度，快、慢门之间前后间距应为 4mm±1mm，具体调整按轿门调整方法。

f. 重锤安装：B161001A001 层门装置时先用自攻螺钉将重锤导向件安装在高速门板上，再将重锤装入导向件中，将重锤钢丝绳挂在滑轮上，另一端固定在钢丝绳止动件上，用螺栓将防脱件固定使其与滑轮的间隙小于 2.5mm，但防脱件不得碰到滑轮；B161001A0016 层门装置时重锤导向件的上部与上坎架固定，下部与地坎固定。

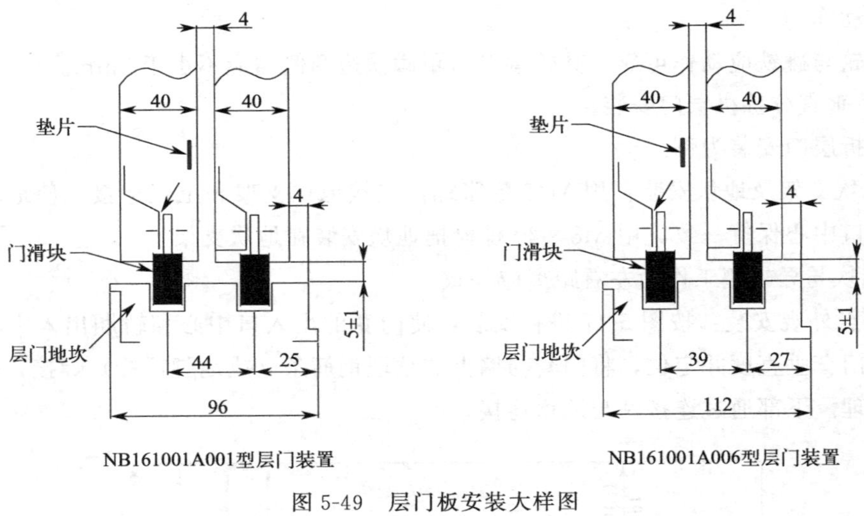

图 5-49　层门板安装大样图

(25) 中分层门安装：

① 地坎支架及地坎安装：用 M12 膨胀螺栓连接地坎支架和土建连接，使地坎中心和轿门出入口中心保持一致，用 M8×20 螺栓把地坎安装在地坎支架上。并且地坎与轿厢导轨侧工作面左右距离须一致。

② 门套安装：参阅安装图安装，使门套的出入口中心和轿厢出入中心保持一致，保证门套垂直度并定位，将门套与墙上的预埋钢筋条（或地脚螺栓）焊接（注：防火门门套

用膨胀螺栓直接与墙连接），去渣后进行防锈处理。下部通过连接件与地坎连接。

3. 水平传输线安装

（1）测量放线：设备就位前，应按设备图和有关支承建筑结构的实测资料，确定水平输送机主要设备的横向和纵向中心线以及基础的基准标高点，作为设备安装的基准，并在现场做好标记。基础、预埋件、预埋螺栓的尺寸和位置允许偏差，除应符合标准《机械设备安装工程施工及验收通用规范》的有关规定外，尚应符合表 5-21 的规定。

表 5-21　输送机基础、预埋件、预埋螺栓的尺寸和位置允许偏差

项目		允许偏差/mm
传输机主要设备基础纵向中心线与设计中心线	偏移	20
	偏斜	1/1000
分离基础或框架之间	中心线的距离(L)	L/1000 且不得大于 10
	高低差	L/1000 且不得大于 10
横梁下弦安装处的标高		±10
楼板顶板安装处的标高		−10
预埋件	中心线位移	10
	标高	−10
预埋螺栓组中心线对设计中心线的偏移		5
同组预埋螺栓之间的距离	无调整穴	±2
	有调整穴	±5
预埋螺栓顶标高	顶端朝下时	−20
	顶端朝上时	+20

（2）设备支架安装：将设备支架按照放线位置放置，将模组支架定位后，地脚需用螺栓固定于地面上。

安装过程中应符合下列要求：

a. 设备支架中心线与输送机纵向中心线应重合，其偏差不应大于 3mm；

b. 设备支架中心线的垂直度偏差在任意 25m 长度内不应大于 5mm；

c. 在垂直于设备支架纵向中心线的平面内，支架横截面两对角线之差，不应大于两对角线长度平均值的 3/1000；

d. 支架支腿对建筑物地面的垂直度偏差不应大于 2/1000；

e. 中间架安装精度如表 5-22 所示。

表 5-22　中间架安装精度要求　　　　单位：mm

带宽	<1600	≥1600
中间架间距允许偏差	2.0	2.0
中间架孔对角线偏差 $\|L_1-L_2\|$	2.0	3.0
两侧中间架高度差	2.0	3.0
中间架接头两边高度差	1.0	1.0

（3）水平传输模组安装：利用吊车（或手拉葫芦）将水平传输模组吊至设备支架上使之就位，设备就位后利用水平测量仪，使用事先加工好的垫铁将设备找平、找正，并记录测量数据。找正完成后将水平传输模组与支架螺栓紧固。

使用现场实际测量的输送机纵向中心线作为基准线，根据输送机纵向中心线按顺序将中间架组装找平、找正，并与支腿用螺栓连接固定。

组装水平传输模组符合下列要求：

a. 传输线滚筒横向中心线与输送机纵向中心线应重合，其偏差不应大于 2mm；

b. 传输滚筒轴线与输送机纵向中心线的垂直度偏差不应大于 2/1000；

c. 滚筒安装后，应在其主要工作面进行找平，其轴线的水平度偏差不应大于 1/1000；

d. 对于多驱动滚筒，传动滚筒轴线的平行度偏差不应大于 0.4mm；

e. 托辊横向中心线与输送机纵向中心线应重合，其偏差不应大于 3mm；

f. 对于不用于调心或过渡的托辊棍子，其上表面应位于同一平面上，相邻三组托辊棍子上表面的相对标高差不应大于 2mm，托辊中心线的对称度不应大于 3mm；

g. 托辊安装后，转动应灵活。

（4）水平传输模组连接：将安装好的模组连接起来，使水平传输拼接成一套完整的传输系统。

水平传输连接符合下列要求：

a. 传输线模组连接处需要牢固可靠；

b. 传输线连接后的中心线垂直度偏差不应大于 2/1000；轴线的水平度偏差不应大于 1/1000；

c. 滚筒安装后，应在其主要工作面进行找平，其轴线的水平度偏差不应大于 1/1000；

d. 系统连接安装后，各个部件应灵活。

4. 电气工程施工

（1）控制柜安装：根据机房布置图所示位置安装控制柜，为了便于安装和维护，安装时应先用砖把控制柜稳固在需要的高度上，然后敷设电管线，敷设完毕后，再浇灌混凝土，控制柜有与地面固定的地脚螺栓，可将控制柜稳固在水泥墩上。也可用膨胀螺丝固定安装。

控制柜的安装应符合：

① 门、窗与控制柜正面距离不小于 600mm。

② 控制柜的维修侧与墙壁的距离不小于 600mm，封闭侧与墙面的距离不小于 50mm。

③ 控制柜与机械设备的距离不小于 500mm。

④ 控制柜、屏安装的不垂直度应不大于 3/1000。

（2）机房布线：

① 垂直分拣机动力与控制线路应分开敷设，做双线槽，导线出、入金属口或通过金属板壁处应加强绝缘和设光滑护口，从进机房电源起零线和接地线应始终分开，接地线为黄绿双色绝缘电线。除 36V 及其以下安全电压外的电气设备金属罩壳均应设有易于识别

的接地端，且应有良好的接地。接地线应分别直接接至地线柱上，不得互相串接后再接地。

② 线管、线槽的敷设应平直、整齐、牢固，线槽内导线总面积不大于槽净面积的 60%；线管内导线总面积不大于管内净面积的 40%；软管固定间距不大于 1m。端头固定之间的间距不大于 0.1m。

③ 电缆线可通过暗线槽，从各个方向把线引入控制柜；也可以通过明线槽，从控制柜的后面或前面的引线口把电线引入控制柜。

④ 强弱电缆应尽可能相隔一定的距离，条件允许的情况下应相隔 30cm 以上。若发生强弱电缆相交的情况，则采取垂直交叉布线方式。

(3) 电源开关：垂直分拣机的供电电源应由专用开关单独控制供电。每台垂直分拣机分设动力开关和单相照明电源开关。控制轿厢电路电源的开关和控制机房、井道和底坑电路电源的开关应分别设置，各自具有独立保护。同一机房中有几台垂直分拣机时，各台垂直分拣机主电源开关应易于识别。其容量应能切断垂直分拣机正常使用情况下的最大电流，但该开关不应切断下列供电电路：

① 轿厢照明和通风；

② 机房和滑轮间照明；

③ 机房内电源插座；

④ 轿顶与底坑的电源插座；

⑤ 垂直分拣机井道照明；

⑥ 报警装置。

主开关应安装于机房进门距地面 1.3～1.5m 处，且随手可操作的位置，但应避免雨水和长时间日照。为便于线路维修，单相电源开关一般安装在动力开关旁。要求安装牢固，横平竖直。

(4) 随行电缆安装：

① 井道电缆架安装时应注意避免与限速器钢丝绳、井道传信息原件限位、极限开关打板等部位交叉。井道电缆架一般装在垂直分拣机正常提升高度的 1/2 加 1～1.5m 的井道壁上，如电缆直接进机房时，电缆架应安装在井道顶部墙壁上，但在提升高度 1/2 加 1～1.5m 的井道壁上设置电缆中间固定架，以减少电缆运行中的摆动。

② 电缆绑扎应均匀、牢固、可靠；其绑扎长度为 30～70mm。

③ 轿底电缆架的安装方向应与井道电缆架一致，并使垂直分拣机电缆位于井道底部时能避开缓冲器，且与其保持一定距离。

④ 电缆的敷设长度为轿厢超出下端站，压缩缓冲器后略有余量。安装后不能有波浪扭曲现象。

(5) 井道布线：

① 井道电缆采用电缆卡固定、扎带捆绑的方式布线。

② 井道内强弱电缆应分开布置，必须保证强弱电缆之间的距离在 30cm 以上。强弱电缆必须相交的地方，只能以 90°相交，在 30cm 以内不能平行布线。

③ 随行电缆中的强弱电分别用大小不同的两根电缆或分两半排布，不能混用。

(6) 电缆沿支架、桥架敷设：电缆沿桥架或托盘敷设时，应单层敷设，排列整齐。不得有交叉。拐弯处应以最大截面电缆允许弯曲半径为准。不同等级电压的电缆应分层敷设，高压电缆应敷设在上层。同等级电压的电缆沿支架敷设时，水平净距不得小于35mm。电缆穿过楼层时，应装套管。

5. 调试

(1) 轨道及转换轨调试：输送设备试运转除应按《连续输送设备安装工程施工验收规范》的规定执行外，还应符合现行国家标准《机械设备安装工程施工及验收通用规范》的规定。试运转应由部件至组件，由组件至单机，由单机至全输送线，先手动后机动，由低速至高速，从空负荷逐渐增加负荷至额定负荷运转。

① 空负荷试运转应符合下列要求：

a. 当水平传输线已经清理干净无任何杂物时，才可进行空负荷试运转；

b. 电动滚动与被动滚动装置应灵活，当输送机启动和运行时滚筒均不应打滑；

c. 当水平传输线运行时，不应出现跑偏现象；

d. 水平传输滚动装置的运行应平稳；

e. 空负荷试运转的时间不应小于2h，且不应少于两个循环；水平传输线设备最高速空负荷试运转时间不应小于全部试运转时间的60%。

② 负荷试运转应符合下列要求：

a. 进行负荷试运转时，输送线的加载量应从小到大逐渐增加，先按20%额定负荷加载，通过后再按50%、80%、100%额定负荷进行试运转，在各种负荷情况下试运转的连续运行时间不得小于2h；

b. 整机运行应平稳，无摩擦和撞击现象，无不转动的辊子；

c. 检查电动机处的温升是否符合要求；

d. 观察物料是否位于输送带中心位置；

e. 测量带速、运量、起动、制动时间等技术参数是否符合设计要求；

f. 检查各连接部位，如有螺栓松动应及时紧固。

(2) 接收站点调试：

① 切断所有动力设备的现场分断开关，通电测试各控制单回路的启停控制，调整每个控制回路上保护元件的整定电流值。

② 以上操作确认无误后，将各动力设备的分断开关合上，逐一点动测试各设备的运行情况（提升机、水平传输等）。

③ 仪表通电测试：用万用电表测试各仪表供电电源的保险丝上端的电压等级与现场安装的仪表工作电压是否匹配，确认无误后合上保险丝，测试仪表的工作状态及仪表探头的测试误差是否在允许范围内。

④ 网络通信电缆测试：由电气工程师测试主站PLC与各分站PLC的通信情况。

⑤ 各分站PLC的输入输出I/O点的测试：由现场施工的电工人员将各分站PLC控制的仪表液位手动动作，查看对应的PLC模块上的点是否有动作，是否与施工图纸相对应。各分站PLC的输出点测试由电气工程师与现场施工的电工配合进行。

⑥ 待以上测试工作完成并确认无误后，由电气工程师将程序灌入 PLC 内进行整套系统调试。

（3）垂直提升机设备调试：

① 调试前检查：

a. 检查各连接件是否紧固。

b. 用手扳动电机，观察整个转动部分是否运正常，无碰撞机体、卡涩现象。如有异常，应找出原因并彻底排除故障。

c. 检查轴承座液偶器、减速机就位是否满足要求。

d. 驱动链条加润滑脂，保障传动。

e. 传动链板、料斗无卡涩现象。

② 运行测试：

a. 启动前，手动测试升降机传输系统，确保机械与传动部分正常运作。

b. 电机接通电源，把控制开关调至手动状态，设备点动，观察设备运动部件是否按正确方向运动；不正确应调整电源经头，然后才能正常开机。

c. 起动后，若发现有不正常的情况，应立即停机，查明问题并排除后，方可再起动。

d. 设备点动，观察设备运动部件是否按正确方向运动，空载运行连续时间 8h，运行时仔细观察设备是否有阻滞、跳动、碰撞等现象以及运行噪声是否正常。

e. 测量、记录启动、空载运行时电压、电流并观察有无异常。

f. 检查转动部位的轴承、电机的表面温度是否正常。

g. 检测转动轴承和主要部位的振动状况并详细记录。

h. 复核测试：输送线的加载量应从小到大逐渐增加，先按 20%额定负荷加载，通过后再按 50%、80%、100%额定负荷进行试运转，在各种负荷情况下试运转的连续运行时间不得小于 2h。重复步骤 e～g。

四、垃圾被服系统施工

1. 施工流程

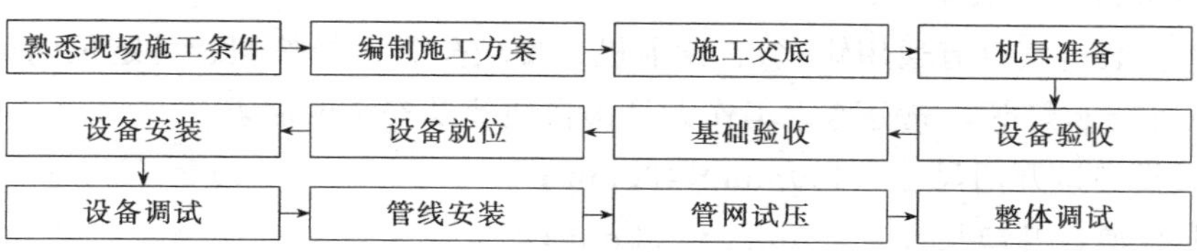

2. 设备安装

（1）基础验收：基础验收首先应检查土建基础检查合格记录，然后由安装施工单位进行基础验收与复测，将主要尺寸、标高、中心线标于设备基础上。设备基础的外观不应有裂纹、蜂窝、孔洞、漏筋等缺陷，几何尺寸应符合规范要求。

对于较重的和转速高、震动大的设备，基础验收工作十分必要，主要检查设备基础的坐标、标高、地脚螺栓和外形是否与设计一致，并与实物进行对照。

（2）设备就位：

① 对于成排设备应先按图画出统一的基准线、中心线，对于单台设备则根据设计图纸、坐标和设备基础现场决定。

② 就位时注意安装方向，应根据工艺流程、工艺配管、操作方便、检修入孔、仪表观测等诸多方面加以考虑，并应取得业主的认同。

③ 设备排列做到整齐协调，坐标和标高符合设计要求，立式设备垂直度误差＜1.5‰。卧式设备基准水平偏差≤1.5‰。转动设备如水泵应使连轴对中，偏差在0.1mm以内。皮带传动设备应做到皮带轮不跑偏，三角皮带不卡槽。

④ 设备的找平以设备的精加工精度较高的表面、转动部件的异向面或轴线、设备的主要工作面、精度高的轮廓面等作为测量基准，用水平仪测量水平，如不平则用调整垫铁调至符合技术要求。

（3）设备固定：

① 设备一般使用膨胀螺栓固定，转动设备应加弹簧垫片，静止设备找平找正，专用设备根据技术文件要求决定固定方式。采用地脚螺栓在安装时呈垂直状态，砼二次灌浆时孔洞应清理干净，无污泥、油脂，螺栓应在紧固后有3～5mm外露。

② 根据设备重量选择垫铁，一般每组垫铁不应超过三块，垫铁应露出底座，并将其点焊在一起，以防串动。

（4）室内垃圾被服投放口安装：室内垃圾被服投放口为一体式设备，投放口尺寸：400mm×400mm；门：500mm×500mm；框：700mm×700mm，与竖直管道焊接连接并固定安装。室内垃圾投放口如图5-50。

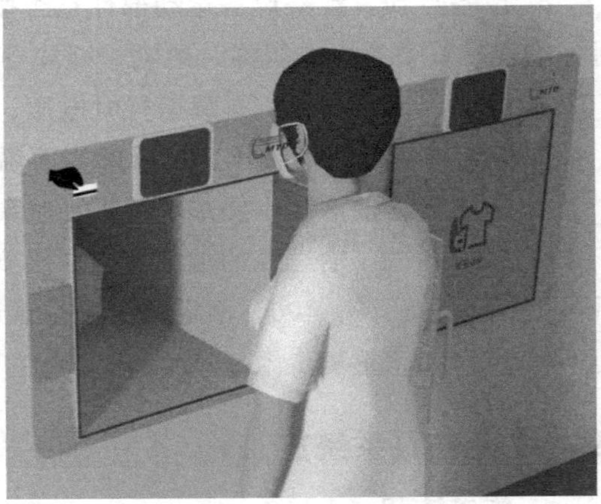

图5-50　室内垃圾投放口

主要技术参数：

a. 外壳材质：304不锈钢板，门板厚度不小于2mm；

b. 密封材料：特氟隆；

c. 门上安装电锁（有通用钥匙）、读卡机、垃圾分类选择按钮、可定位闭门器、不锈钢把手、状态指示灯等，充分考虑工作人员操作便捷及安全的需求；

d. 垃圾投递口开门尺寸：400mm×400mm；

e. 被服投递口开口尺寸：500mm×500mm；

f. 垃圾被服投放口控制装置：防护等级IP54，内置以太网通信模块、气动电磁阀、空气过滤器、接线端子等；

g. 投递口门支持手机APP、人脸识别、IC卡或机械钥匙，具备多种开门方式（以使用方需求为准），具备身份验证、投放管理、数据统计等功能；

h. 投递口具有语音提示功能，当有开门动作时，会自动语音提示当前投放垃圾或衣服的种类，避免错投，利于垃圾的分类投放；

i. 系统具有语音报警和提醒功能，当投递口未关闭超过一定时间时，会自动报警并提醒维护人员，避免因投放口长时间未关闭而导致系统异常；

j. 垃圾/被服投递口接驳口成套加工，满足投放口安装配套要求。

（5）室外垃圾投放站：室外垃圾投放口为一体式设备，上部通过螺栓紧固连接，下部与水平管道连接部分通过焊接连接。室外垃圾投放站如图 5-51。

主要技术参数：

a. 外筒外形尺寸：≥1300mm×550mm；

b. 外筒材质：304 不锈钢；

c. 投放门尺寸：400mm×400mm；

d. 外筒厚度：2.5mm；

e. 筒盖材质：6061 铝合金；

f. 筒盖厚度：4mm；

g. 外筒涂层：汽车珠光漆、烤漆工艺；

h. 内筒外形尺寸：≥1200mm×430mm；

i. 内筒材质：304 不锈钢；

j. 内筒涂层：粉末喷塑。

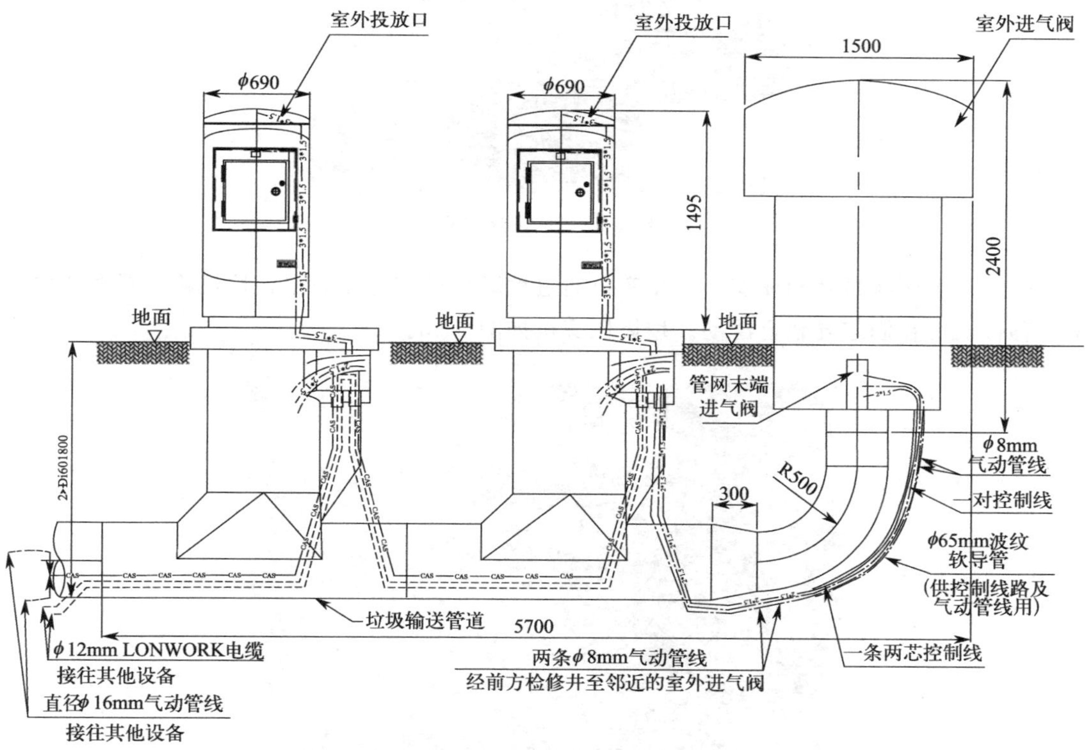

图 5-51　室外垃圾投放站

（6）垃圾分离器：垃圾分离器为单体设备，通过支架固定安装。如图 5-52。

主要技术参数：

a. 分离原理：旋风离心力，重力；

b. 材质：碳钢；

c. 可处理垃圾量：60～80m^3/h；

d. 最大操作空气压力：≥45kPa（负压）；

e. 设备采用全球领先技术，输送垃圾的空气与垃圾分离后，仅会产生微小的颗粒从出口排出，垃圾从气流中分离，通过设备下部落料口掉入压实机。

图 5-52 垃圾分离器

（7）垃圾压实机及箱体安装：压实机通过地脚螺栓与地面固定，垃圾箱放置在移位器上，移位器可在固定导轨上滑动。垃圾压实机如图 5-53。

图 5-53 垃圾压实机

① 压实机主要技术参数：

a. 类别：推板式；

b. 功率：11kW/380V；

c. 垃圾压实量：260～300m^3/h；

d. 工作压缩力：≥270kN；

e. 压缩比：≥3∶1；

f. 每程容量：约 2m^3；

g. 结合上锁：压缩机需配备与垃圾储存箱接合的自动开关门及锁紧设备；

h. 表面处理：打砂 Sa2.5 后，环氧基树脂底漆及聚氨酯面漆；

i. 密封要求：与垃圾储存箱接合时自动保持密封。

② 垃圾箱主要技术参数：

a. 有效容积：≥8m^3，收集量≥4t。

b. 集装箱容量和尺寸须根据现场实际情况和环卫要求定制。在装卸垃圾时，须确保集装箱外形高度尺寸与运输车辆及拉臂高度尺寸之和不超过现场装卸高度限制。

c. 收集箱配备承载底盘、限位器、锁紧装置、管道连接器、自动脱卸和连接装置，需匹配本地环卫部门垃圾运输车，可直接对接运输处理。

(8) 被服分离器安装：被服分离器为一体式设备，通过支架固定。如图 5-54。

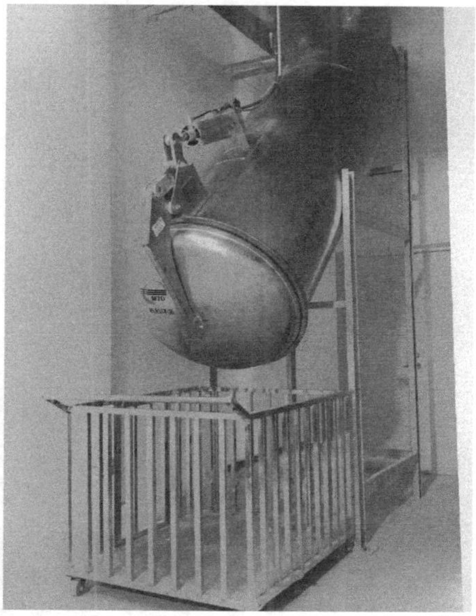

图 5-54　被服分离器

主要技术参数：

a. 材质：304 不锈钢；

b. 规格尺寸：₵1000mm×3000mm (L)；

c. 容积：2.3m^3；

d. 被服集装箱内置滤网，在箱体内实现被服和空气的固气分离；

e. 被服分离器设计流速减速器。

(9) 风机安装：安装基础找平，风机减震器与基础通过地脚螺栓固定。如图 5-55。

主要技术参数：

a. 安装位置：中央机房内；

b. 功率：132kW；

c. 额定流量：≥8m^3/s；

d. 额定风压：≥12kPa/台；

e. 介质类型：抽取垃圾分离器分离出来的含尘气体；

f. 类别：离心式；

g. 机械保护：进风口处具有杂物滤网装置；

h. 管道接口：采用减震接驳口；

i. 避震：底部敷设避震装置；

j. 连接方式：风机组串联，每台风机配置单向阀；

k. 每台风机配置独立的变频控制系统，根据实际工况调整输出功率，以提高系统整体效率和节能。

图 5-55 风机

（10）除尘除臭设备安装：除尘除臭设备为单体设备，通过地脚螺栓与地面连接。如图 5-56。

图 5-56 除尘除臭设备

主要技术参数：

a. 管道采用 Q245 碳钢材质，管道壁厚≥6mm；

b. 过滤装置需内置模块化滤网和过滤器，设计方便维修拆卸；

c. 过滤系统包含三级过滤功能：除水汽、除尘、除味；

d. 处理气量 5～6m^3/s，具有优良的耐酸碱腐蚀性能，对于粒径为 0.4μm 的尘粒去除效率不低于 90%；

e. 达到国标或国标以上的废气排放标准。

（11）设备试压：

① 静止设备根据需要进行下列试验：

a. 开口的槽、罐、箱体应进行注水试验，以无渗漏为合格，一般为 2h。

b. 压力容器：一般应做耐压试验，根据工艺不同，确定试压标准，试压应选用两块标准表以监视压力，压力增加应分段逐步加压，无渗漏、无降压为合格。

c. 在排出容器内的水时要特别防止负压造成容器损坏，应打开上部排气阀以平衡大气压力。

② 传动设备单机试运转应具备下列条件：

a. 设备本体安装完成，设备经过检查内部清洗、外部盘车，设备电源回路安装并调试完毕。操作、保护、联锁可靠。

b. 设备自身各系统，如油压、冷却系统、润滑油等已符合规定；设备与外部的联系被切断。

c. 试车人员已熟悉操作方法并具备应对突发事件的能力；通信和联络已落实。

d. 试车所用检测工具、仪器准备齐全。

e. 试车检验项目已明确并落实到人。

f. 单机试车由安装单位负责，重要设备、专用设备由厂家配合负责，联动试车由甲方负责，乙方、厂家配合试车。

3. 管道及支架安装

(1) 安装要点：在充分理解施工图纸设计意图的情况下，应本着先下后上；先预制后安装；先主管后支管；先难后易，先高后低，先系统试压、后系统吹洗；再防腐保温、隐蔽验收的原则组织施工。对有特殊要求的管道的施工工序按设计施工验收规范标准执行。多工种交叉相碰时，应按照电让液体、液体让风、风让排污管的原则操作。

(2) 管线组对：

① 镀锌钢管、无缝钢管应使用钢锯、砂轮切割工具切割，勿使用氧气、乙炔火焰切割。

② 大口径碳钢管、合金钢管允许使用氧乙炔火焰切割，并作坡口，清除热影响区内的氧化皮和熔渣。

③ 镀锌钢管按所需尺寸断料后，按管径规格进行手动绞板和电动套丝机套丝扣，套出的丝扣应符合质量标准；涂铅油、绕油麻或使用生料带等，再将管件与另一节管道组对。

④ 小口径无缝钢管采用Ⅰ型对接缝组对，壁厚 3.5mm 以上≥DN150 时用氧乙炔火焰打坡口，火焰打坡口的应采用砂轮机械打磨出氧化表层及凸凹不平处，两管道用Ⅴ型对接缝组对。

⑤ 注意事项：

a. 组对前，注意清除管内渣物、铁屑、油脂、尘土、铁锈等杂物；保持管路清洁。

b. 组对未完成管路当工作间断时，及时封闭敞开的管口。

c. 穿墙及过楼板管道，应加套管，管道接口或焊缝勿置于套管内。

(3) 管道焊接工艺：

① 管道在焊接时使用管道对口器，保证焊接的管道不会发生偏心。

② 管道焊接部位的防腐应在管道试压合格后完成，现场焊接部位在去除油污等杂质

后，除锈处理达 Sa2.5 级以上，然后将管道预热至 80℃，刷环氧底漆，表面干固化后，进行热缩套防腐处理。

③ 管道的焊渣在焊接完成后用空压机进行吹扫，并在最近的检修口处排出。

④ 弯头处的连接焊缝在焊接完成后，通过附件的检修口进行焊缝打磨，保证管道内部光滑。

（4） 管路连接：无缝钢管用焊接和法兰连接，镀锌管线用丝扣和卡箍连接。

焊接应注意以下事项：

① 凡参加焊接的焊工必须持证上岗，并进行焊工考试，取得所焊接范围的合格资格，在施焊的全过程中，按批准的焊接工艺进行焊接。

② 管道焊缝组对焊接应有坡口，使用角向砂轮机开启，大口径碳钢管可用氧乙炔火焰开坡口并用砂轮机修正，清除热影响区内的氧化皮和熔渣。

③ 法兰和焊缝的位置不应位于保护管洞口的中间，不应紧贴墙壁、楼板或支架上，阀门应安装在方便操作处。

④ 用组对托架或夹具、中心对准，防止歪斜、搓边和焊缝变形。

⑤ 带至现场的焊条应放置在保温桶内。

⑥ 压力管道和要求拍片的其他管道焊缝，连接前应编制焊接施工方案，经总包和监理同意后执行。

（5） 管道试压应具备以下条件：

① 管道系统施工完毕，支吊架安装齐全，焊缝和法兰未进行油漆和保温，试验用压力表已校验，其量程应为工作压力的 1.5～2 倍，且压力表不少于 2 块。

② 试压前将不能参与试验的设备、仪表管线附件拆除或隔离。

③ 试验准备工作人员、器材、联系方法和检验内容均已落实。

④ 试验新压分段进行，一般可按 3～5 段逐渐加压，试验中发现泄漏，应立即停止加压或打开泄压阀门，无带压修理、紧固，泄漏消除后应重新试压。

⑤ 泄压阀和排放阀出口应有专人监护并持至安全地点，特别是用气体作为试验介质时更应特别注意。

⑥ 试验完成后，校复原有安装的设备表计，并拆除割断用盲板，试验后填写试压记录并作好验收签证。

（6） 标识：管路防腐刷油或绝热保护层结束后，按照设计图纸或相关规范规定的标识，在管道的明显位置或便于观察的地方，进行介质标识喷涂工作，标示的颜色应按规定执行。

（7） 管道安装质量标准：

① 管道工程施工中，须严格按本公司质量保证体系运转准则和具体要求，强制实施质量检验和施工工艺控制。从熟悉工程图纸到工程竣工验收结束的整个施工过程中，都要对每个作业点进行有效的质量检验，并控制每个施工环节不能失控或漏检。凡检查不符合施工质量、不合格产品，坚决不予放行。

② 对每道作业点（或工序过程）的检验或试验的结果，都应详细按表项卡规定要求给予记录并评审。且有操作者和检验员的签字。重要工艺环节的检验要有审批人签字。（如焊接工艺评定报告、焊接试验报告、焊缝第二次反修。）

③ 工程施工检验应遵循 GB 50235—2010（工业金属）管道施工验收规范及相应标准，验收合格后放行。

④ 整个施工验收过程中，须详细检查材料的钢印移植、焊接工人钢印标记的敲打，使整个检验、测试试验记录表、卡具有便于追踪的可塑性。

⑤ 所提供检验和试验记录的表卡都代表工程施工质量符合法规和有关国家最新标准。如：a. 合格放行的依据。b. 各作业点施工质量符合要求。c. 整个施工质量控制按质量体系运转准则进行监督。d. 实施上述各点依据。

⑥ 质量保证部有责任按照上述条款的具体要求，按质保体系运转准则，使各线的受控人员均做好安装施工的质量检验和质量控制表卡的检验验收记录及评审。

4. 管道吹扫调试

清洗和吹扫的目的在于排除管内的铁锈、垃圾、油脂及其他有害杂物。

① 清洗和吹扫前应拆除孔板、喷嘴、滤网节流阀、止回阀芯并妥当保管，吹洗后复位。

② 不允许吹扫后的设备与吹扫系统隔离。

③ 管线吹扫时应用木槌敲打管子，对焊缝死角、管底等部位重点敲打，但勿损坏管子。

④ 吹扫前要考虑管道支吊架的牢固程度，排放口必须加固，并将其放至安全地点。

⑤ 吹扫的出口要有人监护，以防发生意外伤害。

5. 设备调试

（1）调试准备：设备调试、联动调试和生产联动调试均要求建设单位、监理单位、设计单位、施工单位、供货单位及调试人员在场。试车均以空气为介质。

（2）风机调试：

① 作用：整个垃圾收运系统的核心动力源，将垃圾通过管道收集到垃圾收集站，进行进一步的压缩处理。

② 数量：4 台。

③ 运行方式：自动兼手动。手动：就地控制；自动：由现场 PLC 自动控制。

④ 调试步骤：

a. 检查安装牢固程度，确定固定螺栓连接是否紧固；

b. 由合格的电工检查设备电气线路是否接线正常，能否实现变频控制；

c. 检查润滑油是否注满；

d. 点动设备，观察转向是否与标识一致；

e. 当前期工作完成无误后，进行通电试车；

f. 进行通电试车，观察电压、电流是否符合设备要求；

g. 观察设备的振动、噪声是否正常；

h. 将各项运行参数做好记录。

（3）空气压缩机调试：

① 数量：1 台。

② 作用：压缩空气，为动力阀门提供动力。

③ 运行方式：自动。手动：就地控制；自动：由现场 PLC 自动控制。

④ 调试步骤：

a. 检查安装牢固程度，确定固定螺栓连接是否紧固；

b. 由电气工程师检查设备电气线路是否接线正常；

c. 点动设备，观察转向是否与标识一致；

d. 当前期工作完成无误后，进行通电试车；

e. 进行通电试车，观察电压、电流是否符合设备要求，如不符合设备要求，应及时检查检修；

f. 压缩空气，检测压力表数值能否达到设计值；

g. 观察设备的振动、噪声是否正常，如有异常，应及时检查检修后再次试车，并做好记录。

⑤ 注意事项：一般情况下采用自动控制，故障或特殊情况下根据需要采用手动。

（4）垃圾压缩机调试：

① 作用：将垃圾压实并压缩到垃圾箱内，增加垃圾箱的空间利用率。

② 数量：2 套。

③ 运行方式：自动兼手动。手动：现场控制。自动：由现场 PLC 自动控制。

④ 调试步骤：

a. 检查安装牢固程度，固定螺栓连接是否紧固；

b. 由电气工程师检查设备电气线路是否接线正常；

c. 检查润滑油是否注满，液压油是否达到油标，液压系统动作是否正常；

d. 检查中心线是否与垃圾箱一致，压板、油缸是否正常；

e. 点动设备，观察转向是否与标识一致；

f. 当前期工作完成无误后，进行通电试车；

g. 进行通电试车，观察电压、电流是否符合设备要求，液压系统动作是否正常，液压系统是否存在泄漏；

h. 推杆动作，推杆距离及执行元件的行程是否到位；

i. 观察设备是否有异常振动、噪声。

（5）垃圾分离机调试：

① 作用：将管道中吸纳来的垃圾进行气相和固相分离，气体通过顶部排出，固体垃圾落入垃圾箱内等待压实。

② 运行方式：手动兼自动控制。手动：就地控制；自动：由现场 PLC 进行自动控制。

③ 调试步骤及方法：

a. 检查安装牢固程度，确定固定螺栓连接是否紧固；

b. 由电气工程师检查管道及供风风机的电气线路是否接线正常；

c. 关节部件按要求注入润滑油；

d. 点动设备，观察翻板等转向是否与标识一致；

e. 当前期工作完成无误后，进行通电试车；

f. 进行通电试车，观察电压、电流是否符合设备要求，如不符合设备要求，应及时检查检修；

g. 观察设备是否有异常振动、噪声，如有，应及时检查检修后再次试车，并做好记录。

(6) 过滤设备调试：

① 作用：实现小颗粒灰尘过滤。

② 运行方式：连续运行。

③ 调试步骤：

a. 检查安装牢固程度，确定固定螺栓、起吊支架连接是否紧固；

b. 由电气工程师检查设备电气线路接线是否正常；

c. 点动设备，观察转向是否与标识一致；

d. 当前期工作完成无误后，进行通电试车；

e. 进行通电试车，观察电压、电流是否符合设备要求；

f. 观察设备是否有异常振动、噪声。

(7) 气体除臭装置调试：

① 作用：对垃圾收运系统的尾气进行处理，并达标排放。

② 运行方式：连续式。

③ 调试步骤：

a. 检查安装牢固程度，确定固定螺栓、起吊支架连接是否紧固；

b. 检查活性炭数量，满足设计要求；

c. 风管进出口径满足要求，风速对整体无影响；

d. 当前期工作完成无误后，进行通气试车；

e. 观察设备是否有异常振动、噪声。

(8) 垃圾箱位移机：

① 作用：用于多个垃圾箱按照指令移动。

② 运行方式：可现场手动控制。

③ 调试步骤：

a. 检查设备安装牢固程度，确定固定螺栓连接是否紧固；

b. 检查移位车自身液压系统是否正常；

c. 由电气工程师检查设备电气控制线路接线是否正确；

d. 检查各设备润滑油是否注满；

e. 点动各执行元件，观察其转向是否与标识一致；

f. 当前期工作完成无误后，进行通电试车；

g. 进行通电试车，观察电压、电流是否符合设备要求；

h. 观察设备的振动、噪声是否异常，并做好记录；

i. 各方向运行动作正常，能够精确定位，启动，停止。

(9) 投放口、投放口消音与进气装置：

① 作用：收集分类垃圾，提供压力管道内所需气体，减少因抽风机造成的气体摩擦噪声。

② 调试步骤：

a. 检查安装牢固程度，确定固定螺栓连接是否紧固；

b. 按图纸要求设置投放口及种类；

c. 储存节阀门开启、关闭正常；

d. 电气方面调试无误，能够正常打开投放口门；

e. 当前期工作完成无误后，进行通电试车；

f. 观察消声器、进气口装置无堵塞。

第四节 验收与移交

甲方组织相关人员（使用方、承建方、代理商等相关人员）：

（1）对明装部分进行现场确认，包括站点、小车，隐蔽工程除外的轨道、防火窗、转轨器、防风窗、电脑等进行现场功能确认。

（2）相关资料交接：站点列表、使用说明、检测报告等产品及制造商基本资料。

（3）移交单上写明现系统情况，包括主要部件数量、运行情况、遗留问题等。

（4）移交标准按照招标文件及合同中对物流系统功能等相关要求执行。

（5）培训：各科室使用人员参与确认。

第五节 运维管理

一、气动物流系统运维

1. 系统培训

气动物流系统基本操作简单易懂，但在调试以及充分测试后，还需要设备厂家的专业人员对使用者进行充分培训，培养操作者的使用习惯。

由于气动物流系统是一套由易到难的设备，因此培训要根据使用者的实际习惯循序渐进，制定合理的培训计划，由浅入深地进行。一般气动物流系统的培训大致可分为三个阶段：

第一阶段：初识（基本操作），一般在系统使用前及使用一周内，对使用人员进行初步的系统原理及基本操作介绍，满足其基本操作需求，并严格要求其按规范操作。

第二阶段：深入（规范操作），一般在系统使用一个月内，对各科室的使用情况进行纠正及规范，养成良好的使用习惯。

第三阶段：需求（技术加强），系统使用 1 年内，熟练操作后操作人员会对系统提出新的要求，发掘操作人员在使用过程中的需求，将系统的特殊功能及特色技术应用于有需求科室，不断深化，将系统与使用人员紧密结合。

2. 日常维护

（1）控制中心的维护：

① 控制中心需安放在干燥通风、环境状况较好处，且便于24h出入，方便及时对系统进行操作控制处理；

② 控制中心电脑需要定期清理及保养，需由指定人员操作。

（2）风机的维护：

① 根据运行频率、运行环境、使用年限制定合理的维护计划；

② 实施期间，选择设备空闲时间段进行维护；

③ 对风机运行的声音、指示灯、转换时的动作进行检查；

④ 定期清理过滤网；

⑤ 检查位置感应器；

⑥ 检查是否有漏气；

⑦ 定期检查电动机；

⑧ 定期清理及检查转换阀门。

（3）转换器的维护：

① 根据运行频率、运行环境、使用年限制定合理的维护计划；

② 检查线路板运行指示灯及所有接线；

③ 检查port口对位及校准；

④ 检查电动机；

⑤ 检查转动时是否有异常声响及刮碰；

⑥ 检查是否漏气。

（4）工作站的维护：

① 根据运行频率、运行环境、使用年限制定合理的维护计划；

② 选择在设备空闲时间段进行维护；

③ 检查线路板接线及指示灯；

④ 检查电动机转动情况及位置感应器；

⑤ 检查传输瓶感应器是否灵敏，并进行清洁；

⑥ 检查按键及显示屏是否正常；

⑦ 润滑滑道，紧固发送架/口螺丝；

⑧ 发送测试，检查站点气密性以及声响。

（5）管道的检查：

① 定期对裸露的管道进行检查，确认是否有异常的腐蚀或明显的损坏及漏气；

② 对特殊地方连接的管道进行传输瓶通过测试，听传输瓶经过时是否有声音；

③ 检查特殊地方管道吊筋等紧固点是否紧固，管道是否松动及摇摆。

（6）传输瓶的维护：

① 定期检查传输瓶瓶体是否有严重的磨损；

② 定期检查摩擦带是否需要更换；

③ 定期检查瓶锁等是否损坏；

④ 定期检查传输瓶标识是否需要更换。

3. 运维管理

（1）人员培训：

① 在设备移交前，由设备厂家对作业人员进行培训，确保其熟悉设备的操作及基础问题的处理流程。

② 制定详细的操作规范，确保操作人员严格按照规程操作设备，避免因误操作导致的故障。

（2）日常检查：

① 传送轨道：

a. 检查传送带在传送过程中是否有异物阻挡，传送滚轮运行是否正常。

b. 当水平传输线运行时，不应出现跑偏的现象。

c. 检查各连接部位，如有螺栓松动应及时紧固。

② 垂直分拣机：

a. 确保垂直井道内干燥，无异物。

b. 检查轴承座液偶器、减速机就位是否满足要求。

c. 检查驱动链条传动是否正常。

d. 检查传动链板、料斗是否卡涩。

③ 周转箱：

a. 确保周转箱无损坏。

b. 确保周转箱标识、编号无误。

④ 收发站：

a. 通过收发站实时监控物流系统的运行状态，包括传输箱的位置、传输速度、设备负载，确认系统运行是否正常。

b. 检查物资运转箱状态及收发记录，确保系统收发正常。

（3）常见故障及处理方法见表 5-23。

表 5-23 常见故障及处理方法

故障现象	可能原因	处理方法
输送带不运转	电源未接通，电机故障，传动部件卡住	检查电源，重启设备，清理卡住物
传感器无法检测物品	传感器被遮挡，灵敏度低，线路故障	清洁传感器，调整灵敏度，检查线路
系统报警显示异常	系统软件故障，硬件连接问题，传感器故障	重启系统，检查硬件连接，更换传感器
输送带跑偏	滚筒或链条安装不正，张紧装置失效	调整滚筒位置，检查张紧装置

二、轨道物流运维

1. 维护保养周期、保养内容

轨道物流维护保养周期、保养内容见表 5-24。

表 5-24 轨道物流维护保养周期、保养内容

项目	内容	周期
站点	1)控制台(触摸屏)显示屏完好、显像清晰,操作流畅。 2)站点轨道无杂物、异物,无油脂或者油累积,确保外观整洁清楚,无腐蚀破损	每月
	1)站点支架安装牢固、可靠,电源连接件及硬件紧固。 2)控制台线路连接及齿条检查	每季度
小车	1)小车运行时间记录、外观检查与清洁及箱体检查。 2)压力停止控制、拨动开关灵敏状况及电刷、运行轮和侧轮运行	每月
	刹车片、马达内部清洁,各端口部件的线路状况	每季度
	更换齿轮油、尼龙套和紧固套	每年
换轨器	1)托盘对准度、齿条、换轨器位置及清洁灰尘和异物。 2)小车位置控制、安全挡板状况、电动机拨动开关。 3)盖板螺丝的紧固状况。 4)传感器通信线信号状况	每月
	1)托盘和连接件的间隙及硬件紧固。 2)PS 连接线路检测。 3)拆卸第三轨清洁。 4)托盘移位距离的检测	每季度
轨道系统	系统备份维护	每月
	1)弯轨情况与弯道停车装置检查。 2)电源检查与清洁。 3)防火防风门检查	每季度
	齿条检查、轨道检查、轨道连接状况检查	每半年
竖井轨道	站点清理干净	每季度
站点轨道	由站点使用人员每天进行外部结构的检查和清洁,有异物或者腐蚀要及时清理	每天
系统轨道	进行检测及加紧连接模块	每季度
电源	检测一次空开控制状况	每月

2. 例行维保重点

① 在对系统设备进行维护过程中，应对一些情况加以防范，注意避让小车，堵塞小车疏通时需关闭头两辆车电源，降低危险碰撞系数，也便于缓冲疏通放行，减少轨道过载积压，使设备的运行正常。对于系统的各种设备来说，需要重点做好防潮、防尘、防腐的维护工作。

② 每月一次设备的除尘、清理，扫净设备显露的尘土，检查系统设备连接架紧固状况。小车运行中产生的振动及冲击，使其稳定性在空间上、时间上均会受振动、引力、重力、应力等力场影响，导致螺丝、螺杆及结构件松动，需加以防范和纠正。

③ 根据系统各部分设备的使用检测处理故障，依据监控中心设定使用小车维护保养数据，定期做好维护保养，做好状况记录，确保小车与设备各项功能良好，能够正常运行。

④ 对容易磨损的设备部件每季度进行一次全面检查，一旦发现过度磨损现象应及时更换、维修，如车轮、电刷、碳刷等。

⑤ 对易吸尘部分每月定期清理一次，如轨道暴露在空气中，特别是面朝上的，由于静电作用，会有许多灰尘被吸附在表面，影响导电性能，要定期擦拭，以保证其良好运行。

⑥ 对长时间工作的设备每月定期维护一次，如 PS 电源长时间工作会产生较多的热量，灰尘脏污会影响其电风扇排热，造成电源损坏。

三、垃圾被服运维管理

1. 人员管理及培训

（1）所有作业人员需由设备厂家进行操作培训，培训合格后方可作业。

（2）制定合理的人员排班计划，确保系统在各个时段都有专人负责运维管理，特别是要覆盖垃圾和被服产生的高峰期。

2. 设备检查与维护

（1）投放口检查：定期检查投放口的自动门是否正常开关，防止卡顿影响使用。例如，检查门的轨道是否有杂物、门锁是否灵敏等，这是确保垃圾和被服能够顺利投入系统的第一道关卡。

清洁投放口周围区域，避免垃圾堆积在投放口外，造成卫生问题和堵塞隐患。

（2）管道系统检查：对管道进行定期巡检，查看管道连接部位是否稳固。像气力式垃圾被服系统的管道抱箍联结方式，要检查抱箍是否松动，若采用焊接，则连接的部分则要检查焊接点是否有裂缝等情况。

检查管道内部是否有异物附着或堵塞，尤其是在管道转弯处和连接处。可以通过定期使用内部检测设备或者在管道底部设置观察口来查看。

（3）收集站设备维护：对于收集站中的垃圾箱，要按时清理和消毒。当垃圾储存量达到一定程度时及时安排环卫车运走，避免垃圾满溢影响系统正常运行，同时防止细菌滋生和异味散发。

风机等动力设备需要定期保养，检查风机的叶轮、电机等部件的运行状况，如查看叶轮是否有磨损、电机的散热是否正常等，确保其能为系统提供稳定的动力。过滤系统要定期更换滤芯，保证空气过滤效果，防止灰尘和异味回流到建筑物内部。

3. 运行监控与故障处理

（1）借助 PLC 控制系统，对整个垃圾被服系统进行全程实时图形监控。操作人员可以在监控室直观地看到各个环节的运行状态，如垃圾和被服的传输情况、设备的运行参数等。

（2）设定系统运行的关键指标阈值，如传输速度、压力值等，当指标超出正常范围时及时发出警报，提示运维人员进行检查。

4. 故障处理

（1）建立故障应急预案，明确常见故障的处理流程和责任人员。例如，当管道堵塞时，要知道如何快速定位堵塞位置，采用相应的疏通工具和方法，如使用高压气枪或者专业的管道疏通设备。

（2）对故障进行详细记录，包括故障发生的时间、位置、现象、处理过程等信息，以便后续分析故障原因，总结经验教训，为系统优化提供依据。

第六章

医院纯水系统

第一节　医院纯水系统概述

医院纯水系统是医疗机构中不可或缺的重要设备。它通过一系列的处理步骤，将自来水中的杂质和有害物质去除，提供高纯度、无菌的水源，用于各种医疗设备和手术室的消毒、清洗、注射等需要高纯度水的场合。

1. 工艺原理

医院纯水系统管道及设备一般采用不锈钢材质，在用水点之前必须装备杀菌装置。通常采用 RO+EDI+紫外线消毒的工艺，针对性地设计出成套高纯水处理工艺，以满足医院纯化水制取、大输液制取等用水要求（图 6-1）。

纯化水设备一般采用 RO+EDI+紫外线消毒技术，与预处理配套使用，利用反渗透原理，有效脱盐及去除杂质；设备采用全自动控制，具有工艺先进、产水水质稳定、操作简便、运行费用低、环保无污染、维护方便等优点。

① 反渗透技术（RO）：反渗透技术是医院纯水系统中最常用的水处理技术。它通过半透膜对水进行过滤，将水中的溶解固体、细菌、病毒等有害物质分离出去，从而得到高纯度的水。该技术具有高效、可靠的特点，能够满足医院对水质的严格要求。

② 离子交换技术（EDI）：离子交换技术是医院纯水系统中常用的水处理技术。它通过树脂床对水中的离子进行吸附和交换，去除水中的硬度离子、重金属离子等有害物质，提高水的纯度和质量。该技术适合处理水中的溶解性离子污染物。

③ 紫外线消毒技术：紫外线消毒技术是医院纯水系统中用于杀灭水中细菌、病毒等微生物的常见方法。通过紫外线照射，能够破坏微生物的 DNA 结构，从而达到杀菌的效果。该技术具有快速、高效、无化学药剂残留等特点，是医院纯水系统中重要的一环。

2. 水质标准

一般医院要求：电阻率大于或等于 0.5MΩ·cm，电导率小于或等于 2μS，氨小于或等于 0.3μg/mL，硝酸盐小于或等于 0.06μg/mL，重金属小于或等于 0.5μg/mL。

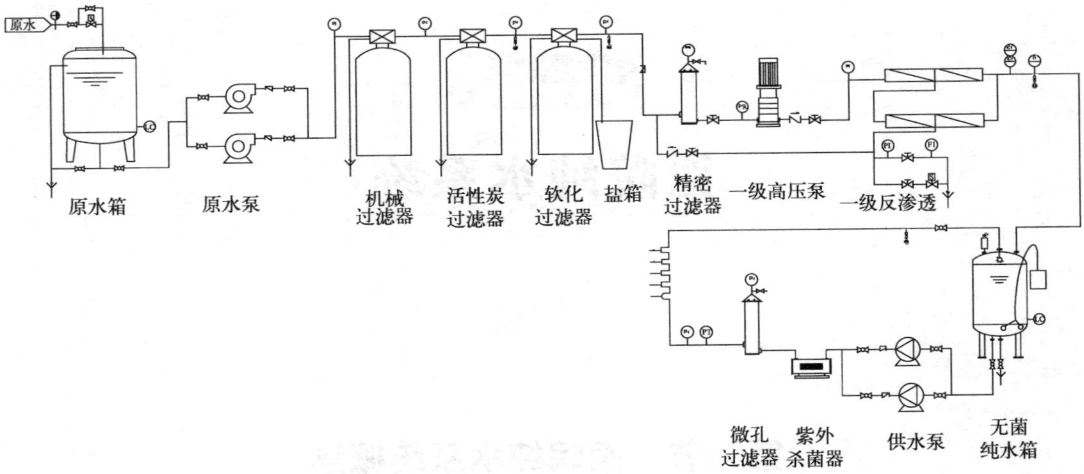

图 6-1　某医院手术室纯水系统工艺原理图

国家标准：GB/T 6682—2008，其中规定了纯水的三个等级，分别为：一级水、二级水、三级水（表 6-1）。

表 6-1　纯水级别及要求

序号	级别	关键指标(25℃电导率)
1	一级水	≤0.01mS/m(≤0.1μS/cm)
2	二级水	≤0.10mS/m(≤1.0μS/cm)
3	三级水	≤0.50mS/m(≤5.0μS/cm)

第二节　纯水系统设计

1. 设计依据

提供的设备及系统应达到中华人民共和国和设备出产国有关设备及系统的设计、制造安装、试验、验收和安全等方面的标准和规范要求；所涉及的设计、加工制造、材料、探伤、电气装置、检验、试验及施工安装等均应参照适合该项目的相关标准、试验规范，以及技术规格书规定的有关要求。所有计量仪器必须符合相关国家标准的要求（表 6-2）。

表 6-2　纯水系统设计标准

序号	规范名称
1	《酸性电解水生成器卫生要求》
2	《软式内镜清洗消毒技术规范》
3	《食品安全国家标准　包装饮用水》
4	《生活饮用水卫生标准》
5	《医院消毒供应中心　第 1 部分：管理规范》
6	《医院消毒供应中心　第 2 部分：清洗消毒及灭菌技术操作规范》

续表

序号	规范名称
7	《建筑给水排水设计规范》
8	《建筑给排水及采暖工程施工质量验收规范》
9	《建筑电气工程施工质量验收规范》
10	《现场设备、工业管道焊接工程施工规范》

2. 系统组成

（1）预处理系统：主要包含原水箱、原水泵、介质过滤器、活性炭过滤器、软化过滤器等，主要用于除去原水中含有的悬浮物、有机物、细菌、胶体及微生物等（表 6-3）。这些物质在反渗透系统进行浓缩分离时，会对反渗透膜造成污染，使系统不能正常工作。如图 6-2 为某医院预处理系统原理图。

表 6-3　预处理系统组成及主要控制指标

序号	名称	主要控制指标及作用
1	原水箱	外形、尺寸、容积、材质等
2	原水泵	流量、扬程、材质等
3	过滤器	材质、接管管径
4	自动控制器	控制系统的运行及反洗
5	软水器	软化水质、接管管径、流量、材质等
6	盐箱	耗材添加

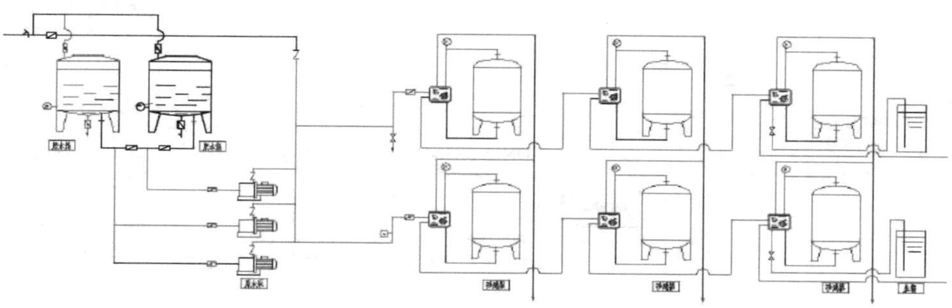

图 6-2　某医院预处理系统工艺原理图

（2）反渗透系统：主要包含保安过滤器、高压泵、膜壳、反渗透膜、仪表及管阀件等（表 6-4）。原水在高压泵的作用下，通过反渗透膜进行过滤，由于反渗透膜的孔径极小，仅为 0.0001μm，因此能够有效地截留水中的溶解性盐类、胶体、微生物、有机物等杂质，从而实现水的净化。在这一过程中，水分子在压力的作用下能够顺利通过反渗透膜，而溶质则被截留在膜的一侧，形成浓水并被排出系统。

说明：复合清洗消毒装置定期清洗消毒，以恢复系统制水能力。

表 6-4　反渗透系统组成及控制指标

序号	名称	主要控制指标及作用
1	保安过滤器	材质、接管管径
2	高压泵	流量、扬程、材质等

续表

序号	名称	主要控制指标及作用
3	膜壳	材质、过滤
4	反渗透膜	高脱盐率低能耗、RO膜
5	仪器仪表	满足系统要求

(3) 纯水后处理系统：主要包含无菌水箱、供水泵、紫外杀菌器、微孔过滤器、臭氧消毒装置、仪器仪表等，进一步处理水质，对来水进行杀菌消毒，过滤剩余杂质，保证水质达到使用标准（表 6-5）。

如图 6-3 为某医院后纯水处理系统工艺原理图。

表 6-5　纯水后处理系统组成及控制指标

序号	名称	主要控制指标及作用
1	无菌水箱	外形尺寸、容积、空气呼吸器、液位控制、材质、储存水等
2	供水泵	提供压力、流量、扬程、一用一备、变频控制、材质等
3	紫外杀菌器	杀菌消毒、流量、材质、使用寿命
4	微孔过滤器	过滤杂质、过滤精度、材质
5	臭氧消毒装置	消毒、流量、材质等
6	仪器仪表	满足系统要求

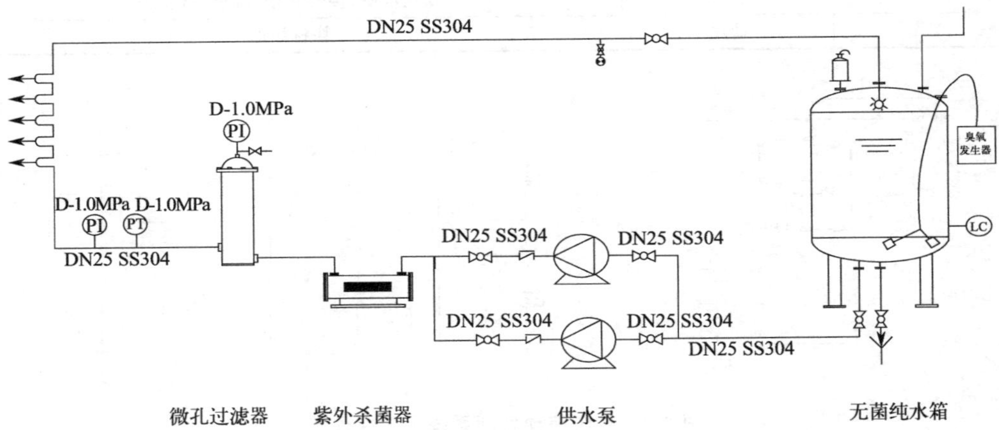

图 6-3　某医院后纯水处理系统工艺原理图

(4) 控制系统：主要包含主机、模块、触摸屏、变频器、压力变送器、仪器仪表等（表 6-6）。控制系统作为纯水系统的大脑，控制并检测整个系统的运行，负责全系统的水质检测监控，自动调整纯水系统的工艺参数，确保用水点位水质达标，具备应急水源在线接入功能，以避免关键科室停水。如图 6-4 为某医院控制系统原理图。

表 6-6　控制系统组成及主要参数

序号	名称	主要参数及作用
1	主机	控制器、功能、品牌等
2	触摸屏	尺寸、分辨率、接口、色域等
3	变频器	水泵变频控制

续表

序号	名称	主要参数及作用
4	压力变送器	系统电子件
5	仪器仪表	满足系统要求

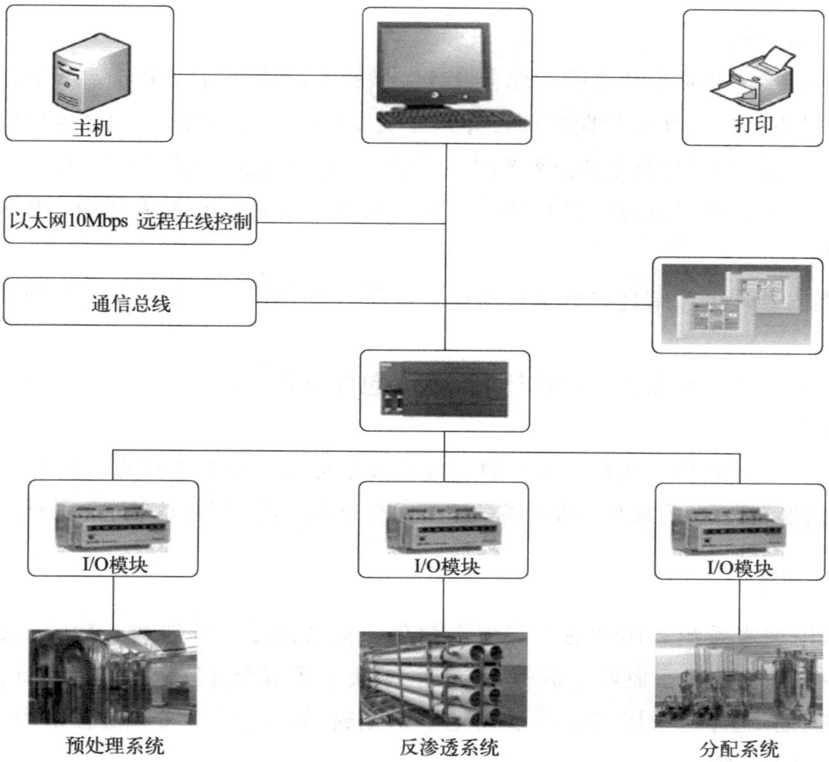

图 6-4　某医院控制系统原理图

3. 设计工作流程

（1）建立沟通机制：设计方案必须满足国家规范及标准，满足医院使用要求。为了更高效地推动工程建设管理工作，保证各项工作有序开展，提高沟通的及时性、有效性、正确性，前期需与工程建设各参建方就沟通机制（业务流程、反馈时限等）进行约定，明确各参建方对接负责人及医院各科室联络人。

（2）主要负责人、方案决策人、最终确定人等见表 6-7。

表 6-7　主要科室对接人

序号	科室	主要负责人	方案决策人	最终确定人
1	耳鼻喉科	科室主任、护士长	副书记	书记
2	口腔科	科室主任、护士长	副书记	书记
3	检验科	科室主任、护士长	副书记	书记
4	血液透析科	科室主任、护士长	副书记	书记
5	中心供应	科室主任、护士长	副书记	书记
6	内镜中心	科室主任、护士长	副书记	书记

续表

序号	科室	主要负责人	方案决策人	最终确定人
7	手术室	医生、主任	副书记	书记
8	ICU	护士长	副书记	书记
9	…	…	…	…

（3）设计流程：

① 专项对接：初步设计阶段，配合设计院做初步设计资料，并与院方开始进行对接，条件允许的情况下，方案设计阶段即可介入专项设计，提资前置，以减少后期图纸修改。

② 提出需求：明确各科室的面积范围、用水量、用水点位、系统材质、技术参数等要求。

③ 平面方案：确定机房位置及使用面积，明确设备平面布置大样图，确定用水点位具体位置等。

④ 方案内部评审：结合项目实际情况，经项目及公司评审完成后，经理部评审后才可报出。

⑤ 根据确定后的平面图，向设计院提资，包含设备基础、管井、机房大小、强电需求、弱电需求等。

⑥ 施工图设计阶段：明确主要材料，配套设备性能、档次、材质、技术标准等。

⑦ 施工图审核：将专项单位设计院的施工图交于设计院进行审核盖章，设计院提出意见。

4. 设计要点

（1）医用纯水系统采用砂滤＋炭滤＋软化＋精密过滤＋反渗透＋后纯水处理工艺制备，重点科室如检验科、血液透析科的纯水箱系统采用双套并联运行模式设计。

（2）纯水系统管材采用 SS304 及以上不锈钢材质，阀门、仪器仪表采用卫生型，以降低微生物滋生风险。

（3）纯水机房安装面积符合运行及规范需要，血透机房面积为设备安装面积的 1.5 倍。

（4）透析用水管道采用卫生级 SS316L 不锈钢管道，焊接施工，其余纯水管道可采用卫生级 SS304 不锈钢管，卡压连接。

（5）纯水管道采用循环设计，尽量缩短支管长度，出水口及回水口均安装取样阀及压力监测仪表。

（6）纯水管道安装于强弱电管道下方，与机电管道间距＞300mm。

（7）耐腐蚀性：耐腐蚀性是医用纯水管道选材的重要标准之一。由于医用纯水系统在运行过程中需要定期进行消毒杀菌，污染严重时还需进行碱洗，因此管道必须具备出色的耐腐蚀性，以防止腐蚀对水质造成不良影响。

（8）高温稳定性：在生产过程中，医用纯水管道可能需要在高温环境下运行。因此，管道材料必须具备优良的高温稳定性和热传导性能，能够承受高温环境并保持稳定的性能。这需要材料具有较高的熔点和抗热变形能力，以确保管道在使用过程中不会发生变形或破裂。

（9）高强度和抗压性：管道材料必须具备足够的强度和抗压性能，这需要材料具有较高的屈服点和抗拉强度，能够承受外部压力和冲击力。同时，管道的连接方式和支架设计也需合理，以确保管道在使用过程中不会发生变形或断裂。

（10）低渗透性：医用纯水管道必须具有较低的渗透性，以防止医用纯水泄漏或外部杂质渗入，这需要材料具有优良的密封性能和防渗漏能力，能够有效地阻挡水分的渗透。同时，管道的连接部分也需采用可靠的密封材料，以确保管道在使用过程中不会发生渗漏现象。

（11）卫生级：医用纯水管道及配件材料必须符合相关的卫生标准，无毒、无味、无菌，确保管道在使用过程中不会对水质产生不良影响。同时，管道的表面光滑度和平整度也需要符合相关标准，即管道内表面光滑度 $Ra\leqslant 0.6\mu m$，外表面光滑度 $Ra\leqslant 0.8\mu m$，以降低细菌滋生的可能性。

（12）生物安全性：医用中央纯水系统必须能够防止微生物的滋生，这要求所选择的管阀件、储水容器和其他组件必须无死角、易于清洁，和纯水接触的部分杜绝采用带螺纹的零部件、仪器仪表、阀门。

（13）流体阻力：为了确保稳定的流量和压力，材料的选择也会影响流体阻力，选择内壁光滑、摩擦力小的材料可以减少流体阻力，从而保证稳定的供水。

（14）安全性：所有的材料都必须符合相关的卫生和安全标准，优先选用符合 GMP 标准的零部件和材料。

（15）维护与寿命：优先选用耐用、维护频率低的材料部件以减少维修频率。

5. 设计平面图布局

（1）机房平面图见图 6-5。

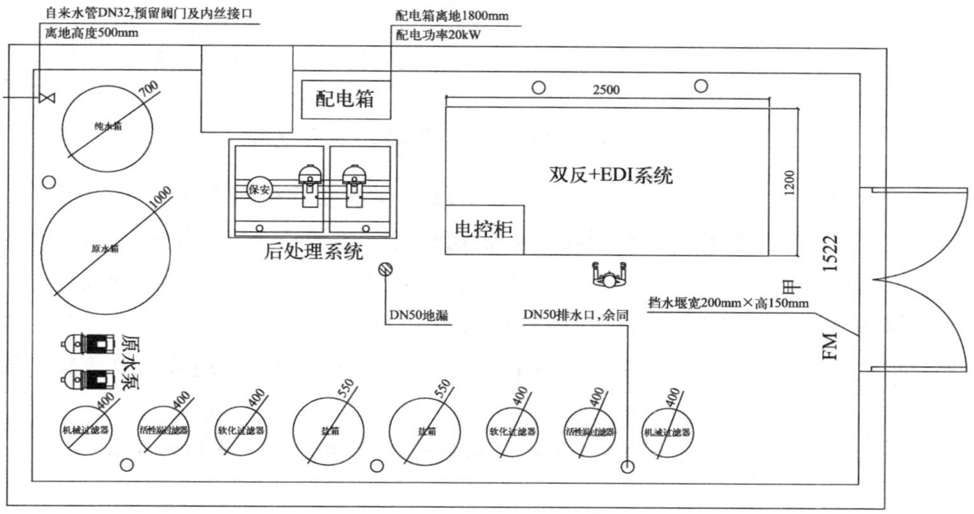

图 6-5 某医院纯水系统机房平面布置图

① 要求地面平整，不得有积水现象，地面一般设置防滑地砖，具体以医院需求为准；

② 机房内做防渗水处理，防水等级二级，墙脚防水高度不低于 500mm；

③ 给水要求：市政自来水，流量 $>4m^3/h$，压力 0.15～0.4MPa，管径 DN40，离地高度为 500mm，预留阀门及内丝接口；

④ 排水：机房内设 DN50 排水口、DN50 地漏，排水满足机房排水要求；

⑤ 纯水机房承重满足要求；

⑥ 纯水机房要求门高＞2200mm，宽＞1100mm；

⑦ 纯水机房内保持10～35℃，机房内具备送风、排风设施；

⑧ 机房内按照规范设置照明灯具。

（2）末端点位平面图见图6-6。

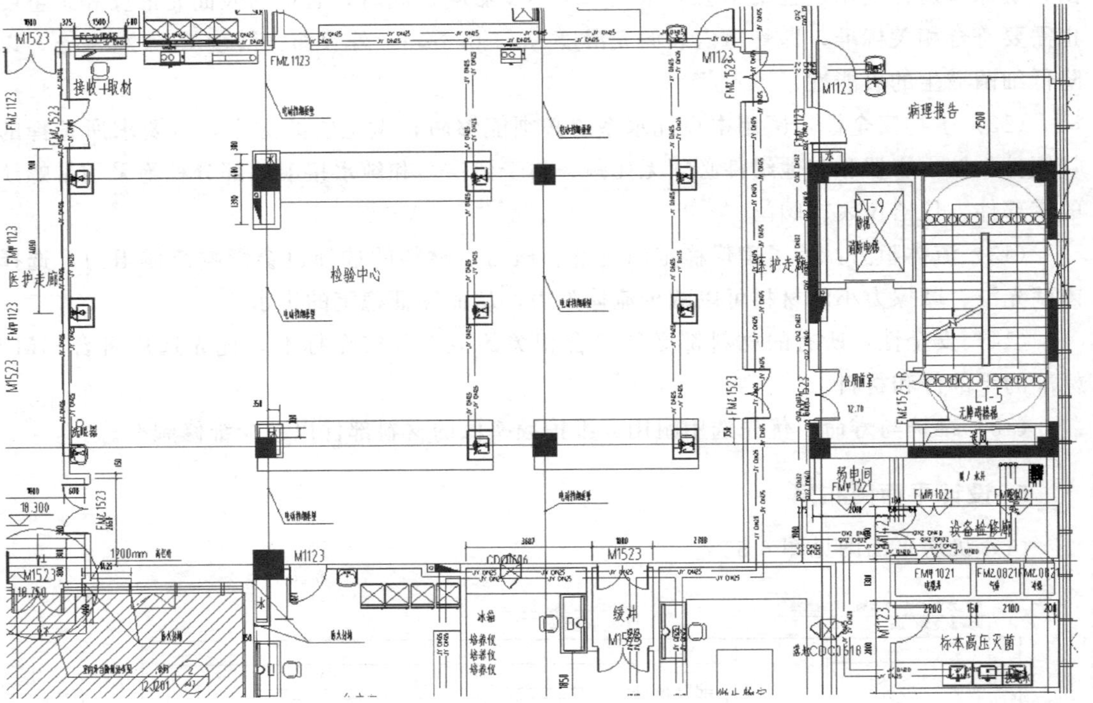

图6-6 某医院纯水系统末端点位平面布置图

① 管道敷设：各类管道在安装时应尽量靠墙、柱及靠近板底安装，为使用和二次装修留出空间，并应与其他专业的管道桥架等密切配合，确保管道安装顺利实施。在安装过程中如发生管道交叉，应按照“小管让大管、有压管让无压管”的原则进行调整。

② 医用纯水采用循环管路供水，由输送管路和终端用水点组成，主要是将系统产水输送到各使用点，管径大小按相关计算规程规定进行设计，阀门的规范及数量满足系统功能要求。

③ 纯水输送管道采用安闭大循环设计，尽量缩短支管长度，避免产生死水。

第三节　技术

1. 施工准备

施工准备内容见表6-8。

表 6-8　施工准备内容

序号	准备内容	描述
1	技术准备	在主体结构施工前对预留洞图进行深化设计，负责绘制综合预留预埋图(CBWD)，重点标注预留预埋的定位尺寸
		设计图纸、施工方案、技术交底均已全部完成
		对施工班组进行技术交底，明确、具体地说明施工内容、方法及作业要点
2	材料准备	依照施工内容和计划对各种材料进行备料
		各构建及支架提前加工制作完毕，并报建设及监理单位按验收程序检验合格
		电焊机、切割机等施工所需机具性能良好
3	人员准备	完成对人员的进场作业培训并合格
		焊工等特种作业人员须持有操作证并通过考核
		确定专人对施工进行复查，对检查结果形成记录
4	其他准备	熟悉施工图纸、技术文件(包括设计变更)，掌握有关的施工验收规范
		检查施工用的机具、工具是否齐全、完好
		根据计划采购各种规格、型号的符合要求的材料、阀门及必需的安装辅材
		检查现场是否具备施工条件，工作面移交、设备基础、上一道工序是否完工、是否存在安全隐患等
		测量放线已完成，管线的位置、标高已确定，支架的形式已确定，深化设计图纸签字盖章完成
		施工计划、劳动力配置计划、施工机械配置计划等

2. 施工流程

纯水制备流程见图 6-7。

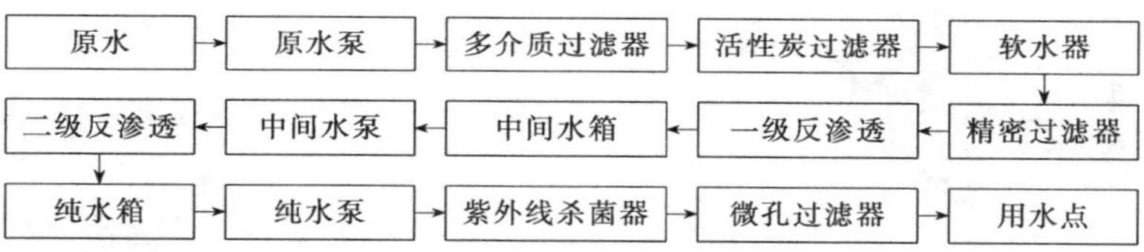

图 6-7　纯水制备流程

3. 施工方法

(1) 施工工艺流程见图 6-8。

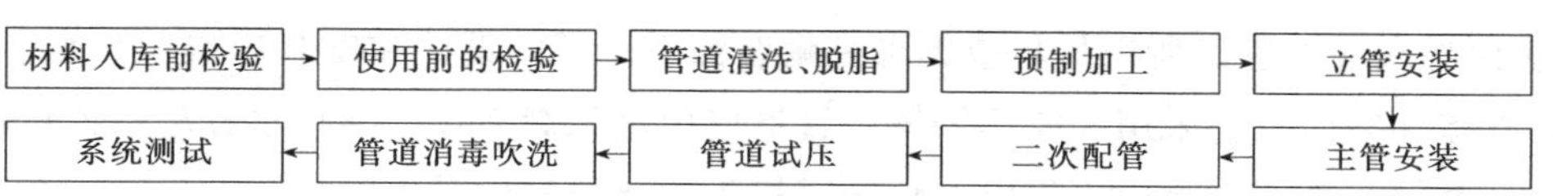

图 6-8　管道安装工艺流程

(2) 管道安装：

① 按图纸要求，根据所需管子的长度，用专用工具切割已检验合格的管子。首先，用三脚架将管子固定好，由于管壁较薄，因此固定管子时，不可夹得太紧，以防变形或划出痕迹。然后切割，切割完后检查已切割好的管口内表面是否干净。如果干净，则各用一小块洁净布分别塞入管内距离端口 20～30mm 处，然后用专用刮削工具（平口机）刮削端面至光滑、平整，再用洁净的塑料盖将管口封好。如果经过刮削后管口内有铁屑，则必须用洁净布和酒精将管口内外壁擦洗干净，再用高纯气或氮气吹干，盖上塑料端盖，流入下道工序。

② 不锈钢管道焊接前进行脱脂处理。脱脂处理的目的是去除管道内壁由于加工工艺过程残留在管道内的油脂。通常制药工艺用水的不锈钢管道采用的脱脂剂是工业酒精或二氧化碳。脱脂采用浸泡法，即将管子放入盛有脱脂剂的槽内，浸泡 10～15min，并翻动管子 3～4 次，然后取出干燥。检验方法：用干净的白色滤纸擦抹脱脂件表面，无油荧光为合格。

(3) 管道安装要点：

① 检查所用模块规格与待安装管路规格是否一致，管材、管件必须配套使用专用安装工具进行施工。

② 着色挡板朝向是否一致，即上、下着色挡板朝在同一侧。

③ 液压泵出现工作不正常、漏油等现象时严禁使用。

④ 下料：不锈钢管材采用机械方法断管，断面应与管材垂直，并去除端面内外毛刺，轮片专用于不锈钢断管，断管后必须去除内外飞边、毛刺，抛除变色部分（图 6-9）。

⑤ 预装密封圈：将管材插入至管件底部，并在密封圈预装位置做记号画线定位，拉出管材，将密封圈套至有标记处，将套好的管材再次插入管件底部，并使密封圈与管件密封段端口齐平（图 6-10）。

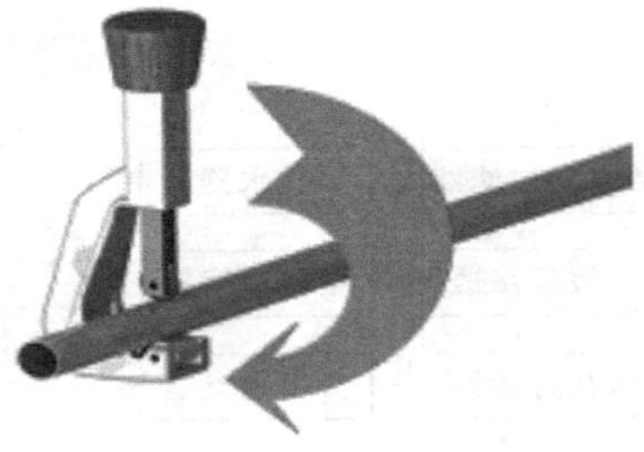

图 6-9 断管示意图

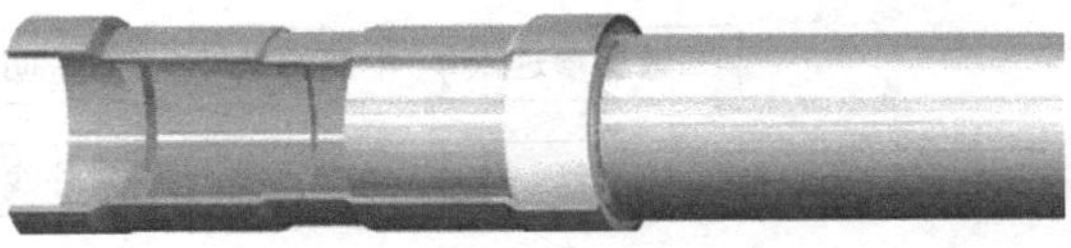

图 6-10 密封圈预装示意图

⑥ 透析用水管道采用 316L 不锈钢管道，惰性气体保护焊连接，并进行酸洗钝化处理，其余纯水管道采用 304 不锈钢管道，卡压连接。

⑦ 储罐和输送管道所用材料应无毒、耐腐蚀。管道的设计和安装应避免死角、盲管。系统的管道和阀门材料采用 304 不锈钢，管道应用氩弧焊连接。纯化水分配系统材料均采用 304 不锈钢，采用氩弧焊连接以避免管道接头的死角滋生微生物。

⑧ 纯水管道施工完毕后采用洁净的水源（余氯含量低）或气体进行严密性试验，试压完毕后需将管道中的水排空。

⑨ 严密性试验压力分别为运行压力的 1.5 倍（水）和 1.15 倍（气），纯水管道需进行消毒杀菌处理方可投入使用。

(4) 设备安装要点：

① 医院纯化水设备安装在制水间。医院纯化水设备按设计图纸及提供的技术资料安装后，检查安装是否符合设计及规范要求。鉴于纯化水在制药过程中的重要性，为保障纯化水的质量，部分制备装置应配备相应的仪表，仪表精度应符合要求。

② 系统分配安装：药品生产质量管理规范明确要求纯化水的制备、储存和分配系统

应能防止微生物滋生和污染。储罐和输送管道所用材料应无毒、耐腐蚀。管道的设计和安装应避免死角、盲管。

③ 设备安装前应对土建进行验收，基础外观不得有裂纹、蜂窝、空洞及露筋等现象，基础各部尺寸及位置偏差数值不得超过相关规定。

④ 设备安装遵循先安装距门/通道较远的设备、再安装靠近大门的设备；先安装质量重、体积大的设备，再安装其他附属设备的原则。工艺管道安装遵循先干管后支管，先低处后高处，先里后外，先管路跑管后设备配管的原则。

⑤ 检查设备的完好情况，检查设备的方位、制造中心线、重心及吊挂点，核对设备安装支座与预埋钢板的位置、方位、距离，必须保证设备顺利吊装、安装找正及运行安全，如有问题应提交有关部门研究处理办法。

⑥ 设备的找正与找平应按基础上的安装基准线（中心、水平标记）与设备上的基准测点进行调整和测量（表 6-9）。

⑦ 立式设备的方位应以基础上距离设备最近的中心划线为基准，垂直度应以设备外壁两端的测点（吊线坠）为准（或按制造厂给出的设备标记为准）。

⑧ 卧式设备的水平度一般以设备的中心划线或底座平面为基准，找正与找平应在同一平面内互成直角的两个方向进行。

表 6-9 设备找平、找正后对安装基准线的允许偏差

序号	项目		允许偏差/mm
1	平面位置(纵、横轴线)	与其他设备无机械联系的	±10
		与其他设备有机械联系的	±2
2	标高	与其他设备无机械联系的	+20/−10
		与其他设备有机械联系的	±1
3	垂直度(h:立式设备总高度,单位 m)		h/1000
4	水平度		2/1000
5	方位		5

如图 6-11 为机房安装示意图。

图 6-11 机房安装示意图

（5）特殊注意事项：

① 医院纯化水设备及设备仪表的安装确认事项：医院纯化水设备安装在制水间。医院纯化水设备按设计图纸及提供的技术资料安装后，检查安装是否符合设计及规范要求。

鉴于纯化水在制药过程中的重要性，为保障纯化水的质量，对部分制备装置应配备相应的仪表，仪表精度应符合要求。

② 臭氧发生器的安装确认事项：臭氧发生器出气管安装在纯水箱侧面自循环管上，起到对纯化水设备的灭菌作用。为保障其安全运行，要对规格、技术资料等进行开箱验收并对其安装环境及安装后运行检查，确认其符合设计要求。

③ 医用纯水机房通风与排水根据运行需要采用排水沟或排水管排水，血透纯水机房需耐高温排水管。

④ 储罐及管道的钝化处理：管道试压确定无渗漏，并在医院纯化水设备调试运行正常后，为保障纯化水的储存和输送质量，避免储罐和管道内壁附着的油污和离子污染纯化水，要对储罐和管道进行钝化处理。

4. 系统调试

（1）前置条件：通正式水电，调试步骤如下。

设备压力试验—预处理系统调试—反渗透系统调试—后纯水处理系统调试—联调联试—通水试验。

（2）调试要点：

① 系统设备及连接点无渗漏；

② 各级子系统运行压力、流量满足设计及后续系统运行要求；

③ 反渗透系统产水量、浓水量、产水水质满足设计要求；

④ 各级子系统联调联试无间断运行，符合控制逻辑；

⑤ 水泵、水箱液位连锁控制，符合控制逻辑；

⑥ 控制系统手动、自动功能正常，符合控制逻辑；

⑦ 纯水输送压力设置满足用水点要求，水泵启停、运转频率调节符合控制逻辑；

⑧ 管道冲洗及消毒：系统调试完成，制备纯水对管道系统进行冲洗，必要时进行碱洗，完成后采用过氧乙酸对管道进行消毒。

（3）水质检测：医用纯化水设备操作需要谨慎，确保产出水质量符合使用标准。使用医用纯化水设备期间一定要进行正确操作，定期检测水质各项参数是否满足使用要求，确保其安全稳定运行。

① 检查整套制药纯化水设备各部分的运行情况，例如预处理系统中的过滤器、软化水设备，运行是否正常，是否需要对滤料进行反冲洗。检查预处理系统中的反渗透、混床等设备是否运行正常。检查电压、电流、供水压力、控制阀、管路是否正常。

② 检测设备参数。依据用户使用要求不同，原水水质不同，整套设备配置也会有很大区别。例如：原水中悬浮物、余氯超标需安装多介质过滤器和活性炭过滤器，去除细菌、热源等需采用反渗透装置。

③ 检测每个水处理设备配件，通过进出口处水质来确定整套制药纯化水设备的处理净化率和产量是否达到使用标准。具体运行参数可依据设备性能和用途设定。如使用混床则需要测定电导率、流量和树脂交换能力、再生周期、使用数量等。

④ 检查管路运行情况，例如是否存在堵塞问题。

⑤ 检查水泵是否按照正确方向运转。

⑥ 检查控制阀是否能够精准控制整套设备运行。

⑦ 检测标准：参照现行国家及卫健委相关标准规范。

水质检测方法：仪器仪表在线监测，第三方检测机构检测。

第四节 验收与移交

(1) 移交流程：符合性检查—水质第三方检测—培训—验收—建立 SOP（标准操作程序)—移交使用方。

(2) 移交内容：使用说明书、合格证、检验报告、竣工图、SOP 文件等技术性资料。

(3) 参加人员：业主、代建、总包、监理、施工方主管人员及使用科室负责人。

(4) 移交标准：系统设备数量、性能符合设计、招标文件、合同要求、水质检测合格、资料完善等。

第五节 运维管理

(1) 维护保养内容、保养周期见表 6-10。

表 6-10 维护保养内容及主要周期

序号	保养内容	保养周期
1	多介质过滤器滤料	1 年
2	活性炭过滤器滤料	1 年
3	软化过滤器滤料	1 年
4	精密过滤器滤芯	6 个月
5	空气呼吸阀滤芯	6 个月
6	微孔过滤器滤芯	6 个月
7	反渗透膜	1 年或根据水质更换，电导率＞$10\mu S/cm$ 时需更换
8	过流式紫外杀菌器灯管	9000h
9	浸没式紫外杀菌器灯管	9000h
10	臭氧发生器	1 年
11	纯水管道消毒	每月 1 次
12	日常微生物监测	建议每 3 月 1 次或根据医院院感要求
13	巡检	每天至少 2 次记录运行数据

(2) 例行维保重点：

a. 检查系统运行压力、流量、水质参数、运行及报警记录；

b. 检查及处理系统设备、阀门渗漏情况；

c. 水泵运转情况检查，有无渗漏、异常噪声；

d. 臭氧溶解浓度检测；

e. 定期更换滤料、滤芯、反渗透、消毒组件等耗材；

f. 纯水管道定期消毒；

g. 院感部门定期进行微生物监测。

第七章

医疗排污系统

第一节　医疗排污系统概述

医疗污废水是指门诊、急诊、住院病房、手术室、各类检验室、动物实验室、解剖室、放射室、洗衣房、太平间等处排出的诊疗、生活污废水。医疗污水是指医疗机构门诊、病房、手术室、各类检验室、病理解剖室、放射室、洗衣房、太平间等处排出的诊疗、生活及粪便污水。这些污水来源及成分复杂，含有病原性微生物、有毒、有害的物理化学污染物和放射性污染物等。医疗污水的性质包括含有病原体、重金属、消毒剂、有机溶剂、酸、碱以及放射性物质等，具有空间污染、急性传染和潜伏性传染等特征。医院产生污水的主要部门和设施包括诊疗室、化验室、病房、洗衣房、X光照像洗印、动物房、同位素治疗诊断、手术室等排水，以及医院行政管理和医务人员排放的生活污水，食堂、单身宿舍、家属宿舍排水。当行政后勤服务如办公、食堂、宿舍等排水与上述污水混合排出时亦视为医院污水。医疗机构区域内排水应采取雨污分流，传染病医疗建筑屋面及地面雨水严禁回用。

医疗污水的处理对于保护环境和人类健康至关重要。不当的医疗废水处理可能导致水体和土壤污染，严重时可能引发各种疾病，甚至导致传染病的暴发流行。因此，医院污水处理应遵循减量化、无害化和资源化的原则，尽可能减少污水排放，降低对环境的影响。保障去除污水中的病原体、有毒有害物质和悬浮物等污染物，使处理后的水质符合国家或地方规定的排放标准，同时实现水资源的回收利用。

医疗区如表7-1所列场所应采用独立的排水系统或间接排放。

表7-1　独立排水常见科室

序号	污废水类型	主要科室	处理标准	备注
1	传染性污水	传染病门诊及住院区、肠道感染患者、发热感染患者、肝病感染患者等	符合传染病医院建筑设计规范的要求	单独收集处理
2	放射性废水	核医学科、放射科	衰减处理	单独收集处理，经衰减池衰减后排入污水管网
3	酸碱性废水	牙科、检验科、血液透析科、科研	酸碱处理	应采用耐酸、碱性管材独立排水

续表

序号	污废水类型	主要科室	处理标准	备注
4	高温水	医院专用锅炉、医用蒸汽系统、血透用水(高温消毒)、中心供应室	设置降温池或降温井	采用钢管且做外保温

注：1. 传染性污水需单独收集、经消毒处理后排入院区污水处理系统。

2. 放射性废水经衰减池衰减后排入污水管网。

3. 牙科、检验科、科研等科室排放酸性废水的管材应选用耐酸、耐碱的管材，常用材料为PVC-U及HDPE。

4. 血液透析科、锅炉房科室及设备的高温排水需设置降温池，根据条件接入生活用水降温后将其排入院区室外污水管网。

第二节　医疗排污系统设计

一、设计依据规范标准

(1)《医疗机构污水排放标准》。

(2)《医院污水处理设计规范》。

(3)《室外排水设计规范》。

(4)《综合医院建筑设计规范》。

(5)《污水处理设备安全技术规范》。

(6)《医疗机构污水处理工程技术标准》。

(7)《医院污水处理工程技术规范》。

二、设计工作流程

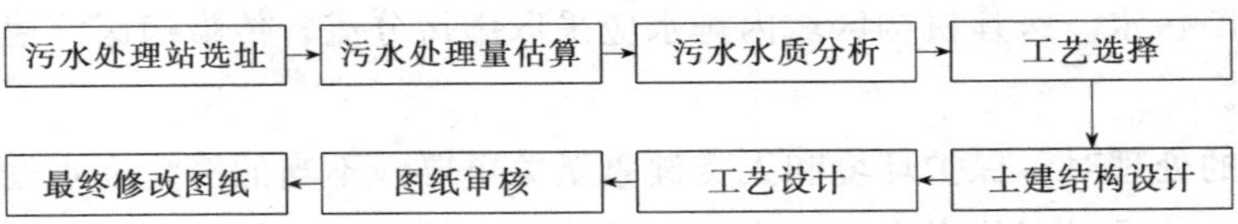

三、系统设计要点

医疗排污系统设计要点见表7-2。

表7-2　医疗排污系统设计要点

序号	系统名称	主要内容
1	污水处理站处理水量	大型医院(床位数≥500)：平均日污水量为400～600L/(床·d)，污水日变化系数为2.0～2.212。 中型医院(床位数100～499)：平均日污水量为300～400L/(床·d)，污水日变化系数为2.2～2.512。 小型医院(床位数＜100)：平均日污水量为250～300L/(床·d)，污水日变化系数为2.5
2	化粪池	当医院为非传染病医院，其污水在化粪池停留时间一般为12～24h，清掏周期为90～180d。当为传染病医院时，其污水停留时间及清掏时间宜延长，一般选择停留时间为24～36h，清掏周期为180～360d

续表

序号	系统名称	主要内容
3	格栅	污水流量，它直接决定了格栅的规模和处理能力，需精确计算日均、峰值流量来选定合适的格栅尺寸。 根据污水中固体颗粒的分布情况，合理设定格栅孔径，通常应大于 2.5cm，以确保有效拦截大颗粒同时避免小孔径频繁堵塞。 材料选择方面，需综合考量成本、耐用性、施工便捷度等因素，不锈钢与钢筋混凝土是常见选择。此外，格栅设计还需注意避免积存，以防堵塞管道。 制定定期维护计划，如每 2～3 天清理一次，确保格栅高效运行；并加强安全防护设计，设置必要的防护设施，防止人员误入和意外伤害。 格栅应具有手动和自动两种控制方式

四、污水处理系统设计

（一）污水处理工艺设计

医院污水处理所用工艺必须确保处理出水达标，主要采用的三种工艺有：一级加强处理、二级处理和简易生化处理。

1. 一级加强处理

（1）工艺流程及简介：医院污水经化粪池进入调节池，调节池前需设置自动格栅，调节池内设提升水泵。污水经提升后进入混凝沉淀池进行混凝沉淀，沉淀池出水进入接触池进行消毒，接触池出水达标后排放（图 7-1）。

调节池、混凝沉淀池、接触池的污泥及栅渣等污水处理站内产生的垃圾需集中消毒后外运。消毒可采用巴氏蒸汽消毒或投加石灰等方式。

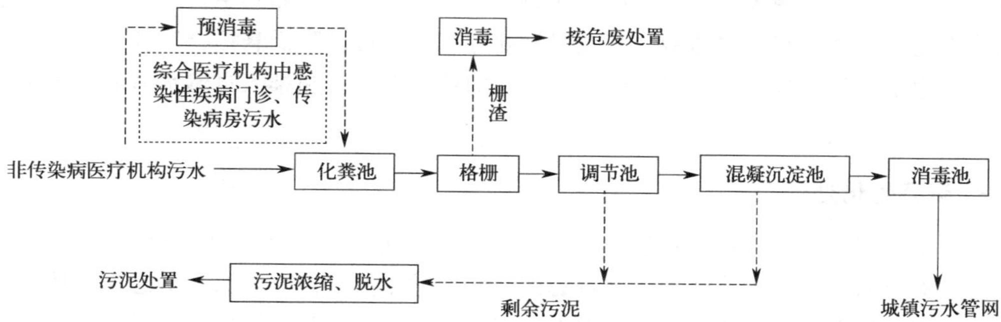

图 7-1　一级加强处理流程图

（2）工艺特点及适用范围：加强处理效果的一级强化处理可以提高处理效果，可将携带病毒、病菌的颗粒物去除，提高后续深化消毒的效果并降低消毒剂的用量。其中对现有一级处理工艺进行改造可充分利用现有设施，减少投资费用。适用于处理出水最终进入二级处理城市污水处理厂的综合医院。

2. 二级处理

（1）工艺流程及简介：二级处理工艺流程为“调节池—生物氧化—接触消毒”。医院污水经化粪池进入调节池。调节池前设置自动格栅。调节池内设提升水泵，污水经提升后进入好氧池进行生物处理，好氧池出水进入接触池进行消毒，出水达标后排放（图 7-2）。

调节池、生化处理池、接触池的污泥及栅渣等污水处理站内产生的垃圾需集中消毒后外运焚烧。消毒可采用巴氏蒸汽消毒或投加石灰等方式。

传染病医院的污水和粪便宜分别收集。生活污水直接进入预消毒池进行消毒处理后进入调节池，患者的粪便应先独立消毒，通过下水道进入化粪池或单独处理。各构筑物须在密闭的环境中运行，通过统一的通风系统进行换气，废气经消毒后排放，消毒可采用紫外线消毒系统。

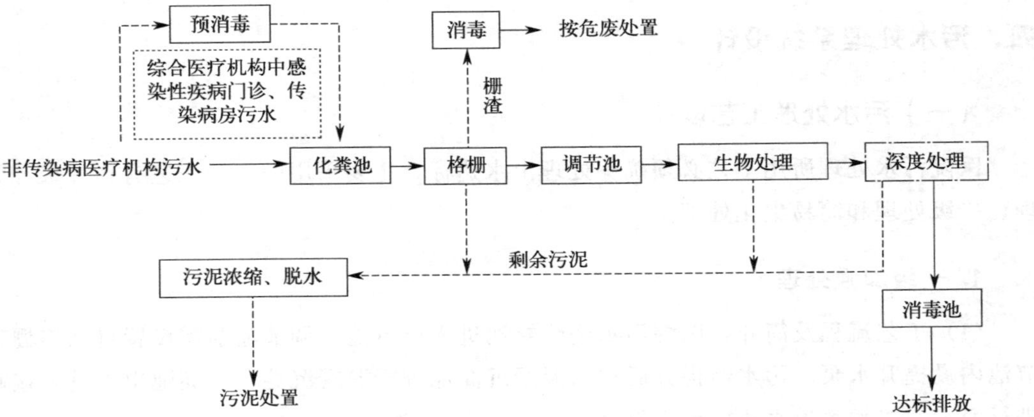

图 7-2　二级处理流程图

（2）工艺特点及适用范围：好氧生化处理单元去除 COD_{Cr}、BOD_5 等有机污染物，好氧生化处理可选择接触氧化、活性污泥和高效好氧处理工艺，如膜生物反应器、曝气生物滤池等工艺。采用具有过滤功能的高效好氧处理工艺，可以降低悬浮物浓度，有利于后续消毒。适用于非传染病医院（包括带传染病房的综合医院）和排入自然水体的综合医院污水处理。

3. 简易生化处理

（1）工艺流程及简介：简易生化处理工艺的流程为“沼气净化池—消毒”。沼气净化池分为固液分离区、厌氧滤池和沉淀过滤区。三区的主要功能分别为去除悬浮固体，吸附胶体和溶解性物质；进一步去除和降解有机污染物；最后通过沉淀和过滤单元去除剩余悬浮物和降解有机污染物，保证出水质量。所产生沼气根据气量大小做不同的处理，当 $1m^3$ 污泥制取沼气达 $15m^3$ 以上时，收集利用；当 $1m^3$ 污泥制取沼气不足 $15m^3$ 时，收集燃烧处理。

（2）工艺特点及适用范围：沼气净化池利用厌氧消化原理进行固体有机物降解。沼气净化池的处理效率优于腐化池和沼气池，造价低、动力消耗低，管理简单。适用于边远山区、经济欠发达地区医院污水处理过渡时期，后续应逐步实现二级处理或一级加强处理。

4. 工艺选择原则

传染病医院应经预消毒处理后采用二级处理工艺。

当非传染病医院污水处理出水直接排入地表水体时，应采用二级处理工艺。

当非传染病医疗机构污水处理出水排入城市污水管网，且管网终端建有正常运行的二级污水处理厂时，可采用一级强化处理工艺。

县级以下或 20 张床位以下的医疗机构污水经消毒处理后可直接排入城镇污水管网。

对于经济不发达地区的小型综合医院，条件不具备时可采用简易生化处理作为过渡处理措施，之后逐步实现二级处理或一级加强处理。

5. 某医院污水处理站设计案例

深圳市某医院设计原水主要为医疗废水及生活污水，主要含有一些特殊的污染物，如药物、消毒剂、诊断用剂、寄生虫卵及各种病毒等，设计原水水质：COD_{Cr}≤400mg/L；BOD_5≤200mg/L；NH_3-N≤40mg/L；pH 6～9，SS≤250mg/L；设计处理能力：设计水量为 3000t/d，每天运行 20h，小时处理能力为 150t/h，单组处理能力 75t/h。处理后的废水应达到《医疗机构水污染物排放标准》（GB 18466—2005）预处理排放标准，其中主要污染物应达到如下要求：COD_{Cr}≤250mg/L；BOD_5≤100mg/L；SS≤60mg/L；粪大肠菌群数≤5000 个/L；pH 6～9。该污水处理站工艺采用水解酸化＋接触氧化＋沉淀＋消毒的工艺，处理后的水可达到标准要求，工艺及布局见图 7-3 和图 7-4。

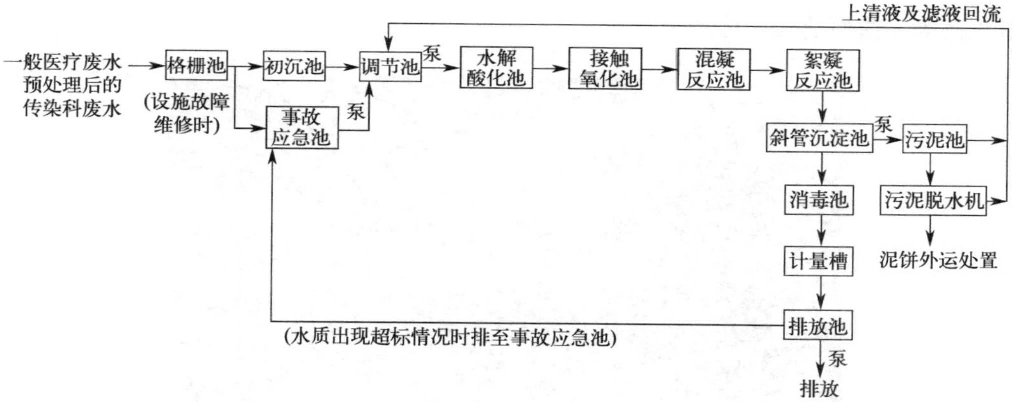

图 7-3　某医院污水处理工艺流程图

（二）系统主要设计参数

1. 化粪池

化粪池材质可根据场地条件及化粪池容量选择现浇钢筋混凝土化粪池、成品钢筋混凝土化粪池或玻璃钢化粪池等。化粪池容积按《建筑给水排水设计标准》（GB 50015—2019）的有关要求进行计算。当医院为非传染病医院时，其污水在化粪池中的停留时间一般为 12～24h，清掏周期为 90～180d。当为传染病医院时，其污水停留时间及清掏时间宜延长，一般选择停留时间为 24～36h，清掏周期为 180～360d。医院食堂、餐厅等含油污废水需经隔油装置预处理后，方可排入污水管网及化粪池，一般需满足动植物油脂浓度不大于 100mg/L、悬浮物浓度不大于 300mg/L 的要求。

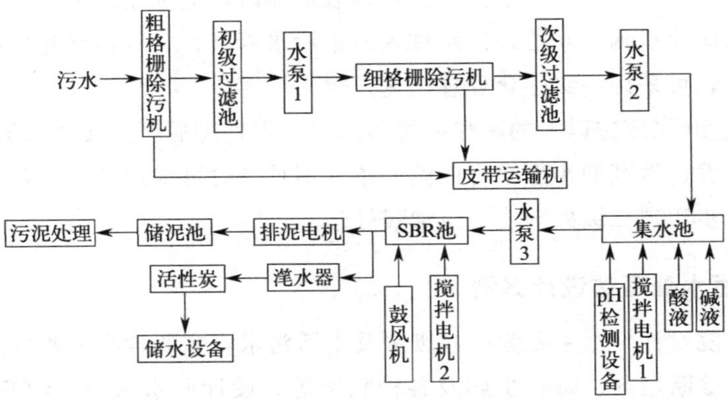

图 7-4　某医院污水处理布局原理图

2. 消毒设施

综合医院的传染病区及传染病医院的污水在进入污水处理系统前必须进行消毒处理，且在消毒设施内水力停留时间不应小于 1.0h。消毒池材质可根据场地条件及消毒池容量选择现浇钢筋混凝土化粪池、成品钢筋混凝土化粪池、玻璃钢化或一体化成品预消毒池（图 7-5）。消毒池内应设置加药设施和检测设施。常用的消毒剂有次氯酸钠、过氧乙酸和二氧化氯等，粪便消毒也可采用石灰。

图 7-5　埋地式一体化成品预消毒池

3. 格栅

格栅是一种用于处理生活污水的设备，它的主要功能是过滤并去除污水中的固体杂质。通常在污水处理系统或水泵前设置格栅井，其与调节池可采用合建的方式。它的主要作用是对污水中的固体杂质进行拦截和分离，以保护后续处理设备的正常运行。格栅应按最大小时污水流量进行选型，主要分为回转式、阶梯式、回转滤网式和移动式等机械格栅，传染病医院污水应采用密封型格栅。

格栅通常由格栅架、格栅条及清污机构组成。格栅架是支撑和固定格栅的主要部件，通常由耐腐蚀的材料制成，如不锈钢或玻璃钢。格栅条是格栅的关键部件，通常由耐腐蚀的材料制成，如不锈钢或聚合物等。格栅条的间距可以根据需要进行调整，以适应不同类型的污水处理。清污机构用于定期清理格栅上的固体杂质，以保持格栅的畅通。常见的清污机构有刮板、链条和刷子等。其主要工作原理如表 7-3 所示。

表 7-3　污水处理格栅工作原理表

序号	工作步骤	主要作用及工作原理
1	污水进入格栅	当污水经过进水口进入生活污水处理格栅时，格栅条会起到拦截和过滤的作用，将污水中的固体杂质拦截在格栅上
2	固体杂质分离	被拦截的固体杂质会逐渐堆积在格栅上，而清水则通过格栅条的间隙流向下游处理设备
3	清污处理	当格栅上的固体杂质达到一定程度时，清污机构会启动，将固体杂质刮下或清除，以保持格栅通畅
4	固体杂质处理	清除的固体杂质会通过清污机构被输送到固体处理设备进行进一步处理，如沉砂池或压滤机等

调节池前应设置粗格栅，生物反应池前应设置细格栅；当采用曝气生物滤池或膜生物反应器工艺时，生物反应池前应同时设置细格栅和超细格栅；粗格栅栅条间隙宜为 16～25mm；细格栅栅条间隙宜为 1.5～10.0mm；超细格栅栅条间隙不宜大于 1mm。

如图 7-6 和图 7-7 分别为阶梯式格栅除污机和弧形格栅除污机结构示意图。

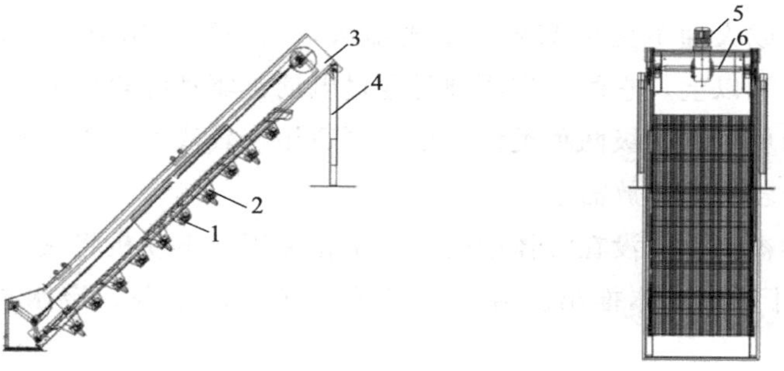

(a) 侧面示意图　　(b) 正面示意图

图 7-6　阶梯式格栅除污机结构示意图

1—固定栅条；2—移动栅条；3—机架；4—支架；5—驱动装置；6—传动系统

4. 调节池

医院污水处理调节池在污水处理过程中起着至关重要的作用，主要作用包括通过储存和释放废水调节水量，使进入处理系统的水量保持稳定，避免因水量波动导致处理效果下降，确保废水处理系统在面对生产状况变化时，能够稳定运行，不受高峰流量或高峰浓度变化的影响。均衡水质，使废水的水质更加均匀，减少水质变化对处理系统的影响，有利于后续处理工序。预处理，通过初步沉降和分离，为后续的生物处理等工序提供稳定的进水条件，确保整个处理系统的效能和稳定性。同时可以提供缓冲和应对突发情况的能力。

调节池通常由进水口、出水口、气体排放口等组成，其结构可以根据实际需要进行设计。按照系统选择分为连续运行及间歇运行，调节池连续运行时，有效容积应按污水处理

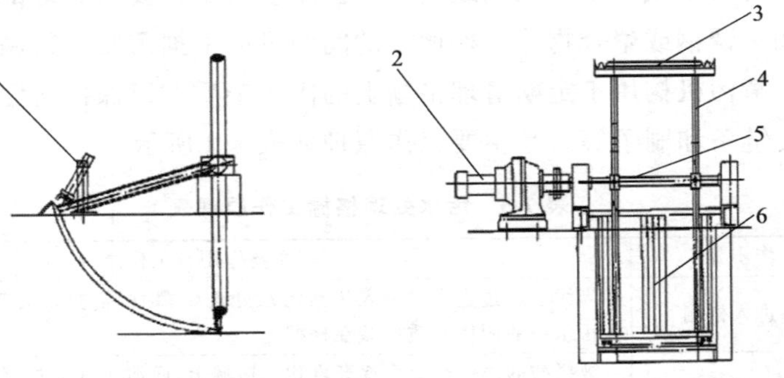

(a) 侧面示意图　　(b) 正面示意图

图 7-7　弧形格栅除污机结构示意图

1—撇渣装置；2—驱动装置；3—齿耙板；4—旋转耙臂；5—传动轴；6—固定栅条

站日处理量的 30%～40%计算。间歇运行时，调节池有效容积按照工艺运行周期计算。当医院设有集中洗衣房时，其容量应负荷洗衣给水的冲击负荷。调节池不宜少于 2 格，并联方式。其结构采用密闭结构并设置排气口，防沉淀措施宜采用液下搅拌方式。调节池应设置排空集水坑，调节池产生的污泥应定期清掏，并应与污水处理产生的污泥一同消毒、处理，将其作为危险废物处置。

调节池内需设置污水提升泵，污水泵应根据工艺要求选用潜水泵或干式泵，污水处理系统宜选用切割泵或大通道无堵塞泵。干式排水泵是一种利用离心力将水推出管道的设备，需要安装在水源以上。它的工作原理是通过电动机驱动叶轮旋转，将水推出管道。干式排水泵可以分为单级和多级两种类型，单级泵适用于较浅的污水、雨水或泥浆等液体排放，多级泵适用于较深的排放需求。

潜水泵是一种被完全浸没在液体中的泵，工作原理是电动机将液体吸入泵体，在泵体内部的离心力作用下将液体推出。潜水泵又分为潜水污水泵、潜水搅拌泵和潜水吸尘泵等。

干式排水泵和潜水泵的区别如下：

(1) 安装方式不同：干式排水泵需要安装在水源以上，而潜水泵则完全浸泡在水中。

(2) 工作效率不同：干式排水泵的工作效率较高，但对于比较深的液体不能有效排放；潜水泵的工作效率略低，但可以应对大部分深度要求。

(3) 维护成本不同：干式排水泵通常需要定期检查、清洗及保养，维护成本较高；潜水泵不需要定期清洗、保养，维护成本低。

5. 水解酸化池

水解酸化池主要是将污水中的复杂有机物质转化为简单易生物降解的物质，为后续的生物法处理提供更好的条件。为了保证水解酸化池正常运行，需要合理控制进水质量，避免过量的污水进入导致池内难以降解或造成过多沉淀物。同时，要做好进水管道的清洁，防止进水堵塞或漏水。对于一些难以降解的有机物质，可以加入必要的添加剂帮助降解，如碳源剂、氮源剂、磷源剂等。但需要注意的添加剂不能超量，否则可能会影响后续的生物法处理效果。水解酸化池的 pH 值一般控制在 5.5～6.5，过高或者过低都会影响污水的降解效果和后续处理工艺。如 pH 值过高，会影响污水中微生物活性；pH 值过低，会导致微生物酸性代谢，进而影响其降解效果。温度宜为 15～40℃，溶解氧浓度宜小于 0.5mg/L；宜采用上向流方式，上升流速宜为 1.0～1.5m/h；水力停留时间宜为 1.5～3.0h。

6. 一级加强处理

医院污水的一级强化处理一般采用混凝沉淀、过滤、气浮等工艺。过滤的固液分离方式需要反冲，操作管理较为复杂，而气浮工艺中气体释放易导致二次污染。所以医院污水一般采用混凝沉淀工艺。

医院污水的一级强化处理宜采用混凝沉淀工艺。混凝沉淀池应分二组，每组按 50% 的水量计算。

(1) 污水处理量小于 $20m^3/h$ 时，沉淀池宜设备化，可采用钢结构或其他结构形式的一体化设备，池形宜为竖流式或斜板沉淀池。当污水处理量大于 $20m^3/h$ 时，沉淀池宜为钢筋混凝土结构，池形宜为竖流式或平流式沉淀池。

(2) 当沉淀池体采用钢结构时，必须采取切实有效的防腐措施。

(3) 当采用斜板沉淀池，必须设置斜板冲洗设施。其他形式的沉淀池需采取便于清理、维修的措施。

7. 生物处理

医院污水采用生物处理，一方面是降低水中的污染物浓度，达到排放标准；另一方面可保障消毒效果。生物处理工艺主要有活性污泥法、生物接触氧化法、膜生物反应器、曝气生物滤池和简易生化处理等。各系统适用范围详见表 7-4。

表 7-4　生物处理工艺及适用范围

序号	处理工艺	工艺原理	优点	缺点	适用范围	基建投资
1	活性污泥法	活性污泥法是以悬浮生长的微生物在好氧条件下对污水中的有机物、氨氮等污染物进行降解的废水生物处理工艺	对不同性质的污水适应性强	运行稳定性差，易发生污泥膨胀和污水流失，分离效果不够理想	800 床以上的水量较大的医院污水处理工程	较低
2	SBR	是活性污泥法的一种变型。SBR 按周期循环运行，每个周期循环过程包括进水、反应(曝气)、沉淀、排放和待机五个工序。SBR 单个周期的进水、反应、沉淀、排放和待机都是可以进行控制的。每个过程与特定的反应条件相联系(混合/静止，好氧/厌氧)，这些反应条件促使污水物理和化学特性发生有选择的改变	具有流程简单、管理方便、基建投资省、运行费用较低、处理效果好及设备国产化程度高等优点		800 床以下医院采用 SBR 法	较低

续表

序号	处理工艺	工艺原理	优点	缺点	适用范围	基建投资
3	生物接触氧化法	采用固定式生物填料作为微生物的载体，生长有微生物的载体淹没在水中，曝气系统为反应器中的微生物供氧。由于生物接触氧化法的微生物固定生长于生物填料上，克服了悬浮活性污泥易于流失的缺点，在反应器中能保持很高的生物量	抗冲击负荷能力高，运行稳定；容积负荷高，占地面积小；污泥产量较低；无须污泥回流，运行管理简单	部分脱落生物膜造成出水中的悬浮固体浓度稍高	500床以下的中小规模医院污水处理工程。适用于场地小、水量小、水质波动较大和微生物不易培养等情况	中
4	膜生物反应器(membrane bioreactor，MBR)	是将膜分离技术与生物反应器结合在一起的新型污水处理工艺。根据膜分离组件的设置位置，可分为分置式MBR和一体式MBR两大类	抗冲击负荷能力强，运行稳定，可以完全去除SS，对细菌和病毒也有很好的截留效果；MBR剩余污泥产量低，甚至无剩余污泥排放，降低了污泥处理费用	气水比高，膜需进行反洗，能耗及运行费用高	适用于300床以下的小规模的医院污水处理工程，尤其适用于场地面积小、水质要求高和需紫外消毒等情况	高
5	曝气生物滤池	曝气生物滤池(BAF)是生物膜处理工艺的一种。采用一种新型粗糙多孔的粒状滤料，其具有很大的比表面积。滤料表面生长有生物膜，池底提供曝气，污水流经滤床时，污染物首先被过滤和吸附，进而被滤料表面的微生物氧化分解	出水水质好；运行可靠性高，抗冲击负荷能力强；无污泥膨胀问题；容积负荷高且省去二沉池和污泥回流，占地面积小	需反冲洗，运行方式比较复杂；反冲水量较大	300床以下的中小规模医院污水处理工程	较高
6	简易生化处理	沼气净化池利用厌氧消化原理进行固体有机物降解。沼气净化池的处理效率优于腐化池和沼气池	造价低，动力消耗低，管理简单	出水COD、BOD等理化指标不能保证达标	作为边远山区、经济欠发达地区医院污水处理的过滤期措施，逐步实现二级处理或一级加强处理	较低

当采用生物接触氧化池时，池前宜设置水解酸化池，填料优先选择易挂膜、耐用、比表面积大、维护方便的固定填料或悬浮填料。容积负荷宜为2～5kg BOD/(m^3·d)，水力停留时间宜为4～8h；气水比宜为8～15。

当采用曝气生物滤池处理工艺时，其表面水力负荷宜为2～3m^3/(m^2·h)，容积负荷宜为1～2kg BOD_5/(m^3·d)，硝化负荷宜为0.3～0.8kg NH_3-N/(m^3·d)，滤床高宜为3～4m，气水比宜为4～6；曝气生物滤池宜采用气水联合反冲洗，气速宜为40～110m/h，冲洗水流速宜为30～50m/h，历时5～8min。

采用膜生物反应器处理工艺时，膜分离装置的总有效膜面积应根据处理系统设计处理能力和膜制造商建议的膜通量计算确定。当采用中空纤维膜时，设计膜通量宜为10～20L/(m^2·h)；当采用平板膜时，设计膜通量宜为12～25L/(m^2·h)；当采用管式膜时，设计膜通量宜为25～50L/(m^2·h)。生物反应池污泥浓度宜为6～10g/L。容积负荷宜为0.4～0.8kg BOD_5/(m^3·d)，污泥负荷宜为0.05～0.10kg BOD_5/(kgMLSS·d)，水力停留时间宜为4～8h，气水比宜为15～25。

污水处理站内应设置膜清洗装置，膜清洗装置应同时具备对膜组件实施反向化学清洗和浸泡化学清洗的功能，且宜实现在线清洗。

8. 鼓风机

鼓风机应选用低噪声、高效低耗的产品，设计处理规模小于1000m^3/d的工程宜采用罗茨鼓风机、回转式风机、高速旋涡风机等；设计处理规模大于或等于10000m^3/d的工程宜采用空气悬浮鼓风机或磁悬浮鼓风机等。曝气器宜采用微孔曝气器等具有较高充氧性能的产品。

9. 沉淀池

设计应符合现行国家标准《室外排水设计标准》(GB 50014—2021)的有关规定。

10. 加药装置

加药装置应实行自动化运行控制。自动加药装置的计量精度不应小于1%。

五、消毒及除臭装置

医院污水消毒是医院污水处理的重要工艺过程，其目的是杀灭污水中的各种致病菌。医院污水常用的消毒工艺有氯消毒（如氯气、二氧化氯、次氯酸钠）、氧化剂消毒（如臭氧、过氧乙酸）、辐射消毒（如紫外线、γ射线）。医疗机构污水处理出水排入地表水体时，宜采用臭氧消毒或紫外线消毒，当采用含氯消毒剂消毒时，应采取脱氯处理。一级强化处理不宜采用臭氧消毒方式。传染病医疗机构污水处理不应采用单一紫外线消毒方式。应对突发公共卫生事件改造项目的医疗机构污水处理工程，当无法满足现行国家标准二级生化处理的有关规定时，应采用强化消毒处理工艺，并应符合下列规定：

① 应在化粪池前设置预消毒设施，预消毒设施的水力停留时间不应小于1.0h；

② 二级消毒池水力停留时间不应小于2.0h；

③ 消毒剂的投加量应根据风险评估结果确定，消毒后污水的pH值不应大于6.5。

医疗机构污水消毒运行方式可分为连续式和间歇式。连续式消毒接触池有效容积应为污水容积和污泥容积之和。间歇式消毒接触池有效容积应根据运行班次、消毒周期确定，宜为调节池容积的1/2。

消毒接触池设计宜分为2格，池内应设导流墙（板）。导流墙（板）的净距应根据水量和维修空间要求确定，宜为600～700mm；消毒接触池的长宽比不宜小于20∶1。消毒接触池出口处应设取样口。

常用消毒方法比较见表7-5。

表 7-5 常用消毒方法

消毒方法	优点	缺点	消毒效果
氯(Cl_2)	具有持续消毒作用;工艺简单,技术成熟;操作简单,投量准确	产生具致癌、致畸作用的有机氯化物(THMs);处理水有氯或氯酚味;氯气腐蚀性强;运行管理有一定的危险性	能有效杀菌,但杀灭病毒效果较差
次氯酸钠(NaOCl)	无毒,运行、管理无危险性	产生具致癌、致畸作用的有机氯化物(THMs);使水的 pH 值升高	与 Cl_2 杀菌效果相同
二氧化氯(ClO_2)	具有强烈的氧化作用,不产生有机氯化物(THMs);投放简单方便;不受 pH 影响	ClO_2 运行、管理有一定的危险性;只能就地生产,就地使用;制取设备复杂;操作管理要求高	较 Cl_2 杀菌效果好
臭氧(O_3)	有强氧化能力,接触时间短;不产生有机氯化物;不受 pH 影响;能增加水中溶解氧	臭氧运行、管理有一定的危险性;操作复杂;制取臭氧的产率低;电能消耗大;基建投资较大;运行成本高	杀菌和杀灭病毒的效果均很好
紫外线	无有害的残余物质;无臭味;操作简单,易实现自动化;运行管理和维修费用低	电耗大;紫外灯管与石英套管需定期更换;对处理水的水质要求较高;无后续杀菌作用	效果好,但对悬浮物浓度有要求

(一)液氯消毒系统

液氯消毒系统主要由储氯钢瓶、加氯机、水射器、电磁阀、加氯管道及加氯间和液氯储藏室等组成(表 7-6)。

液氯消毒不宜用于人口稠密区内医院及小规模医院的污水消毒。可用于远离人口聚居区的规模较大(>1000 床)且管理水平较高的医院污水处理系统。

氯消毒由于余氯过高会造成地表水体内水生生物的死亡,因此当医院污水排至地表水体时应采取脱氯措施或慎用氯消毒。

表 7-6 液氯消毒系统组成及主要内容

系统名称	主要内容
氯瓶	(1)一般情况下,宜采用小容量的氯瓶。氯瓶一次使用周期应不大于 3 个月。 (2)单位时间内每个氯瓶的氯气最大排出量应符合下述规定:容积为 40L 的氯瓶:750g/h;500kg 的氯瓶:3000g/h
加氯机	医院污水采用液氯消毒时,必须采用真空加氯机,并将投氯管出口淹没在污水中。 氯气向污水中投加是通过加氯机水射器完成的,因为水射器要求自来水有 0.2MPa 压力,在水射器内形成负压,进而将氯气吸入并混合,最后将氯水投加至加氯点。 典型的医院污水处理工艺加氯方式有两种:虹吸式定比加氯和提升式自动定比加氯。 (1)当医院污水站内集水管道高于站外公共污水管或水体水位时(通常需要有 600mm 的高差),可采用虹吸式定比加氯消毒系统。 (2)当污水需要提升才能排出站外时,采用提升式自动定比加氯,消毒投加设备与提升泵同步运行,由集水池的水位控制污水泵自动启动,同时控制投药系统同步运行
加氯系统管材	(1)输送氯气的管道应使用紫铜管;输送氯溶液的管道宜采用硬聚氯乙烯管,阀门采用塑料隔膜阀。 (2)加氯系统的管路应设耐腐蚀的压力表,水射器的给水管上应设普通压力表。 (3)加氯系统的管道应明装,埋地管道应设在管沟内,管道应有一定的支撑和坡度

续表

<table>
<tr><th colspan="2">系统名称</th><th>主要内容</th></tr>
<tr><td rowspan="2">加氯间和液氯储藏室</td><td>加氯间</td><td>(1)医院污水加氯间位置的选择应根据医院总体规划、排出口位置、环境卫生要求、风向及维护管理和运输等因素来确定。
(2)加氯间主要放置加氯机等除氯瓶以外的加氯设备。加氯间内应有必要的计量、安全及报警等装置。加氯间门向外开，使用防爆灯照明和其他防爆电机电器，设排风扇，换气次数按 12 次/h 设计。排风扇设在加氯间低处，并考虑室外环境，要远离人员活动场所。加氯间室内电气、管道、地面等应考虑防止氯气腐蚀</td></tr>
<tr><td>液氯储藏室</td><td>(1)液氯储藏室应尽量靠近投加地点。液氯储藏室必须有吊装设备(使用 40kg 小瓶可不安装吊装设备)和磅秤。
(2)液氯储藏室应设可容纳氯瓶的水池，水池应保持一定水位，一旦氯瓶泄漏，应迅速将氯瓶推到水池中。
(3)液氯储藏室直接通向室外的门要向外开，应设排风设备，通风口设在房间离地 400mm 处。照明使用防爆灯具，设置安全和氯气报警装置</td></tr>
</table>

(二)二氧化氯消毒

1. 制备方法

二氧化氯必须现场制备。现场制备二氧化氯的方法主要为化学法和电解法。

化学法制备二氧化氯消毒工艺是以氯酸钠、亚氯酸钠、次氯酸钠和盐酸等为原料，经反应器发生化学反应产生二氧化氯气体，再经水射器混合形成二氧化氯水溶液，然后投加到被消毒的污水中进入消毒接触池消毒。

电解法制备二氧化氯消毒工艺是以饱和食盐水为原料通过电解产生二氧化氯、氯气、过氧化氢、臭氧的混合气体，用于消毒。混合气体的协同作用，具有广谱的杀菌能力，其消毒效果远强于任何单一的消毒剂。

2. 主要设计内容

见表 7-7。

表 7-7　常见二氧化氯消毒方法

工艺名称	主要内容
化学法制备二氧化氯消毒工艺	(1)二氧化氯消毒系统设计和发生器选型应根据医院污水的水质、水量和处理要求确定，并考虑备用。 (2)因原料为强氧化性或强酸化学品，储存间必须考虑分开安全储放；储存 10～30d 的用量。 (3)二氧化氯溶液浓度应小于 0.4%，其投加量应与污水定比或用余氯量自动控制。 (4)应设计二氧化氯监测报警和通风设备
电解法制备二氧化氯消毒工	(1)电解法制备二氧化氯设备主要由电解槽、电源、水泵和水射器组成。电解槽使用 6V 或 12V 两种直流电源。 (2)电解法制备二氧化氯设备的溶盐装置一般与发生器一体化，但因二氧化氯为混合消毒气体，为了能定比投氯，必须设置溶液箱。 (3)二氧化氯是由水射器带出并溶于水的，所以设备间必须有足够的压力自来水，如水压不足 0.2MPa，需加设管道泵。 (4)应注意设备排氢管的设计，及时排除在设备运行过程中产生的可爆炸气体

3. 适用范围

① 二氧化氯消毒不宜用于人口稠密区及大规模医院的污水消毒。可用于远离人口聚居区、规模较小的医院污水处理系统。

② 由于二氧化氯在空气中和水中浓度达到一定程度会发生爆炸，因此该法适用于管理水平较高的医院污水处理系统。

③ 化学法适用于规模＞500 床的医院污水处理消毒系统。

④ 二氧化氯消毒由于余氯过高会造成地表水体内水生生物的死亡，因此当医院污水排至地表水体时应采取脱氯措施或慎用二氧化氯消毒。

（三）次氯酸钠消毒

次氯酸钠消毒是利用商品次氯酸钠溶液或现场制备的次氯酸钠溶液作为消毒剂，利用其溶解后产生的次氯酸对水中的病原菌良好的杀灭效果，对污水进行消毒。

1. 主要设计内容

见表 7-8。

表 7-8　次氯酸钠消毒主要内容

事项	主要内容
配套建筑物及设备	采用次氯酸钠发生器消毒的污水处理站应根据次氯酸钠发生器的型号及其附属设备要求进行布置。一般要求需要有专用的盐液制备间和次氯酸钠发生器设备间。盐液制备间与次氯酸钠发生器设备间宜分为两个房间
主要工艺参数	(1)根据污水的水质水量、处理级别计算投氯量，按投氯量选择次氯酸钠发生器型号及台数，然后计算用盐量、储盐量。 (2)污水量按最高日污水量计算，盐水池按 12～24h 设计。 (3)次氯酸钠溶液储槽按 8～16h 设计
次氯酸钠的投配	次氯酸钠发生器所产生的次氯酸钠溶液储存在储槽内，可采用虹吸式自动投加或与污水泵联动投加，将溶液通过投加管、电磁阀、流量计将溶液投加到污水池或污水管中
漂精粉的投加	(1)漂精粉的湿式投加系统需设置溶药槽和投配槽。 (2)溶药槽和投配槽一般用塑料制成，溶药槽需设有搅拌器，一般设置 2 个，投配槽可设 1 个，沉渣排入下水道，溶药槽和投配槽大小按处理污水量和投药量计算确定

2. 适用范围

① 次氯酸钠消毒不宜用于人口稠密区内及大规模医院的污水消毒。可用于远离人口聚居区、规模较小的医院污水处理系统。

② 漂粉精、漂白粉适用于规模＜300 床的经济欠发达地区医院污水处理消毒系统。

③ 电解法次氯酸钠发生器适用于管理水平较高的医院污水处理消毒系统。

④ 二氧化氯消毒由于余氯过高会造成地表水体内水生生物的死亡，因此当医院污水排至地表水体时应采取脱氯措施或慎用氯消毒。

3. 氯消毒接触池

① 医院污水消毒按运行方式可分为连续消毒和间歇消毒两种。

② 接触消毒池的容积应满足接触时间和污泥沉积的要求。传染病医院污水接触时间

不宜小于 1.5h，综合医院污水接触时间不宜小于 1.0h。

③ 连续式消毒的接触池有效容积为污水部分容积和污泥部分容积之和。

④ 间歇式消毒时，接触池的总有效容积应根据工作班次、消毒周期确定，一般宜为调节池容积的 1/2。

⑤ 接触消毒池一般分为两格，每格容积为总容积的一半。池内应设导流墙（板），避免短流。导流墙（板）的净距应根据水量和维修空间要求确定，一般为 600～700mm。接触池的长度和宽度比不宜小于 20∶1。接触池出口处应设取样口。

⑥ 设计时应按设计选定的处理工艺流程的实际运行情况，按最不利情况进行组合，校核实际接触时间，以满足设计要求。

（四）臭氧消毒

1. 主要设计内容

① 医院污水臭氧处理站应设置空压机房、臭氧发生器设备间和操作间。空压机房安放空压机，空压机应防震和防止噪声。臭氧发生器间应留有设备检修空间。臭氧接触塔在寒冷地区应设在室内，尾气处理后设排气管排出室外。

② 医院污水消毒的主要工艺参数如表 7-9 所示。

表 7-9 臭氧消毒主要参数

项目	一级处理出水	二级处理出水
臭氧投加量/(mg/L)	30～50	10～20
接触时间/min	30	5～15
大肠菌去除率/%	99.99	99.99

③ 在选择臭氧发生器时，要根据污水水质及处理工艺确定臭氧投加量，再根据臭氧投加量和单位时间处理水量确定臭氧使用量，按每小时使用臭氧量选择臭氧发生器台数及型号。

④ 臭氧与污水的接触方式一般采用鼓泡法，气泡分散越小，臭氧利用率越高，消毒效果越好。因此要选择气水混合效果好的臭氧进气装置。

⑤ 臭氧系统设备管道应做防腐处理与密封。

⑥ 臭氧设备间应设置通风设备，通风机应安装在靠近地面处。

⑦ 在工艺末端必须设置尾气处理或尾气回收装置，反应后排出的臭氧尾气必须经过分解破坏或回收利用，处理后的尾气中臭氧含量应低于 0.1mg/L，达到排放标准。

2. 适用范围

① 采用二级处理的医院污水最好采用臭氧消毒，这样可以减少臭氧的投加量，降低设备投资费用和运行费用。

② 投资及运行费用较高，适用于管理水平较高的传染病医院及综合医院污水处理。

（五）紫外线消毒

紫外线杀菌速度快，效果好，不产生任何二次污染，属于国际上新一代的消毒技术。

但要求水中悬浮物浓度较低，以保证良好的透光性。

1. 工程设计

① 采用紫外线消毒时要求被处理的水中悬浮物浓度<10mg/L，在此条件下推荐的照射强度为25～30$\mu W/cm^2$，照射时间>10s。且紫外线消毒出水的透射率不应小于60%。

② 紫外线消毒系统可采用明渠型或封闭型。相对而言，明渠型比封闭型更容易监测和维护，对水流阻力也小。

③ 紫外系统内还应包括清洗设施。医院污水应设置自动清洗装置。

④ 紫外系统用于医院污水处理过程中排放的气体消毒时，应采用循环式紫外空气消毒装置。

⑤ 紫外灯管应由专业机构回收。

2. 适用范围

① 出水悬浮物浓度小于10mg/L的污水处理系统可采用紫外线消毒方式。

② 在有特殊要求的情况下，如排入某些有特殊要求的水域时，可采用紫外线消毒方式。

六、医院污泥处理

污泥根据工艺分为化粪池污泥、初沉污泥、剩余污泥、化学（混凝）沉淀污泥、消化污泥等。医院污水处理过程产生的泥量与原水的悬浮固体浓度及处理工艺有关。化粪池污泥来自医院医务人员及患者的粪便，污泥量取决于化粪池的清掏周期和每人每日的粪便量。每人每日的粪便量约为150g。处理放射性污水的化粪池或处理池每半年清掏一次，清掏前应监测其放射性达标方可处置。各阶段污泥量平均值亦可参照GB 51459—2024的相关规定。

（一）污泥处理工艺

主要以污泥消毒和污泥脱水为主。水处理工艺产生的剩余污泥在污泥消毒池内，投加石灰或漂白粉作为消毒剂进行消毒。若污泥量很小，一般湿污泥产量不大于2m^3/d时，经消毒后污泥可排入化粪池进行储存；污泥量大于2m^3/d时，则消毒污泥需经脱水后封装外运，作为危险废物进行焚烧处理。

（二）污泥消毒

污泥首先在消毒池或储泥池中进行消毒，消毒池或储泥池池容不小于处理系统24h产泥量，但不宜小于1m^3。储泥池内需采取搅拌措施，以利于污泥加药消毒。每天湿污泥产量小于2m^3的医院污水处理系统，污泥可在消毒后排入化粪池，此时化粪池的容积应考虑到此部分的污泥量。每天湿污泥产量大于2m^3的医院污水处理系统，污泥可在消毒后进行脱水。污泥消毒的最主要目的是杀灭致病菌，避免二次污染，可以通过化学消毒的方式实现。化学消毒法常使用石灰和漂白粉。

(1) 石灰投量每升污泥约为15g，使污泥pH达11～12，充分搅拌均匀后保持接触

30～60min，并存放 7d 以上。

(2) 漂白粉投加量约为污泥量的 10%～15%。

(3) 有条件的地区可采用紫外线辐照消毒。

（三）污泥脱水

污泥脱水的目的是降低污泥含水率，脱水过程必须考虑密封和气体处理。污泥脱水宜采用密闭式离心脱水机或叠螺脱水机。离心分离前的污泥一般采用有机药剂或无机药剂进行化学调质。药剂种类和投加量宜根据污泥性质和类似工程运行经验进行选用和计算，并应通过工程调试或试运行优化确定。污泥加药后，应立即混合反应，并进入污泥脱水机。脱水后的污泥应密闭封装、运输。

1. 叠螺脱水机

浓缩：当螺旋推动轴转动时，设在推动轴外围的多重固活叠片相对移动，在重力作用下，水从相对移动的叠片间隙中滤出，实现快速浓缩。

脱水：经过浓缩的污泥随着螺旋轴的转动不断往前移动；沿泥饼出口方向，螺旋轴的螺距逐渐变小，环与环之间的间隙也逐渐变小，螺旋腔的体积不断收缩；在出口处背压板的作用下，内压逐渐增强，在螺旋推动轴依次连续运转推动下，污泥中的水分受挤压排出，滤饼含固量不断升高，最终实现污泥的连续脱水。

自清洗：螺旋轴的旋转，推动游动环不断转动，设备依靠固定环和游动环之间的相对移动实现连续的自清洗过程，从而巧妙地避免了传统脱水机普遍存在的堵塞问题。

如图 7-8 为叠螺脱水机示意图。

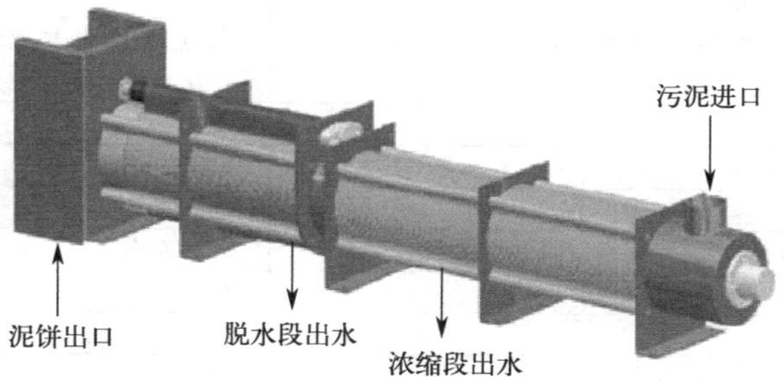

图 7-8　叠螺脱水机示意图

2. 离心式脱水机

离心式脱水机通过调理搅拌槽、浓缩系统、污泥警钟分配、污泥脱水、滤布清洗、污泥饼卸除等完成污泥脱水过程。

离心式脱水机是利用固液两相的密度差，在离心力的作用下，加快固相颗粒的沉降速度来实现固液分离的。具体分离过程为污泥和絮凝剂药液经入口管道被送入转鼓内混合腔，在此进行混合絮凝（若为污泥泵前加药或泵后管道加药，则已提前絮凝反应)，由于转子（螺旋和转鼓）的高速旋转和摩擦阻力，污泥在转子内部被加速并形成一个圆柱液环层（液环区)，在离心力的作用下，比重较大的固体颗粒沉降到转鼓内壁形成泥层（固环层），再利用螺旋和转鼓的相对速度差把固相推向转鼓锥端，推出液面之后（岸区或称干燥区）泥渣得以脱水干燥，推向排渣口排出，上清液从转鼓大端排出，实现固液分离。

如图 7-9 为离心式脱水机示意图。

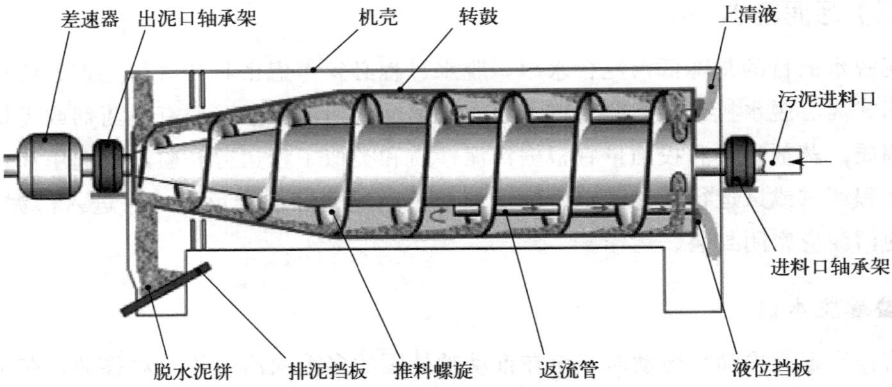

图 7-9　离心式脱水机示意图

3. 叠螺脱水机与离心式脱水机性能比较

见表 7-10。

表 7-10　叠螺脱水机与离心式脱水机性能比较

名称		叠螺脱水机	离心式脱水机
脱水方式		螺旋压滤	离心力脱水
特点	优点	能自我清洗，不堵塞，低浓度污泥直接脱水；转速慢，省电，无噪声和振动；实现全自动控制，24小时无人运行	处理能力强
	缺点	不擅长颗粒大、硬度大的污泥的脱水；处理量较小	耗电大，噪声大，振动剧烈；维修管理困难；不适于比重接近的固液分离
絮凝剂		使用	使用
含水率		85%以下	85%以下
冲洗用水		极少	少
回收率		90%左右	95%左右
用电量		极少	极大
连续运行		可能	可能
维修管理		操作时间短，简单	操作时间长
占地空间		小	中
振动噪声		极少	有
污泥浓缩池		不要	要

（四）污泥最终处置

污泥根据国家环境保护总局危险废物分类标准进行分类，属于危险废物的范畴，必须按医疗废物处理要求进行集中（焚烧）处置。处理放射性污水的化粪池或衰变池，清掏前应监测其放射性，达标后方可处置。

（五）其他事项

污泥脱水机房应设置通风设施，换气次数不宜小于 12 次/h。污泥消毒池或储泥池、污泥脱水机、脱水污泥储存场地应设置局部通风的集气罩，将污泥处理过程中释放出的气体输送至废气处理系统。污泥处理过程中产生的污水应返回污水处理构筑物进行处理。

七、特殊医疗废水处理

1. 放射性污水

放射性污水主要来自诊断、治疗过程中患者服用或注射放射性同位素后所产生的排泄物，分装同位素的容器、杯皿和实验室的清洗水，以及标记化合物等排放的放射性废水。放射性污水处理应符合现行国家标准《电离辐射防护与辐射源安全基本标准》（GB 18871—2002）和《医疗机构水污染物排放标准》（GB 18466—2005）的有关规定。放射性废水浓度范围为 $3.7\times10^2\sim3.7\times10^5$Bq/L。废水量为 100～200L/(床·d)。医院放射性废水排放执行新制定的《医疗机构污染物排放标准》规定：在放射性污水处理设施排放口监测其总 $\alpha<1$Bq/L，总 $\beta<10$Bq/L。

半衰期大于 100d 的放射性污水、污物应储存在具有防辐射性能的专用容器内，并交由专业部门处理。

半衰期不大于 100d 的放射性污水宜设衰变池处理，并应符合下列规定：

① 衰变池应按同位素种类和强度设计，容积宜按最长半衰期同位素的 10 个半衰期进行计算，或按同位素的衰变公式及排放出口允许浓度进行计算。

② 衰变池宜采用间歇式运行方式，间歇式衰变池不应少于 2 格，间歇衰变池在排放前监测。

③ 连续式衰变池应采用推流式，并设槽式排放口，每月监测一次。

④ 衰变池应有防渗、防腐和防辐射措施。

⑤ 放射性污废水管道宜选择含铅铸铁管，且做混凝土包封。

⑥ 收集处理放射性污水的化粪池或处理池每半年清掏 1 次，清掏前应监测其放射性，达标方可处置。

⑦ 放射性污水处理后应直接排放，不得进入医疗机构污水处理站。

⑧ 核医学科室及案例图。

如表 7-11 为衰减池设计案例。

2. 其他污水

(1) 酸性污水应采用中和法进行处理，出水 pH 值达到 7～8 后排入院区污水系统。中和剂宜选用氢氧化钠、石灰等。

(2) 含氰污水宜采用碱式氯化法进行处理，处理槽有效容积不应少于 180d 的污水量。

(3) 含汞污水宜采用硫化钠沉淀与活性炭吸附组合法进行处理，出水汞浓度达到相关排放标准后方可进入院区污水系统。

(4) 含铬污水宜采用化学还原沉淀法进行处理，出水总铬、六价铬浓度达到相关排放标准后方可进入院区污水系统。

(5) 显影污水宜采用过氧化氢氧化法进行处理，出水总银、六价铬浓度达到相关排放标准后方可进入院区污水系统。洗印显影废液收集后应交由专业部门处置。

表 7-11　衰减池设计案例

项目	PET-CT	SPET-CT	ECT	核素病房
主要核素	Tc-99m	F-18	I-125	I-131
半衰期/h	6.02	1.83		8.04
长半衰期/d	2.5	18.3		80.4
池体选型	不锈钢池体	混凝土浇筑	混凝土浇筑	混凝土浇筑

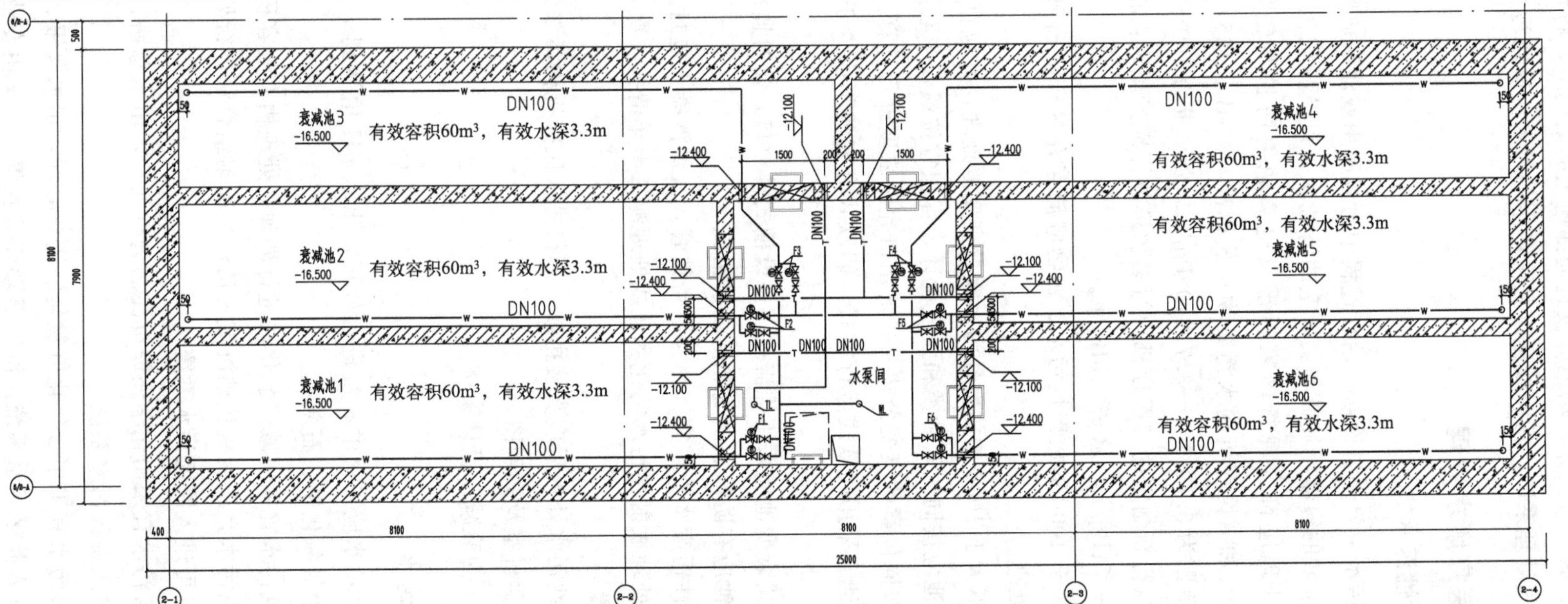

某医院衰减池进水平面大样图(1∶50)

续表

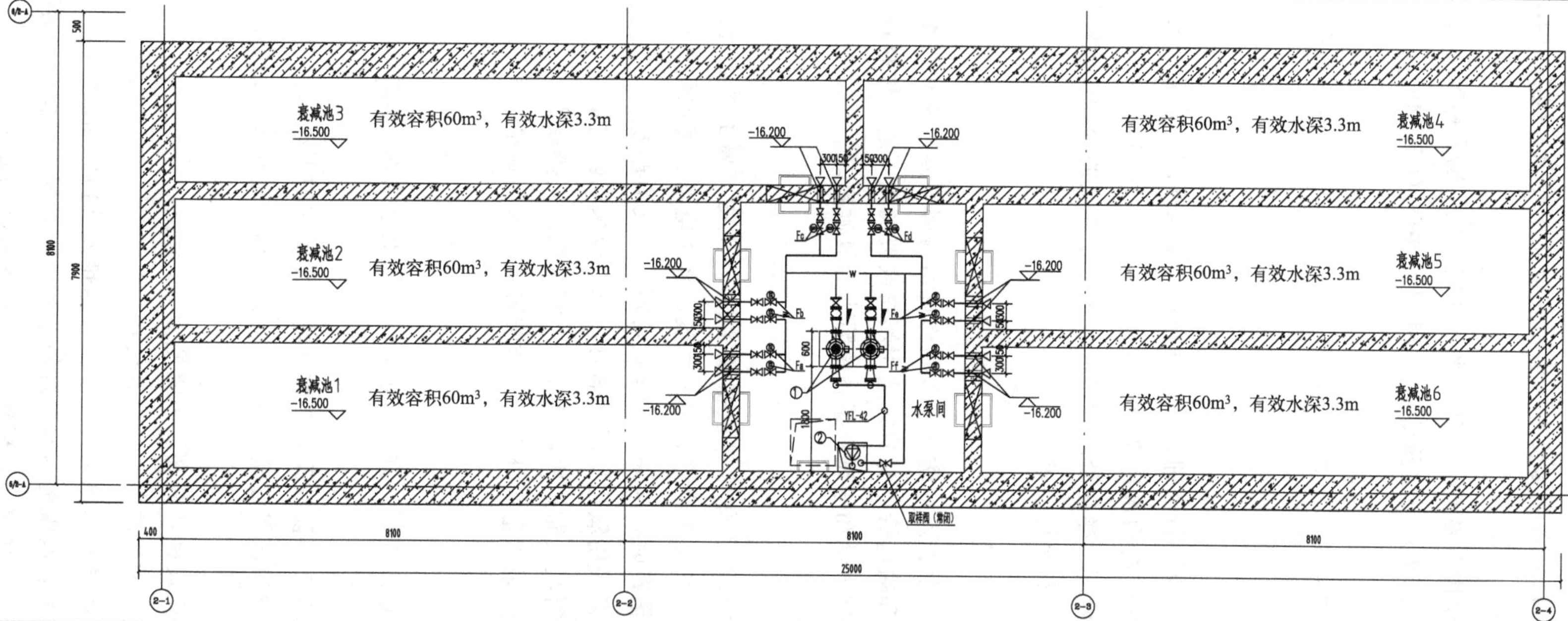

某医院衰减池排水平面大样图（1∶50）

① 放射性废水先由电动阀门控制流入第一格水池，当放射性废水蓄满第一格后关闭第一格进水阀门并打开第二格进水阀门；放射性废水流入第二格衰变池进行暂存，当第二格衰变池格蓄满废水时关闭第二格进水阀门并打开第三格进水阀门；放射性废水流入第三格水池进行暂存，当第三格水池蓄满放射性废水时关闭第三格进水阀门并打开第四格进水阀门；放射性废水流入第四格衰变池进行暂存，当第四格水池蓄满放射性废水时关闭第四格进水阀门并打开第五格进水阀门；放射性废水流入第五格衰变池进行暂存，当第五格水池蓄满放射性废水时关闭第五格进水阀门并打开第六格进水阀门；放射性废水流入第六格衰变池进行暂存，打开第一格衰变池此时对第一格衰变池排水阀门进行取样检测，满足排放标准后利用排污泵快速排出，排空后关闭第一格排水阀门；当第六格衰变池蓄满放射性废水时关闭第六格进水阀门并打开第一格进水阀门；放射性废水流入第一格衰变池进行暂存，打开第二格衰变池此时对第二格衰变池排水阀门进行取样检测，满足排放标准后利用排污泵快速排出，排空后关闭第二格排水阀门；如此循环往复进行进水、检测、排水。

② 每格衰变池进、排水管均设两组电磁阀，一用一备，互为备用。进水电磁阀均通过每格衰变池内的水位计控制

(6) 当医疗机构设有生物安全实验室时，其污水处理应按现行国家标准《生物安全实验室建筑技术规范》(GB 50346—2011) 和《实验室　生物安全通用要求》(GB 19489—2008) 的有关规定执行。

(7) 当医疗机构设有动物房、动物实验室时，其污水处理应按现行国家标准《实验动物设施建筑技术规范》(GB 50447—2008)、《实验动物　环境及设施》(GB 14925—2023) 的有关规定执行。

如图 7-10 为某医院试验、检验预处理间给排水平面图，图 7-11 为某医院实验室酸碱废水预处理设备。

八、废气收集与处理

医院污水处理过程中产生的废气应进行处理，并应符合现行国家标准《恶臭污染物排放标准》(GB 14554—1993) 和《医疗机构水污染物排放标准》(GB 18466—2005) 的有关规定。其过程主要包括收集、预处理、净化处理和排放。对产生废气的处理设施宜加盖密闭，加盖形式应满足处理设施操作和运行要求。

1. 废气收集

采用吸气式负压收集，吸风口的设置点应防止设备和构筑物内部气体短流和污水处理过程中的水或泡沫进入。废气收集和输送管道材质宜选用塑料或玻璃钢等耐腐蚀材料。废气收集风机的风量和压头，应根据排风量和通风管路系统阻力计算确定。

2. 废气处理

废气除臭可采用物理（活性炭吸附）、化学（植物液除臭）、生物、离子等处理方法。废气消毒处理可采用紫外线、臭氧、含氯消毒剂、过氧乙酸、高压电场、光催化消毒或组合消毒等方式。当单独采用紫外线消毒时，应采用循环式紫外线空气消毒方式。

当医疗机构污水处理站废气消毒采用氧化型消毒剂时，风机应采取防腐措施。废气排放周边存在环境敏感区域时，应进行臭气防护距离计算，并宜采用高空排放方式；当采用高空排放时，应设置避雷设施，室外采用金属外壳的排放装置应采取接地措施。

九、污水处理站选址

处理站位置的选择应根据医院总体规划、排出口位置、环境卫生要求、风向、工程地质及维护管理和运输等因素来确定。

医院污水处理构筑物的位置宜设在医院建筑物当地夏季主导风向的下风向。

医院污水处理设施应与病房、居民区等建筑物保持一定的距离，并应设绿化防护带或隔离带。

污水处理站周围应设围墙或封闭设施，其高度不宜低于 2.5m。

污水处理站应留有扩建的可能；方便施工、运行和维护。

污水处理站应有方便的交通、运输和水电条件，便于污水排放和污泥储运。

传染病医院及含有传染病房的综合医院的污水处理站，其生产管理建筑物和生活设施宜集中布置，位置和朝向应力求合理，并应与处理构筑物、建筑物严格隔离。

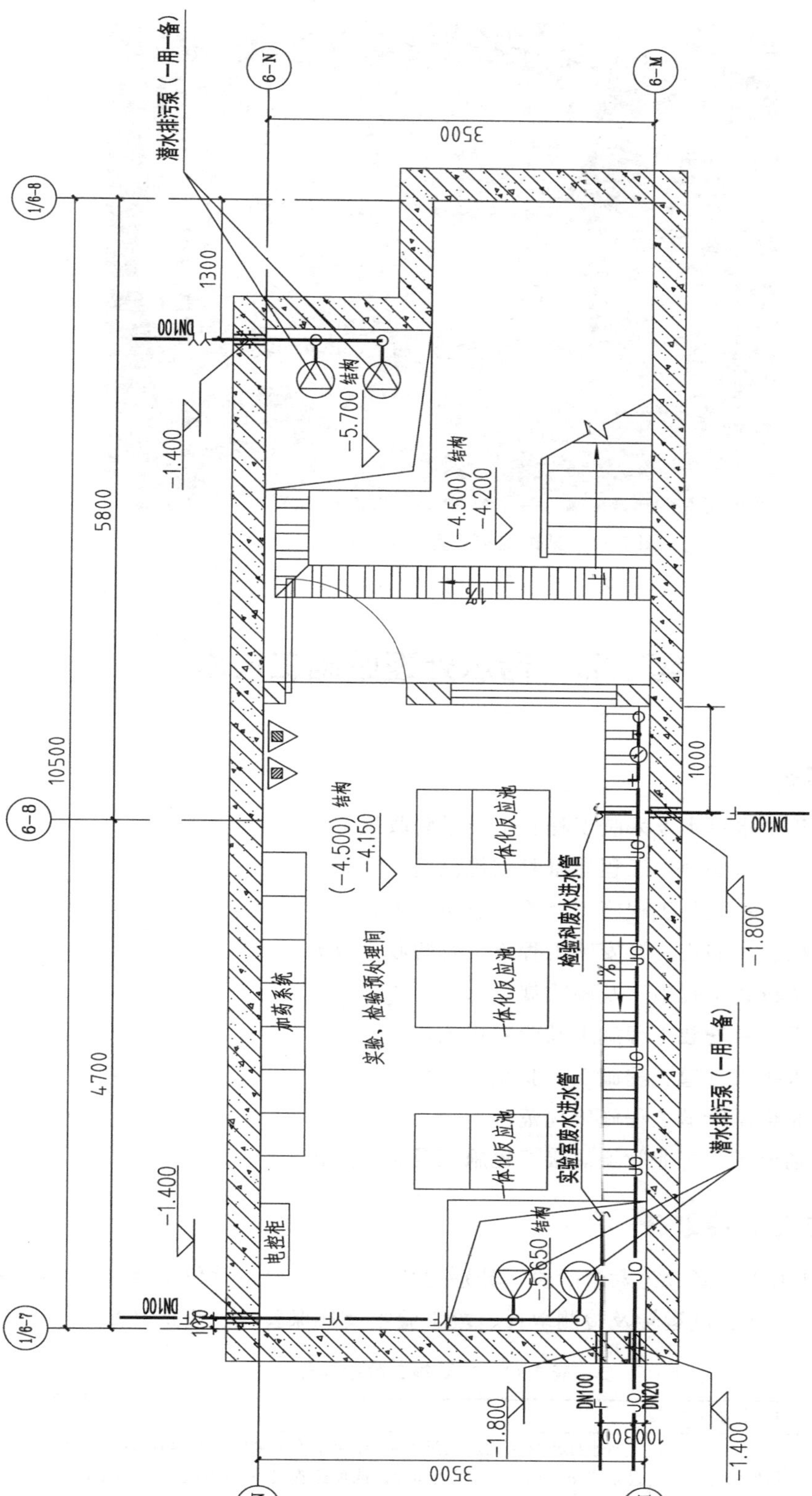

图 7-10　某医院试验、检验预处理间给排水平面图

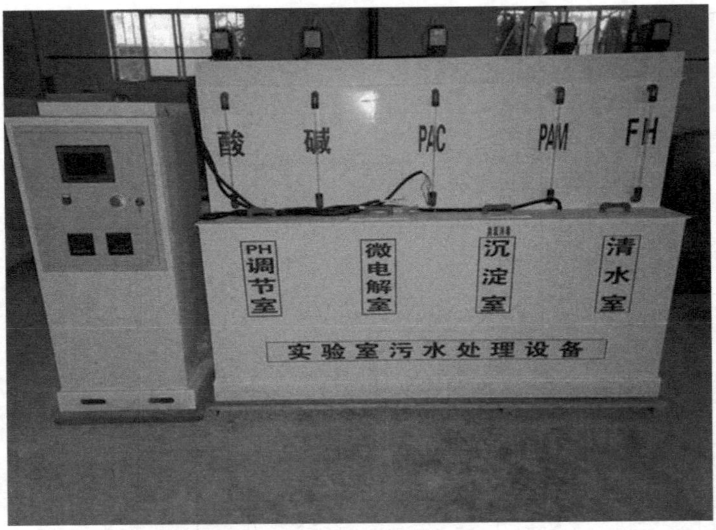

图 7-11 某医院实验室酸碱废水预处理设备

第三节 污水处理站施工技术

一、施工依据

(1)《建筑给水排水及采暖工程施工质量验收规范》。

(2)《城市污水处理厂工程质量验收规范》。

(3)《机械设备安装工程施工及验收通用规范》。

(4)《风机、压缩机、泵安装工程施工及验收规范》。

(5)《输送设备工程施工及验收规范》。

(6)《起重设备安装工程施工及验收规范》。

(7)《给水排水管道工程施工及验收规范》。

(8)《工业金属管道工程施工规范》。

(9)《现场设备、工业管道焊接工程施工及验收规范》。

二、主要施工阶段划分

医疗专项工程主要分为六个阶段，分别为预留预埋、设备就位安装、工艺机械设备安装、控制系统安装、试运转及检测取样、竣工验收及环保验收（表 7-12）。

表 7-12 主要施工阶段划分

序号	主要工作事项	作业内容	备注
第一阶段	预留预埋	污水处理站结构施工过程中，预留预埋的主要工作内容包括：套管；设备房至混凝池、混凝池和消毒池加药管线；设备房至池内设备 PVC 电气线管	

续表

序号	主要工作事项	作业内容	备注
第二阶段	设备就位安装	土建方在建污水处理池中的机械格栅池封顶、设备间屋顶封顶时要提前两周通知工艺施工单位,需把采购的大设备送货至现场,并及时吊装进去,提前安装。如机械格栅机和压滤机	
第三阶段	工艺机械设备安装	污水处理站的工艺机械设备安装、通风系统安装	
第四阶段	控制系统安装	进行全部污水处理系统的电气控制系统、仪表系统的安装	
第五阶段	试运转及检测取样	工艺设备安装完毕后,待医院营业,医疗废水进入污水处理系统进行工艺设备环保试运转,调试完毕后申请第三方监测水样	
第六阶段	竣工验收及环保验收	向工程所在地区环保部门申请竣工验收,验收完毕,最终取得环保验收报告(排污许可证明)	

三、预留预埋

污水处理站结构施工过程中，预留预埋的主要工作内容包括：套管；设备房至混凝池、混凝池和消毒池加药管线（PVC 耐酸碱管）；设备房至池内设备 PVC 电气线管（图 7-12、图 7-13）。

图 7-12　PVC 电气线管预埋

四、设备就位安装

（一）泵类安装

1. 基础验收及处理

（1）基础移交时，应办理基础中间交接手续，基础上应有明显的标高基准线及纵横中心线。

（2）基础外观不得有裂纹、蜂窝、空洞、露筋等缺陷。

（3）基础复测的允许偏差应符合设计规范要求。

（4）基础上不得有油污，并应铲出麻面。

（5）对水泵进行开箱检验，开箱检验时应通知总包方或监理工程师共同参加，按照装箱清单及资料对水泵及附件的型号、规格、数量进行核对，不得有缺件、损坏、锈蚀等

图 7-13 PVC 耐酸碱加药管道预埋

情况。

如表 7-13 为泵类安装前检查项目及质量要求。

表 7-13 泵类安装前检查项目及质量要求

检查项目	质量要求
地脚螺栓的不垂直度	≤10/100
地脚螺栓底端	不应碰预留孔底，且间隙大于 30mm
地脚螺栓清洁度	应将地脚螺栓上的油脂和污垢清除干净
螺母、垫圈、设备底座	接触面应平整，不得有毛刺、杂物
地脚螺栓的紧固	应在混凝土达到规定强度的 75%后进行，拧紧螺母，螺栓必须露出螺母 1.5～5 倍螺距

2. 水泵支座安装

将水泵支座安放在基础上，调整垫平（用垫铁垫实），拧紧地脚螺栓，调整到底座与端面垂直，以确保安装及运行质量。其砼基础顶面水平度偏差不得大于 5/1000，基座灌注细石混凝土，并养护混凝土。

3. 离心泵的安装

（1）离心泵安装采用精度为 0.05mm/m 的水平仪在轴外颈与轴承座处找纵向、横向水平，允许偏差为 0.05mm/m。

（2）驱动机轴与泵轴两半联轴器的径向位移、端面间隙，以及轴线倾斜应符合设备技术文件规定。泵体水平度、铅垂度的允许偏差不得大于 0.1mm/m。如表 7-14 为安装基准线与建筑物轴线、设备平面位置及标高的允许偏差和检验方法。

表 7-14 泵体安装基准线及标高的允许偏差和检验方法

序号	项目			允许偏差/mm	检验方法
1	安装基准线	与建筑物轴线距离		±20	钢卷尺检查
2		与设备	平面	±10	
3			标高	+20 −10	

(3) 采用三表法找正两轴同心度，采用斜垫铁、平垫铁调整。

(4) 电气接线应符合说明书中电气接线图和回路图的规定。检查绝缘电阻应不小于5MΩ，否则电缆和电机须分别检查，接地电阻应小于10Ω。

(5) 泵进出口配管不应有应力，泵体各法兰连接时，在联轴器处架百分表监视其同心度，确保其同心度应在规定范围内。

（二）鼓风机的安装

(1) 用平板车及吊车将风机卸至安装现场，地面上应铺上枕木，将风机平稳放在枕木上，然后用天车或吊车将风机各部件轻放在安装部位进行就位。

(2) 装风机的基础平面必须平整，其纵横向水平度偏差不超过2/1000。风机进、排气口盲板法兰固定完好，确保机内无杂物。

(3) 风机安装前必须检查和确认主电机正确的旋转方向。从风机进气口方向观察，主电机必须逆时针方向旋转。弹性联轴器的径向跳动和不平行度均不得超过0.10mm。进排气管路安装前必须清洗吹扫干净，无浮渣、污垢和杂物。

(4) 风机应按预留孔的实际坐标位置定其安装基准。风机的安装水平位置和中心高度相对于设计坐标位置的偏差均小于±10mm。

(5) 风机机座下部防震垫的安装应符合风机安装大样图的规定。放置防震垫的安装应符合风机安装大样图的规定。放置防震垫的基础平面应平整，其相互高程偏差应小于2mm，水平度偏差应小于2/1000，否则应铲平修整至合格。

(6) 润滑系统应油路清洁畅通，油箱、油泵等拆洗干净，润滑系统不应有渗漏现象。

(7) 承座与底座接触紧密、均匀。局部间隙应不大于0.1mm。小于1/1000，主动轮与各从动轮中心面应在同一平面上，重合度偏差不大于±2mm。轴承座安装，位置正确，固定牢固。

(8) 风机排气口膨胀接头的安装应符合下列规定：

a. 膨胀接头安装后的高度误差为±2mm。

b. 膨胀接头不得承受除自重以外的任何外力或力矩。

c. 排气口变径连接管及其下游水平管段应有独立支撑。

(9) 进气消声器安装应符合下列规定：

a. 进气消声器安装后的实际中心线高度应与鼓风机组中心线等高。

b. 进气消声器支腿底板的混凝土支承面应平整，否则应铲平。允许在底板下面垫放孠1mm的调整垫片，以调整消声器的纵横向水平度，但垫片不应超过三层。

(10) 旁通阀出口消声器的安装应符合下列规定：

a. 消声器法兰与旁通阀法兰的对中和平等度偏差均应小于0.2mm。

b. 消声器的吊杆与预埋件焊接应牢固。

(11) 鼓风机组隔音罩的组装应符合鼓风机技术文件的规定。

(12) 止回阀的安装应符合下列规定：

a. 在水平管路上安装时，阀板轴应处于垂直位置。

b. 止回阀上游的直管段长度应大于6倍管径，止回阀下游的直管段长度应大于2倍管径。

（13）法兰的螺栓连接应符合下列规定：每对法兰应使用相同规格、型号的螺栓，安装方向一致，紧固力矩相同，松紧适度，自由穿出。

（14）法兰间的垫片应质地柔韧，无老化变质，无表面分层和折损。

（15）进气消声器应竖立，并置于室外使其不吸入槽内潮湿空气。

（16）进气消声器应安装在离地面1m以上的开阔地方，以便尘埃堆积时进行清理。

（三）机械格栅安装

格栅安装在格栅池内，为机械平面格栅。格栅的施工中应严格按照设计图纸要求进行安装，并严格执行国家标准（表7-15）。

（1）安装前，应检查格栅的型号是否符合设计要求，检查其机械尺寸是否符合要求，传动部分有无损伤等，合格后方能进行安装。

（2）检查格栅的安装基础的尺寸、位置和标高是否符合施工图设计要求。

（3）格栅主体的吊装采用叉车或吊车提升，安装过程中要使用水平尺、水准仪等重复进行测量控制。

（4）格栅的电气安装完成后，正式运行前，要对格栅进行试验。用点动方法检查格栅刮耙的旋转方向是否正确，方向正确后，即可对格栅进行空载试验。将格栅启动，当格栅空载运行时，检查格栅的刮耙与栅片之间的接触情况，是否有接触过紧或距离太远的情况。如发现异常要及时调整，使刮耙与栅片之间的接触情况达到说明书给定的技术指标。

表7-15 格栅安装示意

格栅吊装	格栅吊装

格栅吊装完成	机械格栅安装

a. 设备的纵横中心的允许偏差应不大于±10mm；标高的允许偏差应不大于±10mm；角度偏差应不大于±0.5°；中心线平行度应小于1/1000。

b. 格栅栅片组合错落偏差应小于4mm；机架水平度应小于或等于1/1000；导轨不直度应小于0.5/1000；两轨之间平行度应小于或等于3mm。

c. 导轨垂直度偏差应小于或等于0.5mm/全长，导轨间距偏差±1mm，导轨水平度偏差应小于或等于0.5mm/m。

d. 格栅机必须与井口预埋钢板可靠固定。连接固定后用混凝土二次灌浆，格栅在垂直面的投影应为铅垂线，允许偏差应不大于1/1000。

（5）在需润滑处加注润滑油脂。

（四）压滤机的安装及操作

根据生产厂家提供的安装图纸中的规格尺寸，配合厂家进行设备的安装。其中机器安装在混凝土基础上，安装时以两横梁为基准校水平。安装完成后，检查各管口接头是否接好，法兰螺栓是否均匀旋紧，垫片是否垫好。

1. 设备操作前检查工作

（1）板框的数量是否符合规定，禁止在板框少于规定数量的情况下开机工作。

（2）板框的排列次序是否符合要求，安装是否平整，密封面接触是否良好。

（3）滤布有无破损，滤布孔比板框孔小且与板框孔相对同心。

（4）各管路是否畅通，有无漏点。

（5）液压系统工作是否正常，压力表是否灵敏好用。

2. 保养及检修

（1）注意各部分连接零件有无松动，应随时予以紧固。

（2）拆下的板框，存放时应摆放平整，防止挠曲变形。

（3）油箱内应加入清洁的液压油，并经80～100目滤网过滤后加入，禁止将含杂质或含水分的油加入油箱。

（4）操作人员应坚持随时打扫设备卫生，保持压滤机干净整洁，使设备本体及周围无滤饼、杂物等。

3. 故障及排除

常见故障及排除方法见表7-16。

表7-16 常见故障及排除方法

序号	故障现象	故障产生原因	相应排除方法
1	滤板间跑料	①滤板密封面夹有杂物 ②滤布不平整、折叠，未清净污泥 ③低温板用于高温物料，造成滤板变形 ④进料泵压力或流量超大	①清理密封面 ②清理滤布 ③更换滤板 ④重新调整

续表

序号	故障现象	故障产生原因	相应排除方法
2	滤液不清	①滤布破损 ②滤布选择不当 ③滤布开孔 ④滤布袋缝合处开线 ⑤滤布袋缝合处针脚过大	①检查并更换滤布 ②重新做实验，换滤布 ③更换滤布 ④重新缝合 ⑤选择合理针脚缝合
3	滤板向上抬起	滤板密封面除渣不净	除渣
4	滤板破裂	①进料压力过高 ②滤板进料孔堵塞 ③进料速度过快 ④滤布破损	①调整进料压力 ②疏通进料孔 ③降低进料速度 ④更换滤布

（五）填料安装

生化池填料安装时先将填料支架固定牢固，由于填料重量随使用时间的增长而增大，因此所有支架必须满焊并严格按规范要求做好防腐。人孔、设备吊装孔处不装填料。

1. 安装前准备工作

（1）土建全部结束，速分池试水完毕，池内清理干净。

（2）曝气支管按照工艺要求加工完毕，全部材料到场。

（3）曝气支管的垫板加工完毕，全部到材料堆场。

（4）管道连接用粘接剂、管夹、管件、工具等全部准备妥当。

（5）设备定位完毕，或者设备的固定与否不影响曝气主管安装。

（6）进出池、运送材料的通道清理通畅。

2. 安装工作

（1）曝气主干管的连接，从鼓风机开始。

（2）曝气支管的安装：以曝气支管管网与主管的连接处为收尾结点，从两头同时施工，若工期紧张，可安排三组甚至四组同时连接。

（3）当整个管网与曝气器接口连接完毕，或一边的管网已经与主管连接上，不再需要或不能再移动时，进行管道的支撑与固定工作。

（4）管道的支撑与固定一定要符合工艺要求的水平度，不符合的要及时调整高度。

（5）全部安装完毕后，检查整个管网及曝气器的固定程度。清理池内杂物，组织发包方及工程监理进行验收。准备后续工序。

五、加药装置安装

检查设备材料的规格是否符合图纸及标书合同要求，检查分部设备产品说明书、合格证及管件部件试验报告是否齐全。

检查设备外表如机壳是否受损变形，零部件是否齐全完好。

安装前熟悉设计图纸、资料、说明书以及加药机组安装图纸。

搅拌器安装时，应检查与搅拌器连接法兰相配对的设备法兰平行度，其精度应符合技术说明书要求，一般在±0.5mm以内。

带搅拌器的容器安装。在保证搅拌器垂直度的前提下，保证容器的垂直度或水平度，如果二者发生矛盾，则要统筹考虑。

检查搅拌轴是否弯曲，表面不得有裂纹、毛刺、划痕等缺陷，检查叶轮是否变形，转动方向是否正确。各部件经检查完全合格后进行安装。

系统设备之间的管道、法兰或管件连接部分不能有漏水现象，储罐及溶液罐应按设计要求进行定位固定，容器安装后须进行盛水试验，各处焊接不允许渗漏。

六、管道、仪器仪表及附件安装

（一）管道安装

建筑物、构筑物内管道包括钢管、PVC管等。

钢管分别采用法兰连接、焊接连接、丝扣连接，其中焊接连接由有焊工操作证的人员进行操作。管件中弯头采用冲压件，其他管件制作参照S311-32《给排水标准图集》执行。管件制作完毕后按要求连接，然后进行除锈，管内防腐处理；管件连接完毕，进行管线安装。PVC管采用粘接。

管线安装位置的基准如下：鼓风机房的管线以鼓风机轴线为基准，沉淀池的管线以池轴线为基准。脱水机房的管线以脱水机轴线为基准，加药设备的管线以加药设备轴线为基准，污泥泵的管线以污泥泵轴线为基准。

安装前先预制好管支架。安完管支架后开始管线连接；空气系统管线连接从鼓风机房开始，先安装干管，后安装支管。脱水机房管线连接由脱水机开始，先安装干管，后安装支管。各种支架制作前，应检查钢材的钢号及规格是否符合设计要求。

1. 支架安装

安装各种支架时，应做到安装平正，位置正确，焊接牢固，各部尺寸符合设计要求。埋设支架用水泥砂浆填实、找平。

安装活动支架或吊架时，按设计规定预先留出与管道膨胀方向相反的偏斜，并保证尺寸准确。当支架位移时，不应损坏管道的保温层。

固定支架按设计要求安装，并在补偿器预拉伸之前固定。挡板和角板安装要正直，与管子接触面吻合；挡板的立面与管子中心线垂直，角板的竖向中心线通过管子的圆心。角板末端踞管道的横向焊缝边缘不小于50mm，不得焊在纵向焊缝上。

导向支架或滑动支架的滑动面应洁净平整，无歪斜和卡涩现象。

管道安装时，及时固定和调整支架位置，使支架位置准确，安装平整牢固，与管子接触紧密。焊接要做到无漏焊、欠焊和焊接裂纹等缺陷。管道与支架焊接时，管子不应有咬边、烧穿等缺陷。

2. 钢管安装

（1）钢管运输：钢管运输时采用专用车辆，在管与管之间垫麻袋片以确保防腐绝缘层不被破坏。

（2）钢管除锈、防腐：钢管除锈、防腐在预制厂进行，采用喷砂除锈，防腐由专业防腐队操作。

（3）防腐层外观要求表面平整光亮、无褶皱和鼓包，玻璃布网眼被面漆灌满。厚度用测厚仪检测。绝缘用电火花检漏仪检测，普通级检测电压为2000V，加强级检测电压为3000V，以不打火花为合格。粘接力检测在防腐层固化后进行。

3. 钢管焊接

（1）下管：下管前核测高程及中心，用钢丝绳外套加厚胶皮管，以保护外部防腐绝缘层。

（2）对口：

工序流程：检查管子对口接头尺寸—清扫管膛—确定管子纵向焊缝错开位置—第一次管道找直—找对口间隙尺寸—对口错口找平—第二次管道拉线找直—点焊。

管道对接焊口的组对应做到内壁齐平，内壁错边量不超过壁厚的10%，且不大于2mm。对口时，两管纵向焊缝错开，纵向焊缝放在管道易于检修的位置，一般放在管道上半圆中心垂直线向左或向右45°处。

（3）钢管焊接：钢管连接采用电弧焊接，焊接所用焊条根据管道的材质及工作情况，相应选用。焊条在保管和运输中，不得遭受损伤、玷污，不得处于潮湿环境。在使用前进行外观检查。点焊所用的焊条性能与焊接所用的焊条性能相同；钢管的纵向焊缝（包括螺旋管焊缝）端部，不得进行点焊；点焊厚度与第一层焊接厚度相似。

① 管节焊接前先修口、清根，管端端面的坡口角度、钝边、间隙等修口各部尺寸应符合相应规范规定。

② 不得在对口间隙夹焊条或用加热法缩小间隙施焊。

③ 管道接口的焊接，应考虑焊接操作顺序和方法，防止受热集中而产生内应力。

④ 多层焊接时，第一层焊缝根部均匀焊透，不得烧穿；在焊接以后各层时，应将前一层的熔渣清除干净。每层焊缝厚度一般为焊条直径的0.8～1.2倍。各层引弧点和熄弧点均错开。

⑤ 焊缝在外观上应符合下列要求：

a. 焊缝表面光洁，宽窄均匀整齐，根部焊透。

b. 焊缝表面突出管皮的高度（加强面）：转动焊接时高度为1.5～2mm，不大于管壁厚度的30%；固定口焊接时高度为2～3mm，不大于管壁厚度的40%；加强面的宽度，焊出坡口边缘2～3mm。

c. 管壁厚度在10mm以内时，咬肉的深度不大于0.5mm，连续长度不大于25mm。所有咬肉总长度不大于焊缝总长度的25%。

d. 管道焊接完成后，对焊口进行油渗试验，合格后进行防腐处理。

4. 钢管螺纹连接及法兰连接

（1）钢管采用螺纹连接时，管节的切口断面应平整，丝扣偏差不超过1扣。丝扣应光洁，不得有毛刺、乱丝、断丝等情况，缺丝总长不超过丝扣全长的10%。接口紧固后露出2～3扣螺纹。

（2）管道法兰连接：

① 法兰接口平行度允许偏差为法兰外径的1.5%，且不大于2mm；螺孔中心允许偏差为孔径的5%。

② 使用相同规格的螺栓；安装方向一致，螺栓对称紧固，紧固好的螺栓露出螺母之外。

③ 与法兰接口两侧相邻的第一至第二个刚性接口或焊接接口，待法兰螺栓紧固后方可施工。

5. UPVC管施工

（1）管材检查：施工所使用的硬聚氯乙烯给水管管材、管件应符合设计要求。如发现有损坏、变形、变质迹象或其存放时间超过规定期限时，使用前应进行抽样鉴定。

管材插口与承口的工作面，表面平整，尺寸准确，既要保证安装时插入容易，又要保证接口的密封性能。管道采用粘接连接，当发现所选用的粘接剂沉淀、结块时，不得使用。

（2）管材及配件的运输及堆放：硬聚氯乙烯管材及配件在运输、装卸及堆放过程中严禁抛扔或激烈碰撞，避免阳光暴晒以防变形和老化。

硬聚氯乙烯管材、配件堆放时要放平垫实，堆放高度不超过1.5m；对于承插式管材、配件堆放时，相邻两层管材的承口应相互倒置并让出承口部位，以免承口承受集中荷载。

当管材出厂时配套使用的橡胶圈已放入承口内时，不必取出保存，设置专人负责保管，采取措施防止橡胶圈遗失即可。

（3）管道安装：管道的一般铺设过程：管材铺设—接口—试压。

UPVC管接口采用粘接接口。

① 清理：管材或管件在黏合前，用棉纱或干布将承口内侧和插口外侧用UPVC管清洁剂擦拭干净，使被粘接面保持清洁，无尘砂与水迹。当表面沾有油污时，用棉纱蘸丙酮等清洁剂擦净。

② 粘接：管道粘接在不低于5℃时进行，当温度高于25℃时，粘接时间约4min，温度更高时，粘接时间相应缩短。

粘接前将两管试插一次，使插入深度及配合情况符合要求，并用胶布或画线在插入端表面标出插入承口深度的标线。管端插入承口深度不小于规定值。

用毛刷将粘接剂均匀、迅速涂刷在插口外侧及承口内侧结合面上时，保持与接头轴向平行以避免产生气泡。粘接剂先涂承口，后涂插口，宜沿轴向涂刷，涂刷要均匀适量。每个接口粘接剂用量详见管材配套粘接剂使用说明书。

承插口涂刷粘接剂后，立即找正方向将管端插入承口，用力挤压，通过轴向推动黏合，使管端插入的深度至所画标线，并保证承插接口的直度和接口位置正确，同时必须按规定保持一定时间，以防止接口滑脱。

（二）仪表安装

所有工程仪表设备订货时需通过监理单位及招标单位的批准，严格按照设计要求的参数指标，货到通知业主、监理一起进行开箱检查，及时做试验，确保每件货物与所需一致且外观完好无损。

对短期不能安装的设备元件，派专人保管，单独存放，做好防水、防火、防尘等成品保护措施，并定期进行检查。

所有过程仪表和自控设备元件系统均须进行调试、校正、试运行，并做好记录。

（三）蝶阀、闸阀安装

阀门安装应按制造厂的安装说明书进行。阀门安装之前，按设计要求检查型号，清除阀内污物，检查阀杆是否灵活，以及阀体、零件等有无裂纹、砂眼等缺陷。进行试压试漏试验，试验合格后才能进行安装。安装方式为法兰连接。各种阀门安装注意以下要点。

1. 蝶阀安装要点

（1）安装蝶阀时，注意方向性，介质流动方向与阀体所示箭头方向一致。

（2）安装蝶阀时，阀板停在关闭但不关紧的位置上或根据供货商要求，其手轮便于操作，开启位置按阀板的旋转角度确定。

（3）蝶阀重量不能作用于管道上。

（4）蝶阀法兰所用的垫片，质量合格，且不加双垫或偏垫。

（5）法兰的焊接应符合有关焊接规范的要求。

（6）安装好的蝶阀，应根据设计要求设置牢固的基础。

2. 闸阀安装要点

（1）闸阀安装后，手轮的方位应便于操作。

（2）闸阀重量不能作用于管道上。

（3）闸阀两侧的法兰与管道上的法兰相平行。

（4）闸阀法兰所用的垫片符合介质性能要求，且不加双垫或偏垫。

（5）法兰上的螺栓，其规格、大小应符合技术要求。

（6）法兰采用焊接，符合焊接技术规定。

（7）闸阀有流向要求的，不得装反。

3. 法兰安装要点

（1）法兰装配前，应对其进行检测，口径应与管子直径（壁厚）相符，且无影响密封性能的缺陷；装配时，平焊法兰套入管端的深度为法兰厚度的2/3，承插法兰管子插入后管端应留1.0～2.0mm的间隙；对焊法兰组对后，应确保内壁平齐，其错边量不应超过管壁厚的10%，且不大于1.0mm，超出其允许值应按有关规范规定进行处理后再组对。

(2) 装配的法兰其平行偏差、径向位移及间距值，要严格控制在规范允许的范围内。

(3) 法兰螺栓紧固要对称交叉进行，接口严密，受力均匀，力度适宜。

(4) 法兰螺栓紧固前应对螺栓、螺母及垫圈涂抹二硫化铝油脂或石墨机油。

(5) 法兰垫片采用缠绕垫片及橡胶石棉垫片，不得重复使用。

七、设备调试

调试主要内容包括：调试条件、调试准备、试水方式、单机调试、单元调试、分段调试、接种菌种、驯化培养、全线联调、检测分析、改进缺陷、补充完善、正式试运行、自行检验、正式提交检验、竣工验收。

1. 调试条件

① 土建构筑物全部施工完成；

② 设备安装完成；

③ 电气安装完成；

④ 管道安装完成；

⑤ 相关配套项目，含人员、仪器，污水及进排管线，安全措施等均已完善。

2. 调试准备

① 成立调试运行专门小组，含土建、设备、电气、管线、施工人员以及设计与建设方代表；

② 拟定调试及试运行计划；

③ 进行相应的物质准备，如水（含污水、自来水）、电、药剂的购置与准备；

④ 准备必要的排水及抽水设备；堵塞管道的沙袋等；

⑤ 必需的检测设备、装置（pH 计、试纸、COD 检测仪、SS 检测仪）；

⑥ 建立调试记录、检测档案。

3. 试水（充水）方式

① 按设计工艺顺序向各单元进行充水试验；项目采用洁净水。

② 建构筑物未进行充水试验的，充水按照设计要求一般分三次完成，即 1/3、1/3、1/3 充水，每充水 1/3 后，暂停 3～8h，检查液面变动及建构筑物池体的渗漏和耐压情况。特别注意：对于设计为不受力且双侧水位均布的隔墙，充水应在两侧同时进行。已进行充水试验的建构筑物可一次充水至满负荷。

③ 充水试验的另一个作用是按设计水位高程要求，检查水路是否畅通，保证正常运行后满水量自流和安全超越功能，防止出现冒水和跑水现象。

4. 单机调试

主要的机械设备包括：格栅机、污水提升泵、罗茨鼓风机、排泥螺杆泵、压滤机、除臭风机、检测仪表、加药系统加药泵及搅拌机。

① 工艺设计的单独工作的设备、装置均称为单机。应在充水后，进行单机调试。

② 单机调试应按照下列程序进行：

a. 按工艺资料要求，了解单机在工艺过程中的作用和管线连接情况。

b. 认真阅读单机使用说明书，检查安装是否符合要求，机座是否固定牢固。

c. 凡有运转要求的设备，要用手启动或者盘动，或者用小型机械协助盘动。无异常时方可点动。

d. 按说明书要求，加注润滑油（润滑脂）至油标指示位置。

e. 了解单机启动方式，如离心式水泵可带压启动；定容积水泵应接通安全回路管，开路启动，逐步投入运行；离心式或罗茨风机应在不带压的条件下启动、停机。

f. 点动启动后，应检查电机设备转向，在确认转向正确后方可再次启动。

g. 格栅应运转正常，自动系统设定的水泵轮值功能应健全，各水位信号应畅通，污水提升泵应处于自动运行状态。

h. 调试鼓风机时，通气管道上阀门应处于正确状态，风机出口风量应达到设计值。

i. 调试曝气系统时，应检查自动联锁控制是否正常。

j. 点动无误后，做3～5min试运转，运转正常后，再做1～2h的连续运转，此时要检查设备温升，一般设备工作温度不宜高于50～60℃，除说明书有特殊规定外，温升异常时，应检查工作电流是否在规定范围内，超过规定范围的应停止运行，找出原因，消除隐患后方可继续运行。单机连续运行应不少于2h。

k. 单车运行试验后，应填写运行试车单，并签字备查。

5. 单元调试

① 单元调试是按水处理设计的每个工艺单元的不同要求进行的，如格栅单元、调节池单元、沉淀池单元、污泥脱水单元等。

② 单元调试是在单元内单台设备试车基础上进行的，因为每个单元可能由几台不同的设备和装置组成，单元试车是检查单元内各设备联动运行情况，并保证单元正常工作。

③ 单元试车只能解决设备的协调联动问题，而不能保证单元达到设计去除率的要求，因为它涉及工艺条件、菌种等很多因素，需要在试运行中加以解决。

④ 不同工艺单元应有不同的试车方法，应按照设计的详细补充规程执行。

6. 分段调试

分段调试和单元调试基本一致，主要是按照水处理工艺过程分类进行调试。其可分为压力提升系统、加药系统、曝气系统、排泥系统、除臭系统、在线监测系统。

7. 接种菌种

① 接种菌种是指利用微生物生物消化功能的工艺单元，主要有水解、厌氧、缺氧、好氧工艺单元，本项目中为好氧工艺单元。

② 依据微生物种类的不同，应分别接种不同的菌种。

③ 接种量的大小：厌氧污泥接种量一般不应少于污水量的8%～10%，否则，将影响启动速度；好氧污泥接种量一般应不少于污水量的5%。只要按照规范施工，厌氧、好氧

菌就可在规定范围内正常启动。

④ 启动时间：应特别说明。菌种、水温及水质条件是影响启动周期的重要因素。

⑤ 菌种来源：好氧污泥来自城市污水处理厂，拉取当日脱水后的活性污泥作为好氧菌种。

8. 驯化培养

① 驯化条件：一般来讲，微生物生长条件不能发生骤然的突出变化，常规讲要有一个适应过程，驯化过程应当与原生长条件尽量一致。当做不到时，一般用常规生活污水作为培养水源，果汁废水因浓度较高不能作为直接培养水，需要加以稀释，一般控制 COD 负荷不高于 1000～1500mg/L，在此条件下，需要按 1∶1（生活污水∶果汁废水）或 2∶1 配制原始驯化水。驯化时温度不低于 20℃，驯化采取连续闷曝 3～7d 的方式，并在显微镜下检查微生物生长状况，或者依据长期实践经验，按照不同的工艺方法（活性污泥、生物膜等），观察微生物生长状况，也可用检测进出水 COD 数值来判断生化作用的效果。

② 驯化方式：驯化条件具备后，连续运行已见到效果的情况下，采用递增污水进水量的方式，使微生物逐步适应新的生活条件，递增幅度的大小按厌氧、好氧工艺及现场条件而有所不同。一般来讲，好氧正常启动可在 10～20d 内完成，递增比例为 5%～10%；而厌氧进水递增比例则要小很多，一般应控制挥发酸（VFA）浓度不大于 1000mg/L，且厌氧池中 pH 值应保持在 6.5～7.5 范围内，不要产生太大的波动，如此水量才可慢慢递增。一般来讲，厌氧从启动到转入正常运行（满负荷量进水）需要 3～6 个月。

③ 好氧生化工艺是个复杂的过程，需要根据现场条件进行调整。

9. 全线调试

如图 7-14 为污水处理工艺单元调试流程。

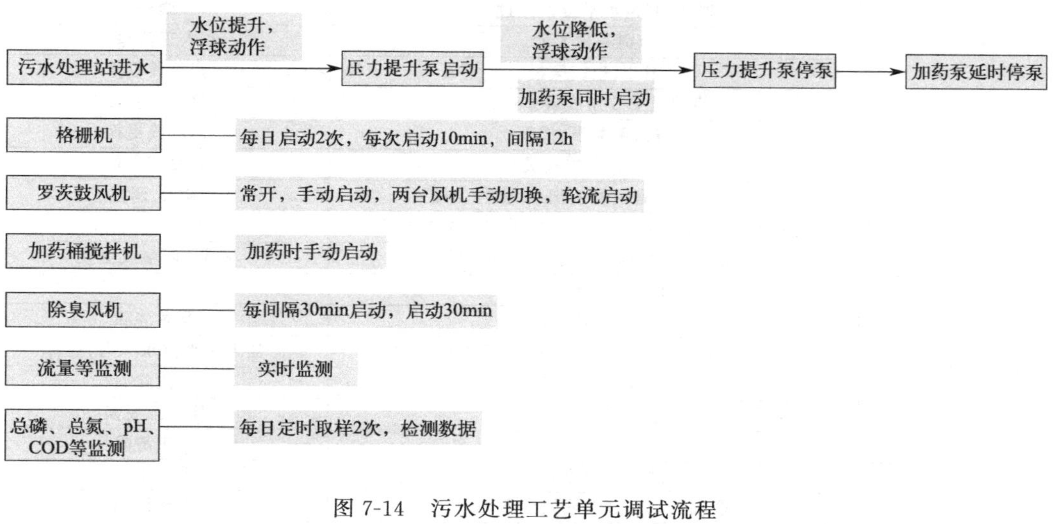

图 7-14　污水处理工艺单元调试流程

当上述工艺单元调试完成后，污水处理工艺全线贯通，污水处理系统处于正常条件下，即可进行全线连调。按工艺单元顺序，从第一单元开始检测每个单元的 pH 值（用试纸）、SS（经验目测）、COD（仪器检测），以确定全线运行的问题所在。对不能达到设计要求的工艺单元，全面进行检测调试，直至达到要求为止。各单元均正常后，全线联调结束。

生化单元调试的主要问题：

① 要认真检查核对该单元进出水口的位置、布水、收水方式是否符合工艺设计要求。

② 正式通水前，先进行通气检测，即通气前先将风机启动，开启风量的1/4～1/3送至生化池的曝气管道中，检查管道所有节点的焊接安装质量，不能有漏气现象发生，不易检查时，应涂抹肥皂水进行检查，发现问题立即修复。

③ 检查管道所有固定处及固定方式，必须牢固可靠，防止通水后管道产生松动现象。

④ 检查曝气管、曝气头的安装质量，不仅要求牢固可靠，而且处于同一水平面上，高低误差不大于±1mm，检查无误后方可通水。

⑤ 首次通水深度为淹没曝气头、曝气管0.5m左右，开动风机进行曝气，检查各曝气头、曝气管是否均衡曝气。否则，应排水后重新安装，直至达到要求为止。

⑥ 继续充水，直到达到正常工作状态，再次启动曝气应能正常工作，气量大、气泡细、翻滚均匀为最佳状态。

⑦ 对不同生化方式要严格控制溶解氧（DO）含量。氧化工艺则应保证DO含量不低于2～4mg/L。超过上述规定将可能破坏系统正常运行。

八、常见问题及解决思路

1. 格栅机常见问题及解决思路

见表7-17。

表7-17　格栅机的常见问题及解决思路

故障	主要原因	排除方法
除渣不理想	提耙、张耙、合耙、落耙不到位	调整
	耙斗、耙齿水平度误差过大	调整
	个别渣物太大	人工清除
	耙斗、耙齿磨损	修复或更换
	格栅机安装角度误差过大	调整或重新安装
	格栅条磨损、损坏	修复或更换
	时间继电器失灵	修复或更换
	行走轨道上有杂物使耙斗、耙齿走偏	清除、调整
	行走轮安装误差太大，与行走轨道有摩擦或碰撞	修复、调整
	行走轮磨损、损坏使耙斗、耙齿走偏	修复、调整或更换
污水流动不畅	格栅间间隙堵塞	清除
	渣未及时清除	及时清除
	污水水源压力不足，液体浓度过大	加大污水供水压力，稀释
	沉积物太多	清除
	液位控制器失灵	修复或更换
	渣物太大	人工清除
振动过大	基础地脚螺栓有松动	重新安装
	联轴器间隙过大或间隙不均匀	重新调整
	转鼓细格栅机水平度误差过大	重新调整
	行走轨道上有杂物	清除
	行走轮安装误差太大，与行走轨道有摩擦或碰撞	修复、调整
	导向移动装置的导向轮磨损，或导向轮已损坏	调整、修复或更换

2. 阀门常见问题及解决思路

见表 7-18。

表 7-18　阀门的常见问题及解决思路

故障	主要原因	排除方法
阀门无法完全打开或完全关闭	阀门闸板处有异物卡阻	清除
	开度限位器与阀门闸板旋转角度不相符合	重新调整
	手动阀杆锈蚀卡死，或阀杆与闸板断裂脱开	修复或更换
	阀门两侧压力相差过大	利用旁通阀或其他办法消除压力差
	限位器已损坏	修复或更换
阀门外部泄漏	法兰之间的密封圈装备不良或失效损坏	重新安装或更换密封圈
	法兰之间有间隙	重新安装
	管道焊接有裂缝	修复或更换
电动机无法作用	电机已损坏	修复或更换
	电压缺相或线路接错	修复
	电机进水或潮湿	烘干、修复或更换
减速器损坏	减速器进入泥浆等杂物	清洗、更换润滑剂、修复或更换
	齿轮过度磨损，齿间间隙过大	修复或更换
	轴承已损坏	更换
减速机漏油	轴端密封圈装备不良或失效、损坏	更换密封圈
	连接螺栓未上紧	紧固螺栓
	加油过量、油品变质	按规定加油、更换

3. 风机常见问题及解决思路

见表 7-19。

表 7-19　风机的常见问题及解决思路

故障	主要原因	排除方法
异常声响	风叶与外壳有摩擦	修复或更换
	电机轴承损坏	修复或更换
	风机安装加固不牢、有松动	重新安装或加固
	风机的水平度或垂直度误差太大	重新安装或调整
排风量不足	电压过低，转速不够	待电压恢复正常
	风叶角度未调好	重新调整
	排风口有堵塞	清除
无法启动	电机已损坏	修复或更换
	电压缺相或线路接错	修复
	漏电跳闸	检查接地电阻并修复

4. 生物除臭系统常见问题及解决思路

见表 7-20。

表 7-20　生物除臭系统的常见问题及解决思路

故障	主要原因	排除方法
臭气泄漏	臭气收集密封罩泄漏	检查修复
	臭气风管泄漏	检查修复
	门窗泄漏	检查修复
	密封罩、风管、门窗锈蚀腐烂	修复或更换

续表

故障	主要原因	排除方法
离心风机有异常声音，振动过大	联轴器同心度误差过大，间隙不均匀	调整
	联轴器间隙过大	调整
	轴承损坏	更换
	离心风机安装水平度、垂直度误差过大	调整或重新安装
	离心风机地脚螺栓有松动	重新安装
	二次灌浆未浇筑好	重新安装
臭气处理不完全	生物滤池中的生物菌浓度不够	调整浓度
	生物滤池的湿度不够	加大水供给量
	生物滤池的养分不够	调整浓度
	生物菌浓度自动报警装置损坏	检查修复
	臭气源与生物菌种类不匹配	更换

5. 潜水污水（泥）泵常见问题及解决思路

见表 7-21。

表 7-21 潜水污水（泥）泵的常见问题及解决思路

故障	主要原因	排除方法
机组泵不出水或泥	泵或管路未完全疏通	通过从弯座上提起泵并再次放下进行疏通
	积垢物堵住泵的进水处	清洁泵的进口、零件及止回阀
	管路损坏或泄漏	修复或更换损坏的管路或密封
	无电压而导致电机不转	检查线路
	电机缺相运行	更换有故障的保险丝，或检查电缆连接
	电机线圈或电缆故障	更换
	线圈温度过高导致监测线圈仪器停止工作	冷却后电机自动启动
	由于超出允许的线圈温度，所超范围的温度虽然已被释放，但热敏释放装置不带自动重启设备	检查或使用手工启动
	由于下部球轴承温度已超出允许温度，电机已通过监测泵轴承温度的保护装置被关掉	进行泵侧轴承的热敏监测检查
	温度保护传输失灵，电机内部潮湿	检查、烘干、修复
	泄漏腔的监测回路已被触发	对浮动开关进行测试，并检查泄漏腔
泵的流量不足	泵所承受的出口压力太高	打开出口阀门直至压力到设计要求
	出口侧阀门未完全打开	完全打开出口阀门
	进水管或叶轮堵塞，转子运转滞钝	清除泵内、管路的积垢物
	泵内部零件磨损	更换磨损零件
	管路损坏或泄漏	修复或更换损坏的管路或密封
	泵送介质中含不允许的空气或气体	清除
	转向错误	相线对调
	电机缺相运行	更换有故障的保险丝，或检查电缆连接
	接法错误	检查、重新连接
	运行时水位下降过多	检查供水，液位控制器
电流、功率耗量过大	泵未在运行范围内运行	检查泵的运行操作数据
	叶轮腔内有脏物，如纤维等	清除，使叶轮运转轻松
	泵内部零件磨损	更换磨损零件
	转向错误	相线对调
	运转电压不足	检查电源、电缆的连接
	电机线圈或电缆故障	更换
	电机内径向轴承故障	更换

续表

故障	主要原因	排除方法
扬程太低	进水管或叶轮堵塞，转子运转迟钝	清除泵内、管路的积垢物
	泵内部零件磨损	更换磨损零件
	管路损坏或泄漏	修复或更换损坏的管路或密封
	泵送介质中含不允许的空气或气体	清除
	转向错误	相线对调
	电机缺相运行	更换有故障的保险丝，或检查电缆连接
	接法错误	检查、重新连接
泵体噪声大	泵未在运行范围内运行	检查泵的运行操作数据
	进水管或叶轮堵塞，转子运转迟钝	清除泵内、管路的积垢物
	叶轮腔内有脏物，如纤维等	清除，使叶轮运转轻松
	泵内部零件磨损	更换磨损零件
	泵送介质中含不允许的空气或其他气体	清除
	由于装置原因引起振动	检查、重新调整、修复
	转向错误	相线对调
	电机内径向轴承故障	更换

6. 吸刮泥（砂）机常见问题及解决思路

见表 7-22。

表 7-22　吸刮泥（砂）机的常见问题及解决思路

故障	主要原因	排除方法
电动机不运转	线路故障	检查、排除
	电动机已损坏	修复或更换
减速机有异常声响	润滑不良	拆卸检修，更换零件
	齿轮过度磨损，齿间间隙过大	
	齿轮损坏	
	轴承损坏	
	联轴器间隙过大或间隙不均匀	重新调整
减速机漏油	箱体和箱盖之间的密封圈装备不良或失效损坏	拆卸检修，或更换密封圈
	连接螺栓未上紧	上紧螺栓
	加油过量、油品变质	按规定加油、更换
吸刮泥（砂）机钢构件振动、变形、损坏	积渣过多，负荷过大	清除，降低阻力
	连接件松动	检查、重新调整、修复
	运行时有摩擦、碰撞	检查、重新调整、修复
	往复吸刮泥（砂）机限位器失灵	修复或更换
	往复吸刮泥（砂）机限位器安装不水平	重新安装调整
	池底有过大紧硬物卡阻	清除
	行走轮磨损、损坏使吸刮泥（砂）机走偏	修复、调整或更换
	行走轮安装误差太大，与行走轨道有摩擦或碰撞	修复、调整
	间隙过小	调整
	时间继电器失灵	修复或更换
	回转式吸刮泥（砂）机不平衡	调整平衡块重量或调节钢丝绳
	钢构件上积聚杂物	清除
	行走轨道上有杂物	清除
吸刮泥、砂效果差	吸泥嘴或刮泥（砂）板与池底间隙误差过大	调整
	吸泥嘴堵塞	清除
	刮泥（砂）板磨损	更换
	管路堵塞	清除
	管路泄漏	修复
	吸泥嘴、砂泵已损坏	修复或更换
	虹吸失灵	修复

续表

故障	主要原因	排除方法
虹吸系统失灵	真空泵已损坏	更换
	管路漏气	修复
	液位不相符	调整
往复吸刮泥(砂)机行走电缆不同步	电缆磨损或老化	更换
	滑轴线有卡阻或变形	修复
	电缆卷筒电动机已损坏	修复或更换
	行走轮磨损、损坏	修复、调整或更换
	行走轨道上有杂物	清除
	行走轮安装误差太大，与行走轨道有摩擦或碰撞	修复、调整
	联轴器间隙过大或间隙不均匀	重新调整
静态力矩装置报警，设备停车	时间继电器失灵	修复或更换
	回转式吸刮泥机中心传动小齿轮已损坏	修复或更换
	回转式吸刮泥机中心传动大齿圈已损坏	修复或更换
	轴承损坏	修复或更换
	联轴器间隙过大或间隙不均匀	重新调整
	池底有紧硬物卡阻	清除
	行走轮磨损、损坏	修复、调整或更换
	行走轮安装误差太大，与行走轨道有摩擦或碰撞	修复、调整
	行走轨道上有杂物	清除

7. 鼓风机常见问题及解决思路

见表 7-23。

表 7-23　鼓风机的常见问题及解决思路

故障	主要原因	排除方法
由压力计测量出或由生产过程确定出低压力、真空、低容积流量	反转	调线
	空气或气体管道太小，弯头过多，产生过多损耗	增加管道的尺寸或安装具有较高输出压力的机器
	进气口、排气口或管道系统局部阻塞	清除障碍物
	进气口温度过高	把进气口安放在较阴凉的地方
	进气口压力过低	检查进气口是否有障碍物，或安装具有排气压力的机器
	机器没有按设定的速度运转	查阅电机制造厂的说明书，检查电机转速，检查电机连接电源的电压
	气体的浓度低或有特殊的比重	检查对气体的分析，增加浓度或安装为优越条件而设计的机器
	密封空隙过大	按说明书的规定调整间隙或更换密封
	进气管道上的气体过滤器堵塞	清洗气体过滤器
	压力计或真空计不准确	校准计量仪器，常用U形管压强计来检查压力或真空度
	管道中的阀门没有充分打开或止回阀安装不当	打开阀门或检查止回阀
对系统而言，机械设计能力太小	用户对系统要求计算不准确	安装较大容量或较低压力的机器，以适应系统的要求
	系统泄漏或空隙太多	查找和修理泄漏，减少空隙数目
空气或气体流量测量不准确	流量计校验不准确	校正流量计，用一个适当的小孔对流量计进行检测(应与流量计制造厂一同检测)
	无有效方法进行测定	换一个新的流量计安装并测量
	测定方位不准确，测定点在出口管道	鼓风机流量为进口容积流量，测定点应位于进口位置

8. 脱水机械常见问题及解决思路

见表 7-24。

表 7-24　脱水机械的常见问题及解决思路

故障	主要原因	排除方法
泥饼含水率过高	滤带张紧力太小	加大张紧力，但一般不大于 0.5MPa
	滤带速度太快	降低滤带速度，但一般不小于 3m/min
	污泥供量不均匀	调整
泥饼含水率过低	滤带张紧力太大	降低张紧力，但一般不低于 0.3MPa
	滤带速度太慢	提高滤带速度，但一般不大于 8m/min
	污泥供量不均匀	调整
泥饼太薄	滤带张紧力太大	降低张紧力，但一般不低于 0.3MPa
	滤带速度太快	降低滤带速度，但一般不小于 3m/min
	进药量太小	加大进药量
	堵塞	清除
	污泥供量太小	调整
泥饼太厚	滤带张紧力太小	加大张紧力，但一般不大于 0.5MPa
	滤带速度太慢	提高滤带速度，但一般不大于 8m/min
	进药量太大	减少进药量
	污泥供量太大	调整
处理量太小	滤带张紧力太大	降低张紧力，但一般不低于 0.3MPa
	滤带速度太慢	提高滤带速度，但一般不大于 8m/min
	进药量太小	加大进药量
	加过大进药量	调整到适量
	堵塞	清除
	污泥供量不足	调整
处理量太大	滤带张紧力太小	加大张紧力，但一般不大于 0.5MPa
	滤带速度太快	降低滤带速度，但一般不小于 3m/min
	进药量太大	减少进药量，但不能过小，否则将导致絮凝失效，不能脱水
	污泥供量太大	调整
滤带难以冲洗干净	滤带张紧力太小	加大张紧力，但一般不大于 0.5MPa
	滤带速度太慢	提高滤带速度，但一般不大于 8m/min
	进药量太小	加大进药量

9. 加药泵常见问题及解决思路

见表 7-25。

表 7-25　加药泵的常见问题及解决思路

故障	主要原因	排除方法
泵不运行	储液池中药液液位太低	向池中加入药液
	阀门损坏或污染	清洗或更换
	出液管路堵塞	排除
	药液冻结	融化
	保险丝熔断	更换
	电动机启动器中热过敏装置跳开	复位
	电缆线断开	修复
	电压过低	重新调整
	泵未充注液体	向压力管路输送药液前，应使吸液管和泵头充满液体
	冲程调节设定到零的位置	重新调节冲程设定

续表

故障	主要原因	排除方法
泵的出液量不足	冲程设定不正确	重新调节冲程设定
	泵的运行速度不对	使电源电压和频率与泵电动标牌上的数据匹配
	吸液管泄漏	修复
	吸程过高	重新布置
	液体接近沸点	冷却液体或增加吸液水头
	出液管路中的安全阀泄漏	修复或更换
	液体黏度太高	降低黏度
	阀座磨损或污染	清洗或更换
	吸液量不足	增加吸液管口径或增加吸液水头
输液量不稳定	吸液管泄漏	修复
	安全阀泄漏	修复或更换
	吸程水头不足	提高吸液池液位或使用压力溶液箱
	液体接近沸点	冷却液体或增加吸液水头
	阀座磨损或污染	清洗或更换
	管路过滤器堵塞	清洗过滤器
电机或泵体过热	电机或泵体的运行温度超过93℃	冷却
	电源不符合电机的电气规格	调节电源与电机匹配正确
	泵在超过额定性能条件下运行	降低压力或冲程速度
	泵的润滑油类别不对	重新加注润滑油
泵在零冲程设定时，仍输送液体	误调千分刻度旋钮	重新调节冲程设定
	出液压差不足	改正运行条件
齿轮噪声过大	齿间间隙过大	拆卸检修，更换零件
	轴承磨损	拆卸检修，更换零件
	润滑油标号不对或加注量不足	更换或补充润滑油

九、监测控制

医疗机构污水处理工程应定期监（检）测进（出）水水质、水量和污泥浓度等指标。非传染病医疗机构宜实现在线监测，传染病医疗机构应实现在线监测。

1. 污水排放标准

传染病和结核病医疗机构污水排放应执行表7-26的规定。县级及县级以上或20张床位及以上的综合医院污水排放应执行表7-27的规定。

表7-26　传染病、结核病医疗机构水污染物排放限值（日均值）

序号	控制项目	标准值
1	粪大肠菌群数/(MPN/L)	100
2	肠道致病菌	不得检出
3	肠道病毒	不得检出
4	结核杆菌	不得检出
5	pH	6～9
6	化学需氧量(COD) 浓度/(mg/L) 最高允许排放复合/[g/(床位·d)]	60 60 180
7	生化需氧量(BOD) 浓度/(mg/L) 最高允许排放复合/[g/(床位·d)]	20 20 60

续表

序号	控制项目	标准值
8	悬浮物(SS) 浓度/(mg/L) 最高允许排放复合/[g/(床位·d)]	20 20 50
9	氨氮/(mg/L)	15
10	动植物油/(mg/L)	5
11	石油类/(mg/L)	5
12	阴离子表面活性剂/(mg/L)	5
13	色度(稀释倍数)	30
14	挥发酚/(mg/L)	0.5
15	总氰化物/(mg/L)	0.5
16	总汞/(mg/L)	0.05
17	总镉/(mg/L)	0.1
18	总铬/(mg/L)	1.5
19	六价铬/(mg/L)	0.5
20	总砷/(mg/L)	0.5
21	总铅/(mg/L)	1.0
22	总银/(mg/L)	0.5
23	总 α/(Bq/L)	1
24	总 β/(Bq/L)	10
25	总余氯①②/(mg/L)	0.5

① 采用含氯消毒剂消毒的工艺控制要求为：消毒接触池的接触时间≥1.5h，接触池出口总余氯 6.5～10mg/L。

② 采用其他消毒剂对总余氯不做要求。

表 7-27　综合医疗机构和其他医疗机构水污染物排放限值（日均值）

序号	控制项目	排放标准	预处理标准
1	粪大肠菌群数/(MPN/L)	500	5000
2	肠道致病菌	不得检出	—
3	肠道病毒	不得检出	—
4	pH	6～9	6～9
5	化学需氧量(COD) 浓度/(mg/L) 最高允许排放复合/[g/(床位·d)]	60 60 180	250 250 250
6	生化需氧量(BOD) 浓度/(mg/L) 最高允许排放复合/[g/(床位·d)]	20 20 60	100 100 200
7	悬浮物(SS) 浓度/(mg/L) 最高允许排放复合/[g/(床位·d)]	20 20 50	60 60 60
8	氨氮/(mg/L)	15	
9	动植物油/(mg/L)	5	20
10	石油类/(mg/L)	5	20
11	阴离子表面活性剂/(mg/L)	5	10
12	色度(稀释倍数)	30	—
13	挥发酚/(mg/L)	0.5	1.0
14	总氰化物/(mg/L)	0.5	0.5
15	总汞/(mg/L)	0.05	0.05
16	总镉/(mg/L)	0.1	0.1
17	总铬/(mg/L)	1.5	1.5
18	六价铬/(mg/L)	0.5	0.5
19	总砷/(mg/L)	0.5	0.5

续表

序号	控制项目	排放标准	预处理标准
20	总铅/(mg/L)	1.0	1.0
21	总银/(mg/L)	0.5	0.5
22	总 α/(Bq/L)	1	1
23	总 β/(Bq/L)	10	10
24	总余氯①②/(mg/L)	0.5	

① 采用含氯消毒剂消毒的工艺控制要求为：

排放标准：消毒接触池的接触时间≥1.5h，接触池出口总余氯 3～10mg/L。

预处理标准：消毒接触池的接触时间≥1.0h，接触池出口总余氯 2～8mg/L。

② 采用其他消毒剂对总余氯不做要求。

2. 取样与监测

粪大肠菌群数每月监测不得少于 1 次。采用含氯消毒剂消毒时，接触池口总余氯每日监测不得少于 2 次（采用间歇式消毒处理的，每次排放前进行监测）。肠道致病菌主要监测沙门氏菌、志贺氏菌。沙门氏菌的监测，每季度不少于 1 次；志贺氏菌的监测，每年应不少于 2 次。当收治的感染肠道致病菌或肠道病毒的甲类传染病患者数超过 5 人，或乙类传染病患者数超过 10 人，或丙类传染病患者数超过 20 人时，应及时监测该种传染病病原体。

pH 每日监测不少于 2 次，COD 和 SS 每周监测 1 次，其他污染物每季度监测不少于 1 次。采样频率为每小时 1 次，每次至少采样 3 次，测定结果以日均值计。

第四节　验收与移交

医院污水处理工程应在系统联动调试、设备运转正常、技术指标达到设计要求后进入生产试运行，一级强化处理工艺试运行时间应不少于 1 个月，二级处理工艺试运行时间应不少于 3 个月。

1. 竣工验收

医院污水处理站竣工环境保护验收应符合以下标准：

a. 污水处理设施应符合国家和地方相关环境保护标准的要求，包括排放标准、处理效率等。

b. 污水处理设施应正常运行，并保持良好的运维记录。

c. 设施周边环境应达到相关的环境保护标准，包括噪声、气味等要求。

d. 相关的污水处理设备和工程应符合国家和地方相关技术标准，确保设施的可靠性和安全性。

e. 医院应提供相关的监测数据和报告，以验证污水处理厂的运行情况和效果。

(1) 自验检测过程：

① 由施工方制定自验检测方案，并做好相应记录。

② 连续三天，按规定取水样（每 2h 一次，24h 为一个混合样），分别在进出水口连续抽取，每天进行检测（主要为 COD、pH、SS），合格后即认定自检合格。

（2）交验检测过程：

① 由施工方将自检结果向建设方汇报，建设方认同后，由建设方寄出交验书面申请报告，报请当地环保监测主管部门前来检测。

② 施工方、建设方共同准备条件，配合环保主管部门进行检测。

③ 检测报告完成后，工程技术验收完成。

（3）竣工验收过程：

① 由施工方向建设方提交竣工验收申请，并向建设方提供竣工资料。

② 由建设方组织，并正式起草竣工验收报告，报请主管部门组织验收。

③ 正式办理竣工验收手续。

2. 竣工环境保护验收

医疗机构建设项目验收监测应在医疗机构正常营运、营运规模达到设计规模 75%以上（含 75%）的情况下进行；如果短期内营运规模确实无法达到设计规模 75%以上的，验收监测应在医疗机构正常营运工况下进行，记录医院实际营运工况，包括门诊量、急诊量、医务人员数量、住院床位数，以及环保设施运行的负荷、消毒剂的消耗量等。非正常营运工况时，应立即停止监测。验收工作范围原则上与环境影响评价范围一致。原则上采用建设项目环境影响评价文件及其批复文件中确认的评价标准作为验收评价标准。医疗机构建设项目竣工环境保护验收技术工作包括验收准备、编制验收技术方案、实施验收技术方案、编制验收技术报告四个阶段。验收技术工作程序见图 7-15。

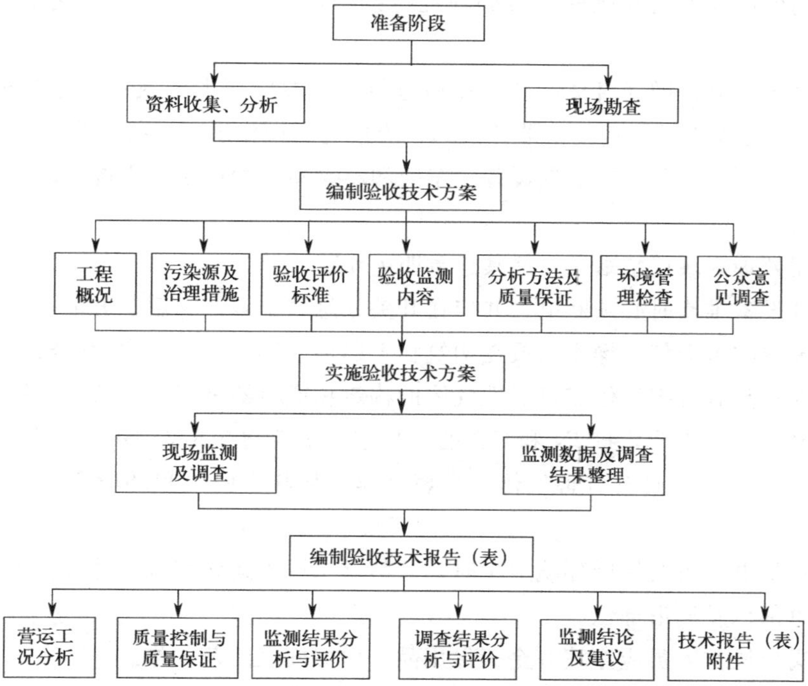

图 7-15　医疗机构建设项目竣工环境保护验收技术工作程序图

第五节　运维管理

1. 运行管理

（1）运行管理人员必须熟悉本站污水处理工艺和设施、设备的运行要求与技术指标。

（2）各岗位应有工艺系统网络图、安全操作规程等，并应示于明显部位。

（3）运行管理人员和操作人员应按要求巡视检查构筑物、设备、电器和仪表的运行情况。

（4）污水处理站必须加强水质和污泥管理。

（5）污水处理站应对各项生产指标、能源和材料消耗等准确计量，至少应达到国家三级计量合格单位标准。

（6）各岗位的操作人员应按时做好运行记录，数据应准确无误。

（7）操作人员发现运行不正常时，应及时处理或上报主管部门。

（8）各种机械设备应保持清洁，无漏水、漏气等。

（9）水处理构筑物堰口、池壁应保持清洁、完好。

（10）根据不同机电设备要求，应定时检查，添加或更换润滑油或润滑脂，各种闸、阀井内应保持无积水。

2. 安全操作

（1）各岗位操作人员和维修人员必须经过技术培训和生产实践，并考试合格后方可上岗。

（2）启动设备应在做好启动准备工作后进行；电源电压大于或小于额定电压5%时，不宜启动电机；操作人员在启闭电器开关时，应按电工操作规程进行操作；严禁非岗位人员启闭本岗位的机电设备；有电气设备的车间和易燃易爆的场所，应按消防部门的有关规定配备消防器材。

（3）污泥处理区域严禁烟火，严禁违章明火作业。

（4）各种设备维修时必须断电，并应在开关处悬挂维修标牌后，方可操作。

（5）雨天或冰雪天气，操作人员在构筑物上巡视或操作时，应注意防滑。

（6）凡在对具有有害气体或可燃性气体的构筑物或容器进行放空清理和维修时，应将甲烷含量控制在5%以下，HCN和CO的含量应分别控制在5.6%和12.5%以下，同时，含氧量不得低于15%；具有有害气体、易燃气体、异味、粉尘和环境潮湿的车间，必须通风。

（7）清理机电设备及周围环境卫生时，严禁擦拭设备运转部位，冲洗水不得溅到电缆头和电机带电部位及润滑部位。

（8）各岗位操作人员应穿戴齐全劳保用品，做好安全防范工作。

（9）起重设备应由专人负责操作。吊物下方严禁站人。

（10）应在构筑物的明显位置配备防护救生设施及用品。

3. 维护保养

（1）运行管理人员和维修人员应熟悉机电设备的维修规定。

（2）应对构筑物的结构及各种闸阀、爬梯、管道、支架和盖板等定期进行检查、维修及防腐处理，并及时更换损坏的照明设备。

（3）应经常检查和紧固各种设备连接件，定期更换联轴器的易损件。

（4）各种管道闸阀应定期做启闭试验，丝杠应经常加注润滑油脂。

（5）应定期检查、清扫电器控制柜，并测试其各种技术性能；应定期检查电动闸阀的限位开关、手动与电动的联锁装置；检修各类机械设备时，应根据设备的要求，保证其同轴度、静平衡或动平衡等技术要求；维修机械设备时，不得随意搭接临时动力线。

（6）在每次停泵后，应检查填料或油封处的密封情况，并进行必要的处理，根据需要添加或更换填料、润滑油、润滑脂。

（7）凡设有钢丝绳的装置，绳的磨损量大于原直径的10%，或其中一股断裂时，必须更换。

（8）各种机械设备除应做好日常维护保养外，还应按设计要求或制造厂的要求进行大修、中修或小修；不得将维修设备更换出的润滑油、润滑脂及其他杂物丢入污水处理设施内。

（9）构筑物之间的连接管道、连通孔等应每年清理一次；应定期检查和更换救生衣、救生圈、消防设施等防护用品。

（10）建筑物、构筑物等的避雷、防爆装置的测试、维修及其周期应符合电业和消防部门的规定。

第八章

医学实验室工程

第一节　概述

医学实验室是指医疗机构用于临床、教学、科研的实验室的总称，为人类疾病的诊断、治疗、预防以及健康状况的评估提供有益的、重要的、科学的信息。医院的医学实验室主要包括检验科、病理科、生殖医学中心、动物实验中心等功能单元，每个功能单元又包含相应的功能区和功能用房。

第二节　设计

一、设计依据规范标准

(1)《科研建筑设计标准》(JGJ 91—2019)。

(2)《生物安全实验室建筑技术规范》(GB 50346—2011)。

(3)《实验室　生物安全通用要求》(GB 19489—2008)。

(4)《临床实验室试剂用纯化水》(WS/T 574—2018)。

(5)《临床实验室生物安全指南》(WS/T 442—2024)。

(6)《综合医院建筑设计规范》(GB 51039—2014)。

(7)《医疗机构临床实验室管理办法》(2006)。

(8)《病原微生物实验室生物安全环境管理办法》(2006)。

(9)《医疗卫生机构医疗废物管理办法》(2003)。

(10)《微生物和生物医学实验室生物安全通用准则》(WS 233—2017)。

(11)《建筑设计防火规范》(GB 50016—2014)。

(12)《建筑给水排水设计标准》(GB 50015—2019)。

(13)《实验室家具通用技术条件》(GB/T 24820—2024)。
(14)《实验室变风量排风柜》(JG/T 222—2007)。
(15)《医疗建筑电气设计规范》(JGJ 312—2013)。
(16)《公共建筑节能设计标准》(GB 50189—2015)。
(17)《人类辅助生殖技术应用规划指导原则（2021 版)》。
(18)《人类辅助生殖技术规范》(卫科教发〔2003〕176 号)。
(19)《辅助生殖医学中心建设标准》(T/ACSC 01—2022)。
(20) 国家现行其他规范标准。

二、设计工作流程

如图 8-1 为医学实验室设计流程图。

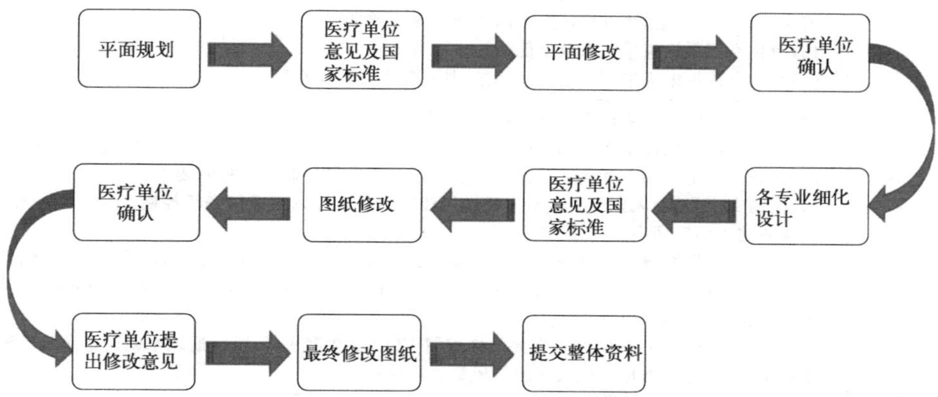

图 8-1　医学实验室设计流程图

三、医学实验室系统设计要点

如表 8-1 为医学实验室系统设计要点。

表 8-1　医学实验室系统设计要点

序号	系统名称	系统设计要点
1	建筑结构	(1)建筑结构层高、承重需满足医学实验室建设要求并预留发展空间。 (2)对于给排水管线密集的实验室区域,可考虑结构降板或设置下部技术夹层。 (3)管井按专业需求预留到位,管井内壁抹灰收光,水管井地面做防水处理,设置紧急排水措施。 (4)设备用房远离实验室核心区域,净化空调机房靠近服务区域,机房实施吸音隔振措施
2	装饰装修	(1)楼地面应耐磨、不起尘、不积尘、易清洁、不反光、耐冲击、防水防滑,应有良好的耐久性及防菌、防霉和抗腐蚀性。通常选用软质 PVC 地胶,保障实验室地面降噪、无反光、耐久舒适需求,对于用水房间采用防滑地砖作为硬质装修材料。PVC 地板同墙体的交接位置使用阴角圆弧处理,在颜色的选择上通常选择浅白、浅蓝、浅绿等清爽浅色系,长时间工作不易产生视觉疲劳。 (2)墙面维护结构应完整无裂缝、不渗水、不起尘、易清洁、耐腐蚀、抗撞击,并且维护结构应无毒,无放射性,密闭性能良好,有一定隔音、吸声性能,耐火性良好。办公生活区一般选择硅酸钙板加抗菌涂料面层或瓷砖,对于有洁净和清洁要求的实验室区域,采用复合夹芯彩钢板、无机预涂板等耐擦洗、抗污抗菌效果优越且防潮防腐防霉变的材料。墙面和墙面、墙面和地面、墙面和天花交接处采用阴阳角圆弧连接,所有拼接缝部位用玻璃胶进行密封处理,保证墙体围护结构的气密性,最大程度地降低围护结构漏风率。墙体颜色和地面颜色合理搭配。

续表

序号	系统名称	系统设计要点
2	装饰装修	(3)天花吊顶材料选择抗污渍、不起尘、不易霉变、不易变形、易维护、吸音性能好、环保抗菌的材料,同时具备良好的防火性能。办公生活区一般选择硅酸钙板加抗菌涂料面层或抗菌吸音矿棉板、吸音铝扣板、高晶板等材料。对于有洁净和清洁要求的实验室区域,宜采用复合夹芯彩钢板作为天花吊顶材料,其具有防水防潮、抗冲击、抗折、防火阻燃、无毒无味、安装方便、密封性能好等优点,所有拼接缝部位用玻璃胶进行密封处理。 (4)医学实验室门窗应具有良好的气密性,采用金属钢制、铝制门体,门上设观察窗。对于有气密性和压差要求的洁净实验室场所,宜采用平开气密门并配置闭门器,门体和门框之间采用专用凸型气密胶条密封,门朝压力较高房间开启。气密观察窗采用双层中空玻璃并具有防起雾构造,气密观察窗与墙体之间采用专用型材固定,拼接缝部位用玻璃胶进行密封处理
3	净化工程	(1)参照实验室功能间环境技术指标合理设计净化空调和舒适性空调系统,满足工艺和功能要求。 (2)不同功能分区分开设置净化空调设备和系统,避免交叉感染。 (3)净化空调系统风量计算设备选择应满足功能间和功能区压差控制需求,应全面考虑功能间的泄漏风量。 (4)PCR、HIV 等全新风送风的实验室空调系统,南方潮湿多雨地区需进行深度除湿处理,北方地区需保证冬季加湿量,北方地区宜采用干蒸汽等高效加湿方式。 (5)净化空调系统应采取有效节能措施。 (6)净化空调机组应采用厂家成品机组,禁止在现场拼凑组装
4	通风系统	(1)按功能房间工艺合理选择通风柜、生物安全柜类型、规格。 (2)通风系统应保证功能房和功能区的气流组织符合感染控制要求,保障工作人员的安全。 (3)送排风风量设备选择满足功能间和功能区有害物排放和压差控制要求。 (4)生物安全柜、通风柜等实验室设备排风和房间平衡排风应采用密闭控制阀进行切换操作,避免有害物质进入到房间内。 (5)应用于挥发性溶剂、病理样本处置、含毒性有害物等排放的排风系统,应采取高效过滤装置、活性炭吸附、喷淋塔药物中和等办法彻底处理排气,符合排放标准后方可排放到大气中,排气口位置和高度设置符合排放要求。 (6)医学生殖中心 IVF 实验室需要严格控制 VOC 的浓度水平,可在通风空调设备送风口增设静电灭菌除尘装备,适当增加通风系统的新风量和排风量
5	电气工程	(1)医学实验室设备品类繁多,需要提前和医院科室沟通确定好用电需求和点位配置。 (2)重要医学实验室设备应配置在线式 UPS 供电,UPS 设备应采用工频装置,禁止采用高频装置。 (3)医学实验室精密设备应具备可靠接地措施,一般综合接地电阻$\leqslant 4\Omega$,在必要情况下设置独立接地系统,接地电阻不大于1Ω。 (4)医学实验室应配备完善的门禁、安防、通信、网络、消防报警等系统,满足医学实验室日常使用管理需求
6	智能化	(1)排风变风量智能变频控制系统由智能 PLC 控制柜、变频器、电动密闭风阀、10 寸触摸控制面板等组成。系统运行控制原理为:采用定静压控制方法,在排风主管道上设置管道静压传感器,并根据通风柜、生物安全柜等通风设备的使用数量,设置相应的管道静压值,通过多段静压控制器和变频器调节排风机电机运行频率及转速,维持管道静压,从而满足排风需求的同时减少电机能耗。在紧急情况下,可开启紧急排风模式,将电动密闭风阀全部打开,排风机最大功率运行,保障快速排风。 (2)通风柜、生物安全柜和房间平衡排风口切换控制由智能 PLC 控制柜、电动密闭风阀、10 寸触摸控制面板等组成。根据通风柜、生物安全柜投入使用情况,自动切换开启或关闭对应的房间平衡排风口,从而保持房间压力稳定,维持不同功能间和功能区之间的压差
7	给排水、纯水、污废水	(1)医学实验室给水、纯水按医院科室提供的设备点位需求进行配置,给水管道可采用 PPR 材质,纯水管道采用卫生型不锈钢管,焊接安装完毕后进行钝化处理。 (2)对于污废水排水需求密集的医学实验室区域,可考虑利用结构降板布管或设置下部技术夹层布管。 (3)医学实验室污废水包含大量的有机溶剂、重金属离子、无机酸碱物及微生物、细菌、病毒等有害物质,需要进行无害化处理达到排放标准后方可排放到市政管网中,可利用医院污废水处理系统进行无害化处理,否则需要设置独立的处理装置。 (4)应根据排放的污废水性质成分选择相应的防腐耐酸碱材质管道
8	气体工程	(1)根据医学实验室功能区和功能房工艺需求合理配置相应的气体种类和数量。 (2)集中供气时应根据气体种类和化学性质分开设置气瓶间,气瓶间做防火防爆处理。 (3)应设置可靠的气体减压装置,配置完善的报警和智能化控制系统,保障气体系统的安全使用

四、医学实验室平面布局

（一）检验科

检验科是将采集到的血液、体液、组织液、细胞等生物样本进行实验分析，为研究病情、评价疗效、估计预后、临床诊断、指导临床药物合理使用提供诊断依据，是临床医学和基础医学之间的桥梁，主要设有免疫室、生化室、临检室、微生物室、细胞室等专业实验室，为临床患者提供临床检验、临床生化、临床免疫和临床微生物学等检查。

1. 功能分区和用房

采样等候区：主要包括等候厅、采样接收窗台、标本储存及处理用房等。

实验区：包括所有实验用房及实验相关用房，通常分为临床实验室（含临床血液、体液等）、生化实验室、免疫实验室、微生物实验室、HIV 实验室、PCR 实验室等，是检验科的核心区域，需要保持负压状态，防止污染物的扩散。

办公生活辅助区：包括医务人员出入更衣室、值班室、办公会议室、废弃物收集处理用房等。

2. 工艺流线

检验科主要有患者流线、医务人员流线、送检样本流线、洁净物品流线和废弃污染物品流线。

3. 平面布局

检验科平面布局主要有单通道式、双通道式、“回”字式、中心式和组合式。在现代医院中，根据规模大小一般选用中心式或组合式。如图 8-2 为检验科平面布局示例图。

（二）病理科

病理科为医疗过程中的病理诊断服务，包括如活体组织检查、脱落和细针穿刺细胞学检查以及尸体剖检提供仪器及场所，为临床提供明确的病理诊断，确定疾病的性质，查明死亡原因。通过活检、尸检和细胞学检查等做出疾病的病理学诊断。对送检的标本进行固定、取材、脱水、浸蜡、包埋、切片、染色、封片等处理时，需要大量使用有机试剂，导致空气中甲醛和二甲苯浓度超标，容易对工作人员和环境造成危害，因此要采用特殊通风系统进行处理。

1. 功能分区和用房

实验区（污染区）：标本收发室、取材室、储存室、冰冻切片制作室、细胞学涂片制作室、病理技术实验室、洗消室、污物处理区等。

辅助区（半污染区）：设备机房、标本陈列室、废弃物收集处理用房等。

生活办公（清洁区）：办公室、值班室、会议室、资料室、更衣室、休息室等。

2. 工艺流线

病理科主要有医务人员流线、洁净物品流线和废弃物品流线。

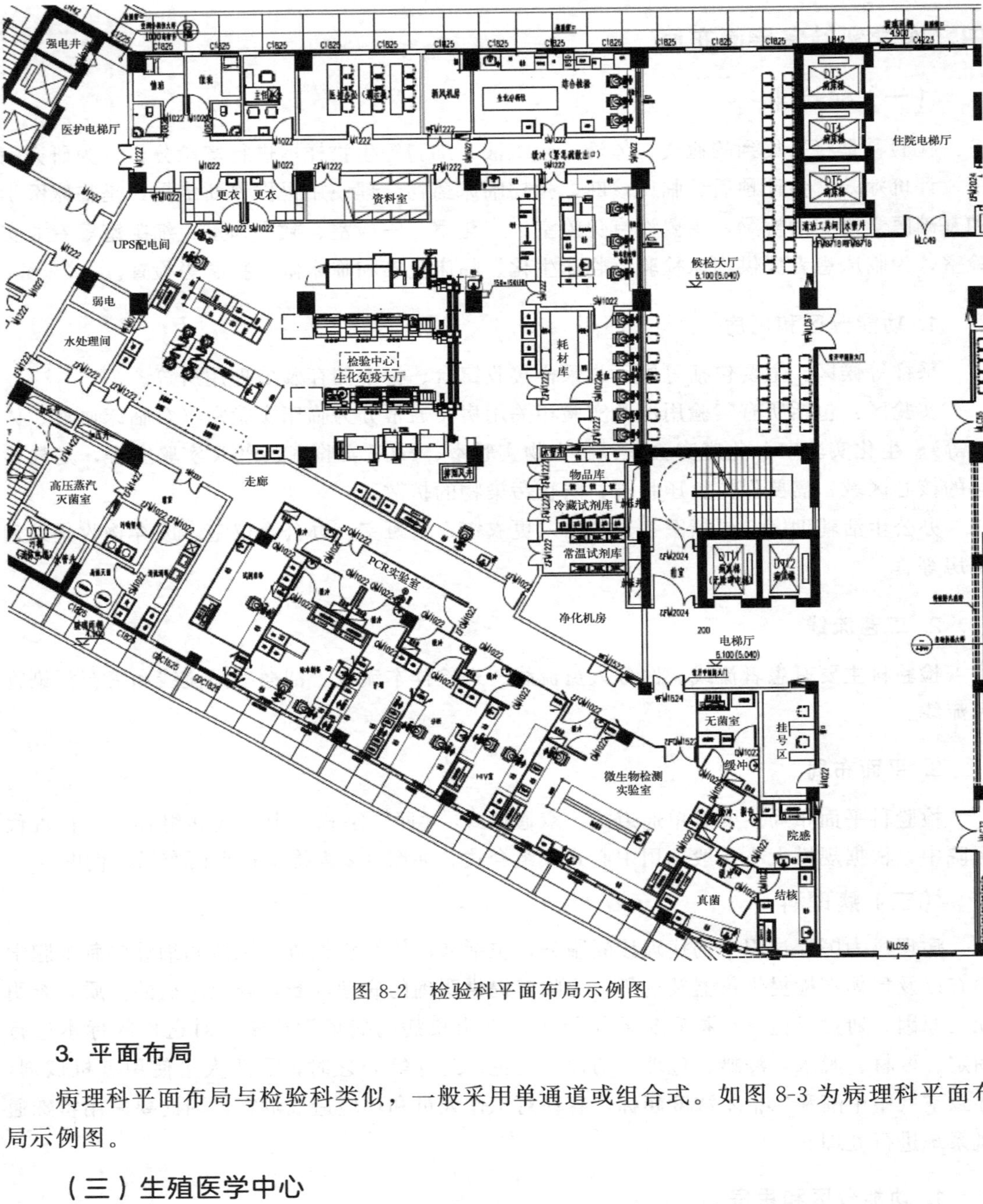

图 8-2 检验科平面布局示例图

3. 平面布局

病理科平面布局与检验科类似，一般采用单通道或组合式。如图 8-3 为病理科平面布局示例图。

（三）生殖医学中心

生殖医学中心是运用人类辅助生殖技术治疗不孕不育症，包括人工授精和体外受精、胚胎移植及其衍生手术的场所。

1. 功能分区和用房

生殖医学临床：候诊区、护士工作站、心理咨询室、诊查室、治疗室、注射室、超声室、取精室、化验室、资料档案室、医护人员更衣室和卫生间、患者卫生间及其他辅助用房。

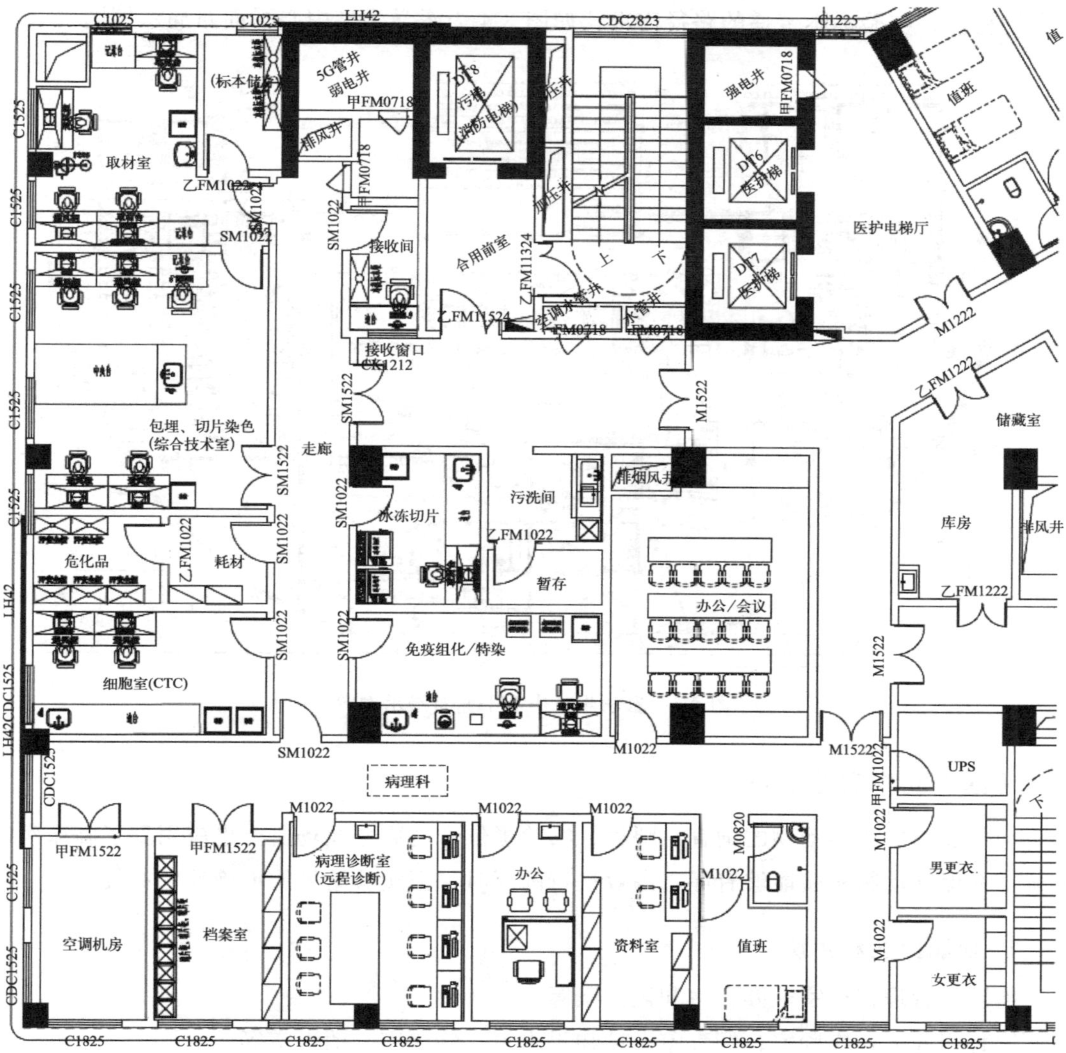

图 8-3　病理科平面布局示例图

体外受精实验室：医生通道、患者通道、医生更衣室、患者更衣室、术后休息室、取精室、精液处理室、取卵室、胚胎移植室、胚胎培养室、冷冻室、准备间、清洗室、PGD 室、医护休息室、储藏室（气体）、机房等。

人工授精实验室：取精室、精液处理室，与体外受精实验室结合布置。

办公辅助区：办公室、值班室、计算机室、休息室、卫生间等。

2. 工艺流线

生殖医学中心工艺流线要着重防止感染，切断传染链。其主要有病患流线、医护人员流线、洁净物品流线、污物流线。

3. 平面布局

从感染学的角度出发合理布置人流物流，避免交叉感染，使不同的人流合理分流，满足各种检验、实验标本传递的路径需求。如图 8-4 为医学生殖中心平面布局示例图。

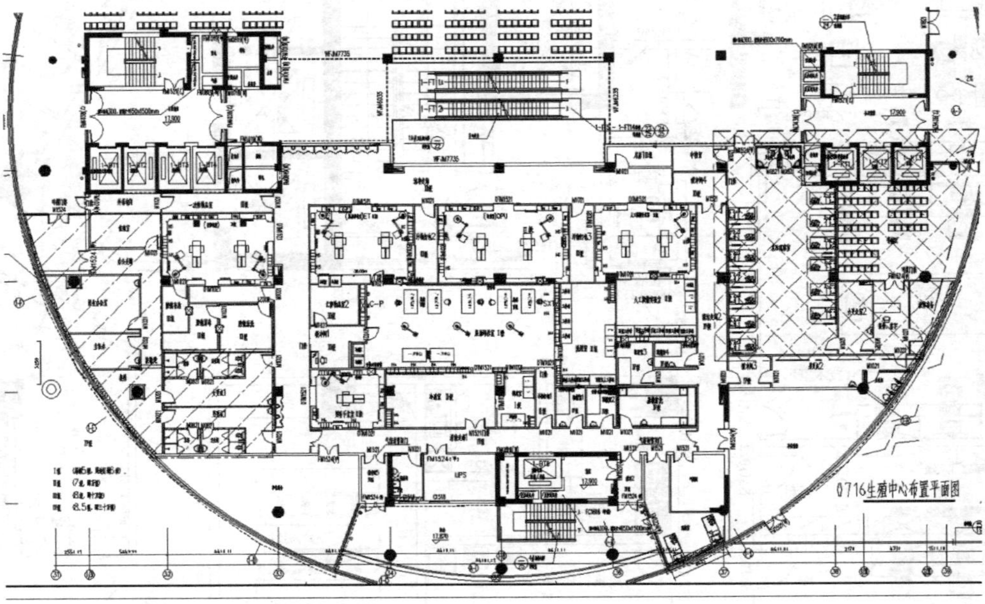

图 8-4　医学生殖中心平面布局示例图

（四）动物实验中心

动物实验中心为动物的饲育、喂养、实验提供专门服务及场所，也应用到了临床医疗领域，在保证动物实验能够有序、高效进行的同时保证实验结果的准确性和有效性。

1. 功能分区和用房

前区：管理接待室、办公室和监控室等。

饲育实验区：实验室、饲育室、动物手术室、储藏室、消毒室等。

辅助区：洗消室、废弃物品存放间、动物解剖室、设备用房、更衣室等。

2. 工艺流线

动物实验中心主要有人员流线（实验人员及管理人员）、动物流线、物品流线（包括洁净物品及污染物品），其工艺流线设计应符合实验工艺流程的要求，合理地组织各流线互不交叉，避免相互污染。

3. 平面布局

动物实验中心的布局通常可分为：无走廊式、单走廊式、双走廊式、三走廊式几种，普遍采用双走廊式布局。如图 8-5 为动物实验中心平面布局示例图。

五、医学实验室环境技术指标

现代医学实验室功能全面，工艺流线众多，感染控制要求严格，功能房间技术指标复杂、设备家具配置多样，室内环境设计是医学实验室设计的核心内容。如表 8-2 为医学实

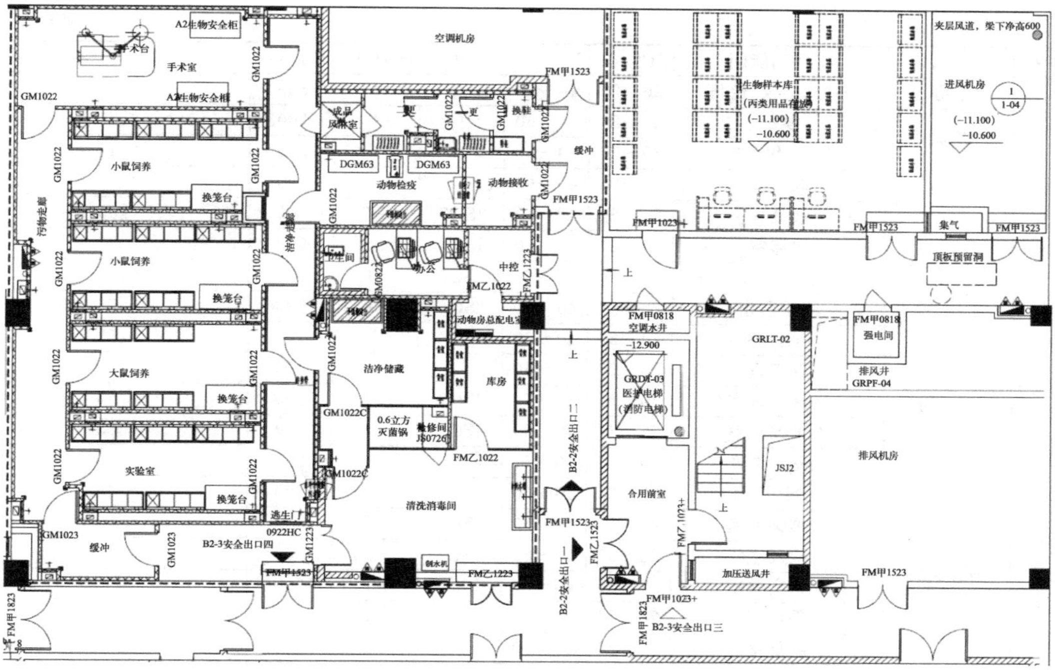

图 8-5　动物实验中心平面布局示例图

验室主要科室环境技术指标。

表 8-2　医学实验室主要科室环境技术指标

科室	功能区	主要功能间	温度/℃	湿度/%	洁净度	压力/Pa	照度/lx	噪声/dB(A)
检验科	采样等候区	等候大厅	20～28	40～60	/	/	200	≤60
		采样、接收	20～26	40～60	/	/	300	≤55
		标本储存	20～26	40～60	/	—	200	≤55
	办公生活区	办公室	20～26	40～60	/	/	300	≤45
		更衣、值班室	20～26	40～60	/	/	150	≤45
	临床实验室		20～24	40～60	/	—	500	≤55
	生化免疫实验室		20～24	40～60	/	—	500	≤55
	微生物实验室	准备间	20～26	40～60	/	/	300	≤55
		真菌	20～24	40～60	ISO8	−10	500	≤55
		结核	20～24	40～60	ISO8	−10	500	≤55
		无菌室	20～24	40～60	ISO7	+10	500	≤55
	HIV 实验室		20～24	40～60	ISO8	−10	500	≤55
	PCR 实验室	试剂	20～24	40～60	/	+10	500	≤55
		标本制备	20～24	40～60	ISO8	+5	500	≤55
		扩增	20～24	40～60	ISO8	−10	500	≤55
		产物分析	20～24	40～60	ISO8	−15	500	≤55
病理科	生活办公	办公、会议、值班	20～26	40～60	/	/	300	≤45
	辅助区	标本室、废弃物处置	20～26	40～60	/	—	300	≤55
	实验区	接收	20～26	40～60	/	/	300	≤55
		储存、耗材	20～24	40～60	/	/	200	≤55
		取材	20～26	40～60	/	−5	500	≤55
		包埋、切片染色	20～26	40～60	/	−5	500	≤55
		免疫组化/特染	20～26	40～60	/	−5	500	≤55
		细胞室	20～26	40～60	/	−5	500	≤55

续表

科室	功能区	主要功能间	温度/℃	湿度/%	洁净度	压力/Pa	照度/lx	噪声/dB(A)
生殖医学中心	生活办公	办公、会议、值班	20～26	40～60	/	/	300	≤45
	临床	候诊	20～28	40～60	/	/	200	≤55
		诊室、化验室	20～26	40～60	/	—	300	≤45
	体外受精	取精室	20～26	40～60	/	/	300	≤45
		精液处理室	20～24	40～60	ISO7	+5	500	≤55
		取卵室	20～24	40～60	ISO7	+5	500	≤55
		胚胎培养	20～24	40～60	ISO6	+10	500	≤55
		胚胎移植	20～24	40～60	ISO6	+10	500	≤55
		PGD 室	20～26	40～60	/	+	500	≤55
	人工授精	取精室	20～26	40～60	/	/	300	≤45
		精液处理室	20～24	40～60	ISO7	+5	500	≤55
		人工授精室	20～24	40～60	ISO7	+5	500	≤55
动物实验中心	前区	办公、教学	20～26	40～60	/	—	300	≤45
		饲料、库房	20～28	40～60	/	—	200	≤45
	饲育实验	动物饲育室	22～24	40～60	ISO7	−15	15	≤60
		检疫室	22～24	40～60	ISO7	−15	500	≤55
		动物实验室	22～24	40～60	ISO7	−15	500	≤55
		手术室	22～24	40～60	ISO7	−10	500	≤55
	辅助区	解剖室	20～26	40～60	/	—	300	≤45
		废弃物、消毒室	20～26	40～60	/	—	200	≤45
		更衣、休息室	20～26	40～60	/	/	150	≤45

注：+代表微正压；−代表微负压。

六、医学实验室设备家具

如表 8-3 为医学实验室主要设备及家具接口需求表。

表 8-3　医学实验室主要设备及家具接口需求表

类别	名称	工艺接口/技术规格			
		电源/V	功率/W	点位需求	给排水
实验室设备(列举部分)	生物安全柜(A2/B2)	220	1850	2 个 10A 插座	/
	洁净工作台(百级)	220	500	2 个 10A 插座	/
	变风量通风柜	380	3000	380V 电源线	DN20 给水/DN50 排水接口
	生化分析仪(罗氏 cobas e601)	220	4600(UPS 供电)	2 个 10A 插座+单相 32A 接线盒	DN50 排水接口
	生化分析仪(日立)	220	6000(UPS 供电)	6 个 16A 插座	3 个排水接口
	全自动化学发光仪	220	6000(UPS 供电)	6 个 16A 插座	DN50 排水接口
	马弗炉	380	5000	380V 电源线	/
	精子质量分析	220	180	1 个 10A 插座;2 个 16A 插座	DN50 排水接口
	尿液分析仪	220	300	1 个 10A 插座;2 个 16A 插座	DN50 排水接口
	有形成分分析仪	220	300	1 个 10A 插座;2 个 16A 插座	DN50 排水接口
	特定蛋白分析仪	220	350	1 个 10A 插座;1 个 16A 插座	DN50 排水接口
	血液体液分析仪	220	370	5 个 10A 插座	DN50 排水接口
	阴道炎检测工作站	220	200	1 个 10A 插座;4 个 16A 插座	DN50 排水接口
	台式低速离心机	220	2500	1 个 16A 插座	DN50 排水接口
	干式荧光免疫分析仪	220	400	1 个 10A 插座;2 个 16A 插座	DN50 排水接口
	糖化血红蛋白分析仪	220	300	1 个 10A 插座;2 个 16A 插座	DN50 排水接口

续表

类别	名称	工艺接口/技术规格			
		电源/V	功率/W	点位需求	给排水
实验室设备（列举部分）	全自动凝血测试仪	220	600	6个16A插座	DN50排水接口
	化学光分析仪	220	1000	4个16A插座	DN50排水接口
	流式细胞分析仪	220	1000	6个16A插座	DN50排水接口
	西门子化学发光分析仪	220	1000	6个16A插座	DN50排水接口
	血栓弹力图分析仪	220	1200	6个16A插座	DN50排水接口
	安图全自动核酸提纯及实时荧光PCR分析系统	220	3600（UPS供电）	3个16A插座；3个10A插座	/
	血培养仪	220	250	3个10A插座	/
	细菌鉴定仪	220	600	4个16A插座	/
	提取仪	220	450	1个16A插座	/
	扩增仪	220	3000	2个10A插座	/
	微型离心机	220	200	1个10A插座	/
	荧光定性分析仪	220	1200	5个10A插座	/
	全自动血型分析仪	220	350	5个10A插座	/
	耳聋基因检测仪	220	800	5个10A插座	/
实验室家具	实验台	实芯理化板台面，钢木结构，深度750mm，高度750/850mm			
	中央实验台	实芯理化板台面，钢木结构，宽度1500mm，高度750/850mm，配滴水架			
	仪器台	实芯理化板台面，钢木结构，深度800～1000mm，高度750/850mm			
	培养台	实芯理化板台面，钢木结构，宽度1500mm，高度600mm			
	取材台	实芯理化板台面，钢木结构，深度750mm，高度750/850mm			
	解剖台	实芯理化板台面，钢木结构，深度800～1000mm，高度750/850mm			
	天平台	加厚实芯理化板台面，钢木抗振结构，深度750mm，高度850mm			
	洁净传递窗	内胆不锈钢板材，机械或电子互锁，配紫外线杀菌灯，规格（内尺寸）：600mm、800mm、1000mm			
	安全柜	防火防爆结构，规格：30mm×60mm×90mm			
	样本柜	喷涂钢板，规格：900mm×5000mm×2000mm			
	器皿柜	不锈钢板，规格：900mm×5000mm×2000mm			
	试剂柜	防腐PP板，规格：900mm×500mm×2000mm			
	更衣柜	实木/喷涂钢板，规格：450mm×500mm×2000mm			
	气瓶柜	喷涂钢板，规格：450/900mm×500mm×2000mm			
	紧急冲淋洗眼装置	不锈钢材质，脚踏/肘压/拉杆开关			
	台式洗眼器	PP材质，手持式按压开关			
	三联鹅颈水龙头	不锈钢/PP材质			
	水槽	不锈钢/PP材质			

注：实验设备品类品牌众多，以医院功能科室提供为准，实验家具根据医院科室需求配置。

第三节 医学实验室施工技术

医学实验室施工在建筑主体结构、外围护结构、外门窗安装完毕后进行，主要包括室内土建作业、机电设备管线安装、室内装饰装修、面层终端、实验设备家具安装，卫生保洁、填缝打胶密封等施工工序（图8-6）。

（1）室内土建作业：地面找平、防水、回填等。

（2）机电设备管线：包含净化空调设备管线、通风设备管线、电气箱柜、强弱电气管线、自控管线、消防管线，给排水、纯水、污废水管道等内容，机电配套管线众多，空间有限，施工前需采用BIM建模进行优化，合理利用空间。

（3）室内装饰装修：包含装修吊顶、轻质隔墙、装饰地面、门窗安装等。

（4）实验装备家具安装：包含实验室装备、家具安装等。

（5）气密封处理：包含墙体、天花拼接缝、门窗缝、灯具、风口、实验家具设备与装饰面接缝的打胶密封处理。

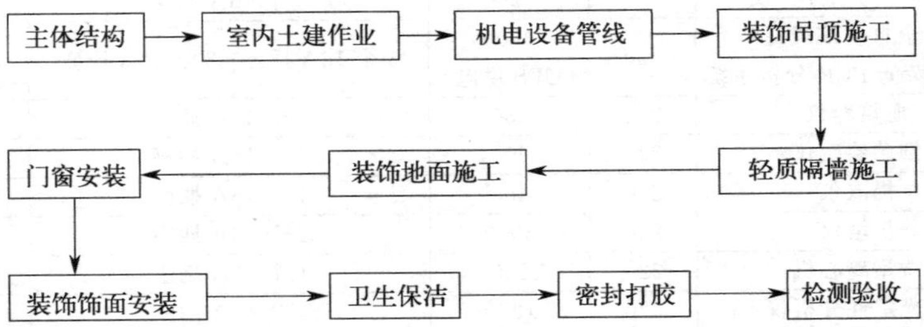

图 8-6　医学实验室施工流程图

一、施工依据规范标准

（1）《洁净室施工及验收规范》（GB 50591—2010）。

（2）《生物安全实验室建筑技术规范》（GB 50346—2011）。

（3）《医院洁净手术部建筑技术规范》（GB 50333—2013）。

（4）《建筑工程施工质量验收统一标准》（GB 50300—2013）。

（5）《建筑装饰装修工程质量验收标准》（GB 50210—2018）。

（6）《建筑地面工程施工质量验收规范》（GB 50209—2010）。

（7）《医院消毒卫生标准》（GB 15982—2012）。

（8）《民用建筑工程室内环境污染控制标准》（GB 50325—2020）。

（9）《防静电工程施工与质量验收规范》（GB 50944—2013）。

（10）《通风与空调工程施工质量验收规范》（GB 50243—2016）。

（11）《建筑电气工程施工质量验收规范》（GB 50303—2015）。

（12）《建筑给水排水及采暖工程施工质量验收规范》（GB 50242—2002）。

（13）《大气污染物综合排放标准》（GB 16297—1996）。

（14）《医疗洁净装饰装修工程技术规程》（T/CBDA 20—2018）。

（15）《医院建筑室内装饰装修技术规程》（T/CBDA 52—2021）。

（16）国家现行其他规范标准。

二、材料和施工工艺

（一）复合夹芯彩钢板

1. 材料特性

复合夹芯彩钢板芯材有玻镁芯层、岩棉芯层和聚氨酯芯层，按生产工艺又分为企口型机制板和弓形龙骨手工板，具备抗化学侵蚀、耐磨、抗刮擦、隔热保温，强度高、严密性强、可快速安装等优良性能，连接部位平滑圆弧过渡，无阴阳角，可有效保障室内环境的洁净和气密性要求。如图 8-7。

图 8-7 材料示意图

2. 技术规格

见表 8-4。

表 8-4 主要技术规格

类别	企口型机制板	弓形龙骨手工板
长度/m	按排版需求确定(墙板不超过 4m,吊顶板不超过 2.5m)	
厚度/mm	50	
宽度/mm	1150	1180
饰面层	彩涂钢板(0.376mm、0.476mm)、不锈钢板(0.5mm)	
防火性能	不燃 A 级	
拼接方式	公母企口连接	中字铝连接

3. 施工工艺

(1) 施工流程：现场定位放线—U 形地槽安装—复合夹芯彩钢板墙板拼装—天花隐蔽验收—吊顶 T 形龙骨安装—复合夹芯彩钢板吊顶板拼接—圆弧安装—卫生清洁—撕保护膜—密封胶填缝打胶。

(2) 施工大样图见图 8-8。

(3) 施工要点：彩钢板立墙板底部 U 形槽铝固定牢固，顶部用 U 形槽铝盖住并密封，高大墙板顶部采用钢架斜撑连接在楼板结构上进行加固。彩钢板吊顶板材采用可调节吊钩，安装后调整吊钩保持吊顶面的水平。彩钢板墙板和墙体、吊顶板、地面连接阴角部位采用 $R50$ 内圆弧过渡，墙板连接阳角部位采用 $R50$ 外圆立柱过渡，彩钢板拼接预留 2～3mm 宽缝，接缝处用中性密封胶填缝密封，胶缝应平滑顺直，填缝胶表面略低于板材表面。

(4) 施工效果图见图 8-9。

(二) 无机预涂板

1. 材料特性

无机预涂板就是漆面硅酸钙板，通常使用丙烯酸聚氨酯漆或氟碳漆进行表面涂装，具

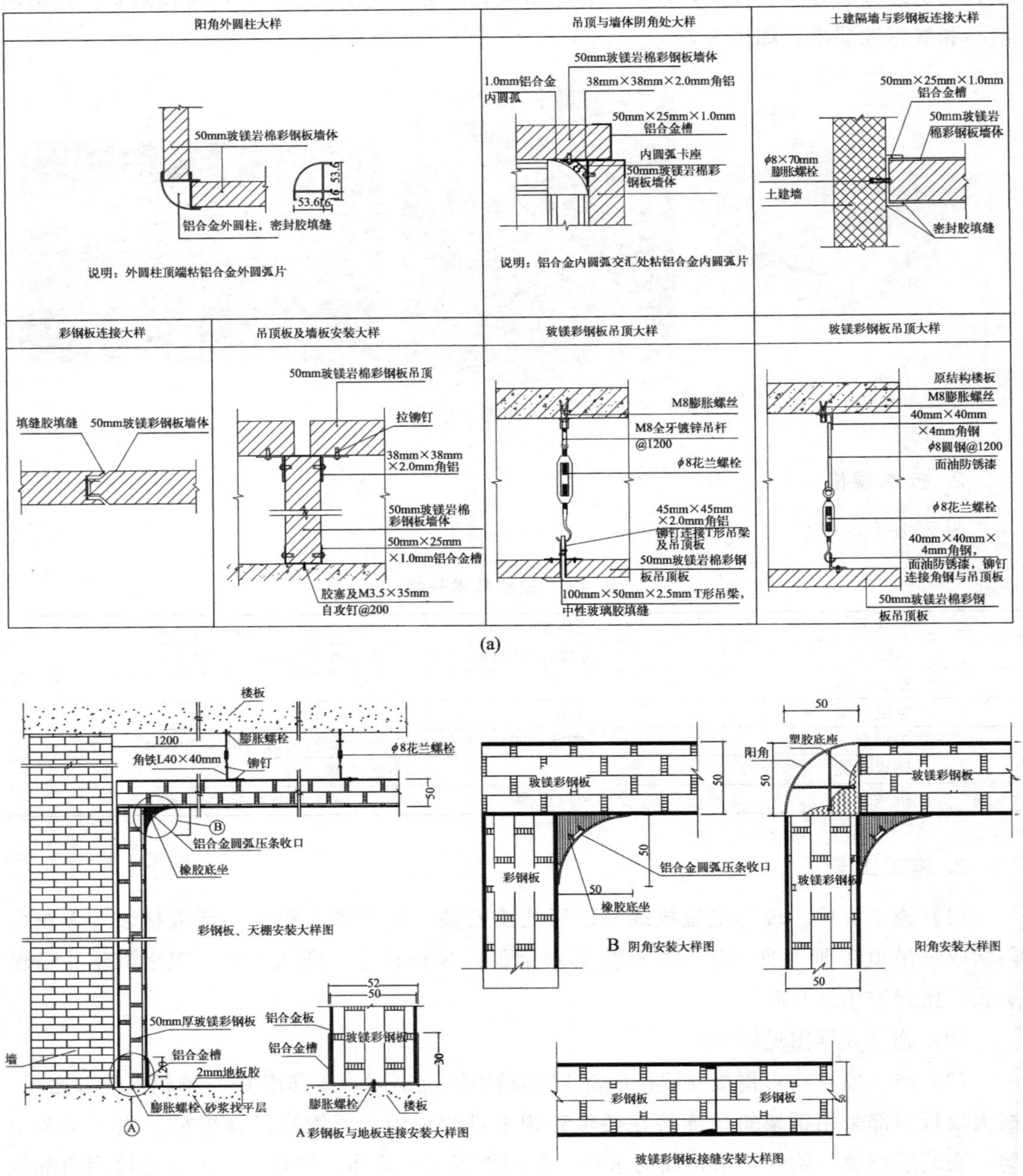

图 8-8　复合夹芯彩钢板施工大样图

有优异的性能（图 8-10）。物理稳定性好，防水防潮，耐酸耐碱，耐擦洗，长期保持不褪色，隔音隔热，防火性能好，抗菌性能好，防腐防蛀，绿色环保，不含石棉且无有害挥发物，现场容易加工，施工方便。

2. 技术规格

见表 8-5。

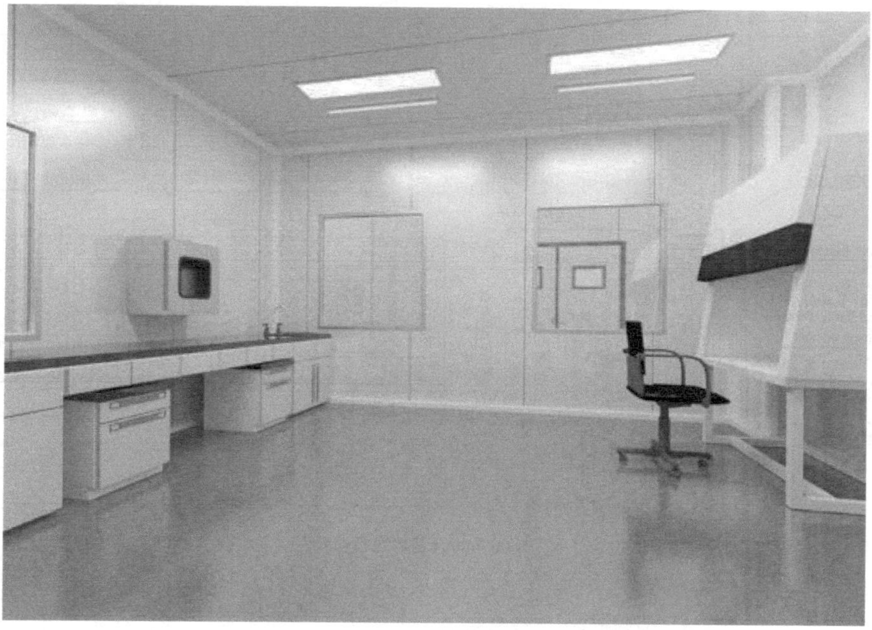

图 8-9　复合夹芯彩钢板施工效果图

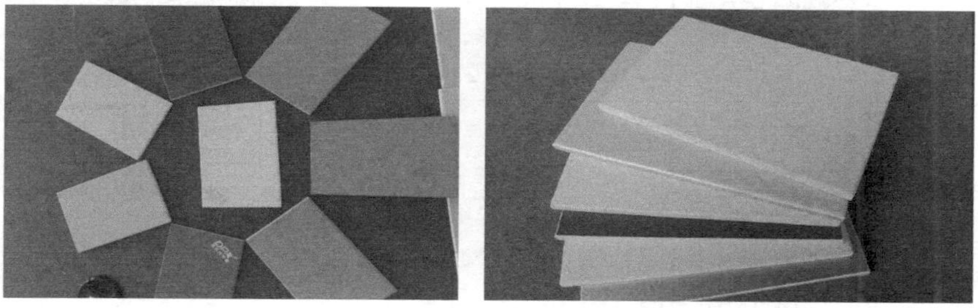

图 8-10　无机预涂板（格特板）

表 8-5　无机预涂板技术规格

序号	项目名称	技术数据
1	板材尺寸/mm	1220×2440
2	板材厚度/mm	6.0
3	密度/(g/cm^3)	1.3～1.4
4	抗折强度/(N/mm^2)	≥20
5	抗冲击强度/(kJ/m^2)	≥2.0
6	防火性能	不燃 A 级

3. 施工工艺

（1）施工流程：现场地面定位放线—安装轻钢龙骨隔断—安装基层硅酸钙板—粘接预固定双面胶—涂刷结构胶—粘贴无机预涂板—卫生清洁—撕保护膜—密封胶填缝打胶。

（2）施工大样图见图 8-11。

（3）施工要点：轻钢龙骨隔断顶部根据需求做加强反支撑固定构件，硅酸钙基层板干燥彻底，安装后水平和垂直允许偏差±2mm。无机预涂板和基层板粘接采用高强度双组

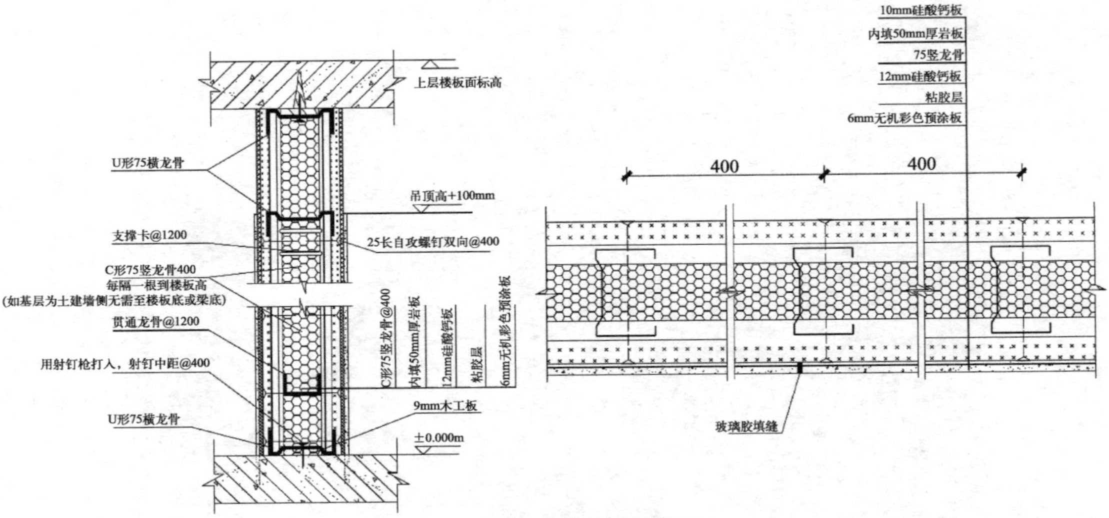

(a) 6mm无机彩色预涂板

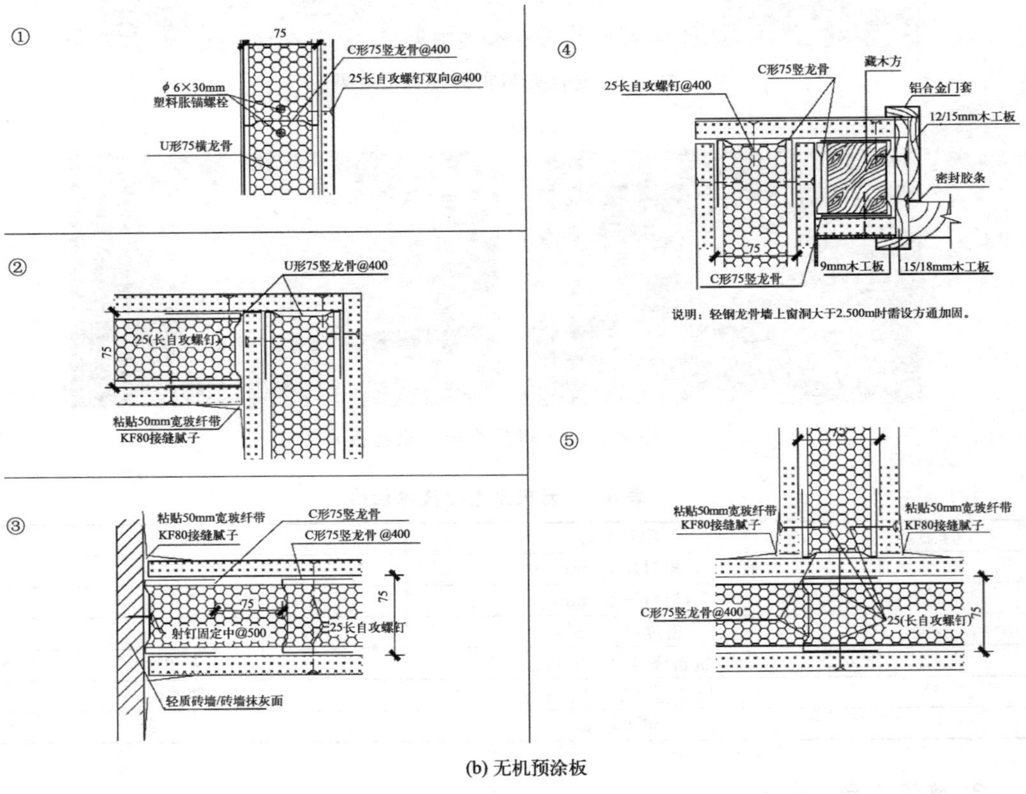

(b) 无机预涂板

图 8-11　无机预涂板施工大样图

分结构胶，用双面胶粘牢压实进行预固定，待结构胶完全凝固后方可进行下一道工序。无机预涂板接缝处用中性密封胶填缝密封，胶缝应平滑顺直，填缝胶表面略低于板材表面。

（4）施工效果图见图 8-12。

图 8-12　无机预涂板施工效果图

（三） PVC 卷材地坪

1. 材料特性

PVC 卷材采用致密同质透心材质和增强 PUR 保护层，具备隔热阻燃，防水防潮防滑，耐碘伏、耐消毒剂腐蚀等特性；同时还抗菌防静电，抗压耐磨、抗冲击性强。其材质柔软、高弹性、吸音好，环保健康，性能稳定易于施工，在医学实验室得到了广泛的应用（图 8-13）。

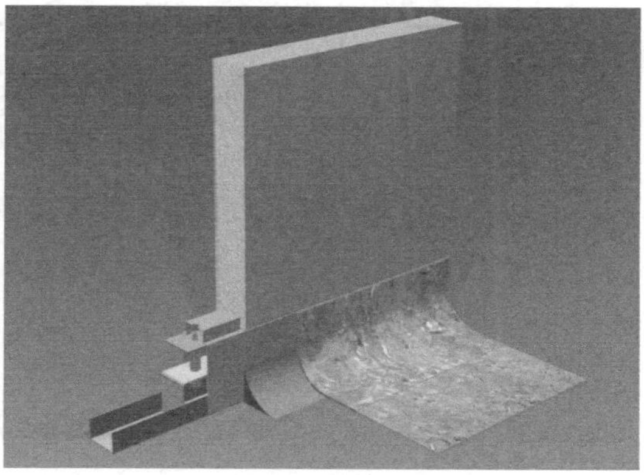

图 8-13　PVC 卷材效果图

2. 技术规格

见表 8-6。

表 8-6　PVC 卷材地坪技术规格

序号	项目名称	技术数据
1	卷材尺寸/mm	2000×20000
2	卷材厚度/mm	2.0
3	每平方米总重量/g	≥2700
4	加热尺寸变化率/%	≤0.25
5	加热翘曲/mm	≤2
6	抗冲击性、弯曲性	试件无开裂
7	色牢度/级	≥6
8	耐磨性/mm^3	不低于 P 级
9	电阻率/Ω	≤109
10	抗菌性能	符合相关标准

3. 施工工艺

（1）施工流程：地面基层处理—涂抹界面剂—水泥自流平施工—卷材粘贴—辊压贴实—拼缝开槽—拼缝焊缝—平整焊缝—卫生清洁—打蜡养护。

（2）施工大样图：PVC 卷材踢脚和通用门槛石大样图见图 8-14。

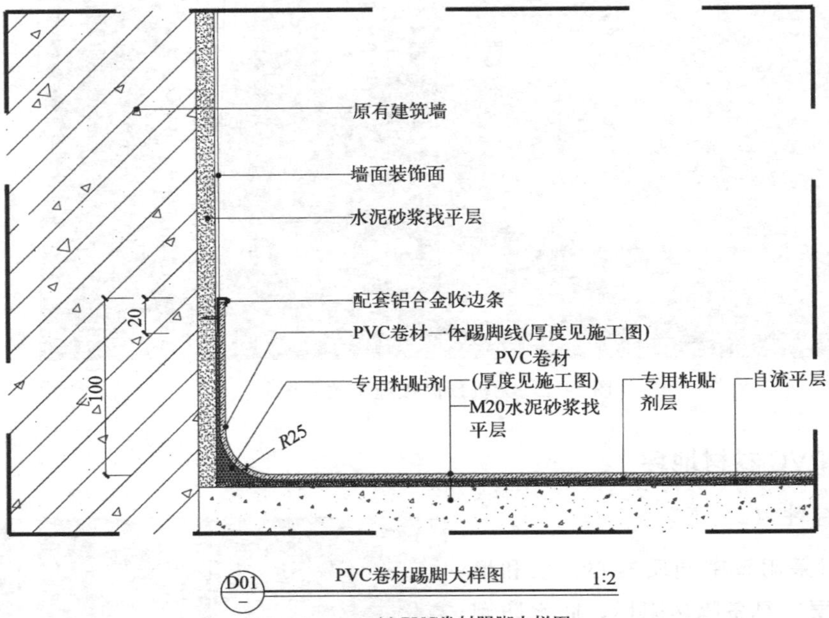

(a) PVC卷材踢脚大样图

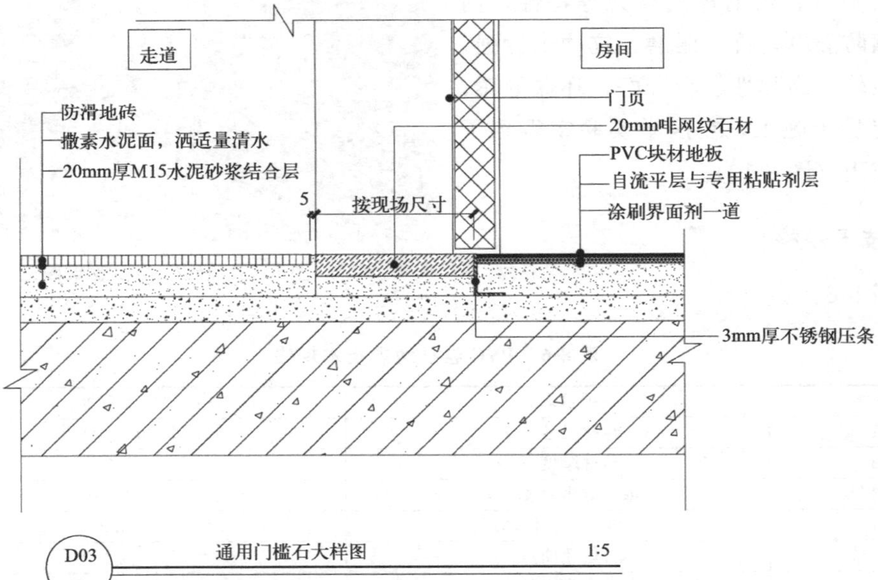

注：无水房间(地砖地面与PVC地面)门槛石收口做法

(b) 通用门槛石大样图

图 8-14　PVC 卷材踢脚和通用门槛石大样图

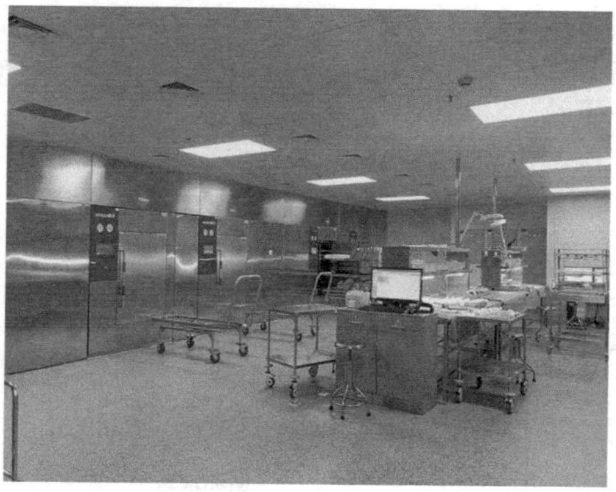

图 8-15　施工效果图

（3）施工要点：地面基层要求表面平整，坚硬结实，不超砂、不起鼓、无裂缝，含水率小于8%时方可施工水泥自流平，对于过度干燥的地面找平基层，适当进行表面湿润后方可施工。水泥自流平使用消泡滚筒排除空气，避免残留气泡。PVC卷材在粘贴前应放置在施工现场24h以上，与施工现场保持温度一致。PVC卷材铺贴辊压严实待胶水凝固后方可进行开槽和焊缝。焊枪温度严格按照厂家技术要求调节，匀速焊接保证焊条与PVC卷材融合，避免虚焊脱落。

（4）施工效果图见图8-15。

（四）PP防腐风管

1. 材料特性

聚丙烯（简称PP）是一种性能优良的热塑性合成树脂，能耐酸、碱及多种有机溶剂的腐蚀，具有良好的化学稳定性、耐热性、电绝缘性、高强度机械性能和高耐磨加工性能，在医学实验室通风系统中作为排风管道材料得到了广泛应用（图8-16）。

图 8-16　聚丙烯（PP）板材

2. 技术规格

见表8-7。

表 8-7　聚丙烯（PP）板材技术性能

序号	项目名称	技术数据
1	板材尺寸/mm	1000×2000
2	板材厚度/mm	4～6
3	密度/(g/cm^3)	0.89～0.91
4	耐热性/℃	≥80
5	防火性能	不燃B1级

3. 施工工艺

（1）PP风管制作安装流程：现场测量放线—风管构件放样—PP板材切割下料—毛刺打磨平整—构件板材对拼热熔焊接—构件清理端口塑料膜保护—支吊架制作安装—风管构件安装—风管构件对拼热熔焊接—风管清理端口塑料膜保护。

（2）制作安装大样图见图8-17。

（3）制作安装要点：PP风管在运输、搬运过程中用塑料膜保护，切割加工时地面铺垫保护板，采用专用的切割片和塑料磨光片，保持板材的洁净度，板材对拼热熔焊前清理掉毛刺和杂物，焊口位置擦拭干净，焊接时焊条充分熔融匀速前进，焊接完成待焊接部位

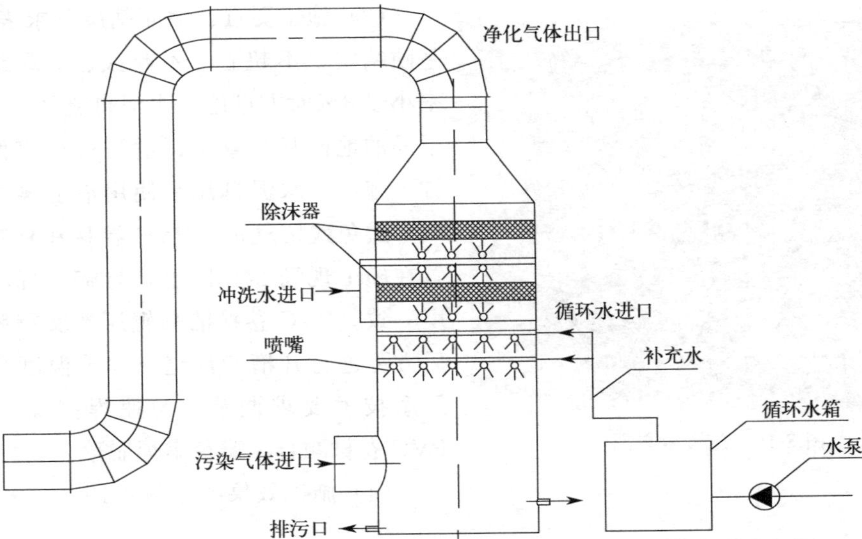

图 8-17　PP 风管制作安装大样图

自然冷却后方可移动风管构件。PP 风管较重，不宜一次拼接多段风管构件进行吊装，安装时应在 PP 风管和支吊架之间垫入厚度为 3～5mm 的塑料垫片。

（4）施工效果图见图 8-18。

图 8-18　PP 防腐风管施工效果图

三、机电工程施工

医学实验室区域机电专业管线众多、密集复杂，吊顶作业空间有限，施工难度大，需要利用 BIM 技术深化设计，优化管线布置和指导施工，建立各专业施工作业流程，制定专项施工方案，确定管线先后施工顺序，规划各专业材料和设备及时进场，协调好施工作业面的移交，为工序穿插提供条件，保障施工进度和施工质量。

1. 专业配合管理

见表 8-8。

表 8-8　专业间配合需求

序号	配合内容	机电专业	土建专业	其他
1	施工方案	编制专项施工方案并提交审核	审核批准机电专业专项施工方案	—
2	预留预埋	提供预留预埋深化图纸，告知预埋件、预留孔洞尺寸和准确位置	审核预留预埋深化图纸与建筑结构是否匹配，提出修改建议，完成预留预埋	机电专业配合幕墙专业完成外墙百叶风口尺寸位置的深化设计
3	工作面移交	(1)确定工作面移交计划，组织施工。 (2)按计划时间移交完成工作面	(1)主持制定工作面移交计划。 (2)按计划时间移交作业工作面	机电专业提供留孔尺寸和位置，装修专业按照要求开孔后，将工作面移交给机电专业安装
4	成品保护	(1)编制成品保护专项方案。 (2)参与检查，确认和改进成品保护工作情况。 (3)成品移交	(1)组织落实项目成品保护工作，组织专项检查。 (2)接受机电专业的成品移交	装修专业面饰层施工时保护好机电专业成品
5	系统调试与试运行	(1)编制报送系统调试方案。 (2)负责机电专业联动调试	(1)审核批准机电专业调试方案。 (2)协调物业管理与施工方关系	机电专业提供电源，配合电梯和医疗设备调试
6	竣工验收	(1)制作报送工程竣工资料及竣工图纸。 (2)参与机电专业的竣工验收，并承担未通过竣工验收的责任和后果	(1)组织所有专业制作竣工资料及竣工图纸。 (2)对工程竣工验收进行统一安排	—

2. 施工质量管控要点

见表 8-9。

表 8-9　施工质量管控内容

序号	专业	项目	管控要点
1	通风空调	净化机组	(1)应选用工厂成品设备，不应在现场进行散件组装，预留运输通道。 (2)宜选用正压型机组，分段组装连接须打密封胶防止漏风和渗水。 (3)机组安装后必须清洁机组内壁，过滤器框架与壁板之间密封。 (4)机组检修门关闭严密无漏风。 (5)冷凝水出口宜设置在机组正压段，排水设置 U 形水封，不得与污废水管道直接连通
		通风机	(1)宜根据通风类型选用防腐蚀玻璃钢风机或 PP 风机。 (2)风机外壳为一体成型，配置排水措施。 (3)防腐蚀通风机电机宜设置壳体外部，具备防雨防水功能。 (4)风机和电机宜采用高张力皮带传动，配置皮带保护罩。 (5)竖向排气管道单独设置支架，通风机不应承受排气管道重量
		净化风管	(1)制作加工应在地面铺设保护板，禁止在扬尘环境作业。 (2)净化风管制作符合规范规定，宜采用角钢法兰制作。 (3)制作好的风管成品擦拭干净，端口密封保护防止二次污染。 (4)风管法兰采用涂密封胶方式封闭。 (5)安装后进行漏光试验检测

续表

序号	专业	项目	管控要点
1	通风空调	高效过滤器	(1)运输存放按标志方向垂直放置，不得平放叠压。 (2)净化系统完成空吹，室内清洁后方可开箱安装。 (3)安装时严禁触碰和托举玻璃纤维滤网。 (4)安装气流方向与外框上标识箭头一致。 (5)过滤器密封条严禁损伤，安装时均匀压紧，安装完成后检漏。 (6)箱体需做防结露处理
2	电气工程	不间断电源(UPS)	(1)UPS间宜设置空调通风降温除湿系统。 (2)空调出风口不能在UPS箱柜正上方，也不能对着UPS直吹
		电气安装	(1)箱柜内布线整齐有序，导线固定方式、颜色均符合要求。 (2)电线桥架、线管跨越变形缝处有补偿措施。 (3)电线管与接线盒连接牢固。 (4)电线桥架穿越防火分区应用防火泥封堵。 (5)配电柔性导管长度不大于0.8m，使用专用接头。配电插座点位需满足医学实验室需求。 (6)电缆敷设数量不超过桥架内截面面积40%。 (7)避雷带搭接长度足够，双面施焊接，有防腐处理。 (8)胚胎培养、动物饲育对光照有特殊要求，需要重点关注。 (9)关注精密仪器独立接地需求，预留独立接地位置，避让大楼防雷接地网
3	给排水、污废水		(1)管道穿过楼板设置套管，套管顶部高度符合要求。 (2)管道穿墙体处按规范要求设置套管并用防火泥封堵。 (3)管道坡度设置合理，预留检修口位置。 (4)设备与管道连接符合规范要求。 (5)设备、管道安装完毕后成品保护

四、常见问题及解决思路

1. 洁净工程

见表8-10。

表8-10 洁净工程常见问题及解决思路

常见问题	解决思路
(1)空气中的细菌被过滤器截留后不能及时灭杀，繁殖滋生造成二次污染。 (2)部分地区空气质量较差，净化过滤网因堵塞而需要频繁更换，且使用费用较高、工作繁杂。 (3)高效过滤器有效滤除尘埃粒子，但无法有效处理室内挥发的有机成分	(1)采用紫外线装置对过滤网照射灭菌。 (2)采用静电灭菌除尘装置吸附尘埃粒子，灭杀细菌，分解有机物成分，保护高效过滤器。 (3)采用光触媒技术二氧化钛活性材料催化降解有害气体成分，消除异味，灭杀细菌和霉菌，将细菌和霉菌释放的毒素进行有效分解和无害化处理

2. 生物安全实验室

见表8-11。

表 8-11 生物安全实验室常见问题及解决思路

常见问题	解决思路
(1)室内气流组织不合理,对工作人员产生安全风险。 (2)室内采用明装空调器,滋生细菌。 (3)排风系统设置不合理。 (4)实验室压力不符合要求。 (5)排风机无备用,出现故障影响使用	(1)生物安全实验室气流必须从清洁区流向污染区,室内送风口和排风口的位置应使气流停滞时间最短,涡流效应最低,室内排风口应设置在风险最高部位,单侧下部布置,不得有障碍物影响排风。 (2)室内不得安装空调器,宜安装专用空调机组,不得用普通空调机组替代使用。 (3)生物安全实验室排风必须加装高效过滤器,不能仅采用高空排放,避免污染周边环境。 (4)生物安全实验室严格控制压差保证气流合理流向,禁止用洁净工作台替代生物安全柜使用。 (5)三级和四级生物安全实验室宜配置备用排风机,保持实验室负压状态不变

3. 用电用水安全管理

见表 8-12。

表 8-12 用电用水安全常见问题及解决思路

常见问题	解决思路
(1)重要实验仪器缺乏备用电源。 (2)实验室接地不良,接地电阻不能满足实验设备仪器需求。 (3)实验室电源开关设置不合理,控制不便。 (4)实验室供水控制设置不合理,发生事故影响大、损失高	(1)生物安全实验室配备双路电源供电,重要的实验仪器设备配置 UPS 不间断电源,不间断电源供电时间不少于 30min。 (2)有特殊接地要求的实验设备仪器配置独立接地系统。 (3)每个功能单元设置配电总开关,在非工作时间和紧急情况下可及时切断电源供应;不能断电的设备应配置独立回路和开关并进行单独控制。 (4)每个功能单元设置单独供水开关,在紧急情况下可直接切断供水供应,避免损失扩大和影响其他功能单元的正常使用

4. 实验室“三废”处理

见表 8-13。

表 8-13 实验室“三废”处理常见问题及解决思路

常见问题	解决思路
(1)实验室废水未经处理直接排入普通排水系统进行排放。 (2)实验室通风柜配置不合理,废气不经处理直接排放。 (3)实验废弃物随意抛弃,混入普通垃圾中	(1)实验室废水成分复杂且不固定,包含诸多致病微生物和细菌病毒,必须进行无害化处置,沉淀物按医疗固体废弃物处理。 (2)对于产生酸雾或有机气体等不同类型废气的实验操作应在单独配备的通风柜内进行,每种废气根据成分情况采用酸碱吸收塔或活性炭吸附装置进行处理后排放。 (3)实验室废弃物应严格进行分类存放,做好相应标识,由专门有害物处置单位进行收集处理

三、医学实验室认证认可

医学实验室建设完成投入使用后，随着学科深度交融和技术不断提升，必须不断提升自身能力。通过认证认可获得权威机构的审核承认，有助于提高自身管理水平和技术能力，提升行业知名度，更好地提供医疗服务。

（一）认证认可体系

1. CNAS 认可

我国认可工作始于 20 世纪 90 年代初，由中国合格评定国家认可委员会（China National Acereditation Aervice for Conformity Assessment，CNAS）统一负责认证机构、实验室和检验机构的认可工作。

2. JCI 认证

JCI 认证（Joint Commission International）包含参加评审的要求、标准、含义、衡量要素，不仅检查医院计划、制度、操作规范及监控指标，同时考察医务人员医疗护理的行为过程。该机构目前已关闭中国区业务。

3. 中国国际版“医院标准”评审认证

深圳市卫健医院评审评价研究中心编制发表《医院质量国际认证标准（2021 版）》，通过了国际医疗质量协会外部评审会（ISQua EEA）的权威认证，成为获得 ISQua 认证的全球医疗评审机构之一。

（二）认证认可规范依据

（1）《中华人民共和国认证认可条例》。

（2）《合格评定　认可机构要求》（GB/T 27011—2019）。

（3）《检测和校准实验室能力的通用要求》（GB/T 27025—2019）。

（4）《医学实验室　质量和能力的要求　第 1 部分：通用要求》（GB/T 22576.1—2018）。

（5）《医院质量国际认证标准（2021 版）》。

（6）其他国家相关规范标准。

（三）医学实验室认证认可过程

1. 医学实验室质量和能力认可

（1）认可机构的认可要求：CNAS 制定了《实验室及相关机构和检查机构认可评审管理程序》、认可评定与批准管理程序》及《认可状态与认可证书管理程序》、《医学实验室质量和能力认可评审工作指导书》等实验室认可文件。我国在 2019 年 7 月 1 日开始实施《医学实验室　质量和能力的要求　第 1 部分：通用要求》（GB/T 22576.1—2018）。

（2）建立满足认可准则要求的质量体系：质量体系文件是体系存在的基础和证据，是规范各项质量活动的行为守则。编写依据必须是 CNAS 制定的准则，要按照管理要求和技术要求 2 部分、25 项要素的内容和要求一一对应建立管理体系。

（3）质量体系文件的编写要求：在编写过程中要注意满足管理体系文件的基本要求，即具备规范性、唯一性和适用性。

2. 管理体系的运行与改进

（1）培训：要想实现全员参与的质量原则，全体人员就必须理解体系文件的要求，通过培训。

（2）实施：管理体系文件必须通过实施和具体应用才能产生效果，也能发现需改进之处，形成持续改进的良好循环。

（3）监督机制的建立：监督机制的运作主体是质量监督员，监督的对象是检测人员，确保所从事检测工作的人员具有初始能力和持续承担工作的能力，并能发现不符合、潜在不符合或做得好的方面，以防止不符合质量管理机制的事件再次发生。

（4）内部审核与管理评审：内部审核和管理评审活动是评价质量管理体系运行的主要手段。内部审核由实验室以自己的名义进行，审核的对象是自己的管理体系，验证自己的管理体系是否持续满足规定的要求并且正在运行。管理评审是最高管理者为评价管理体系的适宜性、充分性和有效性所进行的活动。

3. CNAS 医学实验室认可流程

认可申请—评审准备—现场评审—认可批准—发证与公布。

4. 中国国际版“医院标准”评审认证流程

（1）认证要求：《医院质量国际认证标准（2021 版）》。

（2）认证流程：提交认证申请—SHARC 国际医院评审认证内容简介—自评报告提交—现场评审—事实准确性确认评审报告—认证结果公布。

第四节　验收与运维

医学实验室施工验收除了常规装饰装修、机电验收项目内容外，核心验收内容是净化系统洁净检测验收和通风系统检测验收，都是委托具备相应资质的第三方单位进行检测并出具检测报告，依据检测合格报告和其他相关竣工图纸、竣工资料进行验收。

（一）检测与验收

1. 洁净检测

（1）检测仪器仪表见表 8-14。

表 8-14　洁净检测常用仪器

序号	名称	规格型号	单位	数量
1	尘埃粒子计数器	CLJ-BII(D) 激光台式	台	1

续表

序号	名称	规格型号	单位	数量
2	温湿度仪	AR847+ 温度精度:±0.5℃ 湿度精度:±1%	台	1
3	微压差计	TSI 5825 分辨率:1Pa	台	1
4	热敏式风速仪	FLUKE 923	台	1
5	噪声仪	AZ8928	台	1
6	照度计	AR823+	台	1
7	数字温湿度仪	FLUKE F972ES	台	1
8	数显风量仪	DBM700 1000×1000 100～4000m^3/h	台	1
9	钳型电流表	FLUKE F302+	台	1
10	万用表	FLUKE 15B	台	1
11	培养箱	LRH-250-MS	台	1
12	TSA 培养皿	φ90	台	1
13	浮游菌采样器	PBS-E	台	1
14	浮游空气尘菌采样器	FKC-1	台	1

(2) 检测项目：静压差、送风量、新风量、风速、温度、相对湿度、噪声值、洁净度、照度、含菌浓度、尘埃粒子数，对A级层流另测截面平均风速。

(3) 检测流程：净化空调系统正常运行超过30min—截面平均风速测试—送风量测试—风速测试—静压差测试—空气洁净度级别、尘埃粒子测试—温湿度测试—噪声测试—照度测试—新风量测试—甲醛、苯、TVOC浓度测试—含菌浓度测试。

(4) 检测控制要点

主要测试项目及控制要点见表8-15。

表8-15　主要测试项目及控制要点

测试项目	控制要点
风量	风量检测前必须检查风机运行是否正常,有无障碍,所有阀门应固定在一定的开启位置上。 按照风量罩操作规程使用仪器,并记录检测数据和房间的面积、高度。 如因障碍等原因,某个风口不便检测,可以舍弃,而以同房间其他风口的平均数据或属于相邻或相同支管上的相邻房间风口的平均数据作为该风口的测值,并在记录上注明
静压差	应把洁净室区的所有门关闭,最好有人守护。 应从平面上最里面级别最高的房间依次向外测定,凡是可相通的两间邻室都要测,一直测到可与室外相通的房间。 应有一人在待测房间手持深入该房间的胶管,试管口处约0.8m高度,管口端面垂直于地面,避开气流方向和涡流区。 洁净度高于100级的单向流洁净室,应测定门在开启状态下,离门口0.6m处的室内侧工作面高度的微粒数。 如发现测出的压差未达到要求,可调节风口或阀门开度后重测,同时通知被检方
温度及相对湿度	净化空调系统应已连续运行24h以上。有恒温要求的场合,根据对温湿度波动范围的要求,测定宜连续进行8～48h,由现场检验人员与被检测单位协商决定。 无恒温要求的房间,只设定中心一个测点;有恒温要求的房间,测点按照所选用标准设在恒温工作区内有代表性的地点,以及敏感元件处。 所有测点除工艺有要求的,宜在同一高度,离地面0.8m,距外墙内表面应大于0.5m、小于1m,或按照所选用标准布点检测

续表

测试项目	控制要点
噪声值	需测净化空调系统全部运行工况和全部停机的背景工况，有要求时，再区分局部净化设备开与不开的工况。 测量时房间的门应该关上，禁止洁净区内人员工作和说话，保持安静。 不足 $15m^2$ 的房间，在室中心一点测量，高度为 1.1m。超过 $15m^2$ 的房间应测 5 点，除中心一点外，四角各一点，测点朝向角落。 仪器测量时应伸直手臂，平端离开身体
照度	照度测定必须在室温已趋稳定、光源输出趋于稳定(新安装的日光灯必须已有 100h，白炽灯已有 10h 的使用期；旧日光灯必须已点亮 15min，旧白炽灯已点亮 5min)后进行。 测量时应关闭局部照明。 测点平均离地面 0.8m，按照 1～2m 间距布置，测点距墙面 1m。或按照所选用标准布点检测。(注意避开屋内设施) 严禁只在灯下测定
尘埃粒子数	检测人员在室内位于仪器下风向(最好是回风口处)，注意不要随意动作和说话。 粒子计数器进入洁净区前应先擦拭清洁。 根据所测对象面积和设计洁净度级别，按照所选用标准确定最少测点数。 按照洁净度测试规程检测布点检测。 竖直采样管长度没有特殊限制，水平采样管长度不宜大于 0.5m。 每次读数要求在计数达到基本稳定之后进行，记录连续 3 次比较稳定接近的数值。 如果各测点数值达标但相差太大，检验人员可据判断增补测点数
含菌浓度	按照所选用标准检测浮游菌或者沉降菌。 细菌浓度检测宜在其他项目检测之后，对全室表面进行常规消毒之后进行。 检测人员应穿洁净服，佩戴口罩和手套。 按照沉降菌检测规程和浮游菌检测规程检测，沉降时间如适当延长，则最少培养皿数可以适当减少，但是不得少于悬浮粒子最少测点数。 注意：不论使用何种方法检测细菌浓度，都必须有两次空白对照。第一次是用于检测的培养皿和培养基做对比试验。第二次是在检测时，对操作过程做对照试验，即盖子打开放好后又立即盖上。两次对照结果都必须为阴性

2. 通风系统检测

通风系统检测包含风量、静压差检测和排放气体环保检测两部分内容，其中风量、静压差检测和洁净检测流程相同，但排放气体成分和浓度检测由相关环保部门完成。

（二）验收和移交

验收移交流程：调试运行完成—第三方出具检测合格报告—竣工图纸、竣工资料整理完备—现场建设主体单位验收合格—上级主管部门组织专家现场评审通过—用户使用培训—移交使用。

（三）运维管理

1. 维护保养

医学实验室包含各种实验设备（仪器）和机电设备，为保持仪器设备工作状态稳定，应对其进行定期的、必要的维护和保养。

（1）日常维护：应按设备使用维护说明书等文件的规定对仪器设备进行维护保养，并详细记录其维护保养时间和内容。

① 除尘：灰尘进入仪器的光路系统，必然影响仪器的性能。灰尘还常常造成仪器零

部件接触不良或电气绝缘性能变差，造成仪器损坏或不能正常使用。除尘是日常维护保养中的一项重要工作。除尘的方法应根据灰尘附着表面的状况及其灰尘附着程度而定。光学仪器、仪表表头应用特殊除尘工具，避免损坏仪器。电器不宜用湿布擦拭。

② 清洗：仪器在使用中会沾上油腻、胶液等污垢，这些污垢容易引起锈蚀、霉斑，影响仪器的性能和寿命。通常仪器的清洗方法有两类，一类是机械清洗方法，即用铲、刮、刷等方法清洗；另一类是化学清洗方法，即用各种化学去污溶液清洗。

③ 定期通电：在仪器较长期的停用期间，应做到定期开机通电，既防潮又能使仪器始终保持工作状态，性能指标不发生明显的变化。

(2) 预防性保养：每台仪器设备应遵循提供方的建议或者使用说明书上的要求，实验室应制定预防性保养程序。如定期更换耗材、加油润滑、定期校准仪器设备等。

(3) 维护计划的制定和实施：根据各仪器设备的要求和实际情况，每年年初编制年度维护计划。年度维护计划经实施后，应收集服务方维护记录或报告。

(4) 故障性维护保养：对于出现故障的仪器设备，及时安排维修工作，并相应进行维修记录或报告，对维修效果进行评价。维修完成后进行验收。涉及仪器设备关键部件的要安排该仪器的再校准或检定。

维修工程师到场维修仪器时，实验室应提示、告知操作人员仪器设备的维修事项，避免操作人员误操作维修中的设备。

2. 用水用电安全措施

(1) 用电安全措施：

① 经常检测电器外壳是否带电。用试电笔检测时要确认测电笔的好坏，方法是先测量一个已知的带电体，再去测需要测量的位置，最后再测一次已知带电体，从而判断试电笔的好坏。

② 实验室电源容量、插头插座与用电设备功率需匹配，不得私自改装；电源插座须固定。

③ 实验室和电气设备应配备空气开关和漏电保护开关，且应满足负荷和分断容量的要求。

④ 不私自乱拉乱接电线电缆，不使用老化的线缆、花线和配电接线板。

⑤ 禁止多个接线板串接供电，接线板不宜直接放置于地面使用。

⑥ 大功率仪器（包括空调等）使用专用插座，长期不用时，应切断电源。

⑦ 配电柜/箱无物品遮挡并便于操作，配电箱、开关、插座等周围无易燃易爆物品堆放。

⑧ 插座、插头、接线板为国家质量认证的合格产品，无烧焦变形、破损等现象。

⑨ 易燃易爆气体等特殊实验室的电器线路和用电装置应按相关规定使用防爆电气线路和装置。

⑩ 易积水的实验场所，不得设置地面插座；在有地面插座的区域存在积水时，地插须断电。待积水清理后，经电工检查确认地面插座的绝缘完好后才能再次送电使用。

⑪ 电器设备应可靠接地，以便电器设备发生碰壳接地时漏电保护器能迅速切除电源，

同时也是预防剩余电荷触电、感应电压触电、静电触电的好方法。

⑫ 大功率用电仪器在使用时，人员不能离开并注意观察仪器运行状况，一旦有异常声响、气味、起火、冒烟等现象，就要立即关机停止使用，待查明原因、排除故障后再继续使用。

⑬ 实验室要配置不导电灭火介质的灭火器，如二氧化碳或干粉灭火剂等，以防带电灭火时触电。

⑭ 实验室内可能产生静电的部位、装置进行明确标记和警示，对其可能造成的危害要有妥善的防护措施。

⑮ 实验室内所用的高压、高频设备要定期检修，应有可靠的防护措施。特别是自身要求安全接地的设备，定期检查线路，测量接地电阻。自行设计或对已有电气装置进行自动控制的设备，在使用前必须经实验室与专业人员验收合格后方可使用，其中的电气线路部分，也应在专业人员查验无误后再投入使用。

(2) 用水安全措施：

① 医学实验室工作人员必须清楚所在楼层及实验室各级水管的阀门位置。出现水患时懂 得关闭上级总阀进行应急处理。

② 医学实验室要杜绝自来水龙头打开而无人监管的现象，在醒目位置粘贴提醒标识牌，引导工作人员节约水资源和提高安全用水、节约用水意识。

③ 化学冷却冷凝系统的橡胶管和各类连接管要经常检查，避免发生因管路老化等情况造成的安全事故。

④ 在天气寒冷地区的医学实验室，冬季要做好水管的保温和放空工作，防止水管受冻爆裂。

⑤ 医学实验室的水槽和地漏上、下水道必须保持通畅。管道及设施无破损、无滴漏。

⑥ 为确保纯净水水质监控准确可靠，具有溯源性，应定期对纯净水系统内的电阻率仪进行校准或校验，并保存校准或校验记录。

⑦ 为确保实验用纯净水水质的稳定性，应定期对系统进行维护并按时更换耗材，并保存维护和耗材更换的记录。

第九章

智慧医疗管理系统

在当今数字化与信息化高速发展的时代，智慧医院作为医疗领域的创新模式，正逐渐成为医疗服务的新趋势。通过运用现代信息技术，如物联网、大数据、人工智能等，对医疗服务流程进行优化和创新，以提高医疗质量、效率和患者满意度。

在医疗服务方面，智慧医院通过线上挂号、预约诊疗、远程医疗等方式，为患者提供更加便捷的就医途径，减少患者的等待时间并避免往返奔波。同时，智能化的医疗设备和辅助诊断系统能够提高诊断的准确性和及时性。

在医院管理方面，智慧医院利用信息化手段实现了医疗资源的合理调配和精细化管理。例如，通过电子病历系统，医护人员可以更方便地查阅患者的病史和诊疗记录，从而提高医疗服务的连贯性和协同性。

在医疗安全方面，智慧医院通过智能化的监控和预警系统，对医疗过程中的风险进行实时监测和防范，保障患者的生命安全。

智慧医院是医疗领域的重要发展方向，对于提升医疗服务水平、改善医疗资源配置、推动医疗行业的可持续发展具有重要意义。

近年来，随着新医改政策的深入实施，智慧医院的建设得到了国家层面的大力支持和引导。新医改强调医疗服务的公平性、可及性和质量，推动医疗体系的转型升级。在这样的背景下，智慧医院作为一种全新的医疗服务模式，能够有效提升医疗服务的效率和质量，更好地满足人民群众的健康需求。

第一节　智慧医院设计依据

一、政策类

(1)《国务院关于积极推进“互联网＋”行动指导意见》。

(2)《健康中国 2030》。

(3)《国家卫生计生委关于印发“十三五”全国人口健康信息化发展规划的通知》。

(4)《医院信息化建设应用技术指引》。

(5)《国务院办公厅关于促进"互联网+医疗健康"发展的意见》。

(6)《互联网诊疗管理办法（试行)》。

(7)《互联网医院管理办法（试行)》。

(8)《远程医疗服务管理规范（试行)》。

(9)《关于推动公立医院高质量发展的意见》。

(10)《关于进一步完善预约诊疗制度加强智慧医院建设的通知》。

(11)《公立医院运营管理信息化功能指引》。

(12)《全国医院信息化建设标准与规范（试行)》。

(13)《进一步改善医疗服务行动计划（2018—2020年）考核指标》。

(14)《国家卫生健康委办公厅关于印发医院智慧服务分级评估标准体系（试行）的通知》。

(15)《医院智慧管理分级评估标准体系（试行）的通知》。

(16)《公立医院高质量发展促进行动（2021—2025年)》。

(17)《医疗机构设置规划指导原则（2021—2025年)》。

(18)《医疗机构门诊质量管理暂行规定》。

(19)《医疗卫生机构网络安全管理办法》。

(20)《关于印发"十四五"全民健康信息化规划的通知》。

(21)《关于全面加强县级中医医院建设基本实现县办中医医疗机构全覆盖的通知》。

(22)《关于全面推进紧密型县域医疗卫生共同体建设的指导意见》。

(23)《"数据要素×"三年行动计划（2024—2026年）》。

二、规范标准

(1)《智能建筑设计标准》。

(2)《综合医院建筑设计规范》。

(3)《数据中心设计规范》。

(4)《安全防范工程技术标准》。

(5)《医疗建筑电气设计规范》。

(6)《民用建筑电气设计标准》。

(7)《医院安全技术防范系统要求》。

(8)《民用闭路监视电视系统工程技术规范》。

(9)《视频安防监控系统工程设计规范》。

(10)《综合布线系统工程设计规范》。

(11)《入侵报警系统工程设计规范》。

(12)《有线电视网络工程设计标准》。

(13)《电子会议系统工程设计规范》。

(14)《公共广播系统工程技术标准》。

(15)《厅堂扩声系统设计规范》。

(16)《LED显示屏通用规范》。

(17)《火灾自动报警系统设计规范》。

(18)《建筑设计防火规范》。

(19)《医院洁净手术部建筑技术规范》。

(20)《公共建筑节能设计标准》。

(21)《绿色医院建筑评价标准》。

(22)《公共建筑能耗远程监测系统技术规程》。

(23)《楼宇自控系统工程技术规范》。

(24)《室内空气质量标准》。

(25)《不间断电源设备》。

(26)《建筑物防雷设计规范》。

(27)《建筑物电子信息系统防雷技术规范》。

(28)《出入口控制系统工程设计规范》。

(29)《视频显示系统工程技术规范》。

(30)《民用建筑设计统一标准》。

(31)《建筑机电工程抗震设计规范》。

(32)《无障碍设计规范》。

(33)《建筑电气与智能化通用规范》。

(34)《建筑工程设计文件编制深度规定》。

(35)《安全防范工程通用规范》。

(36)《计算机机房用活动地板技术条件》。

第二节　建设内容

一、智慧医院定义与内涵

2019 年 3 月，国家卫生健康委召开主题为“信息化质控和智慧医院建设”的新闻发布会。国家卫生健康委医政医管局副局长焦雅辉就信息化建设现状、智慧医院建设要求等备受关注的问题进行了解答。会上明确了智慧医院的定义和内涵，包含三大领域，即面向医务人员的“智慧医疗”、面向患者的“智慧服务”、面向医院管理的“智慧管理”，并陆续发布相关评价标准。

（一）智慧医疗

智慧医疗主要面向医务人员，以电子病历建设为核心。利用先进的医疗技术和信息化手段，提升医疗服务的质量和效率。主要包含如下应用：

远程诊断：通过视频通话、远程设备等技术手段，实现医生与患者之间的远程诊疗服务，打破了地域限制，提高了医疗服务的可及性。

智能导诊：利用人工智能技术，根据患者的病情和需求，提供个性化的诊疗建议和服务，改善了患者的就医体验。

医学影像识别：深度神经网络在图像识别领域的应用，使病灶识别、二维重建等医学影像分析更加精准高效。

国家卫生健康委办公厅 2018 年 12 月 3 日印发的《电子病历系统应用水平分级评价标准（试行)》共分为 0～8 级，其基本要求如表 9-1 所示。

表 9-1　电子病历系统整体应用水平分级评价基本要求

等级	内容	基本项目数/项	选择项目数/项	最低总评分/分
0 级	未形成电子病历系统	—	—	—
1 级	独立医疗信息系统建立	5	20/32	28
2 级	医疗信息部门内部交换	10	15/27	55
3 级	部门间数据交换	14	12/25	85
4 级	全院信息共享，初级医疗决策支持	16	10/23	110
5 级	统一数据管理，中级医疗决策支持	20	6/19	140
6 级	全流程医疗数据闭环管理，高级医疗决策支持	21	5/18	170
7 级	医疗安全质量管控，区域医疗信息共享	22	4/17	190
8 级	健康信息整合，医疗安全质量持续提升	22	4/17	220

注：选择项目中“20/32”表示 32 个选择项目中需要至少 20 个项目达标。

（二）智慧服务

智慧服务主要面向患者，通过信息化手段改善患者的就医体验，提供更加便捷、高效的服务。主要包含如下应用：

自助服务：如自助挂号、自助缴费、自助打印报告等，减少了患者的排队等候时间，提高了就医效率。

移动医疗：通过手机应用等移动终端，提供预约挂号、健康咨询、药品购买等一站式服务，方便患者随时随地获取医疗服务。

信息推送：向患者推送诊疗信息、健康提醒等，帮助患者更好地了解和管理自己的健康状况。

个性化医疗服务：基于患者的基因、病史、生活习惯等信息，为患者提供个性化的诊断和治疗方案，提高治疗效果和患者满意度。

2019 年，国家卫生健康委印发了智慧服务分级评估标准，共分为 0～5 级，如表 9-2 所示。

表 9-2　智慧服务分级评估标准

等级	定义	详细
0 级	医院没有或极少应用信息化手段为患者提供服务	医院未建立患者服务信息系统；或者在挂号、收费、检查、检验、入出院、药事服务等环节中，面向患者提供信息化服务少于 3 个。患者能够通过信息化手段获取的医疗服务信息较少
1 级	医院应用信息化手段为门急诊或住院患者提供部分服务	医院建立服务患者的信息系统，应用信息化手段对医疗服务流程进行部分优化，在挂号、收费、检查、检验、入出院、药事服务等环节中，至少有 3 个环节能够面向患者提供信息化服务，患者就医体验有所提升

续表

等级	定义	详细
2 级	医院内部的智慧服务初步建立	医院应用信息系统进一步优化医疗服务流程，能够为患者提供智慧导医分诊、分时段预约、检查检验集中预约和结果推送、在线支付、床旁结算、生活保障等智慧服务，患者能够便捷地获取医疗服务相关信息
3 级	联通医院内外的智慧服务初步建立	电子病历的部分信息通过互联网在医院内外进行实时共享，部分诊疗信息可以在院外进行处理，并与院内电子病历信息系统实时交互。初步建立院内院外、线上线下一体化的医疗服务流程
4 级	医院智慧服务基本建立	患者医疗信息在一定区域内实现互联互通，医院能够为患者提供全流程的个性化、智能化服务，患者就诊更加便利
5 级	基于医院的智慧医疗健康服务基本建立	患者在一定区域内的医院、基层医疗机构以及居家产生的医疗健康信息能够互联互通，医院能够联合其他医疗机构，为患者提供全生命周期、精准化的智慧医疗健康服务

（三）智慧管理

智慧管理主要面向医院管理者，通过信息技术优化医院管理流程和资源配置，提高医院运营效率和管理水平，协助管理人员及时掌握医院运行细节信息，实现人财物信息衔接一致、投入产出信息闭环，以及规范流程、智能调度资源。主要包含如下应用。

数据互通和信息互联：通过建立完善的信息系统，实现医院内部各部门之间的信息共享和协同工作，提高工作效率和医疗服务质量。

人员调度和资源优化：通过智能化排班系统和物流系统，实现对医疗资源和人力资源的优化配置和合理调度，确保医疗服务的及时性和有效性。

财务管理：包括财务核算、预算管理、成本控制、收费管理等模块，实现财务数据的自动化处理和精细化管理，提高财务运营效率和透明度。

设备管理：对医院的各类设备进行信息化管理，包括设备档案管理、设备维护计划制定、设备维修记录、设备运行监测等，以提高设备的利用率和可靠性，延长设备使用寿命。

能耗管理：对医院的水、电、气等能源消耗进行实时监测和分析，采取节能措施，降低能源消耗，实现绿色医院的建设目标。

资产管理：通过物联网技术实现对医院资产的全面感知和实时监控，提高资产使用效率和安全性。

医疗质量管理：运用数据分析和质量管理工具，对医疗过程中的各个环节进行监测和评估，及时发现问题并改进，以提高医疗质量和安全。

医疗数据挖掘：对医院积累的大量临床数据进行深入挖掘和分析，发现疾病的发病规律、治疗效果的影响因素等，为临床研究提供数据支持。

科研项目管理：通过信息化平台，对医院的科研项目进行全过程管理，包括项目申报、立项、实施、结题等环节，提高科研管理的效率和质量。

医院智慧管理等级共分为 0～5 级，如表 9-3 所示。

表 9-3　医院智慧管理等级表

等级	功能	效果
0 级	无医院管理信息系统	手工处理医院管理过程中的各种信息，未使用信息系统
1 级	开始运用信息化手段开展医院管理	使用信息系统处理医院管理的有关数据，所使用的软件为通用或专用软件，但不具备数据交换共享功能

续表

等级	功能	效果
2 级	初步建立具备数据共享功能的医院管理信息系统	在管理部门内部建立信息处理系统，数据可以通过网络在部门内部各岗位之间共享并进行处理
3 级	依托医院管理信息系统实现初级业务联动	管理部门之间可以通过网络传送数据，并采用任意方式（如界面集成、调用信息系统数据等）获得本部门之外所需的数据。本部门信息系统的数据可供其他部门共享使用，信息系统能够依据基础字典库进行数据交换
4 级	依托医院管理信息系统实现中级业务联动	通过数据接口方式实现医院管理、医疗、护理、患者服务等主要管理系统（如会计、收费、医嘱等系统）数据交换。管理流程中，信息系统实现至少 1 项业务数据的核对与关联检查功能
5 级	初步建立医院智慧管理信息系统，实现高级业务联动与管理决策支持功能	各管理部门能够利用院内的医疗、护理、患者服务、运营管理等系统，完成业务处理、数据核对、流程管理等医院精细化管理工作。建立医院智慧管理数据库，具备管理指标自动生成、管理信息集成展示、管理工作自动提示等管理决策支持功能

总之，智慧医院的这三大领域相互融合、相互促进，共同推动医院的现代化发展，为患者提供更加优质、高效的医疗服务。

二、智慧医院系统架构

智慧医院的建设通常以智能化系统建设为基础，以信息化系统建设为核心，结合人工智能、大数据和互联网＋等技术手段应用，实现智慧医疗、智慧管理和智慧服务，提高医院的服务和管理效率。整个结构如图 9-1 所示。

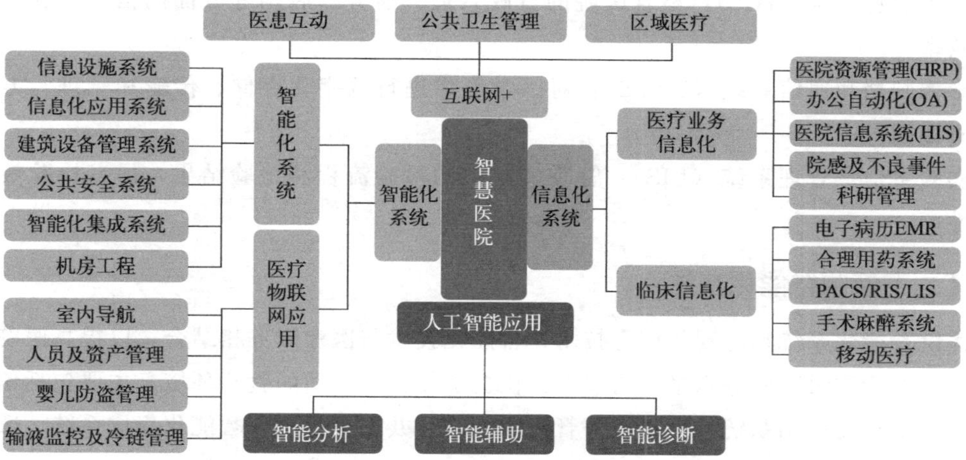

图 9-1　智慧医院系统架构图

（一）医疗信息化系统

随着信息技术的快速发展，智慧医院信息化已成为医院现代化建设的重要组成部分。通过集成先进的信息技术和管理理念，智慧医院信息化实现了医疗资源的优化配置、医疗流程的高效管理以及患者服务的全面升级。医疗信息化系统构成如图 9-2 所示。

医疗信息集成平台（HIP）：是医疗领域中用于整合和管理各类医疗信息系统的重要架构，主要包含数据整合、数据标准化、流程优化、资源共享及决策支持等功能。HIP

的建设有助于提高医疗机构的信息化水平，促进医疗信息的共享和利用，提升医疗服务的协同性和整体性，从而更好地满足医疗业务的需求和患者的健康需求。

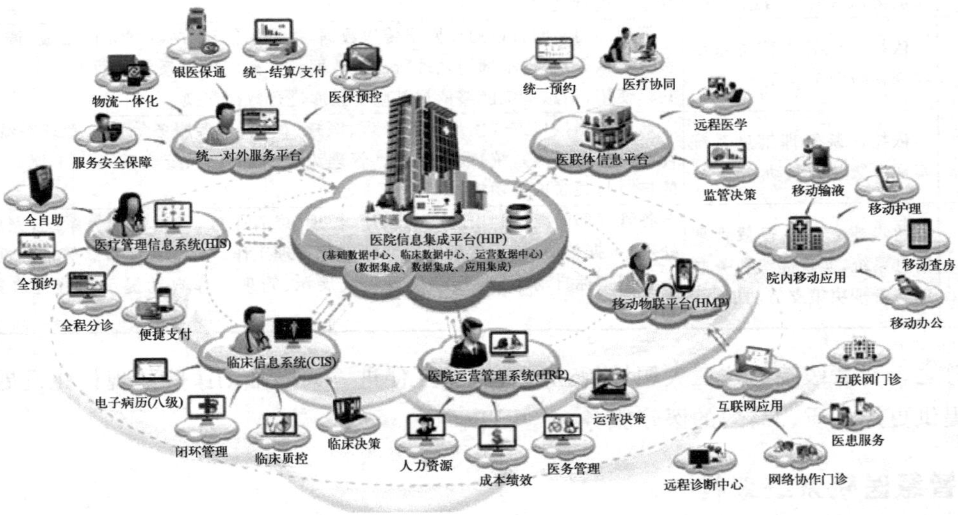

图 9-2　医疗信息化系统构成图

电子病历系统（EMR）：实现患者医疗信息的数字化记录、存储和共享，包括病史、诊断、治疗方案、检查和检验结果等。

医院信息系统（HIS）：整合医院的行政管理、财务、后勤等方面的信息，提高医院运营效率。

影像归档和通信系统（PACS）：对医学影像进行数字化存储、传输和管理，方便医生随时调阅。

实验室信息管理系统（LIS）：管理实验室的检验流程和检验结果，提高检验效率和准确性。

（二）医院智能化系统

医院智能化系统是将现代信息技术、智能化技术与医疗服务相结合，以提高医院的管理效率、医疗质量和服务水平，为患者提供更加便捷、舒适的就医环境，主要包括信息实施系统、信息化应用系统、建筑设备管理系统、公共安全系统、智能化集成系统、数据机房、物联网应用系统等。

（三）互联网+ 医疗

互联网＋医疗是指通过互联网技术与传统医疗行业深度融合与创新，以提高医疗服务效率和质量、优化医疗资源配置为目标的一种新型医疗模式。通过互联网＋医疗可实现在线诊疗、电子健康档案、医疗大数据、移动医疗应用、远程医疗、药物配送等功能，最终改善患者就医体验，减少排队等待时间，提高就医便利性；促进医疗资源的合理分配，让偏远地区的患者也能享受到优质医疗服务；提升医疗服务效率和质量，有助于医疗行业的精细化管理和精准医疗的发展。

（四）智能化医疗设备

智能化医疗设备是近年来医疗器械行业的重要创新方向，它是融合了先进的信息技术、传感器技术、人工智能算法等的现代医疗工具。常见智能化医疗设备包括：

智能诊断设备：如智能心电图机、智能超声诊断仪等。它们能够通过复杂的算法对检测数据进行分析，提供更准确的诊断结果，甚至能够早期发现一些潜在的疾病。

手术机器人：例如达芬奇手术机器人，能够实现更精细、更复杂的手术操作，减少手术创伤，提高手术的成功率和安全性。

智能康复设备：如智能假肢、智能康复训练器材等。这些设备可以根据患者的康复进展和身体状况，自动调整训练强度和模式。

智能监护设备：能够实时监测患者的生命体征，如心率、血压、呼吸等，并将数据自动传输到医疗系统，实现远程监护和预警。

智能影像设备：如智能 CT 机、磁共振成像（MRI）设备等，不仅能提供高清晰度的影像，还能借助人工智能辅助医生进行图像分析和诊断。

智能输液泵：可以精确控制输液的速度和剂量，避免因输液不当引起的医疗事故。

智能化医疗设备的使用可提高医疗诊断和治疗的准确性和效率，减少人为误差；改善患者的治疗效果和康复速度；减轻医护人员的工作负担，使他们能够更专注于患者的护理和治疗。

（五）大数据与人工智能应用

智慧医院大数据和人工智能应用是医疗领域的重要发展趋势，它们通过集成先进的科技手段，为医院提供了更高效、更精准和个性化的医疗服务。

1. 智慧医院大数据应用

疾病预测与防控：通过分析大量患者的病历、症状、诊断结果等数据，预测疾病的暴发趋势和流行区域，为公共卫生部门制定防控策略提供依据。

医疗质量评估：对医院的诊疗过程、患者预后等数据进行分析，评估医疗服务的质量和效果，发现潜在的问题和改进的方向。

医疗资源优化配置：基于患者流量、疾病谱、医疗设备使用情况等数据，合理调配医疗资源，如病床、医护人员、药品等，提高资源利用效率。

2. 人工智能在智慧医院的应用

医学影像诊断：利用深度学习算法对医学影像（如 X 线、CT、MRI 等）进行分析，辅助医生发现病变，提高诊断的准确性和效率。

疾病辅助诊断：基于患者的症状、病史、检查结果等数据，运用人工智能模型进行综合分析，为医生提供诊断建议和鉴别诊断思路。

智能药物研发：通过对大量药物分子结构、药效、副作用等数据的挖掘和分析，加速药物研发过程，提高研发成功率。

医疗机器人：如手术机器人、康复机器人等，能够在手术中提供更精准的操作，在康复治疗中提供个性化的训练方案。

智能语音交互：在医疗场景中，实现语音病历录入、医嘱下达等功能，提高工作效率，减少人为错误。

智能健康管理：通过智能穿戴设备和手机应用程序收集用户的健康数据，并借助人工智能系统可以为用户提供个性化的健康管理建议，预防疾病。

第三节 智能化系统

一、信息化应用系统

（一）公共服务系统

医院公共服务系统涵盖了疾病预防、诊疗、急救、康复等各个方面，旨在提高医疗服务的效率和质量，满足不同层次和多样化的健康服务需求。

（二）智能卡应用系统

医院智能卡应用系统是一种基于信息化和多维身份识别技术的多功能管理系统，用于提升医院的服务效率和管理水平。该系统通过整合多种身份识别技术，实现访客探视、门禁管理、会议签到、消费管理等众多功能，为医院员工和患者提供便利。

智能卡应用系统以计算机、信息网络及物联网技术为手段，将智慧医院内部的各项设施连接成为一个有机整体，用户通过一张智能卡便可实现钥匙开启、资金结算、考勤、消费和某些控制操作等功能。通过智能卡系统信息平台，医院将实现全方位一体化的智慧管理系统，使使用更便捷、管理更方便、功能更强大。

（三）信息设施运行管理系统

医院信息设施运行管理系统是现代医疗信息化的核心组成部分，旨在确保医院各类信息设施的稳定、高效运行，为医疗服务的顺利开展提供坚实的技术支撑。

医院设施运行管理系统通过先进的传感器和数据采集技术，能够精准获取每台设备的运行参数，包括 CPU 使用率、内存占用率、网络流量等。同时，它还具备强大的故障监测与预警功能，一旦设备出现异常或潜在故障风险，能够迅速发出警报，并精准定位故障源，为维修人员提供详细的故障信息，大大缩短故障排查和修复的时间。

（四）信息安全管理系统

信息安全管理系统包括防火墙、入侵检测系统、入侵防御系统、漏洞扫描设备、安全隔离网闸、流量监控设备、防病毒网关（防毒墙）、web 应用防火墙、安全审计系统等，每种设备都有其独特的功能和应用场景。通过合理配置和使用这些设备，可以构建一个多层次的安全防护体系，有效抵御各种网络威胁，保障信息系统的安全运行。

信息安全管理以功能、用途、数据类型、对外联网情况、系统规模、关键业务流程等为主要依据分为一级至五级，不同等级的系统需要采取不同的安全措施和管理要求。

信息安全管理系统的等保是指对信息系统的安全性进行评估和等级划分，三级等保要求系统具备完整性保护、机密性保护和可用性保护功能，并采用加密、防篡改等安全技术进行保护。系统规划设计、实现测试、管理维护等环节都需要按照安全要求进行，确保系统安全可靠。

二、智能化集成系统

智能化集成系统包括信息设施系统、信息化应用系统、公共安全系统和接地系统等。其具有综合管理优化调度、安防监控预警、能耗管理优化和人员管理服务提升等功能。

综合管理优化调度可以通过统一的集成平台，实现对各个子系统的集中管理和控制，提高工作效率和资源利用效率。安防监控预警是通过安装摄像机、实时监控建筑内外的安全状况，及时发现并处理异常情况。能耗管理优化是通过智能算法分析能耗数据，自动调整设备运行状态，实现节能减排。

三、信息设施系统

（一）信息接入系统

医院信息接入系统是指将用户设备连接到网络的软硬件系统。它包括从用户设备到网络的种种连接方式和设备，如调制解调器、路由器等。接入方式可以分为有线接入和无线接入两大类，具体包括铜线接入、光纤接入、光纤同轴电缆混合接入和无线接入等。

医院信息接入系统的主要功能包括数据接入、信息关联和对接，以及提供实时数据更新和共享。通过将外部信息引入并连接到建筑物内的信息设施系统并实现对接，信息接入系统能够实现数据的实时更新和共享，减少数据冗余和错误。

（二）布线系统

医院布线系统是医院信息化建设的重要基础设施，具有高度的复杂性和专业性。

医院布线系统主要包含六大子系统。其中，工作区子系统涵盖了病房、诊室、护士站等区域的信息插座和终端设备连接。水平布线子系统负责将工作区的信息点连接到楼层配线间。垂直干线子系统实现楼层配线间与设备间之间的连接，一般采用光缆或大对数电缆。管理子系统对线缆和连接硬件进行管理，便于维护和更改。设备间子系统放置网络设备、服务器等核心设备。建筑群子系统负责连接医院各独立建筑（如主楼、门诊楼、住院楼、行政楼等）的配线间，实现跨建筑的数据、语音及影像传输。

（三）移动通信室内信号覆盖系统

医院移动通信室内信号覆盖系统旨在确保医院内部各个区域都能获得稳定的移动信号，从而提高通信质量和医疗服务效率。

主要构成部分包括信号源、传输介质和室内分布天线等。信号源可以是基站设备、直放站等，用于提供稳定的通信信号。传输介质通常包括光缆、电缆等，负责将信号传输至各个区域。室内分布天线则安装在医院的各个房间、走廊等位置，实现信号的均匀覆盖。

（四）用户电话交换系统

用户电话交换系统是用于实现医院内部或特定用户群体之间电话通信的专用设备集合。该系统由话路设备、交换网、控制及信号部分组成。

用户电话交换系统目前主流技术为程控数字交换架构和全光网架构，程控数字交换架构采用计算机进行控制，并实现 PCM 数字语音编码信号的时分交换。其能够提供缩位拨号、呼出等待、呼出转移等多种新服务，满足用户的多样化需求。全光网架构基于光纤通信技术，具有结构简单、透明传输、可扩展性好、灵活重组、快速恢复等特点，能够提供多种通信业务，包括数据、音频和视频通信。

（五）无线对讲系统

无线对讲系统通过无线电波传输语音信息，主要由发射部分、接收部分、调制部分和信令处理部分组成。

无线对讲系统包括医院手提对讲机、信号中转设备、信号放大设备、低损耗通信电缆、高增益通信天线等，以实现医院的单呼、组呼、群呼等功能，适用于医院调度人员灵活调度。

（六）信息网络系统

医院信息网络系统是为医疗业务信息化应用系统提供稳定实用和安全的支撑条件，并应具备高宽带、大容量和高速率，宜具备系统升级的条件。建设一个高效、安全、可靠的医院网络系统可以极大地提高医院的运作效率，改善患者就诊体验，并且方便医务人员的信息交流。医院网络通常由内网、外网和设备网组成，其中内网承载医疗信息系统、医护对讲系统、排队叫号系统等医院专用业务系统。

医院信息网络系统功能应具备稳定性、实用性、安全性。为了实现这些功能，医院信息网络系统应采取网络安全措施，建立安全的网络架构，包括防火墙、入侵检测系统和反病毒软件等；采取身份认证与访问控制措施，通过有效的身份认证机制，限制非授权人员对信息系统的访问；采取数据备份和恢复措施，定期备份关键数据，并建立可靠的数据恢复机制；采取安全培训以提升人员意识，以及实施安全审计与监控等。

（七）有线电视系统

有线电视系统通过同轴电缆、光缆或其他传输媒介，将电视节目信号从发射端传送到接收端，为患者、医护人员及访客提供丰富的电视节目和信息服务，缓解他们在就医和工作过程中的紧张情绪，提高医院的服务和管理水平。

有线电视系统主要由信号源、前端设备、干线传输系统和用户分配网络四部分组成。其不仅能提供传统的模拟电视节目，还支持数字电视、高清电视等多种信号类型。随着技术的进步，现代有线电视系统已经能够提供包括视频点播、宽带上网、互动游戏等多种增值服务。

网络电视又称 IPTV，是基于宽带高速 IP 网，以网络视频资源为主体，将电视机个人电脑及手持设备作为显示终端，通过机顶盒或计算机接入宽带网络，实现数字电视、时移电视、互动电视等服务。

（八）公共广播系统

医院公共广播系统是医院内部信息传播和环境营造的重要工具。它不仅能够提升医护人员的工作效率，还能优化患者的就医体验。

医院公共广播系统具有多种功能，包括信息传递与沟通、科普教育与健康宣传、心理疏导与情绪安抚、紧急通知与应对、智能化管理与服务等。这些功能共同提升了医院的通信效率和患者服务体验，为构建和谐的医患关系提供了有力支持。

（九）会议系统

医院会议系统旨在提高医疗资源利用率和协同效率，实现高效的远程诊疗、学术讲座和多方会诊等功能。

医院会议系统通常具有高清视频通信、优质音频传输、屏幕共享与演示、电子白板、会议录制与回放、会议预约与管理、远程控制与权限管理、与医院信息系统集成、移动端接入、加密与安全保障等功能。

（十）信息导引及发布系统

医院信息导引及发布系统通过分布在医院各个关键位置，如医院大厅、挂号及药物收费处、门急诊候诊厅等公共场所配置发布各类医疗服务信息的多样化显示设备，如大型LED显示屏、高清液晶屏幕、触摸屏等，将重要的信息以直观的方式呈现出来。该系统旨在为患者、家属以及医护人员提供及时、准确、清晰的各类信息。

医院信息导引及发布系统有实时信息发布、导航与指引、宣传教育、管理与控制、提升服务质量以及提高信息化水平等多种作用。这些作用共同提升了医院的通信效率和患者服务体验，为构建和谐的医患关系提供了有力支持。

四、建筑设备管理系统

（一）建筑设备监控系统

建筑设备监控系统用于对医院内各类建筑设备进行集中监测、控制和管理。该系统涵盖了众多关键设备，包括空调系统、通风系统、照明系统、给排水系统、电梯系统以及电力供应系统等。通过分布在各个设备和区域的传感器、探测器和控制器，系统可实时采集设备的运行状态、参数和环境数据。

医院建筑设备监控系统的应用，不仅提高了设备的运行效率和可靠性，降低了运维成本，还为医院的正常运营和医疗服务提供了坚实的基础设施保障。

（二）建筑能效监管系统

建筑能效监管系统用于实时监控和管理医院的能源消耗，以提高能效并降低能耗成本。通过在医院的各个用能区域和设备上安装智能计量仪表、传感器等装置，系统可实时采集能源消耗数据，包括电、水、气、热等各类能源的使用量和消耗速率等信息。

五、公共安全系统

（一）入侵报警系统

入侵报警系统是利用传感器技术和电子信息技术探测并指示非法进入或试图非法进入医院设防区域的行为、处理报警信息、发出报警信息的电子系统或网络。

系统主要由前端设备（包括探测器和紧急报警装置）、传输设备、处理/控制/管理设备和显示/记录设备等部分构成。前端设备分布在医院的关键区域，如药品库房、财务室、档案室、重症监护病房以及重要设备存放处等，部署了多种类型的探测器。该系统旨在为医院提供全方位、实时的入侵监测与警报服务。

（二）视频安防监控系统

医院视频安防监控系统是医院安全保障的重要防线，通过先进的视频技术对医院内部人员活动和环境进行实时、全面的监视和记录。

系统由前端摄像机、传输网络、存储设备和监控显示终端等部分组成。前端摄像机分布在医院的各个关键区域，如出入口、走廊、候诊区、病房、电梯间、停车场等，具备高清晰度和广角视野，能够捕捉清晰、细腻的图像。在医院的日常运营中，视频安防监控系统发挥着重要作用，可以监督医疗秩序，防止盗窃、纠纷等事件的发生；在突发事件发生时，为应急处理提供及时、准确的现场信息；也有助于优化医院的管理流程，提高服务质量。

（三）出入口控制系统

医院出入口控制系统是采用现代电子设备和软件信息技术，在出入门口对人员或车辆的进出进行管理、控制的系统。

医院出入口控制系统主要由前端设备（包括身份识别装置、电子锁、出口按钮、报警传感器和报警喇叭等）和后端设备（包括门禁控制器和梯控上位机）组成。其功能主要是对医院人员进行管理、进出权限控制、记录和报警操作，及与其他系统的融合应用，以确保医院区域的安全并实现智能化管理。医院需要对不同区域进行分级分时段的通行权限管理，控制相关人员的进出，从而实现重要区域的安全管理。

（四）电子巡查系统

医院电子巡查系统是利用电子设备和技术，对医院内部巡逻、巡检过程进行监督和管理的系统。通过记录巡逻人员的行动轨迹、时间和地点等信息，确保医院安全和工作的规范化。

医院电子巡查系统主要由巡检器（巡更棒）、通信座、信息点（感应点）、管理软件等部分组成。通过在医院关键位置安装信息点，系统能够实时监控巡查人员的工作状态和巡查路线，当检测到异常情况或其他安全事件时，系统能够立即触发报警装置，并通过联动视频监控系统记录现场情况，这对于提高医院管理效率和保障患者及医护人员的安全至关重要。

（五）停车库（场）管理系统

医院停车库（场）管理系统是一个综合性的智能化系统，主要用于提高医院停车场的管理效率和服务水平，确保车辆安全停放和快速通行。系统通过车牌识别、RFID技术、移动支付等多种手段，实现对停车场内车辆的高效管理和引导。

医院停车库（场）管理系统主要由出入口控制系统、车位检测系统、收费管理系统、引导指示系统、中央管理系统等系统组成。其主要作用包括：减少车辆寻找车位的时间，缓解医院周边交通拥堵；准确掌握车位使用情况，合理分配停车空间；对车辆进出进行有效管理，增强停车场的安全性；为医院管理人员提供数据支持，便于进行统计分析和决策制定；改善患者及家属的停车体验，提高医院的整体服务水平。

（六）安防管理平台

安防管理平台集成了入侵报警系统、视频安防监控系统、出入口控制系统、电子巡查系统、停车场管理系统以及消防预警、数据分析及智能调度等多项功能于一体，通过先进的技术手段实现对各类安防设备的统一监控与管理，有效预防安全事件的发生，及时发现并快速响应异常情况，保障区域或企业的安全稳定运行。安防管理平台不仅提升了安全防范的效率与准确性，还通过大数据分析优化安防策略，实现了智能化管理与决策支持。

六、数据机房

（一）数据中心机房

数据中心是医院建设的重点内容之一，不仅须满足当前各项应用需求，还要适应未来快速增长的发展需求，同时应遵循安全性、可靠性、先进性、可扩展性、智能管理等要求。

传统的数据中心属于能耗大户，空调设计不合理，PUE值较高，运行成本也很高。模块化数据中心设计因其采用工厂化制作、精准送风设计、适应高密度设计，从而很好地解决传统数据中心遇到的一些问题。

模块化数据中心是现代医院数据中心应用最广泛的一种方式。其集成了机柜、气流密闭、供配电、UPS、精密空调、动环监控等所有子系统，支持单排或双排，相比于传统数据中心，模块化数据中心单机柜IT设备上机功率大大提高。

1. 机房布局

依据《数据中心设计规范》（GB 50174—2017）标准，主机房内通道与设备间的距离应符合下列规定：

（1）数据中心内的各类设备应根据工艺设计进行布置，应满足系统运行、运行管理、人员操作和安全、设备和物料运输、设备散热、安装和维护的要求；

（2）容错系统中相互备用的设备应布置在不同的物理隔间内，相互备用的管线宜沿不同路径敷设；

（3）当机柜（架）内的设备为前进风/后出风冷却方式，且机柜自身结构未采用封闭冷风通道或封闭热风通道方式时，机柜（架）的布置宜采用面对面、背对背方式；

(4) 主机房内通道与设备间的距离应符合下列规定:

① 用于搬运设备的通道净宽不应小于1.5m;

② 面对面布置的机柜(架)正面之间的距离不宜小于1.2m;

③ 背对背布置的机柜(架)背面之间的距离不宜小于0.8m;

④ 当需要在机柜(架)侧面和后面维修测试时,机柜(架)与机柜(架)、机柜(架)与墙之间的距离不宜小于1.0m;

⑤ 成行排列的机柜(架),其长度超过6m时,两端应设有通道;当两个通道之间的距离超过15m时,在两个通道之间还应增加通道。通道的宽度不宜小于1m,局部可为0.8m。

医院数据中心依据功能和实际需求通常包含机房区、UPS间、UPS电池间、设备间、运营中心、值班室等功能区域。

2. 机房装饰装修

(1) 总体要求:模块化数据中心机房装饰工程主要包括顶面、墙面、地面、柱面装饰、区域隔断、防静电地板等工作。确保模块化数据中心机房符合防雷击、防尘、防火、电磁防护、静电防护、温度和湿度控制等标准,为设备运行提供良好的环境,为工作人员提供人性化的工作条件。

模块化数据中心装饰既要与现代化电子设备相匹配,又要通过精良、独特的设计构思,真正体现"安全、适用、现代、高雅、美观"的整体风格。

(2) 整体工艺:

防尘:机房装饰所选用的材料具有防尘、不起尘、易清洁的特点;

防噪声:机房装饰所选用的材料具有吸音的特点;

防水:为防止精密空调给排水路由可能发生的漏水情况,精密空调地板下及四周做防水围堰,并铺设漏水感应绳,一旦出现冷凝水漏水检测装置会发出报警信号;

防火:机房内所有装饰材料均须满足防火要求(墙、顶面采用不低于A级防火材料,地面采用不低于B1级防火材料),各种孔洞采用防火泥封堵;

防鼠:为防止鼠患(鼠类进入机房,会将电源线、网络线咬断)造成的机房内设备电源、网络中断,在进入模块化数据中心机房的各种线槽出入口处均加装防鼠网,各种孔洞均采用防火泥封堵,严防鼠类进入模块化数据中心机房;

防静电:机房内所有设备的可导电金属外壳、各类金属管道、金属线槽、建筑物金属结构等均应进行等电位联结并接地。防静电地板下的走线线槽、管路、桥架和插座应悬空地面上5～8cm。

(3) 吊顶装饰:将数据中心机房原结构楼板清理,做防尘、防静电处理;采用方形微孔铝合金吊顶,规格通常为600mm×600mm×0.8mm,轻钢龙骨上安装,安装高度距地面防静电地板不少于2.6m,吊顶四周与墙面采用L形收边条装饰。

(4) 地面装饰:

① 将原地面进行水泥砂浆找平,并做防尘、防静电处理;

② 安装全钢无边防静电地板,架空高度通常为300mm;

③ 模块化数据中心机房入口处采用台阶式处理;

④ 防静电地板符合现行国家标准《计算机机房用活动地板技术条件》的要求，具有防火、环保、耐污、耐磨等性能，规格为600mm×600mm。

（5）机房承重要求见表9-4。

表9-4 机房承重要求表

<table>
<tr><th rowspan="2">序号</th><th rowspan="2">项目</th><th colspan="3">技术要求</th><th rowspan="2">备注</th></tr>
<tr><th>A级</th><th>B级</th><th>C级</th></tr>
<tr><td>1</td><td>主机房活荷载标准值/(kN/m²)</td><td colspan="3">组合值系数 $\Psi_c=0.9$
8～12 频遇值系数 $\Psi_f=0.9$
准永久值系数 $\Psi_q=0.8$</td><td>根据机柜的摆放密度确定荷载值</td></tr>
<tr><td>2</td><td>主机房吊挂荷载/(kN/m²)</td><td colspan="3">1.2</td><td>—</td></tr>
<tr><td>3</td><td>不间断电源系统室活荷载标准值</td><td colspan="3">8～10</td><td>—</td></tr>
<tr><td>4</td><td>电池室活荷载标准值/(kN/m²)</td><td colspan="3">16</td><td>蓄电池组双列4层摆放</td></tr>
<tr><td>5</td><td>总控中心活荷载标准值/(kN/m²)</td><td colspan="3">6</td><td>—</td></tr>
<tr><td>6</td><td>钢瓶间活荷载标准值/(kN/m²)</td><td colspan="3">8</td><td>—</td></tr>
<tr><td>7</td><td>电磁屏蔽室活荷载标准值/(kN/m²)</td><td colspan="3">8～12</td><td>—</td></tr>
</table>

3. 机房电气系统

电气工程是整个机房的基础系统工程，其供配电系统的可靠性要求极高。供配电系统的安全性、可靠性、可维护性和在线扩展性是本项目的重点。计算机系统和通信系统配电都必须经过UPS电源。配电线缆、配电柜及相应的电路，都以满足用电峰值为其设计负荷。强弱电分离，机房的强电和弱电线缆应分别走各自线槽。

根据GB 50174—2017的标准要求，计算机供电电源质量的稳态电压偏移范围为380V/220V +7%～-10%，稳态频率偏移范围为50Hz±0.5Hz，输入电压波形失真度不大于5%，允许断电持续时间为0～10ms。

A级数据中心的供电电源应按一级负荷中特别重要的负荷考虑，B级数据中心的供电电源应按一级负荷考虑，C级数据中心的供电电源应按二级负荷考虑，各等级符合现行国家标准GB 50174《数据中心设计规范》的要求。

医院数据中心通常采用B级标准建设，满足部分冗余需求的架构设计，数据机房的IT及空调照明等负荷由一路市电供电，IT柜通过UPS输出供电，空调照明等由市电直接供电。UPS的功率模块采用 $N+1$ 冗余方式为IT设备双路供电；数据中心IT设备配电路由为：精密配电柜—UPS柜—IT机柜PDU—IT设备（双路）。配电架构图如图9-3所示。

4. 防雷接地

（1）防雷系统：机房防雷主要是防感应雷，防止雷击过程中，通过电源线缆感应的大电流穿入机房，损坏设备。一般采用三级防雷措施，第一级防雷器为A级防雷器（100kA），安装在配电柜进线处；第二级防雷器为B级防雷器（40kA），自制防雷箱，安装在机柜外，总开出线引入到第二级防雷箱，再引入UPS防雷开关上，能将大能量的浪涌电流限制在后续保护系统可承受的范围内；第三级防雷器为C级防雷器（20kA），安装在UPS输出端，使输出的箝位电压达到规定值，从而保护了设备，而且还能有效地抑制电网中的尖峰干扰，使供电系统更加稳定，确保供电系统安全可靠。

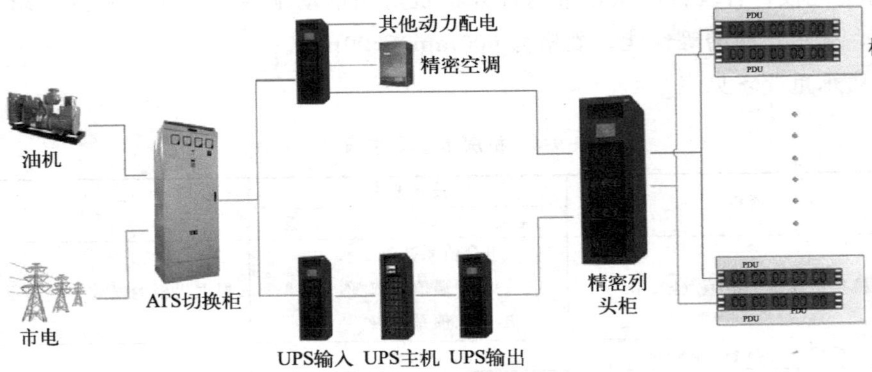

图 9-3　医院数据中心配电架构图

在机房内用 25mm×3mm 铜排做均压带及局部等电位连接，且与大地地栅网可靠连接，确保系统安全可靠运行。机房天花主龙骨、地板支架、墙板的前后左右用多股 $6mm^2$ 电线电缆跨接，并就近连接到等电位铜排上；其目的在于防止雷击过程中瞬间产生的高电位反击，进一步保证了人身和设备的安全。

(2) 接地系统：接地系统通常包含保护接地系统、防雷接地系统、工作接地系统、防静电接地系统。机房中设备的金属外壳、金属管线、防静电地网、防静电地板的支架连接一体，并与保护地有良好的连接，既保证人身设备安全，又给机房内游离电子一个顺畅通路；为保证机房中的计算机有一个等电位的工作环境，也为了保证计算机系统稳定工作，保障接地系统可靠性，医院数据中心通常采用联合接地方式，通过设置单独的等电位均压带并连接线接地，使机房能安全可靠地工作，接地系统接地电阻≤1Ω。

5. 空调系统

机房精密空调系统的任务是保证机房设备能够连续、稳定、可靠地运行，需要排出机房内设备及其他热源所散发的热量，维持机房内恒温恒湿状态，并控制机房空气含尘量。为此，机房精密空调系统具有送风、回风、加热、加湿、冷却、减湿和空气净化的能力。

(1) 机房环境要求见表 9-5。

表 9-5　机房环境要求

机房设计级别	B 级	
	夏季	冬季
温度要求	(23±2)℃	(20±2)℃
相对湿度	45%～65%	
温度变化率	5℃/h,并不得结露	

① 精密机房属重要设备运行工作场所，机房内有严格的温、湿度要求，机房内按国标规定配置空调设备。

② 主机房与其他房间分别设置空调系统。

③ 空调和制冷设备的选用应符合运行可靠、经济适用、节能和环保等要求。

④ 空调系统无备份设计时，单台空调制冷设备的制冷量应留有 15%～20%的余量。

(2) 容量设计：机房内主要的热负荷来源于设备的发热量及环境维护结构的热负荷。

因此需要综合考虑主要设备热负荷之外的其他负荷，如机房照明负荷、建筑维护结构负荷、补充的新风负荷、人员的散热负荷等，并根据机房的面积进行测算。B 级机房在配置模式上通常采用 $N+1$ 备份方式，以确保其安全性。

(3) 微模块列间空调气流组织：两列机柜正面相对摆放，并对通道进行密封，列间空调与机柜并列安装，采用前送风/后回风方式，确保制冷气流充满整个密闭通道，保障对每个机柜的高效制冷。密闭冷通道列间水平送风能杜绝冷热空气混合，提高空调的制冷效率，比封闭通道下送风更高效节能，降低运维成本，同时不需要高架地板，对层高的要求较低。气流组织如图 9-4 所示。

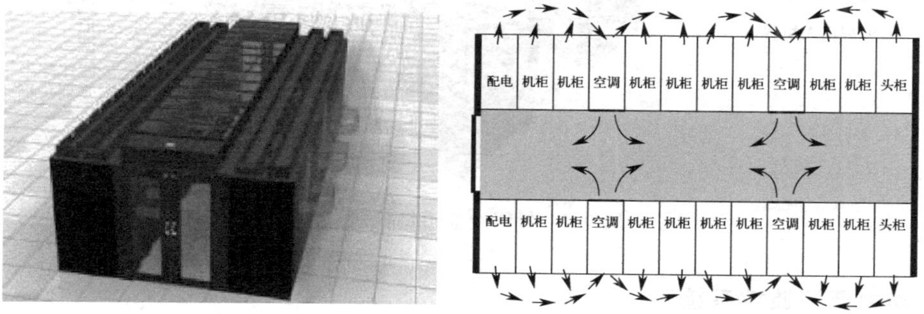

图 9-4 机房典型气流组织

6. 机柜机架

封闭冷通道系统是一项应用于降低因工作而发热的设备温度的技术，主要应用于数据中心机房；数据中心机房普遍面临设备发热密度高电力能耗大、机房及机柜的空间不足，以及机房规划跟不上业务需求的增长等问题。一直以来，为了满足数据中心机房不断上升的散热要求，机房空调配备也持续地增加和更换，然而机房内部仍然存在局部热岛问题，冷空气与热空气直接混合，冷量的浪费很大。机柜上部的设备得不到所需求的冷量，无法进行设备降温，整体的能耗 PUE 值依然偏高。

随着服务器设备功耗不断提高，机柜的散热能力必须大大增强。合理地使用冷通道方案，可大大提升数据中心的散热能力，充分有效地使用机柜和机房空间，因此，封闭冷通道产品应运而生。

封闭冷通道系统是基于冷热空气分离有序流动的原理，冷空气由高架地板下吹出或列间就近制冷，进入密闭的冷通道，机柜前端设备吸入冷空气，通过给设备降温后，热空气由机柜后端排出至热通道。热通道的气体迅速返回空调回风口。封闭冷通道结构见图 9-5。

7. KVM 系统

机房工程 KVM（keyboard video mouse）系统功能丰富，主要用于集中管理、控制和监控多个服务器，提高机房管理的效率和安全性。该系统主要实现集中管理、远程访问、视频监控与显示、实时监控、多显示器切换、权限控制与安全、报警与审计、虚拟化支持、扩展与灵活性等功能。

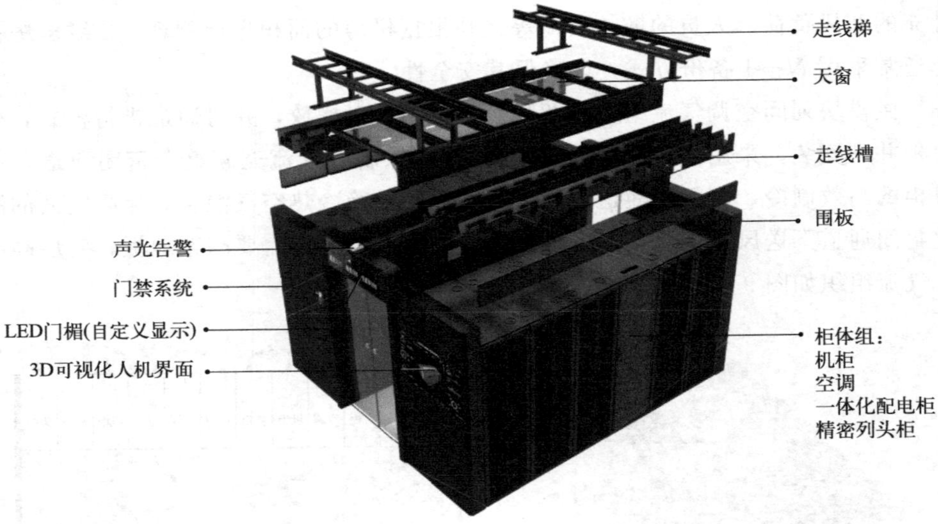

图 9-5 封闭冷通道结构示意图

8. 动力环境监控系统

机房动力环境监控系统是一个综合利用计算机网络技术、数据库技术、通信技术、自动控制技术、新型传感技术等构成的计算机网络系统，其监控对象是机房内动力设备及机房环境。监控系统提供了一种以计算机技术为基础、基于集中管理监控模式的自动化、智能化和高效率的技术手段，对于充分利用人力资源，加强维护支持手段的建设，保障设备稳定运行和机房安全，提高劳动生产率和网络维护水平，实现机房从有人值守到无人或少人值守，促进电源设备维护现代化具有积极的作用。

该系统通常包含配电监测子系统、UPS 监控子系统、空调监控子系统、门禁管理子系统、温湿度监测子系统、漏水监测子系统、消防监测子系统、图像视频监控子系统等，各系统功能如下：

(1) 配电柜监控：监测市电各相的电压，电流有功功率、无功功率等各项参数，监测重要设备开关的开合状态；

(2) UPS 系统监控：监测 UPS 整流器、逆变器、电池参数、旁路、系统负载，电池后备时间等 UPS 所能提供的各项数据；

(3) 空调系统监控：实时、全面诊断空调压缩机、风机、补给水、水泵、加热器、加湿器、除湿器等的运行状态；

(4) 门禁系统监控：实现对机房门的开关控制和进出人员记录等数据的采集；

(5) 温湿度监测：监测机房的温度和湿度，可自行设置上下限告警值；

(6) 漏水监测：监测机房空调及周边漏水状态；

(7) 消防系统监控：采集消防报警主机干节点信号；监测消防报警主机的工作状态；

(8) 图像视频监控：对机房整体状况及人员进出实时监控；一旦有异常事件发生，监控系统自动弹出现场图像画面，即时录像并作报警提示和处理；

（9）系统出现异常后能发出多媒体语音报警，同时软件界面弹出报警提示，并以电话语音或手机短信方式发出告警；能通过 web 方式进行远程浏览、管理。

（二）医院各类机房功能

1. 信息接入机房

医院信息接入机房是医院信息化系统的重要基础设施之一。通常是一个专门用于集中处理和分配各类信息接入的物理空间。机房内配备了一系列关键的设备和设施，包括服务器、网络交换机、路由器、防火墙等网络设备，以及不间断电源（UPS）系统以保障电力供应的稳定性。

其主要功能是作为医院内部各种信息系统和外部网络连接的枢纽。它接收来自医院各个部门的医疗数据、患者信息、影像资料等，并进行整合、处理和传输。同时，它也负责将医院的信息与外部的医保系统、区域医疗平台等进行交互和共享。

2. 有线电视前端机房

医院有线电视前端机房是医院有线电视系统的核心枢纽。它主要负责医院内部的视频传输和电视节目的分配和管理。

有线电视前端机房通常配备卫星接收天线、解调器、调制器、混合器、放大器等。卫星接收天线用于接收来自卫星的电视信号，解调器将接收到的信号进行解调处理，转化为可供后续处理的数字或模拟信号。调制器则把各种视频、音频信号调制到特定的频道上，混合器将多个调制后的频道信号进行混合，然后通过放大器增强信号的强度，以保证信号能够稳定、清晰地传输到医院的各个终端。

3. 信息设施系统总配线机房

医院信息设施系统总配线机房是医院信息化建设的关键基础设施之一，负责整个医院内的数据交换和信息传输。

信息设备系统总配线机房集中了各类通信和网络线缆的配线设备，包括光纤配线架、铜缆配线架、跳线架等。配线设备用于连接医院内部各个区域的网络终端、电话终端与外部通信网络及服务器等设备。

4. 智能化总控室

医院智能化总控室是整个医院智能化系统的核心，负责协调和监控医院建筑的智能设备和系统运行。

医院智能化总控室通常配备监控和控制设备，包括大型监控显示屏、服务器、控制台等。显示屏能够实时展示医院各个区域的情况，如病房、走廊、电梯、出入口、设备机房等的视频图像，以及各类设备的运行状态、医疗数据的实时变化等信息。

5. 信息网络机房

医院信息网络机房是医院信息化建设的核心重地，负责数据处理、存储和传输等关键任务。

医院信息网络机房集中了医院各类信息系统和网络设备，包括服务器、存储设备、核心交换机、防火墙等。设备承载着医院的医疗数据处理、信息传输、业务管理等关键任务。电力供应方面，配备不间断电源（UPS）系统，防止市电中断对设备和数据造成损害。此外，机房还采取了一系列安全防护措施，如防火、防水、防雷、防静电、防电磁干扰等，以确保机房设备和数据的安全。

6. 用户电话交换机房

用户电话交换机房通常配备有电话交换机设备，负责转接医院内部各部门之间以及医院与外部的电话通信。

为保证电话交换系统的正常运行，机房会有严格的环境控制，包括保持适当的温度、湿度和清洁度。防火、防潮、防雷等安全措施也必不可少。机房内还会有配线架，用于连接各个电话线路，实现线路的合理分配和管理。同时，可能会有电源设备，以确保交换机等设备的稳定供电。医院用户电话交换机房的有效运作，有助于提高医院内部的沟通效率，为医疗服务的顺利开展提供有力的通信支持。

7. 消防控制室

医院消防控制室是整个医院消防安全管理系统的核心，负责实时监控、调度和处置医院的火灾报警及紧急情况。

医院消防控制室通常配备消防监控和控制设备，包括火灾报警控制器、消防联动控制器、消防广播主机、消防电话主机、图形显示装置等。值班人员通过这些设备，能够实时监测医院各个区域的火情。一旦发生火灾警报，值班人员能够迅速准确地确定火灾发生的位置，并立即启动相应的消防设施，如喷淋系统、防烟排烟系统等。

8. 安防监控中心

安防监控中心是确保医院安全的关键部门，负责医院安全防范系统的统一管理和监控。

安防监控中心布满了高清显示屏，展示着从医院出入口、走廊、病房、电梯、停车场等重要区域传来的清晰画面。通过这些画面，值班人员能够密切关注人员的流动、异常行为，及时发现潜在的安全隐患。

监控中心配备了功能强大的监控系统，具备智能分析能力，能够自动识别可疑人员、物品遗留、人员聚集等异常情况，并及时发出警报。同时，还与门禁系统、报警系统等相互联动，形成一个严密的安全防护网络。

9. 智能化设备间（弱电间）

智能化设备间（弱电间）是医院智能化建设中用于安置和保护各种弱电系统设备和布线的重要空间。

智能化设备间（弱电间）是一个精心规划和布置的空间，内部集中了各类弱电设备和线路，包括网络交换机、服务器、通信设备、安防监控设备的控制单元等。设备间如同医院智能化系统的“神经中枢”，承载着医院信息传递、数据处理和系统控制的重要任务。通过错综复杂的线缆，将各个医疗区域、科室和设备连接起来，实现信息的快速交互和共享。

10. 应急响应中心

医院应急响应中心是专门负责处理突发公共卫生事件和灾害性事件的医疗救援组织。其主要任务是在突发事件发生时，迅速启动应急机制，协调各方资源，进行有效的医疗救援，最大限度地保护人民群众的生命安全和身体健康。

11. 机房安全系统

医院机房安全系统是保障医院信息系统稳定运行和数据安全的重要组成部分。目前医院越来越依赖数据中心机房来存储、处理和传输重要的医疗数据。这不仅包括患者的个人信息和医疗记录，还包括财务数据、员工信息以及各种医疗研究数据。因此，构建一个安全、稳定且高效的机房安全系统显得尤为重要。

12. 机房综合管理系统

医院机房综合管理系统是确保医院信息系统稳定、安全运行的关键。通常包括物理安全、电力供应、网络与数据安全以及环境监控等多个方面，其目标是构建一个全面、高效且可靠的管理平台，以保障医院数据中心的正常运行。

我国电子计算机机房分为A、B、C三个级别，这种分级方式主要考虑了机房的选址、建筑结构、机房环境、安全管理及供电电源质量要求等因素。其中，A级为容错型，其场地设备不应因操作失误、设备故障等原因导致电子信息系统运行中断，适用于涉及国计民生的重要机房；B级为冗余型，在系统需要运行期间，其场地设备在冗余能力范围内，不会因设备故障而导致电子信息系统运行中断；C级为基本型，在场地设备正常运行情况下，应保证电子信息系统运行不中断。这一分类方法强调了对机房设计和功能的不同要求，以确保不同级别的机房能够满足其特定需求。

机房精密空调是专门为保障机房环境稳定而设计的空调设备，它具备高精度的温湿度控制，高可靠性、大风量和高换气次数、过滤净化功能，可延长设备使用寿命以及提高数据处理的准确性和可靠性。

七、医疗专业业务系统

（一）病房探视系统

医院病房探视系统是连接重症患者与家属的重要桥梁，尤其在ICU（重症监护病房）等特殊病房中发挥着关键作用。

病房探视系统通常包含硬件和软件两部分。硬件方面，会在病房门口安装可视对讲设备，允许探视者与病房内的患者或陪护人员进行沟通。部分医院还会配备移动探视终端，方便患者在病床上与外界交流。软件系统则负责探视的预约、登记和管理。家属可以通过网络平台或医院的自助服务终端提前预约探视时间，系统会根据病房的情况和患者的需求进行合理安排。

（二）视频示教系统

医院视频示教系统是现代医疗教育的重要工具，在手术教学和远程会诊中发挥着关键作用。

医院视频示教系统融合了先进的视频采集、传输和存储技术。在手术室、诊疗室等关键区域安装高清摄像头，全方位捕捉医疗操作的细节，并通过稳定的网络传输，使这些实时画面能够清晰、流畅地传输到视频示教教室、会议室以及远程终端上，让学习者无论身处何地，都仿佛身临其境。在示教过程中，系统支持多角度切换画面，以便学习者全面观察操作过程。同时对于重要的示教内容，系统能够进行高质量录制和存储，方便学习者反复观看、学习和研究。

（三）候诊呼叫信号系统

候诊呼叫信号系统是医院优化就诊流程、提高服务效率和患者体验的重要设施。

候诊呼叫信息系统通常由前端呼叫设备、信号传输网络和后端显示及控制设备组成。该系统利用先进的信息技术，对患者的就诊流程进行有序管理，从挂号、候诊到就诊、检查、治疗及取药，实现全过程的智能化引导和监控。

（四）护理呼应信号系统

医院护理呼应信号系统是连接患者与护士之间沟通的重要桥梁，尤其在病房护理中发挥着至关重要的作用。

医院护理呼应信号系统一般由患者终端、护士站接收终端以及信号传输网络构成。通过医院护理呼应信号系统，患者能够及时获得所需的护理服务，增强了患者的安全感和满意度；护士也能更有序、更高效地开展工作，提升了整个护理流程的规范性和科学性。

八、物联网应用

智慧医院三个方面的内涵，对智慧医院建设提出了明确方向及评价标准，可大大缓解医院目前存在的压力。而医疗物联网因其万物互联的特性将医生、患者、医疗设备等进行互联互通，实现众多的智慧医疗应用，从而促进智慧医院的发展。目前医院物联网应用大概可分为智慧医疗、智慧护理、智慧患者、智慧后勤、智慧管理、智慧保障等，如图 9-6 所示。

（一）智慧医疗

1. 移动护理

移动护理系统将无线网络、RFID 技术与条码技术以及移动计算技术结合在一起，让护士把工作从护士站移动到患者床边，实现护士在床边实施各项治疗，同时可以实时查询患者医嘱信息、获得检验检查报告、手术安排等，并能实时录入患者的生命体征信息，根据患者情况进行全面评估，实现以患者为中心的全面护理。同时提升护士工作效率，为患者和医护人员提供更友好和更实用的服务。

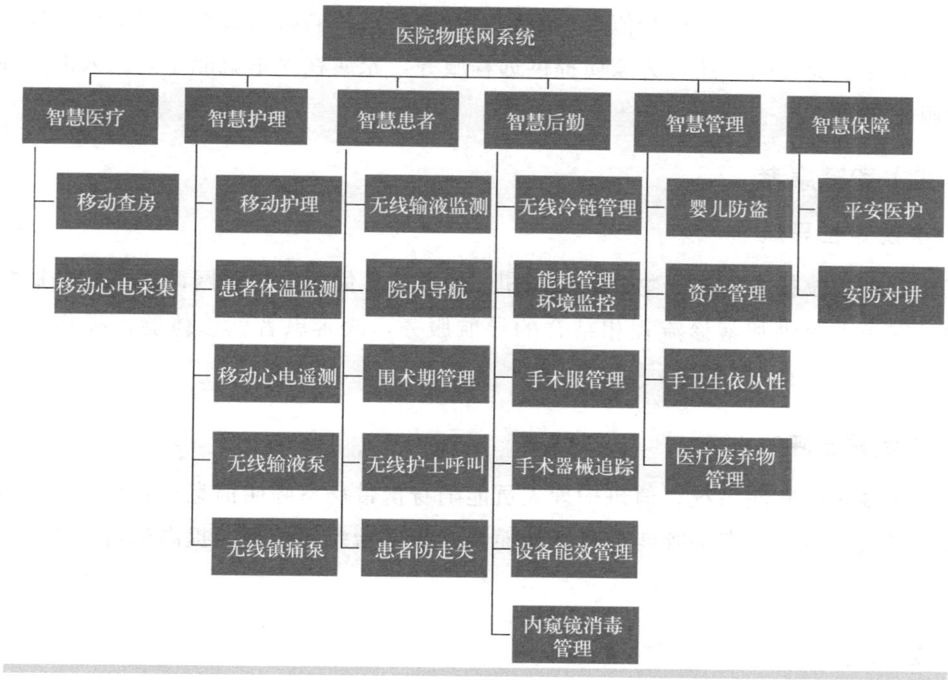

图 9-6　医院物联网应用组成图

2. 移动心电采集

临床科室配备移动心电采集仪，随时完成心电图信息采集，数据通过无线网络传到服务器上，心电图医生在心电诊断中心根据采集的数据进行分析诊断、发出报告，医生在临床即刻看到波形与文字信息于一体的患者心电诊断报告，及时做出临床诊断。

（二）智慧护理

1. 体温监测

RFID 传感技术通过持续、可靠地采集患者体温，既能减少护士工作量，降低交叉感染风险，又能提高患者护理质量。传感器通过简单地粘贴在患者主动脉腹股沟或腋下，患者体温数据通过无线方式实时发送到后台进行存储，系统自动记录并发送至电子病历，生成电子体温单。当患者体温异常时，系统实时警报，使得患者能得到及时治疗。医生可以通过实时连续温度变化趋势，进行更好的患者病情分析；患者可有更好的不间断的休息，避免护士每次量体温影响休息；护士可以更专注于提高患者护理质量。

2. 无线输液管理

利用无线输液监控器对临床静脉输液的滴速进行实时监测，并通过医疗物联网平台实时回传、可视化展示，使得护士站的医护人员可实时掌握输液进度，输液结束时及时通知护士，减少护士工作量，提升医院服务质量。

3. 生命体征监测

通过高精度的床垫体征传感器，对病患的离床情况、睡眠质量、呼吸、心率进行检测，并将数据自动采集并提供给值班护士作为看护辅助，同时为查房医生提供准确的术后患者体质恢复状况说明，还可为家属提供远程服务，家属在家里就能了解亲人的身体恢复情况及睡眠质量。

（三）智慧患者

1. 医院定位导航

基于室内定位技术，依托物联网摄像机 / 标准蓝牙信标等物联网设备搭建的医疗物联网平台，向患者提供和就诊流程相结合的导航服务，改善患者就诊体验，提高医院服务水平。

2. 无线护士呼叫

通过无线护士呼叫系统，值班护理人员能随身携带病室呼叫信息接收机，无论在哪个病室都能随时接收到患者的呼叫信息，从而及时提供治疗和护理，提高患者对护理工作的满意度。

3. 婴儿防盗

采用 RFID 射频技术，通过给母亲与新生婴儿佩戴标签，可以有效预防和阻止婴儿被盗、抱错等事故的发生，任何未经授权破坏标签的行为都会触发报警。

4. 特殊患者管理

为精神病患，失智、失能老人提供三防手环，手环实时与物联网进行交互，提供位置信息和其他病患体征信息给物联网平台，实现电子围栏功能，创建可以撤防和布防的“封闭通道”，病患在规定时间内进入或离开封闭空间或封闭通道会触发报警。报警信息会推送给接警中心、安保人员、护士站客户端，短信会推送给授权家属。

5. 疫区防控管理

疫区防控管理系统依托物联网平台，通过给患者佩戴标签，可以有效监测患者活动范围，减少院内交叉感染，有效防范疫情扩散。系统可以加强医院内感染的预防与控制，提升医院疫区管理水平和工作效率。

6. 5G 远程会诊

远程会诊可以将不同地点的医疗专家集中起来，通过网络对某个患者进行远程会诊。患者所在医疗机构的医生，通过远程协同会诊系统，将患者病历、基本医疗情况及相关的 X 线片、CT 片、心电图、病理切片等诊断结果传输到每位专家的电脑上。

各位专家基于远程会诊系统接收到的资料，展开讨论；在必要的情况下，甚至可以要求患者的主治医生现场对患者进行相关检查操作，各地专家直接观看检查过程及结果，作出判断，从而最终诊断患者病情。如果系统外接相关患者所在医疗机构的医疗设备和系统，还可以实现外地专家远程操作医疗设备和系统，以实现远程专家亲自诊断的目的。

7. 急救时间流程管理

在脑卒中患者手上佩戴可发射出 RF 射频信号，且对人体无害的智能电子标签。患者电子标签定时发射 ID 信息给时间管理系统，系统据此对患者所在位置进行实时追踪，对标准化救治流程中的各个环节进行时间监控与管理，明确标准化救治流程中各个环节的时间分配，将责任落实到团队中每位成员，有效保护患者安全，提高医护人员的工作效率。

（四）智慧后勤

1. 无线冷链管理

采用主动式无线温度感应器即时掌握温湿度数据。通过物联网平台提供直观的、人性化的人机交互界面以及完备的辅助管理信息，使冷链监管可视化、规范化，减轻医护人员的工作量，使冷链管理达到智能化水平。

2. 手术服管理

通过手术服物联网柜对手术服进行发放和回收，使用手术服标签做信息管理，包含手术服使用科室、使用者、可使用数量、报废数量，通过后台实时监测，前端数据采集，可以实时同步到平台，便于用户进行统计、分析。

3. 智能水控管理

在住院病房洗漱间安装节水控制器，每天给每个住院患者一定的免费用水量，超出后进行计费处理，从而达到病房节约用水、高效管理的目的。

（五）智慧保障

1. 平安医护

在医院现有安保系统基础上，结合房间级定位系统提供的人员位置信息，及时发现医护人员的求救信息，让安保人员第一时间到达现场，最大程度地保护医务人员人身安全。将人员位置信息、报警联动、视频监控等系统进行联网统一指挥调度，能够有效预防和妥善处置医闹事件，健全医院安全保卫工作，切实保护医务人员的合法权益，维护正常医疗秩序，做到提前预防和及时应急联动指挥。

2. 可视巡更

将设定好的巡更点位利用巡查识别信息点进行标识，安保人员通过手持的智能处警终端对标签进行识别，生成本次巡更记录，自动上传到物联协同运营平台。安保人员通过随身携带智能巡查工卡在物联网平台上进行实景轨迹展示，巡更路线的视频可与路线规划绑定，通过视频、采集现场问题照片、巡查工卡轨迹及巡查识别信息点实现全程可视化。

（六）智慧管理

1. 资产管理

使用 UHF、LF、IR 等定位技术，达到房间级定位精度，以病区为单位安装定位信号接收基站，以医院为单位部署系统服务器，将移动资产、固定资产和基础资产分别绑定资产标签，并分别匹配归属科室和具体责任人。可快速查找设备资产的具体位置，统计资产并分析使用情况。

2. 医疗废弃物管理

医疗废弃物管理系统针对重点管理病区或医废产量大的病区，采用 RFID 标签对每袋医疗废弃物进行封装，并使用智能秤进行重量采集。使用 PDA 对交接人员进行身份核对，医废标签的自动打印以及异常报警等；院内医废转运车都安装绑定医疗废弃物定位标签，实时监测位置信息，与后台数据采集引擎及管理软件系统互联，对医疗废弃物的基本信息、位置信息进行显示和记录，实现医疗废弃物院内运输追踪，以便对各类医疗废弃物处理周期进行查询和监管。管理软件一方面实时显示、记录医疗废弃物的位置信息；另一方面对于各类医疗垃圾处理过程中的违规事件进行报警，并根据需求实现视频等系统的联动。医疗废物管理系统能够查询每辆医废运输车的历史移动记录，实现移动轨迹回放。管理人员随时掌握医废的位置和状态，进行集中统一管理，同时提供数据分析报表。

3. 手卫生管理

通过在洗手池、消毒液存放地点等位置安装 RFID 感应器或其他传感器，监测医护人员的洗手行为，为监督医院手卫生，提高院感工作的管理水平提供数据支撑。

第四节　智慧管理平台

一、概述

随着医疗行业的不断发展，传统的管理模式已难以满足现代医院的需求。医院智慧管理平台作为信息化时代的产物，通过集成先进的信息技术和管理理念，为医院提供全面、高效、智能的管理服务。

二、总体架构

医院智慧管理平台采用先进的分层架构设计，以确保平台的稳定性、可扩展性和易用性。该平台包括 1 个平台＋N 大应用态势，其中 1 个平台是整个系统的基础支撑平台。通过将医院智能化各子系统接入平台，并通过平台的数据中心、云服务、大数据处理等功能模块进行处理分析打造出符合医院具体场景的 N 大应用态势，从而达到全面赋能医院智慧管理，提高医疗服务质量和效率，同时降低成本的目的，最终实现医院的绿色化、智慧化运营管理（图 9-7）。

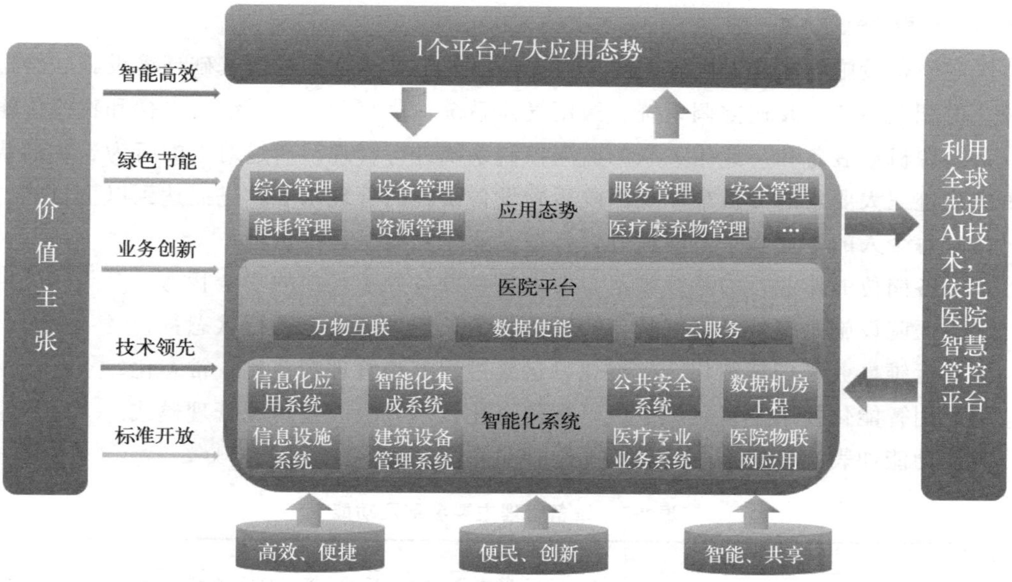

图 9-7 智慧管理平台总体架构图

三、综合管理

综合管理建设内容主要是集成医院的各类业务数据，为管理层提供实时、动态的数据概览。综合管理能够将分散的数据集中展示在一个统一的界面上，让管理者一目了然地掌握医院运营的关键指标和趋势。它通常采用直观的图表和仪表盘，使得复杂的数据信息可视化，便于快速理解并做出反应。同时，它还具备自定义报表功能，以满足不同管理者的个性化需求。通过 3D 可视化大屏、PC 端管理后台、移动端应用，实现资源、设备、能耗、安全、医废及服务等系统的精细化管理，提高服务效率和质量，同时也能更好地应对各种突发公共卫生事件和市场变化，全面赋能医院运营和运维管理。具体功能如表 9-6 所示。

表 9-6 综合运维管理主要管理名称及功能

序号	名称	功能
1	权限管理	设置不同用户的权限和角色，确保平台的安全性和数据的保密性
2	数据统计与分析	提供丰富的数据统计和分析功能，帮助医院管理者了解医院运营情况，为决策提供科学依据
3	业务流程监控	实时跟踪业务流程的进度和状态，确保各项业务的顺利进行
4	决策支持	基于数据分析结果，为医院管理者提供决策支持，帮助医院制定科学合理的发展规划和管理策略
5	患者信息预览	包括患者入院登记、出院结算、病历预览等功能，确保患者信息的全面性和准确性
6	药品和物资预览	监控药品库存、物资消耗情况，优化采购流程和库存水平，减少浪费
7	医疗设施追踪	跟踪设备使用状态和维护周期，确保医疗设备的正常运作和及时维护
8	人力资源预览	涵盖人员招聘、培训、绩效评估等，提升医院整体人力资源效能
9	医废管理跟踪	监控医疗废物的产生、存储和处置过程，确保环境安全和合规性
10	统计分析与报表	提供各种数据分析和报表生成工具，帮助管理者进行决策分析，制定策略

四、设备管理

医院设备设施管理建设内容主要是对保障医院正常运营的院内基础环境设施、给排水系统、供配电系统、暖通空调系统、医用气体系统、蒸汽和热水系统、电梯和物流传输系统以及能源机电装备和与此相关联的监测控制系统进行管理。通过对人的行为、物的状态和事的痕迹三大要素的分析来体现医院后勤设备设施的管理水平，进而达到以下目标。

(1) 每个人的专业水平不断提升，打造专业化实战型运维班组；

(2) 各岗位的作业行为持续规范，使人员和设备处于可控的安全状态；

(3) 医院设施始终处于完好状态，医院设备长期处于安全运行状态；

(4) 运维事务管理精细化、标准化，运维过程痕迹管理规范化、常态化；

(5) 用智能化技术丰富运维手段，用信息化技术升级改造传统管理模式。

具体功能如表 9-7 所示。

表 9-7　设备管理主要名称及功能

序号	名称		功能
1	智能监测与管理	实时监测	通过物联网技术，对关键后勤设备(如空调系统、供电系统、水处理系统、电梯等)进行 24 小时不间断监测，实时收集运行状态、能耗数据等信息
		故障预警	利用大数据分析技术，对设备运行状态进行预测性维护，提前识别潜在故障并发送预警信息，避免突发故障对医院运营的影响
		远程操控	支持对部分设备的远程启动、停止、调整参数等操作，提高响应速度和维护效率
2	电子档案建设	设备信息管理	建立全面的设备电子档案，包括设备基本信息、采购记录、安装位置、维保记录等，实现设备信息的快速查询与追踪
		文档管理	对设备的操作手册、维保合同、维修记录等文档进行电子化管理，便于查阅和保存
		生命周期管理	记录设备从采购、安装、使用到报废的全过程，为设备更新换代提供依据
3	运维流程优化	工单管理	实现报修、派工、维修、验收等流程的线上化，提高工作效率，减少人为错误
		流程标准化	制定标准化的运维流程，确保每次维修都能按照既定程序进行，提升维修质量
		移动化作业	为维修人员配备移动设备，实现工单接收、现场记录、任务反馈等移动化操作，提高工作效率
4	数据分析与决策	能耗分析	对设备能耗数据进行深度分析，找出节能潜力，制定节能策略
		运行效率评估	通过设备运行数据分析，评估设备使用效率，为设备优化配置提供数据支持
		决策支持	利用数据可视化技术，将复杂数据转化为直观图表，为管理层提供决策依据
5	备件与成本管理	设备查询与定位	提供设备的查询和定位功能，方便用户快速找到所需的设备
		设备故障预警	一旦监测到设备异常或故障，平台将立即发出预警信息，提醒相关部门及时处理
		设备性能评估	基于设备运行数据和历史维修记录，对设备的性能进行评估和分析，为设备更换或升级提供参考
		设备报废与处置	管理设备报废和处置流程，确保设备的合规处理和资源回收
		备件库存管理	建立科学的备件库存管理机制，确保关键备件充足，同时避免过度库存造成资金占用
		采购管理	实现备件采购流程的线上化，提高采购效率，降低采购成本
		成本控制	通过数据分析，识别成本浪费环节，制定成本控制措施，提升整体运营效益

续表

序号	名称		功能
6	系统接口与集成	与其他系统对接	与医院 HIS、ERP 等系统无缝对接，实现数据共享与业务协同
		第三方服务集成	集成第三方专业服务（如远程监控、专业维修服务等），拓宽服务渠道，提升服务质量
7	知识库建设	技术文档	收集并整理设备操作、维护、故障排除等技术文档，形成知识库
		经验分享	鼓励维修人员分享维修经验和技巧，形成内部知识共享文化
		在线学习	提供在线学习平台，让维修人员能够随时随地学习新知识，提升专业技能
8	安全与稳定	数据安全	采用加密技术保护数据传输和存储过程中的安全性，防止数据泄露
		系统稳定	采用高可用架构设计，确保系统在高并发、高负载情况下仍能稳定运行
		应急响应	建立应急预案，定期对系统进行安全检查和漏洞修复，确保系统在面对突发事件时能够迅速恢复服务

五、能耗管理

随着国民经济的快速发展和医疗卫生事业的迅速推进，大型医院的建设也发展迅速。在所有公共机构中，医院的使用功能最复杂、用能系统相对最多、用能时间相对最长、用能强度相对最高。随着医疗技术的不断进步、诊疗设备的不断更新、附加服务的不断增加，医院的功能仍在进一步扩展，医院的能耗呈现不断增长的趋势。

构建一套全面、高效的医院后勤能耗管理系统，能有效提升医院运营效率、降低运营成本，实现医院绿色可持续发展。具体功能如表 9-8 所示。

表 9-8 能耗管理主要名称及功能

序号	名称		功能
1	能耗数据采集	智能计量设备安装	在医院各能耗节点（如供电系统、供水系统、空调系统、照明系统等）安装智能计量设备，实时采集能耗数据。建立稳定可靠的数据采集网络，确保能耗数据能够准确、及时地传输至中央处理系统
		数据标准化处理	对采集到的能耗数据进行标准化处理，确保数据的一致性和可比性
2	数据分析与处理	数据挖掘与分析	运用大数据分析技术，对能耗数据进行深度挖掘，识别能耗规律、异常点及节能潜力
		算法模型建立	根据数据分析结果，建立能耗预测模型、能耗效率评估模型等，为能耗管理提供科学依据
		异常检测与识别	实时监测能耗数据，自动识别并报警异常能耗情况，便于及时采取措施
3	能耗监测与预警	实时监测界面	开发直观易用的实时监测界面，展示医院各区域、各设备的实时能耗情况
		预警系统设置	根据预设的能耗阈值，设置能耗预警系统，当能耗超出正常范围时自动触发预警，提醒管理人员关注
		历史数据查询	提供历史能耗数据查询功能，便于管理人员对比分析，找出能耗变化趋势及原因
4	能源调度与管理	能源分配优化	根据医院运营需求和能耗预测结果，优化能源分配策略，确保能源的高效利用
		设备控制与管理	通过远程控制或自动化控制手段，对高能耗设备进行智能调度和管理，降低无效能耗
		能效评估与考核	定期对医院各区域、各设备的能效进行评估和考核，促进能源使用的持续改进
5	节能措施实施	节能方案制定	根据数据分析结果和医院实际情况，制定切实可行的节能改造方案

续表

序号	名称		功能
5	节能措施实施	项目实施与监督	组织实施节能改造项目，并对项目实施过程进行全程监督，确保项目质量
		效果评估与反馈	对节能改造项目实施效果进行评估，总结经验教训，为后续节能工作提供参考
6	能耗报表与可视化	定制化报表	根据医院管理需求，提供定制化的能耗报表，包括日报表、周报表、月报表等
		数据可视化展示	运用图表、图形等可视化手段，直观展示医院能耗情况、节能效果等信息
		移动端应用	开发移动端应用，方便管理人员随时随地查看能耗数据和报表

六、资源管理

医院后勤资源管理是指医院后勤保障与服务部门，根据自身的职责、服务内容，按照既定计划和设定的工作目标，部署、落实和实施工作任务的过程；通过领导、组织、协调、控制、奖惩等各种行政和经济手段，对后勤资源进行优化配置，在有效保障医院医疗、教学、科研等工作正常有序开展的同时，提高后勤服务工作的质量和效率，提高后勤资源配置和利用的效益。

通过建设资源管理模块，将医院人力资源、后勤财力资源、后勤保障资源、后勤物资资源和后勤服务资源进行统一管理，通过资源的合理配置，提高后勤人员的主观能动性，激发后勤人员主动服务的意识，提升后勤服务质量，提高后勤服务效率，控制后勤运行成本，提升医院的社会和经济效益，努力为患者和医务人员创建优美、舒适的医疗工作环境，助力医院又好又快发展。具体功能如表 9-9 所示。

表 9-9 资源管理主要名称及功能

序号	名称		功能
1	人力资源	组织与管理	医院后勤人力资源负责组织和管理保洁、安保、维修、餐饮、运输、物业管理等非医疗性岗位的员工，确保医院日常运营的顺利进行
		专业技能提升	通过招聘、培训、考核及激励等机制，提升后勤团队的专业技能和服务质量，以满足医院日益增长的运营需求
		员工关怀与发展	关注后勤员工的职业发展和个人成长，提供必要的职业规划和晋升机会，增强员工的归属感和忠诚度
2	财力资源	资金支持	为后勤服务的各项开支提供必要的资金支持，包括人员薪酬、设备购置、维护费用、物资采购等
		预算管理	制定科学合理的预算计划，对后勤成本进行有效控制，确保资金使用的合理性和效益最大化
		财务监督与审计	加强对后勤财务活动的监督与审计，确保资金使用的透明度和规范性，防范财务风险
3	保障资源	基础设施维护	负责医院基础设施的维护与管理，包括供电系统、供水系统、空调系统、通信网络等，确保医院运行的稳定性和安全性
		紧急应对	在自然灾害、突发事件等紧急情况下，迅速响应并采取措施，保障医院的安全和正常运行
		持续改进	根据医院的发展需求和运营状况，对基础设施进行持续改进和优化，提升医院的运营效率和患者满意度
4	后勤物资资源	物资采购与供应	根据医院的需求和预算，及时采购并供应各类后勤物资，包括办公用品、清洁用品、医疗耗材等

续表

序号	名称		功能
4	后勤物资资源	库存管理	建立科学的库存管理制度，对物资进行分类存储、定期盘点和及时补充，确保物资的充足性和新鲜度
		成本控制	通过合理的采购计划和库存管理策略，降低物资采购和存储成本，提高医院的经济效益
5	后勤服务资源	日常服务	提供保洁、安保、餐饮、运输等日常服务，为医护人员和患者创造一个安全、舒适、便捷的工作和治疗环境
		定制化服务	根据医院和患者的特殊需求，提供定制化的后勤服务方案，如特殊患者的饮食安排、特殊场合的安保措施等
		服务质量监控	建立后勤服务质量监控体系，对各项服务进行定期评估和反馈，持续改进服务质量，提升患者满意度和医院形象

七、服务管理

医院后勤服务的建设主要是医院后勤服务工作者运用技能、智慧，通过使用一定的劳动工具或流程举措，满足职工、患者及来院家属在康复治疗和在院工作生活中需要进行的劳动或活动。其主要范围包括医院的餐饮服务、洗涤服务、运送服务、保洁服务、陪护服务以及其他服务管理工作。具体功能如表 9-10 所示。

表 9-10　服务管理主要名称及功能

序号	名称		功能
1	餐饮服务	个性化订餐	通过智慧餐饮系统，患者和工作人员能够在线点餐，根据个人口味和饮食需求选择餐点，实现个性化订餐。这不仅节省了排队等候的时间，还提高了就餐满意度
		食品安全管理	餐饮服务中强调食品安全，采用高科技的菜品识别技术和食材追溯系统，确保患者收到的餐品准确无误，并追踪食材的来源和生产信息，保障食材符合卫生标准
		无接触送餐	在特殊时期（如疫情期间），提供无接触送餐服务，减少交叉感染的风险，保障患者和工作人员的安全
2	洗涤服务	专业清洗	洗涤中心主要负责清洗、熨烫、干燥医院内患者（包括传染性）的被服，如枕巾、衣服、床单等。通过专业化的管理和先进的设备，确保清洗质量
		清洁度控制	对清洁织物的标准要求很高，直接影响医院感控的质量。因此，洗涤中心需要具备高水平的清洁能力，以确保织物的清洁度
		交叉感染防控	通过采用一人一号、一床一号等方式，从收集到分发形成记录，最大程度避免交叉感染的风险
3	运送服务	物资运输	负责医院内部或医院附属设施之间的物资、设备和文件的运送，包括药品、治疗器械、医疗设备等，确保医疗物资和文件及时供应和正确交接
		患者转运	在医护人员指导下，协助将患者从病房或病床转移至其他检查室、手术室或其他医疗区域，保障患者的安全转运
4	保洁服务	日常清洁	负责医院内外环境的日常清洁工作，包括办公区域、病房、手术室、门诊等，确保地面、墙面、家具等表面无污染
		垃圾处理	负责医院内垃圾的分类、收集、处理和运输，防止交叉感染和环境污染
		环境消杀	定期对医院各个科室进行消杀处理，确保消毒材料的储存、使用和处理符合规范
5	陪护服务	生活护理	负责患者的生活起居、饮食、排泄和洁身护理，如协助患者起床、躺下、翻身、坐轮椅等，确保患者的日常起居得到妥善照顾

续表

序号	名称		功能
5	陪护服务	专业护理	协助医护人员观察患者的病情，如体温、脉搏、呼吸、血压等生命体征的监测，发现异常及时通知医护人员。同时，协助患者按医嘱服药，观察用药反应，确保患者用药安全
		心理支持	对患者进行心理疏导，缓解患者的焦虑、恐惧等负面情绪，帮助患者保持良好的心态

八、安全管理

医院作为提供医疗服务的重要场所，其后勤安全管理系统的建设直接关系到患者安全、员工健康及医院整体运营的稳定。一个完善的安全管理系统能够有效预防事故发生，迅速应对突发事件，并持续提升医院的安全管理水平。医院安全管理主要围绕医院消防安全管理、医院治安安全管理和医院后勤安全生产管理三大主线展开。具体功能如表 9-11 所示。

表 9-11　安全管理主要名称及功能

序号	名称		功能
1	消防安全	消防设施维护	定期检查、测试和维护消防设施，如消防栓、灭火器、自动喷水灭火系统、火灾自动报警系统等，确保其处于良好状态，随时可用
		消防演练与培训	定期组织消防演练，提高员工应对火灾的应急反应能力；开展消防安全教育，增强员工的消防安全意识
		火灾隐患排查	对医院各区域进行火灾隐患排查，及时发现并消除潜在风险，防止火灾事故发生
		应急预案制定	制定详细的火灾应急预案，明确火灾发生时的应急响应流程、人员疏散路线、灭火救援措施等，确保在紧急情况下能够迅速、有序地开展救援工作
2	治安安全	安全巡逻与监控	建立安全巡逻制度，加强医院内部及周边区域的安全巡逻；安装并维护视频监控系统，实现全天候、全方位的监控覆盖，及时发现并处理安全隐患
		门禁管理与人员控制	实施严格的门禁管理制度，对进出医院的人员进行身份验证和登记；加强对重点区域、关键岗位的人员管控，防止不法分子进入医院
		应急处置与报警	建立高效的应急处置机制，对突发事件进行快速响应和有效处理；设置紧急报警装置，确保在紧急情况下能够迅速报警并寻求帮助
		安全宣传与教育	开展安全宣传教育活动，提高员工和患者的安全防范意识；加强与其他安全管理部门的沟通与合作，共同维护医院治安稳定
3	安全生产	安全生产责任制	明确各级管理人员和后勤员工的安全生产职责，实行安全生产责任制，确保安全生产责任落实到人
		安全操作规程	制定和完善各类后勤服务的安全操作规程，规范员工操作行为，减少人为失误和事故风险
		设备设施安全管理	对医院后勤使用的各类设备设施进行定期检查和维护保养，确保其处于良好状态并符合安全要求；对老旧设备进行更新换代，提高设备设施的安全性和可靠性
		危险源识别与管控	对医院后勤服务中可能存在的危险源进行全面识别和评估，制定并落实相应的管控措施和应急预案，防止安全事故的发生
4	法定职责与安全体系	明确法定职责	依据国家法律法规，明确医院在安全生产、消防安全、食品安全等方面的法定职责，确保医院依法依规开展后勤安全管理工作
		构建安全体系	建立医院后勤安全管理体系框架，包括组织架构、职责分工、管理流程等，确保安全管理工作的系统性、规范性和有效性

续表

序号	名称		功能
4	全员责任制与安全网	落实全员责任制	明确医院各级管理人员、后勤员工及医护人员的安全职责，实行安全生产责任制，确保每个人都参与到安全管理中来
		构建安全网络	建立医院内部的安全信息沟通机制，形成上下联动、左右协同的安全管理网络，实现安全信息的及时传递和有效处理
	事故预防与隐患排查	风险识别与评估	对医院后勤领域可能存在的安全风险进行全面识别和科学评估，确定风险等级和管控措施
		隐患排查与治理	建立定期和不定期的隐患排查机制，对发现的安全隐患进行及时整改和消除，防止事故发生
	规章制度与操作规程	完善规章制度	根据国家法律法规和医院实际情况，制定和完善后勤安全管理的各项规章制度，确保安全管理有法可依、有章可循
		制定操作规程	针对后勤服务的各个环节，制定详细、具体的操作规程，规范员工操作行为，减少人为失误和事故风险
	应急管理体系建设	应急预案制定	根据医院可能面临的各类突发事件（如火灾、自然灾害、医疗事故等），制定详细的应急预案，明确应急响应流程、人员分工和物资准备
		应急演练与培训	定期组织应急演练和培训活动，提高员工应对突发事件的能力和水平，确保在紧急情况下能够迅速、有效地开展救援工作
	信息化与物联网应用	信息化平台建设	利用现代信息技术手段，建立医院后勤安全管理信息化平台，实现安全信息的实时采集、传输、分析和处理
		物联网技术应用	在关键区域和设施设备上安装物联网传感器和监控设备，实现远程监控和智能预警，提高安全管理的效率和准确性
	安全文化建设与推广	安全文化培育	通过宣传教育、培训活动等方式，培育医院全员的安全意识和安全文化，形成“人人讲安全、事事为安全”的良好氛围
		安全知识普及	定期向员工和患者普及安全知识，提高他们的安全防范能力和自我保护意识
	设施设备安全管理	设备安全管理	对医院后勤服务中使用的各类设施设备（如电梯、锅炉、压力容器等）进行定期检查和维护保养，确保其安全运行
		设施改造升级	根据医院发展需要和安全管理要求，对老旧设施进行改造升级，提高设施的安全性和可靠性

九、医疗废弃物及危化品管理

医疗废弃物是医疗卫生机构在医疗、预防、保健以及其他相关活动中产生的具有直接或间接感染性、毒性以及其他危害性的废物。其主要包括肝病门诊、肠道门诊以及根据疫情需要临时设置的诊疗区所产生的包括生活垃圾在内的所有废物（不含污泥、污水和放射性废物）；医院其他部门在诊疗活动中产生的具有直接或间接感染性、毒性以及其他危害性的废物（不含污泥、污水和放射性废物）。

医疗危化品是指具有毒害、腐蚀、爆炸、燃烧、助燃等性质，对人体、设施、环境具有危害的剧毒化学品和其他化学品。其主要包括爆炸品、压缩气体和液化气体、易燃液体、易燃固体、自燃物品和遇湿易燃物品、氧化剂和有机过氧化物、有毒品和腐蚀品等七大类。

医疗废弃物及危化品管理具体功能如表 9-12 所示。

表 9-12　医疗废弃物及危化品管理名称及功能

序号	名称		功能
1	分类收集	明确分类标准	根据医疗废弃物和危化品的性质、危害程度及处置要求，制定清晰的分类标准和操作指南

续表

序号	名称		功能
1	分类收集	分类设施配置	在医疗活动区域合理设置分类收集容器或设施，明确标识各类废弃物和危化品的收集区域
		分类指导与监督	加强对医护人员和工作人员的分类指导与监督，确保分类收集工作的准确性和规范性
2	信息管理	建立信息系统	利用现代信息技术手段，建立医疗废弃物及危化品信息管理系统，实现数据录入、查询、统计和分析等功能
		信息采集与记录	对医疗废弃物和危化品的产生、收集、转运、处置等各个环节进行信息采集与记录，确保信息的准确性和可追溯性
		信息共享与协作	与环保、卫生等相关部门建立信息共享机制，加强沟通与协作，共同推进医疗废弃物及危化品的管理工作
3	安全处置	合规处置单位选择	与具有相应资质和能力的处置单位签订合作协议，确保医疗废弃物和危化品得到合法、安全、有效的处置
		处置过程监督	加强对处置过程的监督与管理，确保处置活动符合法律法规和标准要求
		处置效果评估	对处置效果进行评估，及时调整优化处置方案，提高处置效率和安全性
4	流程公开	流程透明化	将医疗废弃物及危化品管理的各个环节流程进行公开，接受社会监督
		信息披露	定期向公众披露医疗废弃物及危化品的管理情况、处置结果等信息，增强公众信任度
		反馈机制	建立公众反馈机制，收集和处理公众意见与建议，不断改进管理工作
5	过程管理	严格入库验收	对购入的危化品进行严格的入库验收，确保产品质量符合标准和要求
		分类存储与标识	按照危化品的性质进行分类存储，并设置清晰的标识牌和警示标志
		定期检查与维护	定期对危化品存储设施进行检查和维护，确保其安全性和稳定性
6	培训监督	定期培训	组织医护人员和工作人员参加医疗废弃物及危化品管理相关培训，提高其安全意识和操作技能
		实操演练	开展医疗废弃物及危化品管理实操演练活动，提高员工的应急反应能力和实际操作能力
		监督考核	对医疗废弃物及危化品管理工作进行定期监督和考核，确保各项管理制度得到有效执行
7	应急响应	应急预案制定	制定完善的医疗废弃物及危化品管理应急预案，明确应急响应流程、人员职责和处置措施等
		应急物资储备	储备必要的应急物资和设备，确保在突发情况下能够及时调用和使用
		应急演练与评估	定期组织应急演练活动，评估应急预案的可行性和有效性，并及时进行修订和完善
8	合规存储	合规性审查	对医疗废弃物和危化品的存储设施进行合规性审查，确保其符合法律法规和标准要求
		环境监控	对存储区域进行环境监控，确保存储环境符合安全要求，防止污染和泄漏等事故的发生
		存储周期控制	严格控制医疗废弃物和危化品的存储周期，及时转运和处理过期或不合格的废弃物和危化品

第五节　验收与运维管理

（一）验收与移交

1. 工程验收

工程具备竣工验收条件时，按竣工验收的各项规定，申请竣工验收，并对验收中发现的问题积极进行整改。

2. 资料整理及归档

工程资料整合和归档应符合《城市建设档案著录规范》的要求。智能化工程的档案资料完善后施工单位提交施工总承包单位归总、装订，施工总承包单位对此提供协助。

3. 工程移交

竣工备案完成且移交验收完成后，施工单位提交《工程移交书》，经建设管理单位、使用管理单位（或建设管理单位指定的其他接收部门）检查确认合同范围内工作已完成后签字认可，工程移交完成。

（二）运维管理

医院运维管理是一项综合性的工作，运维管理的对象涵盖了医疗设备的日常维护与保养、信息系统的稳定运行与数据安全、基础设施（如供电设备、供水设备、空调、电梯等）的保障与优化，以及医护人员与患者的服务流程管理。通过数字化运维手段对医疗设备进行监控，采用统一信息平台进行集中管理与调度，并利用移动应用、自助终端等工具进行快速响应与管理，优化服务流程，提升患者满意度，实现医院从传统模式向智能化、数智化的转变，极大地提升了医院的服务质量与效率。

第十章

验收、移交与运维管理通用要求

第一节　竣工验收概述与验收单位职责

（一）竣工验收的目的、条件、依据和程序

1. 竣工验收的目的

（1）全面考察建设工程项目的施工质量。竣工验收阶段通过对工程的检查和试验，考核承包商的施工成果是否符合设计要求；通过竣工验收及时发现和解决影响使用的问题，并及时进行整改，以保证建设工程项目按照设计要求的各项技术经济指标正常投入运行。

（2）明确合同责任。能否顺利通过竣工验收，是判别承包商是否按施工承包合同约定的责任范围完成了施工义务的标志。通过竣工验收，承包商即可与业主办理竣工结算手续，将所施工的工程移交给业主保管和使用。

（3）建设工程项目投入运行的必备程序。建设工程项目竣工验收是国家全面考核项目建设成果，检验项目决策、设计、施工、设备制造和管理水平，总结项目建设经验的重要环节。

2. 竣工验收的条件

按照《建设工程质量管理条例》（国务院令第 279 号）规定，建设工程竣工验收应当具备以下条件：

（1）完成建设工程设计和合同约定的各项内容；

（2）有完整的技术档案和施工管理资料；

（3）有工程使用的主要建筑材料、设备的进场试验报告；

（4）有勘察、设计、施工、监理等单位分别签署的质量合格文件；

（5）有施工单位签署的工程保修书。

3. 竣工验收的依据

建设项目竣工验收的主要依据如下：

（1）上级主管部门对该项目批准的各种文件。包括可行性研究报告（含环境影响评价

报告)、初步设计，以及与项目建设有关的各种文件。

(2) 工程设计文件。包括施工图纸及说明、设备技术说明书以及施工过程中的设计修改变更通知书等。

(3) 国家颁布的各种标准和规范。包括《工程施工及验收规范》《工程质量检验评定标准》等。

(4) 合同文件。包括施工承包的工作内容和应达到的标准等。

4. 竣工验收的程序

工程完工，且建设单位收到施工单位的工程竣工报告和监理单位的工程质量评估报告后，对符合竣工验收条件的工程，应组织勘察、设计、施工、监理等单位和其他有关方面的专家组成验收组，制定验收方案。

在工程竣工验收 7 日前，建设单位应向建设工程质量监督机构申领建设工程竣工验收报告和建设工程竣工验收备案表，并同时将竣工验收的时间、地点及验收小组名单以建设单位竣工验收通知单的形式通知当地建设工程质量监督机构。

建设工程质量监督机构审查该工程竣工验收条件和资料符合要求后，发给建设单位建设工程竣工验收报告和建设工程竣工验收备案表；不符合要求的，通知建设单位整改，并重新确定竣工验收时间。

(1) 竣工验收的组织。建设单位负责组织实施建设工程竣工验收工作，当地政府质量监督机构对工程竣工验收实施监督。

(2) 竣工验收人员。建设单位组织成立竣工验收小组，竣工验收小组组长由建设单位法定代表人或其委托的负责人担任，副组长应由至少一名工程技术人员担任，验收小组成员由上级主管部门、项目负责人、项目现场管理人员及勘察、设计、施工、监理单位的技术负责人或质量负责人组成，也可邀请有关专家、使用部门有关人员参加。验收小组成员中各专业人员应配备齐全。

(3) 竣工验收会议程序、内容。具体如下：

① 竣工验收小组组长主持竣工验收会。

② 建设、勘察、设计、施工、监理单位分别书面汇报工程项目建设质量状况、合同履约情况及执行国家法律、法规和工程建设强制性标准的自查情况。

③ 验收小组分组进行检查验收，由验收小组组长宣布分组情况。

a. 土建装饰组：重点检查屋面、门窗、楼地面、装饰装修质量；

b. 安装组：重点检查水电敷设的质量，如外观有无划痕、间距布置是否合理等；

c. 功能监测组：重点检查建设工程竣工验收质量检验和功能试验记录表上所列内容，如厕所、阳台泼水试验，浴缸、水盘、水池盛水试验，通水、通电试验，排水立管通球试验及绝缘电阻、接地电阻、漏电跳闸测试等；

d. 资料组：重点审查建设、监理、施工资料。

④ 对竣工验收情况进行汇总讨论，并听取当地政府质量监督机构对该工程质量的监督意见。

⑤ 形成竣工验收意见，填写建设工程竣工验收报告和建设工程竣工验收备案表，参

加验收小组的人员分别签字，并加盖各质量负责主体公章。

当在竣工验收过程中发现一般需整改的质量问题时，验收小组可形成初步验收意见，填写有关表格，有关人员签字，但暂不加盖公章。验收小组责成有关责任单位进行整改，可委托项目负责人组织复查，整改完毕经复查符合要求后，再加盖各质量负责主体公章。

当在验收过程中发现严重问题，达不到竣工验收标准时，验收小组应责成责任单位立即整改，并宣布本次竣工验收无效，重新确定时间组织竣工验收。

当竣工验收小组各方不能形成一致验收意见时，应当协商提出解决办法，待各方意见一致后，重新组织工程竣工验收；当协商不成时，应报建设行政主管部门或质量监督机构进行协调裁决。

(4) 竣工验收意见和结论。竣工验收意见必须明确经组织验收的工程：

① 是否符合国家和地方现行法律、法规要求；

② 是否符合国家和地方现行工程建设强制性标准、规范要求；

③ 是否符合施工图设计文件和合同要求；

④ 工程质量保证资料是否齐全、有效；

⑤ 确认工程质量等级（合格、不合格等）；

⑥ 确认能否同意使用等。

（二）勘察、设计、施工、监理单位和质量监督机构在竣工验收阶段的职责

1. 勘察单位的职责

勘察单位应对本单位出具的勘察成果文件及施工过程中本单位签署意见的文件资料进行自查，确认其符合国家规范、标准和工程建设强制性标准条文的要求。勘察单位企业法定代表人（或委托代理人）、总工程师或技术负责人及项目负责人参加竣工验收。

(1) 验收内容。勘察单位验收的主要内容如下：

① 通过现场全面检查，确认工程施工质量是否达到勘察成果文件的要求，是否认可施工单位的自评意见；

② 本工程是否依法进行勘察工作及执行有关主管部门批文的情况；

③ 本工程是否按强制性条文进行勘察工作；

④ 本工程提供的工程勘察成果是否符合合同要求且真实、准确；

⑤ 勘察单位是否按有关要求，参加工程地基基础验收，是否参加与地基有关的工程质量事故调查，并配合设计单位提供技术处理方案；

⑥ 本工程地基验槽情况是否与本工程地质勘察报告书内容相符。

(2) 验收意见和结论。勘察单位对勘察文件及施工过程中由勘察单位参加签署的资料进行检查，确认勘察符合国家规范、标准的要求，施工单位的工程质量达到设计要求，并已经提出质量自查报告，一般应签署以下几点意见：

① 本工程依法进行勘察工作及执行有关主管部门批文的情况；

② 本工程勘察工作执行强制性标准的情况；

③ 本工程提供的工程勘察成果是否符合合同要求且有效、齐全；

④ 本工程是否参与地基验槽及基础验收，是否参与与地基有关的质量事故调查并提

出处理方案；

⑤ 其他需说明的问题。

2. 设计单位的职责

设计单位对本单位出具的设计文件及施工过程中本单位签署的文件资料进行自查，确认其符合国家规范、标准和工程建设强制性标准条文的要求。设计单位法定代表人（或委托代理人）、总工程师或技术负责人及该项目的设计负责人参加竣工验收。

（1）验收内容。设计单位验收的主要内容如下：

① 通过现场全面检查，确认工程施工质量是否满足设计文件的要求，是否充分体现了设计意图，是否认可施工单位的自评意见；

② 本工程依法进行设计、执行有关部门批文及根据勘察成果文件进行设计的情况；

③ 本工程是否按强制性标准和条文进行设计；

④ 在施工过程中，设计单位签发的设计文件（包括设计变更通知单等）是否符合国家规范、强制性标准要求，实体质量与设计文件是否相符；

⑤ 施工过程中，是否发现结构性的质量缺陷（如沉降超标、倾斜、裂缝等）并提出处理方案，施工单位是否按设计处理方案进行处理；

⑥ 本工程是否已完成工程设计文件要求的各项内容。

（2）验收意见和结论。设计单位对设计文件及施工过程中由设计单位参加签署的更改原设计中的资料进行了检查，确认设计符合国家规范、标准的要求，施工单位的工程质量达到设计要求，并已经提出了工程质量自查报告。一般应签署以下几点意见：

① 本工程是否符合现行法律、法规的要求；

② 本工程是否符合现行工程建设强制性标准要求；

③ 本工程是否符合设计文件（含设计变更）要求；

④ 本工程是否符合勘察成果要求；

⑤ 本工程质量缺陷处理（或质量事故处理）是否符合设计处理要求。

3. 施工单位的职责

（1）施工单位自查自评验收。其验收的主要内容如下：

施工单位对项目工程竣工标准的自查。施工单位项目经理部应依据有关法律、法规、工程建设强制性标准、设计文件及施工合同要求，对工程质量进行全面检查，确认是否已完成工程设计和合同约定的各项内容，是否达到竣工标准；对存在的问题，应及时整改。如有甩项工程，应提请建设单位办理合法手续。

施工单位对单位工程施工质量文件进行检查确认。施工单位在工程完工后，对工程质量文件进行全面检查，确认符合法律、法规和工程建设强制性标准规定，符合设计文件及合同要求。施工单位总工程师应按有关规定在施工单位的质量验收文件和检测、试验资料上签字认可。

施工单位对工程项目质量的自评验收。施工单位在项目经理部自评合格的基础上，由总工程师组织本企业质量技术部门负责人对单位工程质量进行检查评定，如符合合格标准，则向建设单位和监理单位提交工程验收报告，施工单位工程质量竣工报告填写时必须认真写明质量验收自评意见。

（2）积极配合建设单位做好单位工程竣工验收工作。建设单位收到施工单位提交的工程质量竣工报告后，应由项目负责人组织设计、施工（含分包单位）、监理等单位（项目）负责人进行单位工程验收。单位工程有分包单位施工时，分包单位对所承包的工程项目应按《建筑工程施工质量验收统一标准》规定的程序检查评定，总包单位应派人参加。分包工程完成后，分包单位应将有关工程资料交总包单位汇总。

（3）施工单位参与单位工程竣工验收的程序。其主要程序如下：

施工单位项目经理部组成单位工程自评验收组，制定验收方案并实施。工程完工后，施工单位项目经理部应对单位工程质量进行自查，评出质量等级，并连同单位工程质量控制资料检查记录、单位工程安全和功能检验资料及主要功能抽检记录、单位工程质量竣工验收记录、单位工程观感质量检查记录等一并报告施工单位质量管理部门。

施工单位成立单位工程自评验收组，组织单位工程自我评定。在项目经理部对单位工程质量评定验收基础上，由施工单位负责人和总工程师牵头，技术质量部门有关人员参加进行单位工程质量等级评定验收，确定质量等级是否合格，并整理好有关质量保证资料，连同单位工程质量控制资料检查记录、单位工程安全和功能检验资料检查记录及主要功能抽查记录、单位工程质量竣工验收记录、单位工程观感质量检查记录等一并报法定代表人和总工程师签字确认。

施工单位填写单位工程质量竣工报告和工程质量保修书，连同单位工程质量控制资料检查记录、单位工程安全和功能检验资料检查记录及主要功能抽查记录、单位工程质量竣工验收记录、单位工程观感质量检查记录等，报建设单位。

准备与提供有关质量检查表式，便于建设单位组织竣工验收。

协助建设单位申领建设工程竣工验收报告和建设工程竣工验收备案表。

4. 监理单位的职责

（1）对工程质量的检查、确认。监理单位应协助建设单位审查竣工验收条件，总监理工程师组织专业监理工程师，依据有关工程建设的法律、法规、强制性标准、设计文件及施工合同，对承包单位报送的竣工资料进行审查，并对工程实体质量进行检查，确认是否已完成工程设计和合同约定的各项内容，达到竣工验收标准；对存在的问题，应及时要求承包单位整改，整改完毕后总监理工程师签署工程竣工报验单。

（2）对施工单位的施工质量文件进行检查、确认。施工单位在工程完工后，对工程质量进行全面检查，确认工程质量符合法律、法规、工程建设强制性标准规定，并符合设计文件及施工合同要求后，监理单位应按有关规定进行检查，检查合格后在施工单位的质量验收文件和试验、检测资料上签字认可。

（3）对勘察、设计单位的设计变更单、联系单等文件进行检查、确认。勘察、设计单位对勘察、设计文件及实施过程中由设计单位参加签署的更改原设计的资料进行检查，确认勘察、设计文件符合国家规范、标准要求后，监理单位应根据设计合同、国家规范、标准对施工过程中形成的设计文件资料进行平行检查，确认文件符合规定，工程质量达到设计要求。

(4) 对工程项目质量合格等级的核定。监理单位在施工单位自评合格，勘察、设计单位认可的基础上，对竣工工程质量进行检查并核定合格质量等级，并应在此基础上向建设单位提出工程质量评估报告。工程质量评估报告应经总监理工程师和监理单位技术负责人审核签字，并加盖公章。

(5) 协助建设单位查阅工程项目全过程竣工档案资料。工程项目全过程竣工档案资料包括以下几部分：建设单位办理的施工前期资料（项目审批文件、受监及与工程建设有关的合同等）；施工阶段工程建设参与各方形成的档案资料；建设行政主管部门出具的认可文件；建设行政主管部门及其委托的监督机构出具的整改问题销号记录；施工单位提交的全过程技术质量保证资料等。

(6) 配合建设单位确认工程量、工程质量。工程项目竣工验收前监理单位应配合建设单位确认工程量、工程质量，为建设单位及时支付工程款提供相关依据，建设单位在工程竣工验收前应按合同约定支付相应工程款，并须有工程款支付证明。

(7) 对于建设行政主管部门及其委托的建设工程质量监督机构等有关部门要求整改的问题，项目监理机构应要求相关责任单位进行整改，整改后经检查验收工程质量符合要求的，由监理工程师会同参加验收的各方签署整改完成的报验单销号。

(8) 协助建设单位完成竣工验收条件。其主要内容如下：组成验收小组，制定验收方案；申领建设工程竣工验收报告和建设工程竣工验收备案表。

(9) 协助建设单位完成竣工验收。

5. 质量监督机构的职责

(1) 建设工程质量监督机构对建设单位组织的竣工验收实施监督，主要包括下列内容：工程竣工验收标准是否符合规定；工程竣工验收的组织形式、验收程序、执行标准和验收内容是否符合要求；工程实体质量及质量保证资料有无重大缺陷；竣工验收小组成员签字及验收文件是否齐全，工程建设参与各方主要质量责任人签字手续是否齐全，质量终身责任制档案是否建立等。

对符合竣工验收标准的工程，建设工程质量监督机构应当在工程竣工验收之日起5个工作日内，向备案部门提交该单位工程的质量监督报告。

(2) 建设工程质量监督机构对单位工程的质量竣工验收应遵循的原如下：各分部（子分部）工程的质量均应验收合格；质量控制资料和文件应完整；各分部工程有关安全和功能的检测资料应完整；主要使用功能项目的抽查结果应符合相关专业质量验收规范的规定；观感质量验收符合要求。

（三）医院建设工程的后续专项验收及竣工验收备案

1. 医院建设工程的后续专项验收

医院建设工程经竣工验收合格后，虽可以投入试运行，但还须申请公安消防、卫生防疫、市政公用、园林绿化、环境保护及城市规划等部门进行专项验收，各专项验收合格后方可办理竣工验收备案手续。具体验收的相关要求见表10-1，各地要求略有差异。

表 10-1 医院建设工程专项验收内容汇总表

验收项目	提供资料	合格证明
规划核实	(1)建筑工程规划许可证及其附图； (2)房屋竣工验收测绘图及建筑工程规划测绘成果报告书； (3)房屋测绘成果报告； (4)城建档案竣工资料审核意见	规划验收合格证
环境保护	建设项目竣工环保验收监测报告(需委托具有资质的检测单位完成)	环保验收批复
公安消防	(1)消防工程施工单位资质证书(复印件)； (2)自动消防设施的维护保养合同； (3)经建设单位签字认可的施工安装单位对隐蔽工程、固定消防防灭火系统、自动报警系统、防排烟系统的安装、调试、开通记录及水系统的耐压试验报告； (4)建筑内部装修材料见证取样，抽样检验报告及燃烧性能证明材料、阻燃制品的燃烧性能证明； (5)检测单位对固定消防灭火系统、自动报警系统、防排烟系统的检测报告； (6)钢结构防火处理详细施工记录报告等	消防验收批复
防雷装置	防雷装置检测报告	防雷验收批复
人防工程	(1)人防管理部门审核通过的人防工程施工图； (2)人防工程施工图技术交底纪要、设计变更通知、隐蔽工程记录、质量保证和自检材料、分部分项工程质量评定表等质量备案资料； (3)人防工程质量评估报告	人防验收批复
涉水项目	(1)涉水事项竣工图； (2)取水工程验收报告	市政排污验收合格证
卫生防疫	(1)生活饮用水二次供水涉水产品的卫生行政部门许可批文； (2)建筑、通风空调、二次供水竣工图； (3)中央空调检测合格报告	卫生防疫验收合格证
安全设施	(1)安全设施竣工验收评价报告； (2)建设项目安全设施施工情况报告	安全设施验收合格证
林业园林	(1)规划部门审批的总平面图； (2)绿化工程竣工总平面图	绿化验收合格证
有线电视系统	(1)工程竣工文件(含工程竣工报告、工程竣工图纸、隐蔽工程记录、系统指标测试记录)； (2)有线电视系统工程质量检测报告	有线电视系统验收合格证
国家安全事项	(1)建筑及强电、弱电竣工图； (2)国家安全防范系统完成情况说明	安全事项验收合格证

2. 建设工程竣工验收备案

《建设工程质量管理条例》(国务院令第 279 号) 第四十九条规定：建设单位应当自建设工程竣工验收合格之日起 15 日内，将建设工程竣工验收报告和规划、公安消防、环保等部门出具的认可文件或者准许使用文件报建设行政主管部门或者其他有关部门备案。

(1) 建设单位办理工程竣工验收备案，应提交的主要文件如下：

建设工程竣工验收备案表；

建设工程竣工验收报告；

建设工程施工许可证；

建设工程施工图设计文件审查意见；

单位工程质量综合验收文件（施工单位的工程质量竣工报告，勘察、设计单位的质量检查报告和监理单位的质量评估报告）；

建设工程质量检查报告和功能试验资料；

规划、公安消防、环保等部门出具的认可文件或者准许使用文件；

施工单位签署的工程质量保修书；

法规、规章规定必须提交的其他文件和备案机关认为需要提供的有关资料。

（2）竣工验收备案资料有以下几种：

① 建设工程竣工验收通知单。建设单位组织竣工验收前，应以建设单位竣工验收通知单的形式书面通知质量监督机构。建设单位应在建设单位竣工验收通知单中写明建设工程名称、竣工验收时间、地点、验收小组成员名单，并加盖本单位公章。验收小组成员名单应写明组长、副组长及组员的姓名、单位、专业、职称、职务等。

② 建设工程竣工验收报告。建设单位在工程项目经竣工验收合格后办理竣工验收备案手续前，应填写建设工程竣工验收报告。建设工程竣工验收报告主要包括工程概况、报建日期、建设单位执行基本建设程序情况，对工程勘察、设计、施工、监理等方面的评价，工程竣工验收时间、程序、内容和组织形式，验收小组成员签署的竣工验收意见等内容。

③ 建设工程竣工验收备案表。经竣工验收合格后办理竣工验收备案手续前，建设单位应填写建设工程竣工验收备案表。该表一式两份，一份由建设单位保存，一份留备案部门存档。

以上表格均以当地建设行政主管部门（或质量监督机构）提供的统一表式为准。

第二节　竣工档案资料的审核与管理

（一）建设工程档案的分类

建设工程档案应按照当地城建档案管理部门的有关要求进行分类，通常包括：

1. 工程准备阶段文件

（1）立项文件。由建设单位在工程建设前期形成并收集汇编，包括项目建议书，项目建议书审批意见，可行性研究报告及附件，可行性研究报告审批意见，与立项有关的会议纪要、领导讲话、专家审查意见、调查资料及项目评估研究等。

（2）建设用地、征地、拆迁文件。由建设单位在工程建设前期形成并收集汇编，包括选址申请及规划选址意见通知书，用地申请报告及建设用地批准书，拆迁安置意见、协议、方案，建设用地规划许可证及附件，划拨建设用地文件，国有土地使用证等。

（3）勘察、测绘、设计文件。由建设单位委托勘察、测绘、设计等有关单位完成，建设单位统一收集汇编，包括工程地质勘察报告，水文地质勘察报告，地震调查，建设用地钉桩通知单（书），地形测量和拨地测量成果报告，申报的规划设计条件和规划设计条件通知书，初步设计图纸和说明，技术设计图纸和说明，有关行政主管部门批准文件或取得的有关协议，施工图及其说明，施工图设计文件审查意见。

（4）招投标及合同文件。由建设单位和勘察、设计单位、承包单位、监理单位等签订的有关合同及文件，包括勘察设计招投标文件、勘察设计承包合同、施工招投标文件、施工承包合同、工程监理招投标文件、委托监理合同等。

（5）开工审批文件。由建设单位在工程建设前期形成并收集汇编，包括建设项目列入年度计划的申请文件，建设项目列入年度计划的申请的批复文件或年度计划项目表，规划审批申报表及报送的文件和图纸，建设工程规划许可证及其附件，建设工程开工审查表，建设工程规划许可证，投资许可证，审计证明，工程质量监督手续，工程安全监督手续。

（6）造价文件。由建设单位或委托设计、监理、咨询服务等有关单位完成，在工程建设前期形成并收集汇编，包括工程投资估算、工程设计概算、施工预算、招标控制价等。

（7）建设、施工、监理机构及负责人。由建设单位在工程建设前期形成并收集汇编，包括工程项目监理部、工程施工项目经理部及各自负责人名单等。

2. 监理文件

监理规划。由监理单位的项目监理部在建设工程施工前期形成并收集汇编。

监理月报。在监理过程中形成。

监理会议纪要。在监理过程中形成，包括有关的例会和专题会议记录等内容。

进度控制。在建设过程中形成，包括工程开工/复工报审表、工程延期报审和批复、工程暂停令。

质量控制。在建设过程监理中形成，包括施工组织设计（方案）报审表、工程质量报验申请表、工程材料/构配件/设备报审表、工程竣工报验单、不合格项目处置记录、质量事故报告及处理结果。

造价控制。在建设过程监理中形成，包括工程款支付申请表、工程款支付证书、工程变更费用报审与签认。

分包资质。在工程施工中形成，包括分包单位资质报审表、供货单位资质材料、试验等单位资质材料等。

监理通知及回复。在建设过程监理中形成，包括有关进度、质量和造价控制的监理通知及回复等。

合同及其他事项管理。在建设过程中形成，包括费用索赔报告及审批，工程及合同变更，合同争议、违约报告及处理意见等。

监理工作总结。在建设过程监理后期形成，包括专题总结、月报总结、工程竣工总结、质量评估报告等。

3. 建筑安装工程施工文件

建筑安装工程包括建筑工程（土建、结构、装修）、安装工程（电气、给排水、消防、采暖、通风、空调、燃气、建筑智能化、电梯）和室外工程（室外安装、室外建筑环境）。

（1）建筑工程：

① 施工技术准备文件：施工组织设计、技术交底及图纸会审记录；

② 施工现场准备文件：控制网设置资料、工程定位测量资料、基槽开挖线测量资料、施工安全措施、施工环保措施等；

③ 地基处理记录：地基钎探记录和钎探平面布点图，验槽记录和地基处理记录，桩基施工记录，试桩记录等；

④ 工程图纸变更记录：设计会审记录、设计变更记录、工程洽商记录、竣工图等；

⑤ 施工材料预制构件质量证明文件及复试试验报告：砂、石、砖、水泥、钢筋、防水材料、隔热保温材料、防腐材料、轻集料等试验资料、出厂证明文件和复试试验报告，预制构件出厂合格证、试验记录，工程物资选样送审表，进场物资批次汇总表，工程物资进场报验表等；

⑥ 施工试验记录：土壤（素土、灰土）干密度、击实试验报告，砂浆配合比试验报告，砂浆（试块）抗压强度试验报告，混凝土抗渗试验报告，商品混凝土出厂合格证、复式报告，钢筋接头（焊接）试验报告，防水工程试水检查记录，楼地面、屋面坡度检查记录等；

⑦ 隐蔽工程检查记录：基础和主体结构钢筋工程、钢结构工程、防水工程等；

⑧ 施工记录：工程定位测量检查记录、预检工程检查记录、冬施混凝土搅拌测温记录、冬施混凝土养护测温记录、结构吊装记录、现场施工预应力记录、沉降观测记录、工程竣工测量记录；

⑨ 工程质量事故处理记录；

⑩ 工程质量检验记录：检验批质量验收记录，分项工程质量验收记录，基础、主体工程验收记录，幕墙工程验收记录，分部（子分部）工程质量验收记录等。

（2）安装工程：

① 一般施工记录：施工组织设计、技术交底、施工日志等；

② 图纸变更记录：图纸会审、设计变更、工程洽商记录、竣工图等；

③ 设备、产品质量检查、安装记录：设备、产品质量合格证，质量保证书，设备装箱单，商检证明和说明书，开箱报告，设备安装记录，设备试运行记录，设备明细表等；

④ 预检记录；

⑤ 隐蔽工程检查记录；

⑥ 施工试验记录：电气接地电阻、绝缘电阻、综合布线、有线电视末端等测试记录，楼宇自控、监视、视听、电话等系统调试记录，变配电设备安装、检查、通电、满负荷测试记录，给排水、消防、采暖、通风、空调、燃气等管道强度、严密性、灌水、通水、吹风、漏风、试压、通球、阀门等试验记录，电气照明、动力、给排水、消防、采暖、通风、空调、燃气等系统调试、试运行记录，电梯接地电阻、绝缘电阻测试记录，空载、半载、满载、超载试运行记录，平衡、运速、噪声调整试验报告等；

⑦ 质量事故处理记录；

⑧ 工程质量检验记录：检验批质量验收记录，分项工程质量验收记录，分部（子分部）工程质量验收记录。

(3) 室外工程：

① 室外建筑环境（建筑小品、水景、道路、园林绿化等）施工文件；

② 室外安装（给水、雨水、污水、热力、燃气、通信、电力、照明、电视、消防等）施工文件；

③ 竣工图等。

（二）建设单位的档案管理职责和对档案文件及竣工图的要求

1. 建设单位的档案管理职责

在工程招标及与勘察、设计、监理、施工等单位签订协议、合同时，建设单位应对工程档案文件的套数、费用、质量、移交时间等提出明确要求；

向参与工程建设的勘察、设计、施工、监理等单位提供与建设工程有关的原始资料，这些原始资料必须真实、准确、齐全；

收集和整理工程准备阶段、竣工验收阶段形成的文件，并应进行立卷归档；

负责组织、监督和检查勘察、设计、施工、监理等单位工程文件的形成、积累和立卷归档工作，也可委托监理单位监督、检查工程文件的形成、积累和立卷归档工作；

收集和汇总勘察、设计、施工、监理等单位立卷归档的工程档案；

负责或委托有资质的单位编制总平面竣工图和综合管线竣工图；

在组织工程竣工验收前，提请当地城建档案管理部门对工程档案进行预验收；

对列入当地城建档案管理部门接收范围的工程，工程竣工验收合格后3个月内，建设单位向当地城建档案管理部门移交一套符合归档要求的工程档案文件。

2. 档案文件的要求

归档的工程文件一般应为原件；

工程文件的内容及其深度必须符合国家有关工程勘察、设计、施工、监理等方面的技术规范、标准和规程等；

工程文件的内容必须真实、准确，与工程实际相符合；

工程文件应采用耐酸性强的书写材料，如碳素墨水、蓝黑墨水，不得使用易褪色的书写材料，如红色墨水、纯蓝墨水、圆珠笔、复写纸、铅笔等；

工程文件应字迹清楚，图样清晰，图表整洁，签字盖章手续完备；

工程文件中文字幅面尺寸规格宜为A4（297mm×210mm），图纸宜采用国家标准图幅；

工程文件的纸张应采用韧力大、耐久性强的纸张；

工程档案资料的缩微制品，必须按国家缩微标准进行制作，主要技术指标（解像力、密度、海波残留量等）要符合国家标准，保证质量，以适应长期安全保管要求；

工程档案资料的照片（含底片）及声像档案，要求图像清晰，声音清楚，文字说明或内容准确；

工程文件应采用打印形式并使用档案规定用笔，手工签字，在不能使用原件时，应在复印件或抄件上加盖公章并注明原件保存处。

3. 竣工图的编制与审核

（1）竣工图的编制要求：

① 各项新建、扩建、改建、技术改造、技术引进项目，在项目竣工时要编制竣工图。项目竣工图应由施工单位负责编制。

② 竣工图应完整、准确、清晰、规范、修改到位，真实反映项目竣工验收时的实际情况；图纸应采用蓝图，不得使用复印件。

③ 按施工图施工没有变动的，由竣工图编制单位在施工图上加盖竣工图章，并签署相关人员名字。

④ 一般性图纸变更及符合杠改或划改要求的变更，可在原图上更改，加盖竣工图章，并签署相关人员名字。

⑤ 涉及结构形式、工艺、平面布置、项目等重大改变及图面变更面积超过 35%的应重新绘制竣工图。重绘图按原图编号，末尾加注“竣”字，或在新图图标内注明“竣工阶段”加盖竣工图章，并签署相关人员名字。

⑥ 同一建筑物、构筑物重复的标准图、通用图可不编入竣工图中，但应在图纸目录中列出图号，指明该图所在位置并在编制说明中注明；不同建筑物、构筑物应分别编制。

⑦ 竣工图图幅应按 GB/T 10609.3—2009 要求统一折叠。

⑧ 编制竣工图总说明及各专业的编制说明，应叙述竣工图编制原则、各专业目录及编制情况。

（2）竣工图的更改：

① 文字、数字更改一般是杠改；线条更改一般是划改；局部图形更改可以圈出更改部位，在原图空白处重新绘制。

② 利用施工图更改，应在更改处注明更改依据文件的名称、日期、编号和条款号。

③ 无法在图纸上表达清楚的，应在标题栏上方或左边用文字说明。

④ 图上各种引出说明应与图框平行，引出线不交叉，不遮盖其他线条。

⑤ 有关施工技术要求或材料明细表等有文字更改的，应在修改变更处进行更改，当更改内容较多时，可采用注记说明。

⑥ 新增加的文字说明，应在其涉及的竣工图上做相应的添加和变更标注。

（3）竣工图的审核：

① 竣工图编制完成后，监理单位应督促和协助竣工图编制单位检查其竣工图编制情况，发现不准确或缺漏时要及时修改和补齐。

② 竣工图内容应与施工图设计、设计变更、洽商、材料变更、施工及质检记录相符合。

③ 竣工图按单位工程、专业等分类编制，并配有详细编制说明和目录。

④ 竣工图应使用新的或干净的施工图，并按要求加盖施工图章，并签署相关人员名字。

⑤ 一张更改通知单涉及多图的，如果图纸不在同一卷册，应将复印件附在有关卷册中，或在备考表中说明更改情况。

⑥ 国外引进项目、引进技术或由外方承包的建设项目，外方提供的竣工图应由外方

签字确认。

（三）城建工程档案验收与移交

1. 档案验收

（1）列入城建档案管理部门档案接收范围的工程，建设单位在组织工程竣工验收前，应提请城建档案管理部门对工程档案进行预验收。

（2）城建档案管理部门在进行工程档案预验收时，重点验收内容如下：

工程档案分类齐全、系统完整；

工程档案的内容真实、准确地反映工程建设活动和工程实际情况；

工程档案已整理立卷，立卷符合现行《建设工程文件归档整理规范》的规定；

竣工图的绘制方法、图式及规格等符合专业技术要求，图面整洁，盖有竣工图章；

文件的形成、来源符合实际，要求单位或个人签章的文件，其签章手续完备；

文件材质、幅面、书写、绘图、用墨、托裱等符合要求。

（3）为确保工程档案的质量，建设单位基建档案部门、地方城建档案管理部门、建设行政管理部门等要对档案进行严格检查、验收。

（4）凡报送的工程档案，如验收不合格，应责成责任者重新进行编制，达到要求后重新报送。检查验收人员应对所接收的档案负责。

（5）地方城建档案管理部门负责工程档案的最后验收，并对编制报送工程档案的单位进行业务指导、督促和检查。

2. 档案移交

（1）列入城建档案管理部门接收范围的工程，建设单位基建档案管理部门在工程竣工验收后 3 个月内向城建档案管理部门移交一套符合规定的工程档案。

（2）对改建、扩建和维修工程，建设单位应当组织设计单位、监理单位、施工单位据实修改、补充和完善工程档案。对改变的部位，应当重新编写工程档案。

（3）施工、监理等有关单位在工程竣工验收前应将工程档案按合同或协议规定的时间、套数移交给建设单位基建档案管理部门，并办理移交手续。

（4）建设单位向城建档案管理部门移交工程档案时，应办理移交手续，填写移交目录，双方签字、盖章后进行工程档案交接。

第三节　工程保修与回访管理

（一）工程保修管理

1. 保修界定

房屋建筑工程质量保修，是指对房屋建筑工程竣工验收后在保修期内出现的质量缺陷，予以修复。建筑工程保修的范围应当包括地基基础工程、主体结构工程、屋面防水工程和其他土建装修工程，以及电气、管线、水管线的安装工程，供热、供冷系统工程等；建设单位和施工单位应当在工程质量保修书中约定保修范围、保修期限和保修责任等。此外，保修书还应附有保修单位（即施工承包单位）的名称、详细地址、联系电话、联系接待部门和联系人等，以便业主联系。双方约定的保修范围、保修期限必须符合国家的有关规定。

2. 保修期限

在正常的使用条件下，房屋建筑工程的最低保修期限如下：

地基基础工程和主体结构工程，为设计文件规定的该工程合理使用年限；

屋面防水工程、有防水要求的卫生间、房间和外墙面的防渗漏为 5 年；

供热供冷系统为 2 个采暖期、采冷期；

电气管线、给排水管道、设备安装为 2 年；

装修工程为 2 年；

房屋建筑工程的保修期从竣工验收合格之日起计算。

3. 保修注意事项

（1）保修期内出现的质量缺陷，建设单位或房屋所有权人、使用人应当向施工单位发出保修通知，施工单位接到保修通知后，应当到现场核查情况，并在保修书约定的时间内予以保修。

（2）发生涉及结构安全或严重影响使用功能的紧急抢修事故，施工单位接到保修通知后，应当立即到现场抢修。

（3）发生涉及结构安全的质量缺陷，建设单位或房屋所有权人应当向当地建设行政主管部门报告，采取安全防范措施，由原设计单位或具有相应资质等级的设计单位提出保修方案，施工单位负责保修，原工程质量监督机构负责监督。

（4）保修完成后，由建设单位组织验收。涉及结构安全的，应当向当地建设行政主管部门备案。

（5）施工单位不按工程质量保修书约定进行保修的，建设单位可以委托其他单位进行保修，由原施工单位承担相应责任。

保修费由质量缺陷的责任方承担。

4. 赔偿

在保修期内，因房屋建筑工程质量缺陷造成房屋所有人、使用人或者第三方人身、财产损害的，房屋所有人、使用人或者第三方可以向建设单位提出索赔要求。建设单位向造成房屋建筑工程质量缺陷的责任方追偿。因保修不及时造成新的人身、财产损害，由拖延履行保修义务的责任方承担相应赔偿责任。

（二）验收

在发生问题的部位或项目修理完毕以后，要在质量保修书的保修记录栏内做好记录，并经业主验收签字，以表示修理工作完结。

（三）建设工程项目回访管理

在建设工程项目保修期内，施工承包单位应向使用单位进行回访。通过回访，可以听取使用单位对建设项目施工质量的评价和改进意见，维护自己的信誉，不断提高管理水平。

1. 回访的方式

回访的方式一般有以下三种：

(1) 季节性回访。大多数是雨季回访屋面、墙面的防水防渗情况，冬季回访锅炉房及采暖系统的使用情况，发现问题采取有效措施，及时加以解决。

(2) 技术性回访。主要了解在工程施工过程中所采用的新材料、新技术、新工艺、新设备等的技术性能和使用后的效果，发现问题及时加以补救和解决。同时，也便于总结经验，获取科学依据，不断改进与完善，并为进一步推广创造条件。

(3) 保修期满前的回访。这种回访一般是在保修即将届满之前进行，既可以解决出现的问题，又标志着保修期即将结束，也提醒业主注意建筑物的维修和使用。

2. 回访的方法

应由施工承包单位的领导组织生产、技术、质量等有关方面的人员进行回访，必要时还可以邀请科研方面的人员参加。回访时，由业主组织座谈会或意见听取会，并察看建筑物和设备的运转情况等。回访必须认真，必须解决问题，并应做回访记录，必要时应当写回访纪要。

参考文献

[1] GB 51039—2014. 综合医院建筑设计规范［S］. 2014.

[2] GB 50333—2013. 医院洁净手术部建筑技术规范［S］. 2013.

[3] GB 50751—2012. 医用气体工程技术规范［S］. 2012.

[4] GB 50411—2019. 建筑节能工程施工质量验收规范［S］. 2019.

[5] GB 50016—2014（2018 年版）. 建筑设计防火规范［S］. 2018.

[6] JGJ 312—2013. 医疗建筑电气设计规范［S］. 2013.

[7] WS 435—2013. 医院医用气体系统运行管理［S］. 2013.

[8] WS/T 367—2012. 医疗机构消毒技术规范［S］. 2012.

[9] WS 488—2016. 医院中央空调系统运行管理［S］. 2016.

[10] GBZ 133—2009. 医用放射性废物管理卫生防护标准［S］. 2009.

[11] T/CAME. 综合医院医疗工艺设计指南［S］. 北京：中国医学装备协会，2021.

[12] GB 50591—2010. 洁净室施工及验收规范［S］. 2010.

[13] GB 50457—2019. 医药工业洁净厂房设计标准［S］. 2019.

[14] 罗运湖. 现代医院建筑设计［M］. 北京：中国建筑工业出版社，2010.

[15] 许钟麟，等. 医院洁净手术部建设与运行管理指南［M］. 北京：科学出版社，2014.

[16] 沈崇德，朱希. 医院建筑医疗工艺设计［M］. 北京：中国出版集团研究出版社，2019.

[17] 赵琨. 医院工艺流程设计［M］. 北京：人民卫生出版社，2021.

[18] 王铁林. 医用气体系统规划设计与运行管理［M］. 北京：机械工业出版社，2015.

[19] 王尧. 洁净室设计、建造与运行管控［M］. 北京：化学工业出版社，2018.

[20] 国家卫生健康委员会. 智慧医院建设导则［Z］. 2021.

[21] 张公忠. 医院智能化系统设计指南［M］. 北京：机械工业出版社，2017.

[22] 中国医院协会后勤业专员委会. 医院后勤保障系统管理指南［M］. 北京：人民卫生出版社，2020.

[23] 刘胜林. 医疗设备全生命周期管理［M］. 北京：人民卫生出版社，2019.

[24] 俞玉龙. 洁净工程应用技术［M］. 北京：中国劳动社会保障出版社，2016.

[25] 谭西平. 医用气体系统规划建设与运行管理［M］. 2 版. 北京：中国出版集团研究出版社，2022.

[26] 《中国医院建设指南》编写组. 中国医院建设指南［M］. 北京：研究出版社，2021.

[27] 黄家声. 实验室设计与建设指南［M］. 北京：中国水利水电出版社，2018，